CMP BOOKS
机工IT

国家自然科学基金项目

点云配准

从入门到精通

郭浩◎编著

机械工业出版社
CHINA MACHINE PRESS

三维点云处理技术广泛应用在逆向工程、CAD/CAM、机器人学、测绘遥感、机器视觉、虚拟现实、人机交互、无人驾驶和元宇宙等诸多领域。点云配准作为三维视觉领域的一个重要分支，已有40多年的发展历史，本书则系统性地对近些年来已经成熟的算法和工具进行梳理和总结。

全书分两部分，第一部分为硬核技术篇（第1~4章），详细介绍了点云配准概念、应用领域，以及点云配准必要的数理知识，最后对点云配准过程中相关关键步骤（如关键点提取、特征描述等）所涉及的经典算法进行理论与实战的多维展示，为读者深入了解复杂配准算法做好前期理论与技术储备工作。第二部分为算法应用篇（第5~6章），涵盖了十几个开源的刚性与非刚性配准经典算法，从算法原理、理论基础、技术实现、应用案例及优缺点等方面进行详细介绍，以算法的源码实现分析来帮助读者彻底搞清楚每一个算法的细节与计算过程。最终通过算法的应用案例分析，让读者从理论、技术和应用层面重新评价与认识每一个算法，助力产业界的读者快速将相关技术应用落地，学术界的读者快速系统地完成入门与提升。

随书附赠程序源代码、案例高清效果图和结果视频，以及授课用PPT，力求从多个角度提升读者阅读体验和知识含量。本书可作为科研人员和公司产品开发工程师的参考指南，也可作为计算机图形学、机器人学、遥感测量、虚拟现实、人机交互、CAD/CAM逆向工程等领域相关专业的高年级本科生、研究生的学习手册。

图书在版编目（CIP）数据

点云配准从入门到精通/郭浩编著．—北京：机械工业出版社，2023.1（2023.11重印）

ISBN 978-7-111-72182-6

Ⅰ.①点…　Ⅱ.①郭…　Ⅲ.①数据处理-研究　Ⅳ.①TP274

中国版本图书馆CIP数据核字（2022）第233165号

机械工业出版社（北京市百万庄大街22号　邮政编码100037）
策划编辑：丁　伦　　　　责任编辑：丁　伦
责任校对：郑　婕　王明欣　责任印制：郜　敏
北京富资园科技发展有限公司印刷
2023年11月第1版第2次印刷
185mm×260mm · 17印张 · 399千字
标准书号：ISBN 978-7-111-72182-6
定价：109.00元

电话服务　　　　　　　　网络服务
客服电话：010-88361066　机　工　官　网：www.cmpbook.com
010-88379833　机　工　官　博：weibo.com/cmp1952
010-68326294　金　　书　　网：www.golden-book.com
封底无防伪标均为盗版　机工教育服务网：www.cmpedu.com

本书专家委员会

（排名不分先后）

杨蛟龙	微软亚洲研究院	研究员
林祥国	中国测绘科学研究院	研究员
王　成	中科院空天信息创新研究院	研究员
李　斌	国家农业智能装备工程技术研究中心	研究员
康志忠	中国地质大学（北京）	教　授
钟若飞	首都师范大学	教　授
张立强	北京师范大学	教　授
刘　春	同济大学	教　授
杨必胜	武汉大学	教　授
王　程	厦门大学	教　授
张吴明	中山大学	教　授
苏　伟	中国农业大学	教　授
马韫韬	中国农业大学	教　授
刘　刚	中国农业大学	教　授
李振波	中国农业大学	教　授
杨建宇	中国农业大学	教　授
张　漫	中国农业大学	教　授
赵景博	中国农业大学	副教授
郭裕兰	国防科技大学	副教授
张举勇	中国科学技术大学	副教授
李　坤	天津大学	副教授
白旭阳	香港科技大学	博　士
高梓成	中国农业大学	博　士

前言
PREFACE

为什么要写这本书

三维点云处理技术广泛应用在逆向工程、CAD/CAM、机器人学、测绘遥感、机器视觉、虚拟现实、人机交互、无人驾驶和元宇宙等诸多领域。由于其涉及计算机科学、图形学、人工智能、模式识别、几何计算、传感器等诸多学科，并且在2010年之前，由于点云获取手段过于昂贵，因此严重阻碍其在各个行业上的应用。在2010年之后，随着消费级RGBD设备（低成本点云获取）的大量上市，目前已经出现不少相关产品系列，包括Google的Project Tango、Intel的Realsense 3D和奥比中光Astra相关硬件产品，同时PCL（Point Cloud Library）、Open3D、PyTorch3D和Jittor（计图）等开源软件库应运而生并且发展迅速，正在形成基于RGBD的新一代三维视觉生态链。PCL是在吸收了前人点云相关研究成果的基础上建立的跨平台开源库，可在Windows、Linux、Android、macOS、部分嵌入式实时系统上运行。它实现了大量通用算法和数据结构，涉及点云获取、滤波、分割、配准、检索、特征提取、识别、追踪、曲面重建、可视化等基础模块以及人体骨骼识别提取、动作跟踪识别等应用，并且新的相关应用也在大量增加。如果说OpenCV是2D信息获取与处理的结晶，那么PCL则在3D信息获取与处理上具有同等地位，后续出现的Open3D和PyTorch3D对于Python用户比较友好，并且对深度学习技术支持更强。Jittor（计图）框架是国内由清华大学引领的一款潜力很大的开源深度学习框架，其对几何深度学习相关网络模型支持也很强大。笔者在十年前读博时就深信随着各种RGBD设备的大力推出，各种相关应用将会大量涌现，到2022年，国内三维视觉相关的社区、学会［中国图象图形学学会三维视觉专委会（CSIG-3DV）］相继成立和快速发展壮大。**笔者作为教育与科研工作者，深信知识梳理、汇总和传播与知识创作，对于个人、团队、社会同等重要，特别是在信息爆炸的时代，到处都是碎片化的知识，网上论文、博客、帖子也很多，但不够系统，特别是大量博客和帖子没有经过实际验证。另外，国内一些知名研究学者只是将研究成果通过英文论文发表，而知名高校的相关论文也不能在网上快速检索**，这些现状都在降低每一个三维视觉相关的国内爱好者的学习效率，也就阻碍了三维视觉领域解决实际需求的步伐。**同时，国内三维视觉相关的书籍并不多。点云配准作为三维视觉领域的一个重要任务，已经有40多年的发展历史，将这些成熟的算法和工具进行梳理和总结，对于产学研工作者快速入门和提升很有参考学习价值。**

三维视觉是笔者所在研究团队的重要方向之一，结合农业对象对三维信息获取与重建等领域遇到的新问题不断探索新的技术与应用。**目前三维视觉领域还处于快速成长阶段，国内由本书团队 2019 年出版的《点云库 PCL 从入门到精通》的内容相对比较偏基础知识和技术、工具介绍，对于点云配准这一重要环节介绍不多。**鉴于此，经过团队讨论，把我们的研究成果、授课课件以及开发应用期间整理的点云配准相关资料与国内读者一起分享，加快三维视觉在各行业的应用，以推动三维视觉学科领域在国内的快速发展。

本书目标

本书通过整理汇总点云配准相关的经典、创新算法与相应的开源实现，提供一套点云配准从入门到精通的系统学习资料。无论是 3D 点云处理的初学者，还是从业人员，作者希望大家能从本书获益. **作为本书作者，我相信我们团队创作的这本书可以帮助国内所有学习者节省学习时间**，快速提升理论与技术能力。

读者对象

根据软件需求划分使用点云配准的用户类型，以下这些用户都是本书实际或潜在的读者群。

- 机器人研究或应用开发者。
- 机器视觉研究或应用开发者。
- 人机交互研究或应用开发者。
- 交互式体感游戏开发者。
- 虚拟现实研究或应用开发者。
- CAD/CAM、逆向工程和 3D 打印工作者。
- 工业自动化测量、检测领域的研究或应用开发者。
- 激光雷达遥感研究或应用开发者。
- 高校相关专业的研究生或本科生。
- 三维数据处理技术教学团队。
- 3D 技术的发烧友。

如何阅读本书

全书分为两部分，每章都围绕理论背景、技术实现与应用案例展开，让读者脑手联动，达到系统学习与快速提升的目的。

第一部分为硬核技术篇（第 1~4 章），详细介绍点云配准概念、应用领域，以及点云配准必要的数理知识，最后对点云配准过程中相关关键步骤（如关键点提取、特征描述等）所涉及的经典算法进行理论与实战的多维展示，**为读者深入了解复杂配准算法做好前期理论与技术储**

备工作。

第二部分为算法应用篇（第5、6章），涵盖了十几个经典开源的刚性与非刚性配准算法，从算法原理、理论基础、技术实现、应用案例及优缺点等方面进行详细介绍，以算法的源码实现分析来帮助读者，彻底搞清楚每一个算法的细节与计算过程。最终通过算法的应用案例分析，**让读者从理论、技术和应用层面重新评价与认识每个算法，助力产业界的读者快速将相关技术应用落地，学术界的读者快速系统地完成入门与提升**。

源代码

本书的源代码如果没有特殊声明，都以BSD（Berkeley Software Distribution）许可协议或者CCA（Creative Commons Attribution 3.0）的形式发布，读者可以自由使用和分享，如果需要应用于商业领域，请联系版权所有者进行确认。如果读者行使BSD或CCA许可授予的使用源代码的权利，就表明接受并同意遵守该许可的条款，对其使用不得超越许可授权的范围。

勘误和支持

由于作者的水平有限，书中难免会出现一些不足或者不准确的地方，恳请读者批评指正。同时读者可以在本书的创作团队PCLCN官方网站（**Point Cloud Learning in China.www.pclcn.org**）**的论坛上提出相关问题和意见**。

关于效果图

书中有很多程序运行结果演示效果图，为帮助读者获得更好的阅读体验，我们将于图书出版后在随书资源和**官方网站（www.pclcn.org）上推出该书的高清彩图，敬请期待**。

致谢

首先要**感谢书中每个算法的作者，正是有了他们的允许和鼓励**，才有本书的面世，有了他们的创新精神和辛勤努力，我才能给大家分享这样一套系统的点云配准学习资料。

感谢笔者团队参与整理工作的成员：高梓成、罗欣颖、张嘉龙、吴见欢、雷杰、纪宝锋、刘世峰。同时感谢**国家自然科学基金项目（41601491、42071449）**对笔者团队的支持。

感谢来自PCLCN社区的科研和业界学者的协同努力和辛苦劳动，以及此处未明确提及但对本书出版做出贡献的朋友。

感谢机械工业出版社的丁伦编辑，感谢你的远见，在一年多的时间中有你始终的支持和帮助，才使书稿面世。

最后感谢我的家人，特别是我的母亲和妻子，对我写书和工作的无私支持。

郭　浩

目 录
CONTENTS

算法应用篇

第5章 经典刚性配准算法

P/92 CHAPTER5

第6章 CHAPTER6 经典非刚性配准算法

硬核技术篇

本部分为硬核技术篇，从点云配准概念、技术和应用领域出发，详细介绍了点云配准技术必要的相关数理基础，为读者深入了解后续算法的基本原理打下了坚实的基础。紧接着对传统点云配准流程中的关键点提取和特征描述经典计算等核心步骤进行了理论与实战的解析，为读者进一步动手实战后续复杂配准算法做好相关理论与技术储备工作。

第1章 绪　论

1.1 什么是三维点云

三维点云的实质是场景表面在给定坐标系下的离散采样，其数据形式为一系列三维点的集合，最小的点云只包含一个点（称孤点或奇点），而高密度点云则高达几百万数据点。点云中的每个点都包含丰富的信息，包括三维坐标、颜色、分类值、强度值和时间等属性信息。与二维成像过程中的投影映射相比，三维点云的获取是从三维空间到三维空间的采样映射，进而能够很好地保持目标的三维形状信息，并不存在维度信息的损失和投影畸变等问题。同时，三维采样映射并不存在尺度的变化，受外界光照条件的变化影响也较小。

点云可分为两种，一种是有序点云，一种是无序点云。有序点云一般是由深度图还原的点云，按照图方阵一行一行的，从左上角到右下角按顺序排列，很容易找到每个点的相邻点信息。无序点云中的点排列没有任何顺序，点的顺序交换后没有任何影响。三维点云广泛应用于工程和医学领域，包括医学成像、3D 打印、制造、建筑、3D 游戏和虚拟现实等。

1.2 点云数据获取技术

长期以来，为获取真实世界的三维信息以满足相应的应用，相关领域的研究人员一直致力于探索最新的数据获取手段并改进现有的获取技术。比如逆向工程领域需要高精度的目标模型以实现目标的复制；机器人领域需要快速采集周边环境信息以实现实时自主导航和环境感知；测绘领域需要获取各种环境下高精度的地形信息以实现完整地形图的绘制；考古领域则需要获取文物的高精度三维模型以实现文物的修复和保护。不同领域的不同需求导致三维点云数据获取技术的层出不穷。数据获取设备的小型化、易用性和普及率也在不断提高。

根据数据获取设备与扫描目标的作用方式来分，现有的三维点云数据获取技术可以分为两大类：一类是接触式，以机械接触的方式进行三维测量；另一类为非接触式，以声学、光学和计算机视觉等技术获取物体表面的三维信息。

1.2.1 接触式

接触式获取技术需要借助传感器与物体表面的接触来获取物体表面点的坐标。目前，接触式测量方法应用最广泛的是三维坐标测量机，图 1-1 所示为关节臂测量机便携式三维坐标测量仪。随着电子系统和探针的发展，三维坐标测量机的测量精度往往可以达到微米量级甚至更高，常常应用于逆向工程领域。但是，由于该测量机存在价格昂贵、体积大以及测量速度慢等缺点，应用领域受到了极大限制。

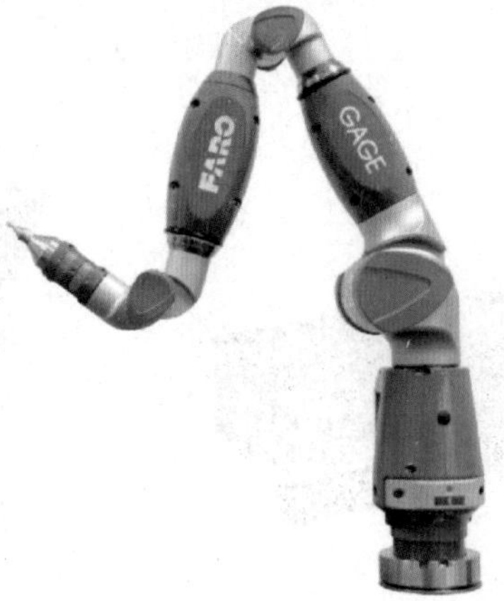

图 1-1　关节臂测量机便携式三维坐标测量仪

1.2.2　非接触式

非接触式数据获取技术不需要传感器与物体发生直接接触，因而在日常生产生活中应用较为广泛。根据测量原理，非接触式数据获取技术分为主动式和被动式两类测量方法。被动式的测量方法主要是利用立体视觉的方法来获取物体表面的空间坐标，采用两个或多个相机对同一目标进行成像，通过稠密匹配获取图像之间的对应点进而解算出其空间坐标。Bumblebee XB3 是典型的非接触式数据获取设备，如图 1-2 所示。被动式测量方法通常要求被测量目标具有比较丰富的纹理以便获取对应点，可以实时获取目标点云数据，但数据质量通常不高、目标边缘退化严重。

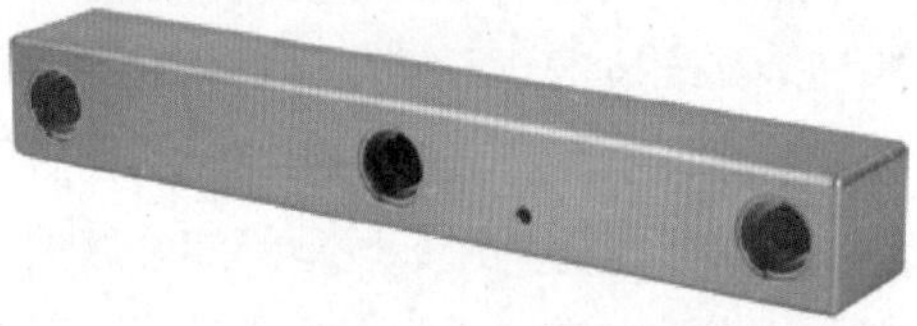

图 1-2　Bumblebee XB3

主动式的测量方法是通过一定的设备向物体发射超声波、X 射线、电磁波或激光等，根据物体表面反射回来的信息来判断物体表面的空间位置信息，其中比较有代表性的是基于飞行时间的测量方法以及基于结构光的方法。基于结构光的测量方法是将一个具有固定编码模式的光斑投影到物体表面，然后通过比较光斑编码的变化来解算物体表面点的空间坐标，典型设备包括如图 1-3 所示的微软公司的 Kinect V1。基于结构光的数据获取方式能够实时获取目标点云数据，但是数据质量不高，作用场景范围会受限于传感器的尺寸。基于飞行时间的测量方法，通过测量传感器发射的激光或红外脉冲在传感器与目标之间的传输时间与角度信息来计算目标表面的空间坐标，典型设备包括 Kinect V2（图 1-4）和 ILRI-LR（图 1-5）。该类方法的精度高、扫描速度较快而且不会损坏物体，是一种比较实用的测量方法。

图 1-3　Kinect V1

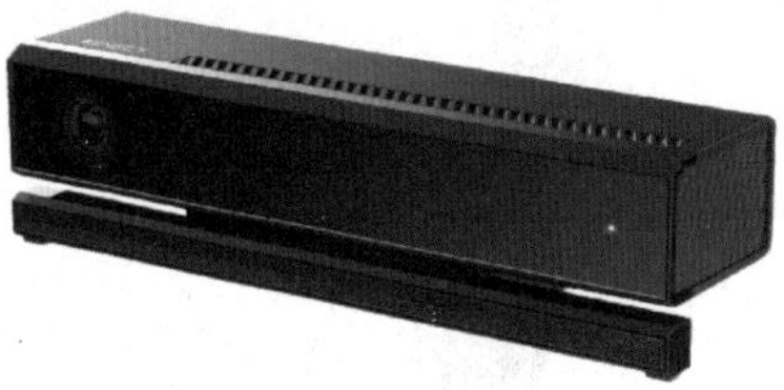

图 1-4　Kinect V2

图 1-5　ILRI-LR

目前，三维点云数据获取技术主要集中在基于飞行时间以及基于结构光的测量方法研究，测量设备正朝着小型化、低成本化和量产化方向发展，应用领域也逐渐转移到消费级的应用上。

1.3 什么是点云配准

点云配准技术是三维视觉领域的核心任务之一，在三维视觉应用系统中，下游任务往往依赖三维配准技术。三维点云配准的实质是计算同一物体或场景不同视点下采集到的点云之间的变换关系，从而将其统一到同一坐标系下得到完整的点云。由于数据采集传感器的视角有限，单次测量只能得到目标场景的部分数据，点云配准能够将多次测量的数据拼接起来以获得相对完整的点云，为后续的三维建模、目标识别、场景理解奠定数据基础。点云配准的核心在于求解点云之间的变换关系。求解变换关系的前提是确定点云之间的匹配对应关系，确定好点对之间的对应关系后利用几何变换方程即可求解参数矩阵。

点云配准包含粗配准和精配准两步。粗配准指的是在两帧点云位置相差较大（如两帧位于相机坐标系的点云），相对位姿完全未知的情况下进行较为粗糙的配准，目的是为后续精配准提供较好的变换初值。精配准在给定初始变换矩阵的条件下，进一步优化得到更精确的变换。按照点云之间的几何变换关系将配准算法分为基于刚性变换的配准算法（简称刚性配准）和基于非刚性变换的配准算法（简称非刚性配准）。

1.3.1 刚性配准

刚性配准是指两个点云的形状大小和物理特性是不发生任何改变的，只有空间位置与姿态发生了改变。单帧点云只能表示物体表面单一视角的几何信息，因此，要获得物体表面的完整几何信息，需要通过刚性变换将不同视角下的单帧点云配准为一个整体。目前，根据需刚性配准的三维点云的数量，可分为多视角配准和成对配准。其中，成对配准也称为两两配准，如图 1-6 所示，每次只对一对三维点云进行配准；多视角配准是对多个三维点云同时进行配准，每个三维点云均为部分点云，即实物的部分视图。在实际应用中，多视角配准往往也可以通过两两配准的方式来实现，故而成对配准是三维点云配准技术的核心内容。

图 1-6 点云刚性配准

1.3.2 非刚性配准

在一些三维重建应用中，需要重建的对象有时是非刚性的，例如人体或动物，如图 1-7 所示，因而采集到的不同时刻或视角的三维数据可能会发生非刚性形变。另外，带有标定误差的点云获取设备也可能把非刚性形变引入到输出的点云数据中。直接将刚性配准算法应用到带有非刚性形变的数据，通常不会得到理想的配准效果。要解决这一问题，需通过非刚性变换对数据进行配准，即非刚性配准。由于非刚性变换缺乏统一的参数化描述，导致求解的参数很多，因此非刚性配准问题比刚性配准问题更难。

图 1-7 非刚性配准（Fusion4D）

1.4 三维点云配准应用领域

随着点云获取设备的更新换代和三维点云处理技术的快速发展，三维点云处理技术广泛应用于无人驾驶、机器人、智慧城市、文物保护和考古研究、增强现实、元宇宙、军事以及工程测绘等诸多领域或行业中。要得到完整的三维数字模型就必须对测量获取的点云数据进行后续配准处理，点云配准技术是从多次测量获得的数据到完整模型这一过程的必要环节，也是构建三维数字模型的重中之重。

1.4.1 机器人及无人驾驶领域

点云配准是智能系统位姿估计和环境构建的关键步骤。三维点云配准根据不同时刻下传感器获取的两点云之间的重叠约束，计算点云之间的配准矩阵，包括平移和旋转，其准确度和效率直接决定着智能系统三维位姿估计、场景构建、导航和定位等任务的性能，具有广泛的应用价值。随着激光雷达在机器人、无人驾驶汽车等领域的推广应用，点云配准技术作为高精地图、高精定位等方向的核心模块越来越受到重视。

在三维环境中定位移动智能设备的位置对于机器人及无人驾驶技术尤为重要。例如，无人驾驶汽车需要具备估计其在地图上的位置及到道路边界线距离的相关功能。点云配准可以将当前的实时三维点云精确匹配到所属的三维环境中，提供高精度的定位服务。配准为智能系统（例如机器人或无人驾驶汽车）提供了一个与 3D 环境交互的解决方案。

使用真实的激光雷达可以对真实环境构建点云地图，而使用仿真的激光雷达也可以对仿真环境构建点云地图。在高精地图制作环节中，制作点云地图是第一步。通过对不同位置采集的连续帧点云进行配准，可以将不同位置的多帧点云统一到同一坐标系，从而构建场景的完整点云地图。

通过目标点云与已知位姿的参考点云进行配准，可以对目标数据进行姿态估计。将一个点云 A（3D 实时视图）与另一个点云 B（3D 环境）对齐，可以生成与点云 B 相对的点云 A 的姿态信息，这些姿态信息可用于智能系统的决策。例如，可以获得机器人手臂的姿态信息，从而决定移动到哪里以准确抓取对象。

1.4.2 测绘遥感领域

测绘科技的飞速发展，使得三维激光扫描技术在测绘领域的应用日益广泛。由于测量设备本身和环境的限制，物体表面完整测量数据的获得往往需要通过多次测量完成，因此，为了获取完整的三维对象点云数据，需要通过点云配准将不同视角扫描的点云整合到一个坐标系中。三维激光扫描技术在地形测量、地质灾害监测、逆向工程、质量控制以及历史遗迹保护等方面均具有广阔的应用前景。

第2章 配准相关数学基础

为了让读者更好地理解不同配准算法的问题定义、优化求解等原理，本章对常见的空间变换、矩阵表示及其对应的参数化方法进行详细介绍。

2.1 空间变换及其参数化

空间变换及其对应的参数化方法是配准任务进行形式化表达和求解的基础，如形式化表示和计算刚性配准涉及的欧式变换。不同优化方法进行变换参数估计时，都需要对变换进行参数化表示，以适应优化求解方法条件等要求。

2.1.1 什么是欧式变换与变换矩阵

众所周知，常见的物体存在于三维空间中，空间中的任意位置都可以由三维坐标表示。对于三维空间中的一个刚性物体，除了三维空间位置表示以外还具有自身的姿态表示。如图 2-1 所示，假设在该线性空间中存在一组基底（$\boldsymbol{e}_1,\boldsymbol{e}_2,\boldsymbol{e}_3$），则任意向量 $\boldsymbol{a}$ 在该基底下的坐标为$(a_1,a_2,a_3)^{\mathrm{T}}$，我们通常选择$\boldsymbol{e}_1=(1,0,0)^{\mathrm{T}}$，$\boldsymbol{e}_2=(0,1,0)^{\mathrm{T}}$，$\boldsymbol{e}_3=(0,0,1)^{\mathrm{T}}$。向量 $\boldsymbol{a}$ 可以用基向量与坐标的线性组合得到，即：

$$\boldsymbol{a}=[\boldsymbol{e}_1,\boldsymbol{e}_2,\boldsymbol{e}_3]\begin{bmatrix}a_1\\a_2\\a_3\end{bmatrix}=a_1\boldsymbol{e}_1+a_2\boldsymbol{e}_2+a_3\boldsymbol{e}_3 \tag{2-1}$$

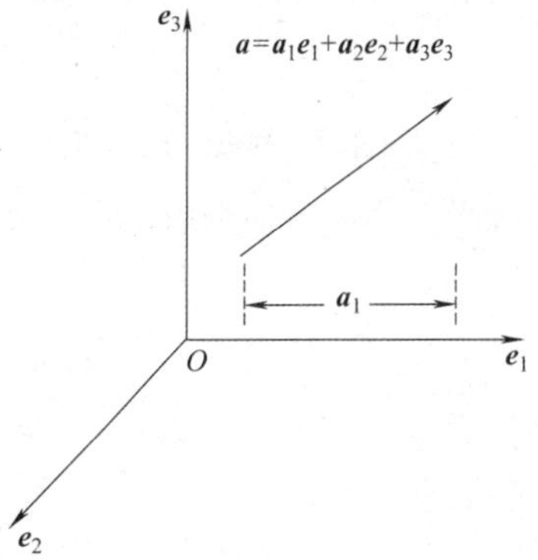

图 2-1 向量在空间坐标系中的表示

两个坐标系之间的运动（表示两个坐标系之间的空间变换）是由一个旋转和一个平移所组成，通常称这种运动为刚体运动。由于刚体运动保持了向量的长度和夹角，相当于把一个刚体原封不动地进行移动或旋转，不改变它自身的形状，因此它是一种欧式变换。一般而言，欧式变换由旋转和平移构成，假设单位正交基$(\boldsymbol{e}_1,\boldsymbol{e}_2,\boldsymbol{e}_3)$经过了一次旋转变成$(\boldsymbol{e}_1',\boldsymbol{e}_2',\boldsymbol{e}_3')$，那么对于向量 $\boldsymbol{a}$ 而言，它在两个坐标系下（同一个点参考系不同）的坐标分别为$(a_1,a_2,a_3)^{\mathrm{T}}$和$(a_1',a_2',a_3')^{\mathrm{T}}$。由于 $\boldsymbol{a}$ 本身没有改变，因此：

$$[\boldsymbol{e}_1,\boldsymbol{e}_2,\boldsymbol{e}_3]\begin{bmatrix}a_1\\a_2\\a_3\end{bmatrix}=[\boldsymbol{e}'_1,\boldsymbol{e}'_2,\boldsymbol{e}'_3]\begin{bmatrix}a'_1\\a'_2\\a'_3\end{bmatrix} \tag{2-2}$$

式中左右两边同时左乘$\begin{bmatrix}\boldsymbol{e}_1^{\mathrm{T}}\\\boldsymbol{e}_2^{\mathrm{T}}\\\boldsymbol{e}_3^{\mathrm{T}}\end{bmatrix}$，则：

$$\begin{bmatrix}a_1\\a_2\\a_3\end{bmatrix}=\begin{bmatrix}\boldsymbol{e}_1^{\mathrm{T}}\boldsymbol{e}'_1 & \boldsymbol{e}_1^{\mathrm{T}}\boldsymbol{e}'_2 & \boldsymbol{e}_1^{\mathrm{T}}\boldsymbol{e}'_3\\\boldsymbol{e}_2^{\mathrm{T}}\boldsymbol{e}'_1 & \boldsymbol{e}_2^{\mathrm{T}}\boldsymbol{e}'_2 & \boldsymbol{e}_2^{\mathrm{T}}\boldsymbol{e}'_3\\\boldsymbol{e}_3^{\mathrm{T}}\boldsymbol{e}'_1 & \boldsymbol{e}_3^{\mathrm{T}}\boldsymbol{e}'_2 & \boldsymbol{e}_3^{\mathrm{T}}\boldsymbol{e}'_3\end{bmatrix}\begin{bmatrix}a'_1\\a'_2\\a'_3\end{bmatrix} \tag{2-3}$$

如果将式中 3×3 的矩阵写作 $\boldsymbol{R}$，则有 $\boldsymbol{a}=\boldsymbol{R}\boldsymbol{a}'$，它描述了同一个向量坐标的变换关系，也就是旋转变换，因此称 $\boldsymbol{R}$ 为旋转矩阵（Rotation Matrix）。

旋转矩阵是一个行列式为 1 的正交矩阵，则$\boldsymbol{R}^{-1}=\boldsymbol{R}^{\mathrm{T}}$，证明如下：

对于式（2-2）同时左乘$\begin{bmatrix}\boldsymbol{e}_1'^{\mathrm{T}}\\\boldsymbol{e}_2'^{\mathrm{T}}\\\boldsymbol{e}_3'^{\mathrm{T}}\end{bmatrix}$，则有：

$$\begin{bmatrix}a'_1\\a'_2\\a'_3\end{bmatrix}=\begin{bmatrix}\boldsymbol{e}_1'^{\mathrm{T}}\boldsymbol{e}_1 & \boldsymbol{e}_1'^{\mathrm{T}}\boldsymbol{e}_2 & \boldsymbol{e}_1'^{\mathrm{T}}\boldsymbol{e}_3\\\boldsymbol{e}_2'^{\mathrm{T}}\boldsymbol{e}_1 & \boldsymbol{e}_2'^{\mathrm{T}}\boldsymbol{e}_2 & \boldsymbol{e}_2'^{\mathrm{T}}\boldsymbol{e}_3\\\boldsymbol{e}_3'^{\mathrm{T}}\boldsymbol{e}_1 & \boldsymbol{e}_3'^{\mathrm{T}}\boldsymbol{e}_2 & \boldsymbol{e}_3'^{\mathrm{T}}\boldsymbol{e}_3\end{bmatrix}\begin{bmatrix}a_1\\a_2\\a_3\end{bmatrix} \tag{2-4}$$

根据式（2-3）和式（2-4），二者分别表示为 $\boldsymbol{a}=\boldsymbol{R}_1\boldsymbol{a}'$和$\boldsymbol{a}'=\boldsymbol{R}_2\boldsymbol{a}$，则$\boldsymbol{R}_2=\boldsymbol{R}_1^{-1}$。如果$\boldsymbol{R}_1$正交，则$\boldsymbol{R}_1^{-1}=\boldsymbol{R}_1^{\mathrm{T}}$，也就是证明$\boldsymbol{R}_2=\boldsymbol{R}_1^{\mathrm{T}}$。根据式（2-3）可得：

$$\boldsymbol{R}_1^{\mathrm{T}}=\begin{bmatrix}\boldsymbol{e}_1^{\mathrm{T}}\boldsymbol{e}'_1 & \boldsymbol{e}_2^{\mathrm{T}}\boldsymbol{e}'_1 & \boldsymbol{e}_3^{\mathrm{T}}\boldsymbol{e}'_1\\\boldsymbol{e}_1^{\mathrm{T}}\boldsymbol{e}'_2 & \boldsymbol{e}_2^{\mathrm{T}}\boldsymbol{e}'_2 & \boldsymbol{e}_3^{\mathrm{T}}\boldsymbol{e}'_2\\\boldsymbol{e}_1^{\mathrm{T}}\boldsymbol{e}'_3 & \boldsymbol{e}_2^{\mathrm{T}}\boldsymbol{e}'_3 & \boldsymbol{e}_3^{\mathrm{T}}\boldsymbol{e}'_3\end{bmatrix} \tag{2-5}$$

式中，$\boldsymbol{e}_1^{\mathrm{T}}\boldsymbol{e}'_1=\boldsymbol{e}_1'^{\mathrm{T}}\boldsymbol{e}_1$，以此类推可得$\boldsymbol{R}_2=\boldsymbol{R}_1^{\mathrm{T}}$，因此旋转矩阵是一个行列式为 1 的正交矩阵。将 n 维旋转矩阵的集合定义为：

$$\mathrm{SO}(n)=\{\boldsymbol{R}\in\mathbb{R}^{n\times n}\mid \boldsymbol{R}\boldsymbol{R}^{\mathrm{T}}=\boldsymbol{I},\det(\boldsymbol{R})=1\} \tag{2-6}$$

式中 $\mathrm{SO}(n)$ 表示特殊正交群，旋转矩阵即描述了两个坐标的变换关系：

$$\boldsymbol{a}'=\boldsymbol{R}^{-1}\boldsymbol{a}=\boldsymbol{R}^{\mathrm{T}}\boldsymbol{a} \tag{2-7}$$

如果考虑平移，则 $\boldsymbol{a}=\boldsymbol{R}\boldsymbol{a}'$可以更新表示为 $\boldsymbol{a}=\boldsymbol{R}\boldsymbol{a}'+\boldsymbol{t}$。因此两个坐标系的刚体运动可以由 $\boldsymbol{R}$ 和 $\boldsymbol{t}$ 进行描述。但是由于该变换不是一个线性变换，因此引入齐次坐标，对变换进行改写：

$$\begin{bmatrix}\boldsymbol{a}\\1\end{bmatrix}=\begin{bmatrix}\boldsymbol{R} & \boldsymbol{t}\\\boldsymbol{0}^{\mathrm{T}} & 1\end{bmatrix}\begin{bmatrix}\boldsymbol{a}'\\1\end{bmatrix} \tag{2-8}$$

将原始的三维向量末尾增加 1 个维度，取值为 1，该四维向量被称为齐次坐标（Homogeneous Coordinates)，而矩阵$\begin{bmatrix} \boldsymbol{R} & \boldsymbol{t} \\ \boldsymbol{0}^{\mathrm{T}} & 1 \end{bmatrix}$写作 $\boldsymbol{T}$，称为变换矩阵（Transform Matrix），这种类型的矩阵又被称为特殊欧式群：

$$\mathrm{SE}(3)=\left\{\boldsymbol{T}=\begin{bmatrix} \boldsymbol{R} & \boldsymbol{t} \\ \boldsymbol{0}^{\mathrm{T}} & 1 \end{bmatrix} \in \mathbb{R}^{4\times4} \mid \boldsymbol{R}\in \mathrm{SO}(3), \boldsymbol{t}\in\mathbb{R}^3\right\} \tag{2-9}$$

式中，$\boldsymbol{R}$ 为 3×3 的矩阵，$\boldsymbol{t}$ 为 3×1 的列向量，0^{T}为 1×3 的行向量。同时 $\boldsymbol{T}$ 的逆表示进行反向的变换：

$$\boldsymbol{T}^{-1}=\begin{bmatrix} \boldsymbol{R}^{\mathrm{T}} & -\boldsymbol{R}^{\mathrm{T}}\boldsymbol{t} \\ \boldsymbol{0}^{\mathrm{T}} & 1 \end{bmatrix} \tag{2-10}$$

2.1.2 什么是轴角

旋转矩阵有 9 个变量，但是一次旋转只有 3 个自由度并且旋转矩阵自身存在正交约束和行列式值约束从而导致旋转矩阵表示旋转存在冗余变量，Rodrigues（罗德里格斯）最早提出使用一个三维向量来表示三维旋转变换，其方向与旋转轴一致，向量的模等于旋转角度，通常称这种向量为旋转向量。如果是用四个元素进行描述，即三个元素描述旋转轴，另外一个元素描述旋转角，则称这种形式的描述为轴角（Axis Angle），轴角共有三个量且无约束，因此具有三个自由度。表示为：

$$\boldsymbol{\omega}=\theta\boldsymbol{n} \tag{2-11}$$

式中，$\boldsymbol{n}$ 与旋转轴方向一致的单位向量，θ 为角度。从轴角变换到旋转矩阵可以使用罗德里格斯公式进行转换：

$$\boldsymbol{R}=\cos\theta\boldsymbol{I}+(1-\cos\theta)\boldsymbol{n}\boldsymbol{n}^{\mathrm{T}}+\sin\theta\boldsymbol{n}^{\wedge} \tag{2-12}$$

式中，$\boldsymbol{n}^{\wedge}$表示向量 $\boldsymbol{n}=[n_x,n_y,n_z]^{\mathrm{T}}$的反对称矩阵，即：

$$\boldsymbol{n}^{\wedge}=\begin{bmatrix} 0 & -n_z & n_y \\ n_z & 0 & -n_x \\ -n_y & n_x & 0 \end{bmatrix} \tag{2-13}$$

使用轴角表示方式无法表达两次连续的旋转，由于两次旋转的旋转轴会不一样，因此旋转角度不能直接相加。当旋转角度为 0°或者 180°时，罗德里格斯公式失效，此时的旋转矩阵为 0。可以理解为这种情况下旋转角具有无数多种情况。由于旋转矩阵到轴角表示法的映射关系是一对多的关系，因此存在多种轴角组合对应一种旋转矩阵的情况。

2.1.3 什么是欧拉角

旋转矩阵和轴角并不是最直观的表示形式，而欧拉角（Euler Angle）为描述刚体在三维欧式空间的取向提供了一种非常直观的表示方式。欧拉角有两种分类方法，第一种是按照旋转的轴的顺序，一共 12 种。三个轴只用两个的：Proper Euler angles（$Z-X-Z$，$X-Y-X$，$Y-Z-Y$，$Z-Y-Z$，$X-Z-X$，$Y-X-Y$）。三个轴全都用的：Tait-Bryan angles（$X-Y-Z$，$Y-Z-X$，$Z-X-Y$，$X-Z-$

Y, $Z-Y-X$, $Y-X-Z$)。第二种是按照绕着不动的轴（初始的世界坐标系），还是按照转动后的坐标轴（一直在转动的本体坐标系）来旋转。也就是固定轴旋转和运动轴旋转两大类。因此一共有（Intrinsic rotations + Extrinsic rotations）×（Proper Euler angles+Tait-Bryan angles）= 24种。不同领域采用的方式有所差异，但概念类似，比如经典力学中使用 ZXZ，量子力学使用的是 ZYZ，航空航天使用 ZYX/ZXY。所以在跨行业或者跨模块协作的时候，一定要问清楚对方是哪一种欧拉角，本文只用一种来说明问题。从物体的初始状态（一般会选择和世界坐标系重合作为最初状态）绕着自身坐标系的 XYZ 三个轴进行旋转三个角度，来表示物体的朝向。欧拉角一般可以定义为静态和动态两种形式。首先定义绕各个旋转轴旋转相应角度时所对应的旋转矩阵。

当绕 X 轴旋转 α 角度时对应的旋转矩阵为：

$$X(\alpha)=\begin{bmatrix}1 & 0 & 0\\ 0 & \cos\alpha & -\sin\alpha\\ 0 & \sin\alpha & \cos\alpha\end{bmatrix} \tag{2-14}$$

当绕 Y 轴旋转 β 角度时对应的旋转矩阵为：

$$Y(\beta)=\begin{bmatrix}\cos\beta & 0 & \sin\beta\\ 0 & 1 & 0\\ -\sin\beta & 0 & \cos\beta\end{bmatrix} \tag{2-15}$$

当绕 Z 轴旋转 γ 角度时对应的旋转矩阵为：

$$Z(\gamma)=\begin{bmatrix}\cos\gamma & -\sin\gamma & 0\\ \sin\gamma & \cos\gamma & 0\\ 0 & 0 & 1\end{bmatrix} \tag{2-16}$$

所谓静态的欧拉角指绕世界坐标系三个固定轴的旋转，旋转过程中世界坐标系的三个轴不发生变化，也称为外旋旋转方式。如图 2-2 所示，按照外旋方式，$X-Y-Z$ 旋转顺序（指先绕固定轴 X 旋转 α，再绕固定轴 Y 旋转 β，最后绕固定轴 Z 旋转 γ），这种形式的欧拉角也称为 RPY 角，α、β 和 γ 对应航空领域的 Roll、Pitch 和 Yaw。最终可得旋转矩阵 $\boldsymbol{R}_1$：

$$\boldsymbol{R}_1=Z(\gamma)Y(\beta)X(\alpha) \tag{2-17}$$

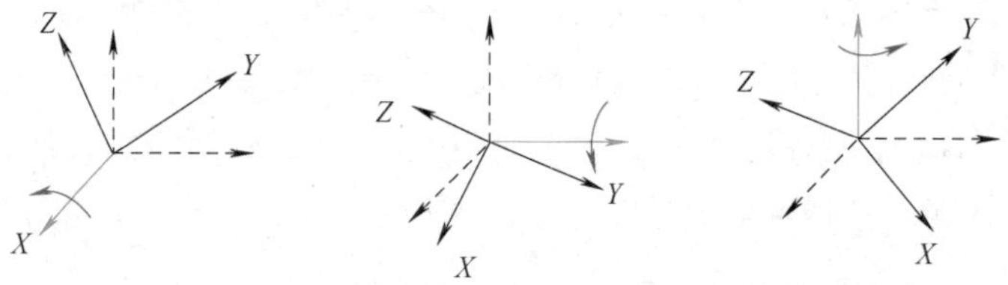

图 2-2　欧拉角按照固定坐标轴旋转

而动态欧拉角是指绕物体坐标系三个轴的旋转，由于物体旋转过程中坐标轴随着旋转变换运动，也称为内旋旋转方式。如图 2-3 所示，此时若按照 $Z-Y-X$ 的顺序依次旋转 γ、β 和 α 的角度，这种形式的欧拉角也称为 $Z-Y-X$ 欧拉角，则最终可得旋转矩阵 $\boldsymbol{R}_2$：

$$\boldsymbol{R}_2=Z(\gamma)Y(\beta)X(\alpha) \tag{2-18}$$

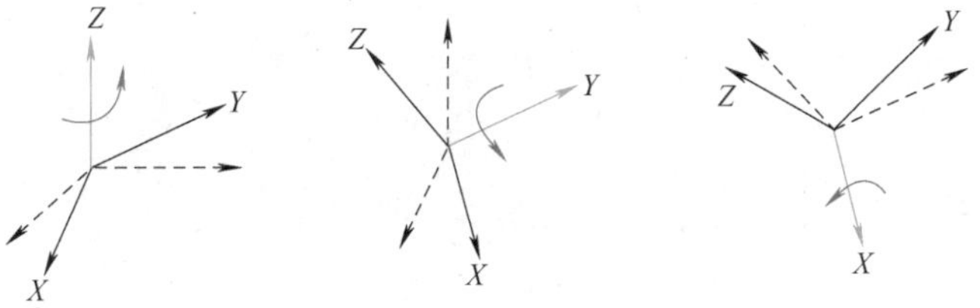

图 2-3　欧拉角按照自身坐标轴旋转

这里要注意：内旋时绕自身坐标系旋转，$\boldsymbol{R}_2$右乘坐标向量，坐标系（基底）在变换，列变换；外旋时绕固定坐标系旋转，$\boldsymbol{R}_1$左乘坐标向量，坐标（向量）在变换，行变换。这种情况下如果使用 RPY 角进行描述，即绕物体的 Z 轴旋转 γ，得到偏航角 Yaw，绕旋转之后的 Y 轴旋转 β，得到俯仰角 Pitch，绕旋转之后的 X 轴旋转 α，得到滚转角 Roll。因此 Yaw、Pitch 和 Roll 分别对应 γ、β 和 α。

由式（2-17）和式（2-18）可知，ZYX 顺序的内旋等价于 XYZ 顺序的外旋，即：

$$\boldsymbol{R}_1=\boldsymbol{R}_2 \tag{2-19}$$

欧拉角的一个显著缺点就是会碰到著名的万向锁（或万向节死锁）（Gimbal Lock）问题，比如对于外旋 RPY 角，当俯仰角 Pitch 为±90°时，第一次旋转与第三次旋转使用同一个轴，使得系统丢失了一个自由度（由 3 次旋转变成了 2 次旋转），如图 2-4 所示。这被称为一种奇异性问题。

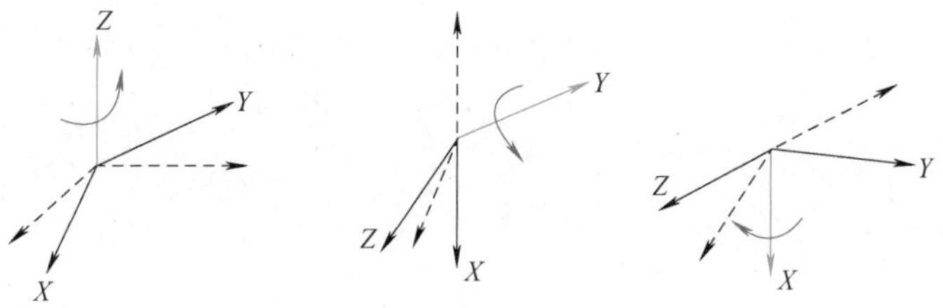

图 2-4　万向锁示意（第 3 次旋转变成与第 1 次相同）

2.1.4　什么是四元数

四元数最早于 1843 年由哈密顿（William Rowan Hamilton）发明，作为复数（Complex Numbers）的扩展。直到 1985 年才由 Shoemake 把四元数引入到计算机图形学中。四元数在一些方面优于欧拉角、轴角和旋转矩阵，比如解决万向锁问题。由于仅需存储 4 个浮点数，相比矩阵更加轻量，使得四元数解决求逆、串联（多个变换的叠加变换）等操作，相比矩阵更加高效，所以综合考虑，现在主流游戏或动画引擎都会以缩放向量加上旋转四元数和平移向量的形式进行存储角色的运动数据。任意一个在三维空间中的朝向都可以表示为一个绕某个特定轴的旋转。给定旋转轴及旋转角度，很容易把其他形式的旋转表示转化为四元数或者从四元数转化为其他形式。四元数具有紧凑性和非奇异性，包括 3 个虚部，1 个实部，通常表示形式为：

$$\boldsymbol{q}=q_0+q_1\mathrm{i}+q_2\mathrm{j}+q_3\mathrm{k} \tag{2-20}$$

式中，q_0、q_1、q_2、q_3均为实数，i、j、k 为四元数的三个虚单位，它们之间有如下关系：

$$\begin{cases}\mathrm{i}^2=\mathrm{j}^2=\mathrm{k}^2=-1\\ \mathrm{ij}=\mathrm{k},\mathrm{ji}=-\mathrm{k}\\ \mathrm{jk}=\mathrm{i},\mathrm{kj}=-\mathrm{i}\\ \mathrm{ki}=\mathrm{j},\mathrm{ik}=-\mathrm{j}\end{cases} \tag{2-21}$$

如果使用一个标量和一个向量来表示四元数，则：

$$\boldsymbol{q}=[s,\boldsymbol{v}]^{\mathrm{T}},s=q_0\in\mathbb{R},\boldsymbol{v}=[q_1,q_2,q_3]^{\mathrm{T}}\in\mathbb{R}^3 \tag{2-22}$$

式中 s 为四元数的实部，$\boldsymbol{v}$ 为四元数的虚部。如果实部为 0，则称为纯四元数。而单位四元数满足四元数的模为 1，即：

$$q_0^2+q_1^2+q_2^2+q_3^2=1 \tag{2-23}$$

假设有两个四元数$\boldsymbol{q}_a$，$\boldsymbol{q}_b$，它们的向量表示形式为$[s_a,\ \boldsymbol{v}_a]^{\mathrm{T}}$，$[s_b,\ \boldsymbol{v}_b]^{\mathrm{T}}$，即：

$$\boldsymbol{q}_a=s_a+x_a\mathrm{i}+y_a\mathrm{j}+z_a\mathrm{k},\boldsymbol{q}_b=s_b+x_b\mathrm{i}+y_b\mathrm{j}+z_b\mathrm{k} \tag{2-24}$$

则四元数的一些运算及其性质如下。

加减法：

$$\boldsymbol{q}_a\pm\boldsymbol{q}_b=[s_a\pm s_b,\boldsymbol{v}_a\pm\boldsymbol{v}_b] \tag{2-25}$$

乘法：

$$\begin{aligned}\boldsymbol{q}_a\boldsymbol{q}_b=&s_as_b-x_ax_b-y_ay_b-z_az_b\\&+(s_ax_b+x_as_b+y_az_b-z_ay_b)\mathrm{i}\\&+(s_ay_b-x_az_b+y_as_b+z_ax_b)\mathrm{j}\\&+(s_az_b+x_ay_b-y_ax_b+z_as_b)\mathrm{k}\end{aligned} \tag{2-26}$$

式（2-26）的简洁表达形式为：

$$\boldsymbol{q}_a\boldsymbol{q}_b=[s_as_b-\boldsymbol{v}_a^T\boldsymbol{v}_b,s_a\boldsymbol{v}_b+s_b\boldsymbol{v}_a+\boldsymbol{v}_a\times\boldsymbol{v}_b] \tag{2-27}$$

共轭：

$$\boldsymbol{q}_a^*=s_a-x_a\mathrm{i}-y_a\mathrm{j}-z_a\mathrm{k}=[s_a,-\boldsymbol{v}_a]^{\mathrm{T}} \tag{2-28}$$

模：

$$\|\boldsymbol{q}_a\|=\sqrt{s_a^2+x_a^2+y_a^2+z_a^2} \tag{2-29}$$

逆：

$$\boldsymbol{q}^{-1}=\boldsymbol{q}^*/\|\boldsymbol{q}\|^2 \tag{2-30}$$

数乘：

$$\mathrm{k}\boldsymbol{q}=[\mathrm{k}s,\mathrm{k}\boldsymbol{v}]^{\mathrm{T}} \tag{2-31}$$

点乘：

$$\boldsymbol{q}_a\cdot\boldsymbol{q}_b=s_as_b+x_ax_b\mathrm{i}+y_ay_b\mathrm{j}+z_az_b\mathrm{k} \tag{2-32}$$

任意单位四元数描述了一个转轴和绕该转轴的旋转角度，也就是说，任意单位向量 $\boldsymbol{v}$ 沿着该单位向量定义的旋转轴 $\boldsymbol{u}$ 旋转 θ 度之后的$\boldsymbol{v}'$可以用四元数乘法表示。令两个四元数 $\boldsymbol{v}=[\boldsymbol{0},\boldsymbol{v}]$，

$p=\left[\cos\left(\frac{1}{2}\theta\right),\ \sin\left(\frac{1}{2}\theta\right)\boldsymbol{u}\right]$，那么：

$$\boldsymbol{v}'=p\boldsymbol{v}\,\boldsymbol{p}^{*}=p\boldsymbol{v}\,\boldsymbol{p}^{-1} \tag{2-33}$$

式中$\boldsymbol{v}'$表示绕旋转轴$\boldsymbol{u}$旋转θ后的$\boldsymbol{v}$所构成的四元数，$\boldsymbol{v}'$中实部为0，虚部为罗德里格斯公式的结果，即：

$$\boldsymbol{v}'=[\boldsymbol{0},\cos\theta\boldsymbol{v}+(\boldsymbol{1}-\cos\theta)(\boldsymbol{u}\cdot\boldsymbol{v})\boldsymbol{u}+\sin\theta(\boldsymbol{u}\times\boldsymbol{v})] \tag{2-34}$$

2.1.5 其他空间变换

已知欧式变换的变换矩阵为$\boldsymbol{T}=\begin{bmatrix}\boldsymbol{R} & \boldsymbol{t}\\ \boldsymbol{0}^{\mathrm{T}} & 1\end{bmatrix}$。除了欧式变换以外，三维空间还存在其他变换方式，包括相似变换、仿射变换和射影变换。

1）相似变换是等距变换和均匀缩放的一个复合，其矩阵表达为：

$$\boldsymbol{T}_S=\begin{bmatrix}\boldsymbol{SR} & \boldsymbol{t}\\ \boldsymbol{0}^{\mathrm{T}} & 1\end{bmatrix} \tag{2-35}$$

式中，$\boldsymbol{S}$为缩放因子，$\boldsymbol{S}=\begin{pmatrix}\beta_x & 1 & 1\\ 1 & \beta_y & 1\\ 1 & 1 & \beta_z\end{pmatrix}$，$\boldsymbol{R}$为一个正交矩阵。

2）仿射变换的矩阵表达为：

$$\boldsymbol{T}_A=\begin{bmatrix}\boldsymbol{A} & \boldsymbol{t}\\ \boldsymbol{0}^{\mathrm{T}} & 1\end{bmatrix} \tag{2-36}$$

式中，仿射变换的$\boldsymbol{A}$是一个可逆矩阵，仿射变换是旋转、缩放、平移和错切这四种变换的组合表示。

3）射影变换的矩阵形式为：

$$\boldsymbol{T}_P=\begin{bmatrix}\boldsymbol{A} & \boldsymbol{t}\\ \boldsymbol{a}^{\mathrm{T}} & 1\end{bmatrix} \tag{2-37}$$

射影变换是一种一般变换，射影变换可以理解为把理想点（平行直线在无穷远处的交点）变换到图像上，式中的$\boldsymbol{a}^{\mathrm{T}}$表示缩放。

2.2 空间变换的不同表示之间的互相转换与实战

在实际应用当中，不同空间变换的表示适用于不同的场景。比如欧拉角比较直观，容易理解，可视化或用户输出时可以用，但在实际计算时，四元数更有优势。其他参数化方法，往往用于不同的优化求解方案之中，因为在实际项目中，不同表示方式之间的变换也非常重要，本节主要介绍这些方式的原理以及对应的实现技术。

2.2.1 旋转矩阵与轴角

设旋转矩阵 $\boldsymbol{R}=\begin{bmatrix} r_{11} & r_{12} & r_{13} \\ r_{21} & r_{22} & r_{23} \\ r_{31} & r_{32} & r_{33} \end{bmatrix}$，轴角使用一个单位向量 $\boldsymbol{n}$ 和一个角度值 θ 来表示。仿射变换中如果已知轴角 $\boldsymbol{\omega}=\theta\boldsymbol{n}$，式中 $\boldsymbol{n}=[n_x,n_y,n_z]^{\mathrm{T}}$。根据罗德里格斯公式［式（2-12）］，则计算得到旋转矩阵：

$$\boldsymbol{R}=\begin{bmatrix} n_x^2+(1-n_x^2)\cos\theta & n_xn_y(1-\cos\theta)-n_z\sin\theta & n_xn_z(1-\cos\theta)+n_y\sin\theta \\ n_xn_y(1-\cos\theta)+n_z\sin\theta & n_y^2+(1-n_y^2)\cos\theta & n_yn_z(1-\cos\theta)-n_x\sin\theta \\ n_xn_z(1-\cos\theta)-n_y\sin\theta & n_yn_z(1-\cos\theta)+n_x\sin\theta & n_z^2+(1-n_z^2)\cos\theta \end{bmatrix} \tag{2-38}$$

如果已知旋转矩阵 $\boldsymbol{R}$，对式（2-12）两边取自身的迹，则有：

$$\begin{aligned} \mathrm{tr}(\boldsymbol{R}) &= \cos\theta\,\mathrm{tr}(\boldsymbol{I})+(1-\cos\theta)\,\mathrm{tr}(\boldsymbol{n}\boldsymbol{n}^{\mathrm{T}})+\sin\theta\,\mathrm{tr}(\boldsymbol{n}^{\wedge}) \\ &= 3\cos\theta+(1-\cos\theta) \\ &= 1+2\cos\theta \end{aligned} \tag{2-39}$$

因此：

$$\theta=\arccos\frac{\mathrm{tr}(\boldsymbol{R})-1}{2} \tag{2-40}$$

对于转轴 $\boldsymbol{n}$，在旋转后保持不变，因此：

$$\boldsymbol{R}\boldsymbol{n}=\boldsymbol{n} \tag{2-41}$$

因此，转轴 $\boldsymbol{n}$ 是矩阵 $\boldsymbol{R}$ 特征值 1 对应的特征向量，求解方程之后进行归一化得到旋转轴。

旋转矩阵与轴角定义及转换实战

源代码第 2 章文件夹下，如图 2-5 所示，在 Visual Studio 中配置 eigen 后可以直接在项目中

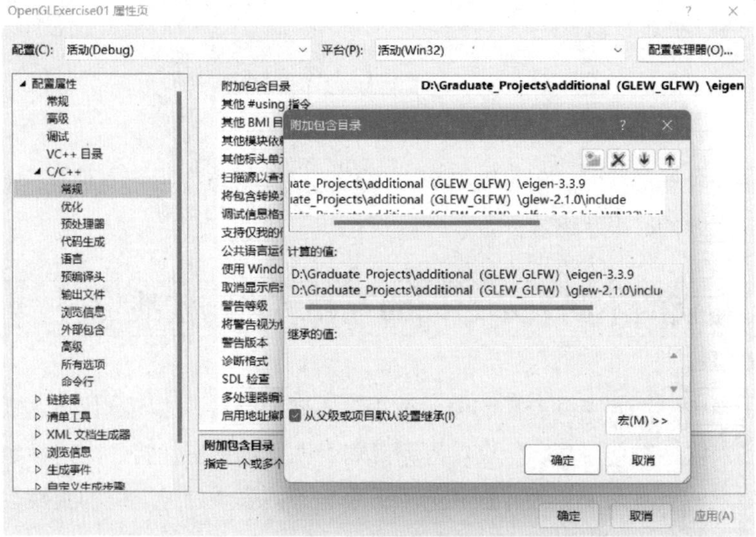

图 2-5　Visual Studio 中的 eigen 配置

编译执行。Eigen 是一个高层次的 C++库，有效支持线性代数、矩阵和矢量运算、数值分析及其相关的算法。由于 Eigen 是一个 C++模板库，直接将库下载后放在项目目录下，然后在 Visual Studio 项目属性页的附加包的目录中添加 eigen 文件夹位置，在 C++文件内直接包含头文件就能使用，非常方便。此外，Eigen 的接口清晰且稳定高效。

在程序源代码中首先定义轴角和旋转矩阵变量，在 eigen 中的旋转矩阵和轴角类型分别为：

```
Eigen::AngleAxisd rotation_vector(alpha,Vector3d(x,y,z));//轴角 rotation_vector
Eigen::Matrix3d rotation_matrix;//旋转矩阵
```

其中 alpha 表示旋转角度所对应的弧度表示，Vector3d(x,y,z)为旋转轴对应的单位向量。

已知轴角，求旋转矩阵可以使用以下两种方式：

```
rotation_vector.matrix();
```

或

```
rotation_vector.toRotationMatrix();
```

已知旋转矩阵，求轴角可以使用以下三种方式：

```
AngleAxisd V2;
V2.fromRotationMatrix(rotation_matrix);
```

或

```
AngleAxisd V3;
V3 =rotation_matrix;
```

或

```
AngleAxisd V4(rotation_matrix);
```

2.2.2 旋转矩阵与欧拉角

已知欧拉角，根据式（2-17）和式（2-18），*ZYX* 顺序的内旋与 *XYZ* 顺序的外旋得到的旋转矩阵一致，因此$\boldsymbol{R}_1=\boldsymbol{R}_2=Z(\gamma)Y(\beta)X(\alpha)$，则：

$$\boldsymbol{R}=\begin{bmatrix}\cos\beta\cos\gamma & \sin\alpha\sin\beta\cos\gamma-\cos\alpha\sin\gamma & \cos\alpha\sin\beta\cos\gamma+\sin\alpha\sin\gamma\\ \cos\beta\sin\gamma & \sin\alpha\sin\beta\sin\gamma+\cos\alpha\cos\gamma & \cos\alpha\sin\beta\sin\gamma-\sin\alpha\cos\gamma\\ -\sin\beta & \sin\alpha\cos\beta & \cos\alpha\cos\beta\end{bmatrix} \tag{2-42}$$

如果已知旋转矩阵 $\boldsymbol{R}$，则以 *ZYX* 顺序的内旋计算出的欧拉角为：

$$\begin{cases}\alpha=\arctan2(r_{32},r_{33})\\ \beta=\arctan2(-r_{31},\sqrt{r_{11}^2+r_{21}^2})\\ \gamma=\arctan2(r_{21},r_{11})\end{cases} \tag{2-43}$$

旋转矩阵与欧拉角定义及转换实战

在 eigen 中欧拉角的表示比较简单，直接用一个三维向量表示，即：

```
Eigen::Vector3d eulerAngle;
```

已知旋转矩阵 $\boldsymbol{R}$，转换为欧拉角：

```
eulerAngle = rotation_matrix.eulerAngles(2, 1, 0);
//旋转矩阵转欧拉角,0 表示 X 轴,1 表示 Y 轴,2 表示 Z 轴,表示 ZYX 顺序的内旋
```

已知欧拉角，求旋转矩阵：

```
rotation_matrix1=Eigen::AngleAxisd(eulerAngle[0],Eigen::Vector3d::UnitZ())*
Eigen::AngleAxisd(eulerAngle[1],Eigen::Vector3d::UnitY())* Eigen::AngleAxisd
(eulerAngle[2], Eigen::Vector3d::UnitX());
```

2.2.3 旋转矩阵与四元数

设四元数 $\boldsymbol{q}=q_0+q_1\mathrm{i}+q_2\mathrm{j}+q_3\mathrm{k}=[s,\ \boldsymbol{v}]^{\mathrm{T}}$，定义如下符号：

$$\boldsymbol{q}^{+}=\begin{bmatrix} s & -\boldsymbol{v}^{\mathrm{T}} \\ \boldsymbol{v} & s\boldsymbol{I}+\boldsymbol{v}^{\wedge} \end{bmatrix},\boldsymbol{q}^{\oplus}=\begin{bmatrix} s & -\boldsymbol{v}^{\mathrm{T}} \\ \boldsymbol{v} & s\boldsymbol{I}-\boldsymbol{v}^{\wedge} \end{bmatrix} \tag{2-44}$$

这两个符号运算将四元数映射成一个 4×4 的矩阵，因此四元数的乘法的矩阵形式为：

$$\boldsymbol{q}_1^{+}\boldsymbol{q}_2=\begin{bmatrix} s_1 & -\boldsymbol{v}_1^{\mathrm{T}} \\ \boldsymbol{v}_1 & s_1\boldsymbol{I}+\boldsymbol{v}_1^{\wedge} \end{bmatrix}\begin{bmatrix} s_2 \\ \boldsymbol{v}_2 \end{bmatrix}=\begin{bmatrix} -\boldsymbol{v}_1^{\mathrm{T}}\boldsymbol{v}_2+s_1s_2 \\ s_1\boldsymbol{v}_2+s_2\boldsymbol{v}_1+\boldsymbol{v}_1^{\wedge}\boldsymbol{v}_2 \end{bmatrix}=\boldsymbol{q}_1\boldsymbol{q}_2 \tag{2-45}$$

同理可得：

$$\boldsymbol{q}_1\boldsymbol{q}_2=\boldsymbol{q}_1^{+}\boldsymbol{q}_2=\boldsymbol{q}_2^{\oplus}\boldsymbol{q}_1 \tag{2-46}$$

根据式（2-33）得：

$$\boldsymbol{p}'=\boldsymbol{q}\boldsymbol{p}\boldsymbol{q}^{-1}=\boldsymbol{q}^{+}\boldsymbol{p}^{+}\boldsymbol{q}^{-1}=\boldsymbol{q}^{+}\boldsymbol{q}^{-1\oplus}\boldsymbol{p} \tag{2-47}$$

带入两个符号矩阵，得：

$$\boldsymbol{q}^{+}(\boldsymbol{q}^{-1})^{\oplus}=\begin{bmatrix} s & -\boldsymbol{v}^{\mathrm{T}} \\ \boldsymbol{v} & s\boldsymbol{I}+\boldsymbol{v}^{\wedge} \end{bmatrix}\begin{bmatrix} s & \boldsymbol{v}^{\mathrm{T}} \\ -\boldsymbol{v} & s\boldsymbol{I}+\boldsymbol{v}^{\wedge} \end{bmatrix}=\begin{bmatrix} \boldsymbol{1} & \boldsymbol{0} \\ \boldsymbol{0}^{\mathrm{T}} & \boldsymbol{v}^{\mathrm{T}}+s^2\boldsymbol{I}+2s\,\boldsymbol{v}^{\wedge}+(\boldsymbol{v}^{\wedge})^2 \end{bmatrix} \tag{2-48}$$

因为 $\boldsymbol{p}'$ 和 $\boldsymbol{p}$ 都是虚四元数，则：

$$\boldsymbol{R}=\boldsymbol{v}\,\boldsymbol{v}^{\mathrm{T}}+s^2\boldsymbol{I}+2s\boldsymbol{v}^{\wedge}+(\boldsymbol{v}^{\wedge})^2 \tag{2-49}$$

展开后得：

$$\boldsymbol{R}=\begin{bmatrix} 1-2q_2^2-2q_3^2 & 2q_1q_2-2q_0q_3 & 2q_1q_3+2q_0q_2 \\ 2q_1q_2+2q_0q_3 & 1-2q_1^2-2q_3^2 & 2q_2q_3-2q_0q_1 \\ 2q_1q_3-2q_0q_2 & 2q_2q_3+2q_0q_1 & 1-2q_1^2-2q_2^2 \end{bmatrix} \tag{2-50}$$

如果已知旋转矩阵 $\boldsymbol{R}$，则四元数计算：

$$\begin{cases} q_0=\dfrac{\sqrt{1+r_{11}+r_{22}+r_{33}}}{2} \\ q_1=\dfrac{r_{32}-r_{23}}{4q_0} \\ q_2=\dfrac{r_{13}-r_{31}}{4q_0} \\ q_3=\dfrac{r_{21}-r_{12}}{4q_0} \end{cases} \tag{2-51}$$

式中，要满足$q_0\neq0$，$1+r_{11}+r_{22}+r_{33}>0$，即$1+\mathrm{tr}(R)>0$。

旋转矩阵与四元数定义及转换实战

在 eigen 中四元数数据类型为：

```
Eigen::Quaterniond quaternion4(0.92388, 0, 0, 0.382683);
//输出时前三个为虚部,第四个为实部,而输入时第一个为实部
```

已知四元数转旋转矩阵：

```
rotation_matrix2 = quaternion1.matrix();
```

或

```
rotation_matrix3 = quaternion1.toRotationMatrix();
```

已知旋转矩阵转四元数：

```
Eigen::Quaterniond quaternion2(rotation_matrix2);
```

或

```
Eigen::Quaterniond quaternion3;
quaternion3 = rotation_matrix2;
```

2.2.4 轴角与四元数

已知轴角，绕单位向量$\boldsymbol{n}=[n_x,n_y,n_z]^{\mathrm{T}}$旋转角度$\theta$，则求得四元数：

$$p=\left[\cos\left(\frac{1}{2}\theta\right),\sin\left(\frac{1}{2}\theta\right)n_x,\sin\left(\frac{1}{2}\theta\right)n_y,\sin\left(\frac{1}{2}\theta\right)n_z\right] \tag{2-52}$$

如果已知四元数$\boldsymbol{q}=q_0+q_1\mathrm{i}+q_2\mathrm{j}+q_3\mathrm{k}=[s,\boldsymbol{v}]^{\mathrm{T}}$，对式（2-46）两边同时求迹，得：

$$\begin{aligned} \mathrm{tr}(\boldsymbol{R})&=\mathrm{tr}(\boldsymbol{v}\boldsymbol{v}^{\mathrm{T}}+3s^2+2s\cdot0+\mathrm{tr}((\boldsymbol{v}^{\wedge})^2)) \\ &=v_1^2+v_2^2+v_3^2+3s^2-2(v_1^2+v_2^2+v_3^2) \\ &=(1-s^2)+3s^2-2(1-s^2) \\ &=4s^2-1 \end{aligned} \tag{2-53}$$

又根据式（2-37）得：

$$\theta=\arccos\frac{\mathrm{tr}(\boldsymbol{R}-1)}{2}=\arccos(2s^2-1) \tag{2-54}$$

即：

$$\cos\theta = 2s^2 - 1 = 2\cos^2\frac{\theta}{2} - 1 \tag{2-55}$$

所以：

$$\theta = 2\arccos s \tag{2-56}$$

对于旋转轴，虚部构成的向量在旋转时是不动的，只需要将其除以它的模，因此：

$$\begin{cases} \theta = 2\arccos q_0 \\ [n_x, n_y, n_z]^T = [q_1, q_2, q_3]^T / \sin\dfrac{\theta}{2} \end{cases} \tag{2-57}$$

轴角与四元数定义及转换实战

已知轴角求四元数：

```
Eigen::Quaterniond quaternion4(rotation_vector);
```

或

```
Eigen::Quaterniond quaternion5;
quaternion5 =rotation_vector;
```

已知四元数求轴角：

```
Eigen::AngleAxisd V5(quaternion4);
```

或

```
Eigen::AngleAxisd V6;
V6 = quaternion4;
```

2.2.5 轴角与欧拉角

轴角与欧拉角采用间接转换的方式，从轴角转到欧拉角需要先将轴角转换为旋转矩阵再转换为欧拉角，而从欧拉角转到轴角则需要先将欧拉角每个元素转换为单一的轴角再相乘之后转换为最终的轴角。

轴角与欧拉角定义及转换实战

已知轴角求欧拉角：

```
Eigen::Vector3d eulerAngle1 = rotation_vector.matrix().eulerAngles(2, 1, 0);
```

已知欧拉角求轴角：

```
Eigen::AngleAxisd rollAngle(AngleAxisd(eulerAngle1(2), Vector3d::UnitX()));
Eigen::AngleAxisd pitchAngle(AngleAxisd(eulerAngle1(1), Vector3d::UnitY()));
Eigen::AngleAxisd yawAngle(AngleAxisd(eulerAngle1(0), Vector3d::UnitZ()));
Eigen::AngleAxisd rotation_vector1;
Rotation_vector1 = yawAngle * pitchAngle * rollAngle;
```

2.2.6 欧拉角与四元数

将 ZYX 内旋方式旋转的欧拉角（或者说是绕固定轴 X-Y-Z 依次旋转 α、β 和 γ）转换为四元数（四元数的变换叠加）：

$$q=\begin{bmatrix}\cos\frac{\gamma}{2}\\0\\0\\\sin\frac{\gamma}{2}\end{bmatrix}\begin{bmatrix}\cos\frac{\beta}{2}\\0\\\sin\frac{\beta}{2}\\0\end{bmatrix}\begin{bmatrix}\cos\frac{\alpha}{2}\\\sin\frac{\alpha}{2}\\0\\0\end{bmatrix}=\begin{bmatrix}\cos\frac{\alpha}{2}\cos\frac{\beta}{2}\cos\frac{\gamma}{2}+\sin\frac{\alpha}{2}\sin\frac{\beta}{2}\sin\frac{\gamma}{2}\\\sin\frac{\alpha}{2}\cos\frac{\beta}{2}\cos\frac{\gamma}{2}-\cos\frac{\alpha}{2}\sin\frac{\beta}{2}\sin\frac{\gamma}{2}\\\cos\frac{\alpha}{2}\sin\frac{\beta}{2}\cos\frac{\gamma}{2}+\sin\frac{\alpha}{2}\cos\frac{\beta}{2}\sin\frac{\gamma}{2}\\\cos\frac{\alpha}{2}\cos\frac{\beta}{2}\sin\frac{\gamma}{2}-\sin\frac{\alpha}{2}\sin\frac{\beta}{2}\cos\frac{\gamma}{2}\end{bmatrix}\tag{2-58}$$

根据式（2-58）可以计算逆解，即 $\boldsymbol{q}=q_0+q_1\mathrm{i}+q_2\mathrm{j}+q_3\mathrm{k}=[s,\boldsymbol{v}]^{\mathrm{T}}$到欧拉角转换为：

$$\begin{bmatrix}\alpha\\\beta\\\gamma\end{bmatrix}=\begin{bmatrix}\arctan\dfrac{2(q_0q_1+q_2q_3)}{1-2(q_1^2+q_2^2)}\\\arcsin\left(2(q_0q_2-q_3q_1)\right)\\\arctan\dfrac{2(q_0q_3+q_1q_2)}{1-2(q_2^2+q_3^2)}\end{bmatrix}\tag{2-59}$$

由于 arctan 和 arcsin 的取值范围在$\left[\frac{-\pi}{2},\frac{\pi}{2}\right]$，而绕某个轴旋转时最大为 360°，因此使用 atan2 函数代替 arctan 函数：

$$\begin{bmatrix}\alpha\\\beta\\\gamma\end{bmatrix}=\begin{bmatrix}\mathrm{atan}\,2(2(q_0q_1+q_2q_3),1-2(q_1^2+q_2^2))\\\mathrm{asin}\,(2(q_0q_2-q_3q_1))\\\mathrm{atan}\,2(2(q_0q_3+q_1q_2),1-2(q_2^2+q_3^2))\end{bmatrix}\tag{2-60}$$

欧拉角与四元数定义及转换实战

已知欧拉角求四元数：

```
Eigen::Quaterniond quaternion6;

quaternion6 = Eigen:: AngleAxisd (eulerAngle1 [ 0 ], Eigen:: Vector3d:: UnitZ ( )) *
Eigen::AngleAxisd(eulerAngle1[1],Eigen::Vector3d::UnitY()) * Eigen::AngleAxisd
(eulerAngle1[2], Eigen::Vector3d::UnitX());
```

已知四元数求欧拉角：

```
Eigen::Vector3d eulerAngle2 = quaternion6.matrix().eulerAngles(2, 1, 0);
```

2.2.7 空间变换实战

欧式变换在 eigen 中对应：

```
Eigen::Isometry3d T;
```

设置旋转和平移，有左乘和右乘的区别：

```
T.rotate(V);//设置旋转部分
T.pretranslate(translation);//相当于旋转矩阵左乘平移,即先平移后旋转
T.rotate(V);//设置旋转部分
T.translate(translation);//相当于旋转矩阵右乘平移,即先旋转后平移
```

如果对一个点做变换：

```
Eigen::Vector3d p1(2, 3, 4);
auto p2 = T * p1;
```

而仿射变换和射影变换在 eigen 中分别对应：

```
Eigen::Affine3d A = Affine3d::Identity();//仿射变换
Eigen::Projective3d P = Projective3d::Identity();//射影变换
```

2.3 对应点已知时最优变换求解原理与实战

当两组点云对应点已知时，如何求解变换矩阵？已经有四种成熟的解法，分别是基于 SVD 分解、基于正交矩阵、基于单位四元数和基于对偶四元数。这四种解法在精度和稳定性方面各有所长，但差别不大。此处仅介绍基于 SVD 分解的解法，其他解法可参阅相应的文献资料。

2.3.1 刚性变换的问题描述

令 $P=\{p_1,p_2,\cdots,p_n\}$ 和 $Q=\{q_1,q_2,\cdots,q_n\}$ 是$\boldsymbol{R}^d$空间内的两组对应的点。希望找到一个刚性的变换，在最小二乘的意义上最优地对齐两个点集，也就是说，寻找一个旋转矩阵 $\boldsymbol{R}$ 和一个平移向量 $\boldsymbol{t}$ 来满足：

$$(\boldsymbol{R},\boldsymbol{t}) = \underset{\boldsymbol{R}\in SO(d),\boldsymbol{t}\in \boldsymbol{R}^d}{\arg\min} \sum_{i=1}^{n} \omega_i \|(\boldsymbol{R}p_i+\boldsymbol{t})-q_i\|^2 \tag{2-61}$$

式中，$\omega_i>0$ 是每个对点的权重。

2.3.2 最优平移向量求解

假设 $\boldsymbol{R}$ 被固定并定义 $\boldsymbol{F}(\boldsymbol{t})=\sum_{i=1}^{n}\omega_i\|(\boldsymbol{R}p_i+\boldsymbol{t})-q_i\|^2$。参考 The Matrix Cookbook（矩阵计算）可知$\frac{\partial\|x\|_2^2}{\partial x}=\frac{\partial(x^Tx)}{\partial x}=2x$。可以通过取 $\boldsymbol{F}(\boldsymbol{t})$ 相对于 $\boldsymbol{t}$ 的导数并计算它的根来找到最优平移向量 $\boldsymbol{t}$：

$$
\begin{aligned}
0 = \frac{\partial \boldsymbol{F}}{\partial \boldsymbol{t}} &= \sum_{i=1}^{n} 2\,\omega_i(\boldsymbol{R}\,p_i + \boldsymbol{t} - q_i) \\
&= 2\boldsymbol{t}\left(\sum_{i=1}^{n}\omega_i\right) + 2\boldsymbol{R}\left(\sum_{i=1}^{n}\omega_i\,p_i\right) - 2\sum_{i=1}^{n}\omega_i\,q_i
\end{aligned} \tag{2-62}
$$

定义：

$$
\bar{p} = \frac{\sum_{i=1}^{n}\omega_i p_i}{\sum_{i=1}^{n}\omega_i}, \bar{q} = \frac{\sum_{i=1}^{n}\omega_i q_i}{\sum_{i=1}^{n}\omega_i} \tag{2-63}
$$

通过重新排列上面公式的项，可以得到：

$$
t = \bar{q} - R\,\bar{p} \tag{2-64}
$$

换句话说，最优平移向量 $\boldsymbol{t}$ 将被变换的点集 P 的加权质心映射到点集 Q 的加权质心。将最优平移向量 $\boldsymbol{t}$ 代入目标函数：

$$
\sum_{i=1}^{n}\omega_i\,\|(\boldsymbol{R}\,p_i + \boldsymbol{t}) - q_i\|^2 = \sum_{i=1}^{n}\omega_i\,\|\boldsymbol{R}\,p_i + \bar{q} - R\,\bar{p} - q_i\|^2 \tag{2-65}
$$

$$
= \sum_{i=1}^{n}\omega_i\,\|\boldsymbol{R}(p_i - \bar{p}) - (q_i - \bar{q})\|^2 \tag{2-66}
$$

定义：

$$
x_i := p_i - \bar{p}, y_i := q_i - \bar{q} \tag{2-67}
$$

所以寻找的最佳旋转矩阵 $\boldsymbol{R}$，使其满足：

$$
\boldsymbol{R} = \underset{\boldsymbol{R}\in SO(d)}{\arg\min}\sum_{i=1}^{n}\omega_i\,\|\boldsymbol{R}\,x_i - y_i\|^2 \tag{2-68}
$$

2.3.3 最优旋转矩阵求解

对式（2-68）重新整理可得：

$$
\begin{aligned}
\|\boldsymbol{R}\,x_i - y_i\|^2 &= (\boldsymbol{R}\,x_i - y_i)^{\mathrm{T}}(\boldsymbol{R}\,x_i - y_i) = (x_i^{\mathrm{T}}\boldsymbol{R}^{\mathrm{T}} - y_i^{\mathrm{T}})(\boldsymbol{R}\,x_i - y_i) \\
&= x_i^{\mathrm{T}}\boldsymbol{R}^{\mathrm{T}}\boldsymbol{R}\,x_i - y_i^{\mathrm{T}}\boldsymbol{R}\,x_i - x_i^{\mathrm{T}}\boldsymbol{R}^{\mathrm{T}}y_i + y_i^{\mathrm{T}}y_i \\
&= x_i^{\mathrm{T}}x_i - y_i^{\mathrm{T}}\boldsymbol{R}\,x_i - x_i^{\mathrm{T}}\boldsymbol{R}^{\mathrm{T}}y_i + y_i^{\mathrm{T}}y_i
\end{aligned} \tag{2-69}
$$

通过旋转矩阵的正交性得 $\boldsymbol{R}\,\boldsymbol{R}^{\mathrm{T}} = \boldsymbol{R}^{\mathrm{T}}\boldsymbol{R} = \boldsymbol{I}$（$\boldsymbol{I}$ 是单位矩阵）。

需要注意的是，$x_i^{\mathrm{T}}\boldsymbol{R}^{\mathrm{T}}y_i$是一个标量：$x_i^{\mathrm{T}}$维度为 $1\times d$，$\boldsymbol{R}^{\mathrm{T}}$维度为 $d\times d$ 并且y_i的维度为 $d\times 1$。对于任何标量 a，通常都有 $a = a^{\mathrm{T}}$，因此

$$
x_i^{\mathrm{T}}\boldsymbol{R}^{\mathrm{T}}y_i = (x_i^{\mathrm{T}}\boldsymbol{R}^{\mathrm{T}}y_i)^{\mathrm{T}} = y_i^{\mathrm{T}}\boldsymbol{R}\,x_i \tag{2-70}
$$

因此有

$$
\|\boldsymbol{R}\,x_i - y_i\|^2 = x_i^{\mathrm{T}}x_i - 2\,y_i^{\mathrm{T}}\boldsymbol{R}\,x_i + y_i^{\mathrm{T}}y_i \tag{2-71}
$$

将式（2-71）替换式（2-68）：

$$
\begin{aligned}
\underset{\boldsymbol{R}\in SO(d)}{\arg\min}\sum_{i=1}^{n}\omega_i\,\|\boldsymbol{R}\,x_i - y_i\|^2 &= \underset{\boldsymbol{R}\in SO(d)}{\arg\min}\sum_{i=1}^{n}\omega_i(x_i^{\mathrm{T}}x_i - 2\,y_i^{\mathrm{T}}\boldsymbol{R}\,x_i + y_i^{\mathrm{T}}y_i) \\
&= \underset{\boldsymbol{R}\in SO(d)}{\arg\min}\left(\sum_{i}^{n}\omega_i\,x_i^{\mathrm{T}}x_i - 2\sum_{i}^{n}\omega_i\,y_i^{\mathrm{T}}\boldsymbol{R}\,x_i + \sum_{i}^{n}\omega_i\,y_i^{\mathrm{T}}y_i\right)
\end{aligned}
$$

$$= \underset{\boldsymbol{R}\in SO(d)}{\arg\min}\left(-2\sum_{i}^{n} \omega_i y_i^{\mathrm{T}} \boldsymbol{R} x_i\right) \tag{2-72}$$

最后一步（移除 $\sum_{i=1}^{n} \boldsymbol{\omega}_i x_i^{\mathrm{T}} x_i$ 和 $\sum_{i=1}^{n} \boldsymbol{\omega}_i y_i^{\mathrm{T}} y_i$）成立，因为这些表达式不依赖于 $\boldsymbol{R}$，所以移除它们不会影响最小值。最小化表达式乘以标量也是如此，所以有

$$\underset{\boldsymbol{R}\in SO(d)}{\arg\min}\left(-2\sum_{i}^{n} \omega_i y_i^{\mathrm{T}} \boldsymbol{R} x_i\right) = \underset{\boldsymbol{R}\in SO(d)}{\arg\max}\sum_{i=1}^{n} \omega_i y_i^{\mathrm{T}} \boldsymbol{R} x_i \tag{2-73}$$

将上式可以改为矩阵形式如下：

$$\sum_{i=1}^{n} \omega_i y_i^{\mathrm{T}} \boldsymbol{R} x_i = \mathrm{tr}(\boldsymbol{W}\boldsymbol{Y}^{\mathrm{T}}\boldsymbol{R}\boldsymbol{X}) \tag{2-74}$$

式中，$\boldsymbol{W}=\mathrm{diag}(\omega_1,\omega_2,\cdots,\omega_n)$ 是带加权对角元素 $\boldsymbol{\omega}_i$ 的 $n\times n$ 对角矩阵；$\boldsymbol{Y}$ 是一个以 y_i 为列的 $d\times n$ 矩阵，$\boldsymbol{X}$ 是一个以 x_i 为列的 $d\times n$ 矩阵。在这里提醒读者，方阵的迹是对角线上元素的和：$\mathrm{tr}(A)=\sum_{i=1}^{n} a_{ii}$。图 2-6 所示为代数操作的说明。

$$\begin{bmatrix} \omega_1 & & & \\ & \omega_2 & & \\ & & \ddots & \\ & & & \omega_n \end{bmatrix} \begin{bmatrix} \cdots & y_1^{\mathrm{T}} & \cdots \\ \cdots & y_2^{\mathrm{T}} & \cdots \\ & \vdots & \\ \cdots & y_n^{\mathrm{T}} & \cdots \end{bmatrix} \begin{bmatrix} & & \\ & R & \\ & & \end{bmatrix} \begin{bmatrix} \vdots & \vdots & & \vdots \\ x_1 & x_2 & \cdots & x_n \\ \vdots & \vdots & & \vdots \end{bmatrix} =$$

$$= \begin{bmatrix} \cdots & \omega_1 y_1^{\mathrm{T}} & \cdots \\ \cdots & \omega_2 y_2^{\mathrm{T}} & \cdots \\ & \vdots & \\ \cdots & \omega_n y_n^{\mathrm{T}} & \cdots \end{bmatrix} \begin{bmatrix} \vdots & \vdots & & \vdots \\ Rx_1 & Rx_2 & \cdots & Rx_n \\ \vdots & \vdots & & \vdots \end{bmatrix} = \begin{bmatrix} \omega_1 y_1^{\mathrm{T}} R x_1 & & & * \\ & \omega_2 y_2^{\mathrm{T}} R x_2 & & \\ & & \ddots & \\ * & & & \omega_n y_n^{\mathrm{T}} R x_n \end{bmatrix}$$

图 2-6 $\sum_{i=1}^{n} \omega_i y_i^{\mathrm{T}} \boldsymbol{R} x_i = \mathrm{tr}(\boldsymbol{W}\boldsymbol{Y}^{\mathrm{T}}\boldsymbol{R}\boldsymbol{X})$ 原理解释

因此，要寻找一个最大化 $\mathrm{tr}(\boldsymbol{W}\boldsymbol{Y}^{\mathrm{T}}\boldsymbol{R}\boldsymbol{X})$ 的旋转矩阵 $\boldsymbol{R}$。矩阵迹具有性质：

$$\mathrm{tr}(AB)=\mathrm{tr}(BA) \tag{2-75}$$

这里不要求 A 和 B 为方阵，只要 AB 是方阵即可，因此：

$$\mathrm{tr}(\boldsymbol{W}\boldsymbol{Y}^{\mathrm{T}}\boldsymbol{R}\boldsymbol{X})=\mathrm{tr}((\boldsymbol{W}\boldsymbol{Y}^{\mathrm{T}})(\boldsymbol{R}\boldsymbol{X}))=\mathrm{tr}(\boldsymbol{R}\boldsymbol{X}\boldsymbol{W}\boldsymbol{Y}^{\mathrm{T}}) \tag{2-76}$$

定义 $d\times d$ 的协方差矩阵 $\boldsymbol{S}=\boldsymbol{X}\boldsymbol{W}\boldsymbol{Y}^{\mathrm{T}}$。对 $\boldsymbol{S}$ 进行 SVD 分解：

$$\boldsymbol{S}=U\Sigma V^{\mathrm{T}} \tag{2-77}$$

现在将分解替换到式（2-76）中：

$$\mathrm{tr}(\boldsymbol{R}\boldsymbol{X}\boldsymbol{W}\boldsymbol{Y}^{\mathrm{T}})=\mathrm{tr}(\boldsymbol{R}\boldsymbol{S})=\mathrm{tr}(\boldsymbol{R}\boldsymbol{U}\Sigma\boldsymbol{V}^{\mathrm{T}})=\mathrm{tr}(\boldsymbol{\Sigma}\boldsymbol{V}^{\mathrm{T}}\boldsymbol{R}\boldsymbol{U}) \tag{2-78}$$

最后一步是使用迹的属性实现的。式中，$\boldsymbol{V}$、$\boldsymbol{R}$ 和 $\boldsymbol{U}$ 都是正交矩阵，所以 $\boldsymbol{M}=\boldsymbol{V}^{\mathrm{T}}\boldsymbol{R}\boldsymbol{U}$ 也是正交矩阵。这意味着 $\boldsymbol{M}$ 的列是正交向量，对于每个 $\boldsymbol{M}$ 的列 m_j，$m_j^{\mathrm{T}}m_j=1$。因此 $\boldsymbol{M}$ 的所有元素 $m_{ij}\leqslant 1$：

$$1=m_j^{\mathrm{T}}m_j=\sum_{i=1}^{d} m_{ij}^2 \Rightarrow m_{ij}^2 \leqslant 1 \Rightarrow |m_{ij}| \leqslant 1 \tag{2-79}$$

$\boldsymbol{\Sigma}$ 是一个对角矩阵，具有非负元素 $\boldsymbol{\sigma}_1$，$\boldsymbol{\sigma}_2$，…，$\boldsymbol{\sigma}_d\geqslant 0$。因此：

$$\operatorname{tr}(\Sigma \boldsymbol{M}) = \begin{pmatrix} \sigma_1 & & & \\ & \sigma_2 & & \\ & & \ddots & \\ & & & \sigma_d \end{pmatrix} \begin{pmatrix} m_{11} & m_{12} & \cdots & m_{1d} \\ m_{21} & m_{22} & \cdots & m_{2d} \\ \vdots & & & \vdots \\ m_{d1} & m_{d2} & \cdots & m_{dd} \end{pmatrix} \tag{2-80}$$

$$= \sum_{i=1}^{d} \sigma_i m_{ii} \leqslant \sum_{i=1}^{d} \sigma_i$$

因此，对角元素为 1 时，上式取最大值，同时根据上述正交约束，使得非对角元素为 0，最终可以得到，只有当 $\boldsymbol{M}$ 为单位矩阵时 $\operatorname{tr}(\boldsymbol{\Sigma M})$ 最大，

$$\mathrm{I} = \boldsymbol{M} = \boldsymbol{V}^{\mathrm{T}}\boldsymbol{R}\boldsymbol{U} \rightarrow \boldsymbol{V} = \boldsymbol{R}\boldsymbol{U} \rightarrow \boldsymbol{R} = \boldsymbol{V}\boldsymbol{U}^{\mathrm{T}} \tag{2-81}$$

2.3.4 反射矩阵消除

上面得到的矩阵并不能保证是一个旋转矩阵，可能为反射矩阵（Reflection Matrix），此时可以通过验证 $\boldsymbol{VU}^{\mathrm{T}}$的行列式来判断到底是旋转（$\det(\boldsymbol{VU}^{\mathrm{T}})=1$）还是反射（$\det(\boldsymbol{VU}^{\mathrm{T}})=-1$）。为了确保是旋转矩阵，这时需要对式（2-81）进一步处理。

假设 $\det(\boldsymbol{VU}^{\mathrm{T}})=-1$，则限制 $\boldsymbol{R}$ 为旋转矩阵就意味着 $\boldsymbol{M}=\boldsymbol{V}^{\mathrm{T}}\boldsymbol{RU}$ 为反射矩阵，于是找到一个反射矩阵 $\boldsymbol{M}$ 来最大化：

$$\operatorname{tr}(\Sigma \boldsymbol{M}) = \sigma_1 m_{11} + \sigma_2 m_{22} + \cdots + \sigma_d m_{dd} =: f(m_{11}, m_{22}, \cdots, m_{dd}) \tag{2-82}$$

式中，f是以m_{11}，m_{22}，…，m_{dd}为变量的线性函数，由于$m_{ii} \in [-1,1]$，其极大值在其定义域的边界处。于是当 $\forall i$，$m_{ii}=1$ 时，f取得最大值，但是此时的 $\boldsymbol{R}$ 为反射矩阵，所以并不能这样取值。然后来看第二个极大值点（$1,1,\cdots,-1$），有：

$$f = \operatorname{tr}(\Sigma \boldsymbol{M}) = \sigma_1 + \sigma_2 + \cdots + \sigma_{d-1} - \sigma_d \tag{2-83}$$

这个值大于任何其他的自变量取值（$\pm1,\pm1,\cdots,\pm1$），除了（$1,1,\cdots,1$），因为奇异值是经过排序的，$\boldsymbol{\sigma}_d$是最小的奇异值。总而言之，得出这样一个事实，如果 $\det(\boldsymbol{VU}^{\mathrm{T}})=-1$，需要

$$\boldsymbol{M} = \boldsymbol{V}^{\mathrm{T}}\boldsymbol{RU} = \begin{pmatrix} 1 & & & & \\ & 1 & & & \\ & & \ddots & & \\ & & & 1 & \\ & & & & -1 \end{pmatrix} \Rightarrow \boldsymbol{R} = \boldsymbol{V} \begin{pmatrix} 1 & & & & \\ & 1 & & & \\ & & \ddots & & \\ & & & 1 & \\ & & & & -1 \end{pmatrix} \boldsymbol{U}^{\mathrm{T}} \tag{2-84}$$

可以写出一个包含两种情况的通用公式，$\det(\boldsymbol{VU}^{\mathrm{T}})=1$ 和 $\det(\boldsymbol{VU}^{\mathrm{T}})=-1$：

$$\boldsymbol{R} = \boldsymbol{V} \begin{pmatrix} 1 & & & & \\ & 1 & & & \\ & & \ddots & & \\ & & & 1 & \\ & & & & \det(\boldsymbol{VU}^{\mathrm{T}}) \end{pmatrix} \boldsymbol{U}^{\mathrm{T}} \tag{2-85}$$

2.3.5 基于 SVD 刚性变换矩阵计算流程总结

总结一下计算最优平移向量 $\boldsymbol{t}$ 和最优旋转矩阵 $\boldsymbol{R}$ 的步骤。

$$\sum_{i=1}^{n} \omega_i \|(\boldsymbol{R}p_i + \boldsymbol{t}) - q_i\|^2$$

1）计算两个点集的加权质心：

$$\bar{p} = \frac{\sum_{i=1}^{n} \omega_i p_i}{\sum_{i=1}^{n} \omega_i}, \bar{q} = \frac{\sum_{i=1}^{n} \omega_i q_i}{\sum_{i=1}^{n} \omega_i}$$

2）计算中心向量：

$$x_i := p_i - \bar{p}, y_i := q_i - \bar{q}, i = 1, 2, \cdots, n$$

3）计算 $d \times d$ 的协方差矩阵：

$$\boldsymbol{S} = \boldsymbol{XWY}^{\mathrm{T}}$$

式中，$\boldsymbol{W} = \mathrm{diag}(\omega_1, \omega_2, \cdots, \omega_n)$ 是带加权对角元素ω_i的 $n \times n$ 对角矩阵；$\boldsymbol{Y}$ 是一个以y_i为列的 $d \times n$ 矩阵，$\boldsymbol{X}$ 是一个以x_i为列的 $d \times n$ 矩阵。

4）计算 SVD 分解 $\boldsymbol{S} = \boldsymbol{U\Sigma V}^{\mathrm{T}}$，旋转矩阵可由以下公式求出：

$$\boldsymbol{R} = \boldsymbol{V} \begin{pmatrix} 1 & & & & \\ & 1 & & & \\ & & \ddots & & \\ & & & 1 & \\ & & & & \det(\boldsymbol{VU}^{\mathrm{T}}) \end{pmatrix} \boldsymbol{U}^{\mathrm{T}}$$

5）计算最优平移向量 $\boldsymbol{t}$：

$$\boldsymbol{t} = \bar{q} - \boldsymbol{R}\,\bar{p}$$

2.3.6 SVD 估计变换矩阵的关键代码分析

本小节主要介绍在 PCL 中实现 SVD 分解的代码文件（transformation_estimation_svd.hpp）。

第一步计算源点云和目标点云质心，pcl:: compute3Dcentroid( )函数，此函数用于点云质心的计算，得到 centroid_src 和 centroid_tgt。

```
compute3DCentroid (source_it, centroid_src);
compute3DCentroid (target_it, centroid_tgt);
source_it.reset (); target_it.reset ();
```

第二步是将源点云和目标点云转换到质心坐标系。点云去质心是计算点云协方差的重要一步，求出点云的质心点，每个点减去质心点的坐标。pcl:: demeanPointCloud( )函数从点云中减去一个质心，并返回均值的结果，得到 cloud_src_demean 和 cloud_tgt_demean。

```
Eigen::Matrix<Scalar, Eigen::Dynamic, Eigen::Dynamic>cloud_src_demean, cloud_
tgt_demean;
```

```
demeanPointCloud (source_it, centroid_src, cloud_src_demean);
demeanPointCloud (target_it, centroid_tgt, cloud_tgt_demean);
```

pcl:: getTransformationFromCorrelation( ) 函数接受去质心后的点云 cloud_src_demean 和 cloud_tgt_demean 和它们原来的质心作为参数，套用公式计算旋转矩阵 ***R*** 和平移向量 ***t***，并填入输出得到转换矩阵 transformation_matrix 之中。

```
getTransformationFromCorrelation (cloud_src_demean, centroid_src, cloud_tgt_de-
mean, centroid_tgt, transformation_matrix);


template <typename PointSource, typename PointTarget, typename Scalar> void
TransformationEstimationSVD < PointSource, PointTarget, Scalar >:: getTransforma-
tionFromCorrelation (
    const Eigen::Matrix<Scalar, Eigen::Dynamic, Eigen::Dynamic> &cloud_src_de-
mean,
    const Eigen::Matrix<Scalar, 4, 1> &centroid_src,
    const Eigen::Matrix<Scalar, Eigen::Dynamic, Eigen::Dynamic> &cloud_tgt_de-
mean,
    const Eigen::Matrix<Scalar, 4, 1> &centroid_tgt,
    Matrix4 &transformation_matrix) const
```

初始化，将 transformation_matrix 设为单位矩阵。

```
transformation_matrix.setIdentity ();
```

第三步计算协方差矩阵。

```
Eigen::Matrix<Scalar, 3, 3> H = (cloud_src_demean * cloud_tgt_demean.transpose
()).topLeftCorner (3, 3);
```

第四步对求 SVD 分解，根据公式可得 ***R***。

```
Eigen::JacobiSVD < Eigen::Matrix < Scalar, 3, 3 > > svd (H, Eigen::ComputeFullU |
Eigen::ComputeFullV);
  Eigen::Matrix<Scalar, 3, 3> u =svd.matrixU ();
  Eigen::Matrix<Scalar, 3, 3> v =svd.matrixV ();
  //计算 R = V * U'
  if (u.determinant () * v.determinant () < 0)
  {
    for (int x = 0; x < 3; ++x)
      v (x, 2) * = -1;
  }

  Eigen::Matrix<Scalar, 3, 3> R = v * u.transpose ();
```

第五步根据公式计算最优平移向量 $\boldsymbol{t}$，得 $\boldsymbol{t}=\bar{q}-\boldsymbol{R}\,\bar{p}$，也就是目标点云的质心减去旋转矩阵 $\boldsymbol{R}$ 乘以源点云的质心（优先乘法）。

```
transformation_matrix.topLeftCorner (3, 3) = R;
const Eigen::Matrix<Scalar, 3, 1> Rc (R * centroid_src.head (3));
transformation_matrix.block (0, 3, 3, 1) = centroid_tgt.head (3) - Rc;
```

2.3.7 SVD 变换矩阵估计算法应用案例

本节主要通过一个模拟案例，演示如何使用 SVD 分解求变换矩阵，计算流程如下：1）模拟生成对应点数据集；2）用 SVD 分解求解变换矩阵，与真值数据进行对比。

1. SVD 案例代码

在随书资源本节文件夹中打开代码文件 svd.cpp。利用随机生成的点云数据，给其定义变换，经过函数 pcl::transformPointCloud( )函数将变换结果保存在新定义的 cloud_out 之中，最后利用 SVD 算法求解变换矩阵。通过对比两个变换矩阵来验证 SVD 算法求解变换矩阵的可用性。

2. SVD 案例解释分析

下面解释 svd.cpp 代码文件关键语句，首先需要包含 SVD 求解的头文件。

```
#include <pcl/registration/transformation_estimation_svd.h> //svd
```

定义并实例化一个 PointCloud 指针对象 cloud_in，并且用随机点集赋值给它。

```
pcl::PointCloud<pcl::PointXYZ>::Ptr cloud_in(new pcl::PointCloud<pcl::PointXYZ>
());
    cout << "cloud_in : " << endl;
        cloud_in->width = 3;
        cloud_in->height = 1;
        cloud_in->is_dense = false;
        cloud_in->points.resize(cloud_in->width * cloud_in->height);
    for (size_t i = 0; i < cloud_in->points.size(); ++i)  //循环随机产生点坐标值
    {
        cloud_in->points[i].x = 3.0f * rand()/(RAND_MAX + 1.0f);
        cloud_in->points[i].y = 3.0f * rand()/(RAND_MAX + 1.0f);
        cloud_in->points[i].z = 3.0f * rand()/(RAND_MAX + 1.0f);
        cout << cloud_in->points[i].x << "   \t" << cloud_in->points[i].y << "   \t" <
        < cloud_in->points[i].z << endl;
    }
    printf("\n");
```

定义变换矩阵，再设置平移向量，之后设置旋转角度并执行变换，利用 pcl:: transformPointCloud( )函数将变换结果保存在新定义的 cloud_out 之中。

```
Eigen::Affine3f transform = Eigen::Affine3f::Identity();//初始化变换矩阵为单位矩阵
//设置平移向量
transform.translation() << 1.0, 2.0, 3.0;
//旋转; X 轴旋转 45°, Y 轴旋转 45°,Z 轴旋转 45°
floatangle_x = 45;
floatangle_y = 45;
floatangle_z = 45;
//国际单位制中,弧度是角的度量单位,在 Eigen 中也是以弧度作为角的度量单位,
因此需要将角度值转换为弧度制
transform.rotate(Eigen::AngleAxisf(pcl::deg2rad(angle_x), Eigen::Vector3f::UnitX()));
transform.rotate(Eigen::AngleAxisf(pcl::deg2rad(angle_y), Eigen::Vector3f::UnitY()));
transform.rotate(Eigen::AngleAxisf(pcl::deg2rad(angle_z), Eigen::Vector3f::UnitZ()));
//打印变换矩阵
cout << "变换矩阵为: \n" << transform.matrix() << endl;
//执行变换,并将结果保存在新创建的 cloud_out 中
pcl::PointCloud<pcl::PointXYZ>::Ptr cloud_out(new pcl::PointCloud<pcl::PointXYZ>());
pcl::transformPointCloud(* cloud_in, * cloud_out, transform);
```

最后利用 SVD 算法求解变换矩阵。

```
pcl::registration::TransformationEstimationSVD<pcl::PointXYZ, pcl::PointXYZ> TESVD;
pcl::registration::TransformationEstimationSVD<pcl::PointXYZ, pcl::PointXYZ>::
Matrix4 transformation2;
TESVD.estimateRigidTransformation(* cloud_in, * cloud_out, transformation2);
```

3. SVD 案例编译与运行

利用提供的 CmakeList.txt 文件，在 Cmake 里建立工程文件，并生成可执行文件，然后运行。运行结果如图 2-7 所示。

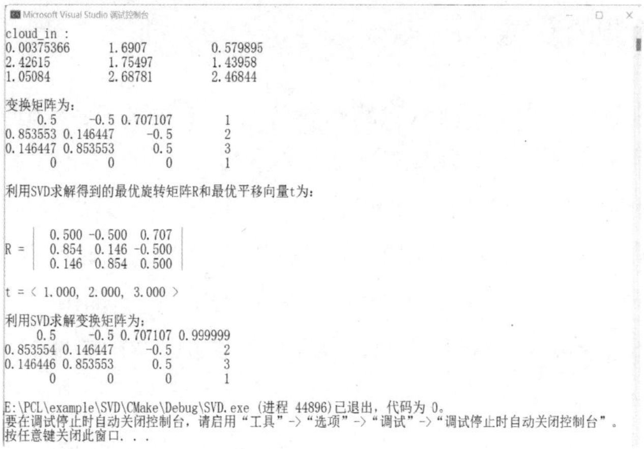

```
cloud_in :
0.00375366      1.6907          0.579895
2.42615         1.75497         1.43958
1.05084         2.68781         2.46844

变换矩阵为:
     0.5     -0.5 0.707107        1
0.853553 0.146447     -0.5        2
0.146447 0.853553      0.5        3
       0        0        0        1

利用SVD求解得到的最优旋转矩阵R和最优平移向量t为:


    | 0.500 -0.500  0.707 |
R = | 0.854  0.146 -0.500 |
    | 0.146  0.854  0.500 |

t = < 1.000, 2.000, 3.000 >

利用SVD求解变换矩阵为:
     0.5     -0.5 0.707107 0.999999
0.853554 0.146447     -0.5        2
0.146446 0.853553      0.5        3
       0        0        0        1

E:\PCL\example\SVD\CMake\Debug\SVD.exe (进程 44896)已退出，代码为 0。
要在调试停止时自动关闭控制台，请启用“工具”->“选项”->“调试”->“调试停止时自动关闭控制台”。
按任意键关闭此窗口. . .
```

图 2-7　svd.cpp 运行结果

第3章 关键点检测

3.1 什么是点云关键点检测

本节对关键点检测的概念和其在点云配准流程中的作用，以及当前经典的关键点检测的相关研究进展进行了详细介绍，让读者对关键点检测概况有所了解。

3.1.1 关键点检测的概念与作用

关键点（Key Point）也称为兴趣点，是通过检测方法提取的具有稳定性、区别性的点集，它是可以保持点云主要特征的部分。真实数据中在处理流程里输入的原始点数据通常是较多的，对所有的点求特征是不合适的，一方面加重了计算负担，另一方面点的数量在配准过程中并不是越多越好，点云中很多相似的部分，不仅会导致不必要的计算量，也会增加特征匹配数目和错误匹配概率。

通过检测关键点，能够采样对配准任务贡献最大的点，关键点的数量相比原始点云少了很多，但保持了点云的主要特征。关键点与局部特征描述子（也称“描述符”）结合，组成关键点描述子，常用来形成原始数据的紧凑表示，而且不失代表性和描述性，从而可以加快后续识别、追踪等对数据的处理速度。关键点提取是点云配准过程中不可缺少的技术。

3.1.2 关键点检测的发展

点特征是常用的点云特征，关键点检测的算法经过了专家、学者们不断地探索与更新。Masuda 等人（1996 年）采用基础的随机采样法提取关键点，虽然这种算法简单且能有效控制点的数量，但是无法确保采样的点均匀分布在点云上。Kamousi 等人（2016 年）提出最远点采样法，解决了此问题。但是它们都无法确保选择到对配准有更大帮助的点，也无法保证两个点云中提取的关键点有更多相似的位置，即保证检测的可重复性。Harris 关键点检测算法最早由 Chris Harris 和 Mike Stephens 于 1988 年提出，其思想是通过图像的局部的小窗口观察图像，角点的特征是窗口沿任意方向移动都会导致图像灰度的明显变化。Tian 等人（2016 年）将 Sipiran 和 Bustos（2011 年）提出的用于多边形网格的 Harris 3D 算法改进为更适合点云的变体。Mair 等人在 FAST 算法的基础上进行改进，提出了自适应多尺度快速角点提取算法（Adaptive and Generic Accelerated Segment Test, AGAST, 角点检测算法), 既提高了图像识别的速度, 又兼具良好的尺度不变性, 在监测和匹配方面得到了良好的应用。尺度不变特征变换 (Scale Invariant Feature Transform, SIFT) 关键点检测算法由 British Columbia 大学的 David G.Lowe 教授于 1999 年提出, 2004 年对该算法进行了更系统的完善总结。该算法在尺度空间中寻找极值点并提取其位置、尺度、旋转不变量信息, 提取的特征对视角变化、仿射变换、噪声具有一定的鲁棒性, 对尺度缩放、旋转具有较好的不变性。

真实场景中会获得海量的点, 通常使用降采样对点云进行处理, 然而降采样可能会导致局部几何信息的丢失, 不利于局部几何特征的提取。关键点技术能有效弥补这个缺点, 通过寻找独特的、对配准任务有效的少量点用于下游任务, 可以显著降低内存负担并减少计算开销, 对于在真实应用场景中的配准具有重要意义。目前, 关键点检测技术在点云配准领域中得到了广泛的应用, 但得到的关注却较少。因为显著性的定义并不明确, 现阶段主流算法大多采用 MLPS 从数据中学习显著性。深度学习在关键点的检测也有应用, Zi Jian Yew 提出的 3DFeat-Net, 是一种弱监督的关键点检测模型, 其中引入的注意力机制用来调整每个描述器的贡献度, 体现每个输入点作为显著点的可能性。Jiaxin Li 等人提出了完全无监督的稳定关键点监测算法 USIP, 利用概率倒角损失算法来指导深度学习网络学习高重复性的关键点。总体来说, 基于深度学习的关键点检测技术落后于点云描述子的提取技术, 相对得到的关注较少, 开发更高效的关键点检测算法仍然是现阶段亟待解决的问题。

3.2 ISS (内蕴形状特征)

本节从 ISS 检测原理、代码实现和应用案例三方面介绍 ISS 关键点检测技术。

3.2.1 ISS 检测原理

ISS (Intrinsic Shape Signatures, 内蕴形状特征) 是由 Yu Zhong 于 2009 年提出的一种三维形状描述子, 用于描述局部或半局部区域的点云, 局部区域可以理解为以一个点云中某点为球心, 以一定半径构成的可以包含多个内点的球形区域, 半局部则是半个球形区域。ISS 可用于不同视角点云的配准、快速姿态估计、三维物体识别和检索。该算法具有稳定、可重复性、信息丰富等特点。ISS 能够直接对原始三维点云进行操作, 不需要对数据进行曲面网格划分或者三角剖分, 对噪声不敏感且对传感器的物理属性或者观测条件无预先任何假设。ISS 主要由一个局部的参考框架和一个对 3D 形状特征进行编码的高度区分的特征向量组成。局部参考框架被建立在提取出的关键点上, 在进行 ISS 中的关键点提取时, 具体流程如下。

1) 设点云 P 中有 n 个点, 对于 P 中的任意一点 p_i, 在给定搜索半径 r 下形成一个球形区域。

2) 计算在半径 r 范围内, 查询点 p_i 与其邻域内其他点 p_j 之间的权值 ω_{ij}, 计算公式为:

$$\omega_{ij}=\frac{1}{\| p_j-p_i \|} \tag{3-1}$$

式中，$\| p_j - p_i \| < r$。

3）建立当前点 $\boldsymbol{p}_i$ 的协方差矩阵：

$$\operatorname{cov}(\boldsymbol{p}_i) = \sum_{\| p_j - p_i \| < r} \omega_{ij}(p_j - p_i)(p_j - p_i)^{\mathrm{T}} / \sum_{\| p_j - p_i \| < r} \omega_{ij} \tag{3-2}$$

4）计算 $\operatorname{cov}(\boldsymbol{p}_i)$ 的特征向量和特征值，特征值按照从大到小进行排序为 $\{\boldsymbol{\lambda}_i^1, \boldsymbol{\lambda}_i^2, \boldsymbol{\lambda}_i^3\}$，对应的特征向量表示为 $\{\boldsymbol{e}_i^1, \boldsymbol{e}_i^2, \boldsymbol{e}_i^3\}$。以 p_i 为原点构建局部坐标系，使用 $\boldsymbol{e}_i^1$ 和 $\boldsymbol{e}_i^2$ 作为 x 和 y 轴，以 $\boldsymbol{e}_i^1 \times \boldsymbol{e}_i^2$ 两个向量叉乘结果为 z 轴，图 3-1 所示的（ρ, θ, φ）为点 p_j 在局部坐标系中的极坐标表示。

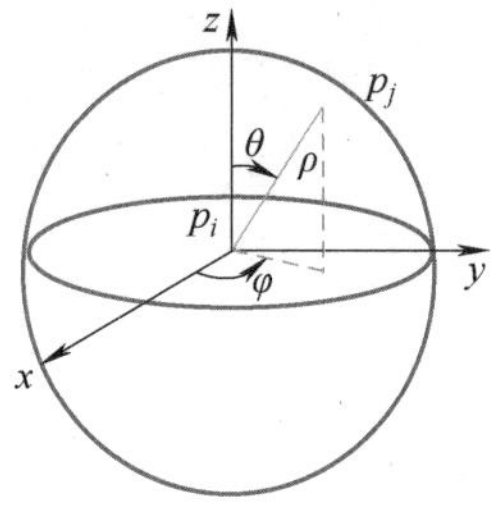

图 3-1 ISS 局部坐标系示意图

5）如果 p_i 是一个关键点，则满足：

$$\frac{\lambda_i^2}{\lambda_i^1} < \gamma_{21}, \frac{\lambda_i^3}{\lambda_i^2} < \gamma_{32} \tag{3-3}$$

式中，γ_{21} 和 γ_{32} 为设置的阈值，通常小于 1，因此当 $\boldsymbol{\lambda}_i^1 = \boldsymbol{\lambda}_i^2 >> \boldsymbol{\lambda}_i^3$ 时，局部表现为一个平面，当 $\boldsymbol{\lambda}_i^1 >> \boldsymbol{\lambda}_i^2 = \boldsymbol{\lambda}_i^3$ 时，局部表现为一条直线。该限制旨在满足可重复性，并避免在沿主方向具有相似分布的点处检测关键点。

6）在非极大值抑制（Non Maximum Suppression）阶段，显著性由最小特征值 $\boldsymbol{\lambda}_i^3$ 确定，为了得到沿着每个主方向都变化很大的点。如果某个点在给定邻域中具有最大的显著性值，则该点将被视为关键点。

3.2.2 【实战】基于 ISS 关键点检测点云配准

本节主要实现基于 ISS 关键点的点云粗配准，首先提取源点云与目标点云中的 ISS 关键点，之后计算每个关键点的 FPFH 特征描述子，基于源点云和目标点云两组特征描述子使用随机采样一致性粗配准算法，实现两组点云的初始对齐。PCL 中实现了 ISS 中关键点提取的算法，具体过程如下。

1. ISS 代码

在随书资源本节文件夹中打开 iss_sac.cpp 的代码文件，同时在文件夹中找到相关测试点云文件 pig_view1.pcd 和 pig_view2.pcd

2. ISS 实现解释分析

ISS 关键点提取算法 PCL 中已有实现，在 iss_3d.h 和 iss_3d.hpp 中具体实现的关键性代码如下。

首先对原始点云进行边界点提取。

```
edge_points_=getBoundaryPoints(*(input_->makeShared()),border_radius_, angle_threshold_);
```

遍历原始点云中的每个点，如果该点为有效点且不是边界点，则计算该点的协方差矩阵。

```
getScatterMatrix(static_cast<int>(index), cov_m);
```

计算协方差矩阵的特征值。

```
Eigen::SelfAdjointEigenSolver<Eigen::Matrix3d> solver (cov_m);
const double& e1c = solver.eigenvalues ()[2];
const double& e2c = solver.eigenvalues ()[1];
const double& e3c = solver.eigenvalues ()[0];
```

判断该点特征值的比值是否满足步骤 5）中设置的阈值 γ_{21} 和 γ_{32}，对应代码中的 gamma_21_ 和 gamma_32_，最后进行非极大值抑制来提取 ISS 关键点。

```
for (int index = 0; index < int (input_->size ()); index++)
  {
  if (! borders[index])
    {
      if ((prg_mem[index][0] < gamma_21_) && (prg_mem[index][1] < gamma_32_))
        third_eigen_value_[index] =prg_mem[index][2];
    }
  }
```

下面解释我们所提供的源文件中的关键代码语句，主要实现基于 ISS 关键点的粗配准。首先需要包含 ISS 关键点的头文件。

```
#include <pcl/keypoints/iss_3d.h>
```

输入两组点云，分别对源点云和目标点云进行 ISS 关键点提取，执行特征点提取函数 extract_keypoint( )，在该函数中首先创建用于 ISS 关键点估计对象 iss，keypoints 对象用于保存 ISS 关键点，tree 为初始化的 kd 树示例对象。

```
pcl::ISSKeypoint3D<pcl::PointXYZ, pcl::PointXYZ> iss;
pcl:: PointCloud < pcl:: PointXYZ >:: Ptr  keypoints (new pcl:: PointCloud < pcl::
PointXYZ>());
pcl::search:: KdTree < pcl:: PointXYZ >:: Ptr tree (new pcl:: search:: KdTree < pcl::
PointXYZ>());
```

之后设置 ISS 关键点检测对象的参数，其中 setSalientRadius( ) 函数用于设置计算协方差矩阵的球邻域半径；setThreshold21( ) 和 setThreshold32( ) 函数用于设置阈值 γ_{21} 和 γ_{32}，其作用是用于限制特征值的比值；setNonMaxRadius( ) 函数用于设置非极大值抑制应用算法的半径；setMinNeighbors( ) 函数用于设置在进行非极大值抑制时所需要找到的最小邻域点个数。

```
iss.setSalientRadius(5);
iss.setNonMaxRadius(5);
iss.setThreshold21(0.95);
iss.setThreshold32(0.95);
iss.setMinNeighbors(6);
```

compute_fpfh_feature( )函数用于计算关键点的特征描述子，sac_align( )函数用于进行随机采样一致性的粗配准。

3. ISS 应用案例编译与运行程序

利用提供的 CMakeList.txt 文件，在 Cmake 里建立工程文件，并执行可执行文件，将测试点云放入工程目录下就可以直接运行了，运行结果如图 3-2 和图 3-3 所示。

图 3-2　ISS 关键点提取结果

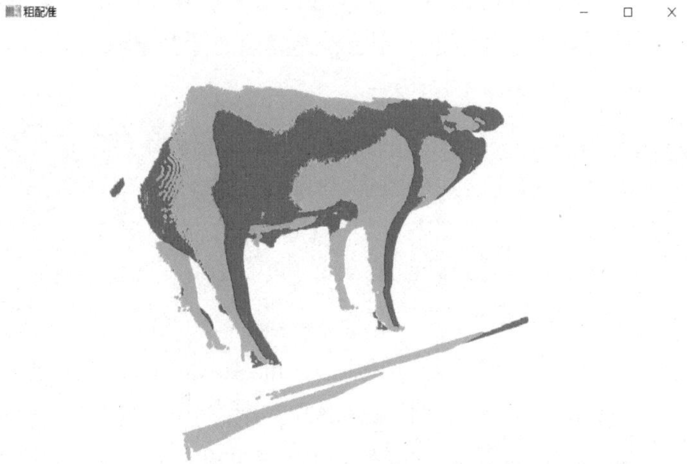

图 3-3　粗配准结果

3.3 NARF（法线对齐的径向特征）

本节从 NARF 检测原理、代码实现和应用案例三方面介绍 NARF 关键点检测技术。

3.3.1 NARF 检测原理

NARF（Normal Aligned Radial Feature，法线对齐的径向特征）是一种为从深度图像中识别物体而提出的 3D 关键点检测和描述的算法，该算法由 Bastian Steder 和 Radu Bogdan Rusu 等人于 2010 年首次提出。下面将从关键点的提取和关键点的描述两个方面来阐述 NARF 检测算法的原理。

1. NARF 关键点提取

NARF 算法提取关键点的流程必须满足以下三个目标：1）提取的流程必须将有关物体边界和表面结构的信息纳入研究；2）关键点的位置必须能可靠地被检测到，即使是从不同视图中观察同一个物体，也依然可以找到匹配的关键点；3）提取的关键点应该位于“表面稳定”的区域，以确保对法线估计和描述子的计算具有较强的鲁棒性。

NARF 是基于深度图像的关键点提取算法，与普通的灰度图像不一样，深度图像中深度值发生跳变的地方往往就是图像中物体的边缘部分。因此 NARF 算法会首先进行边缘检测，然后再从中选出表面稳定但邻域变化较大的边缘点作为关键点。

NARF 边缘点的具体探测步骤如下。

1）在图 3-4 所示的每个深度图（Range Image）上，给定查询点 p，在以 p 为中心，s 为边长的矩形窗格内，计算每个点到 p 的距离，并对距离的集合升序排列，得到集合 $\{d'_0, d'_1, \cdots, d'_{s^2-1}\}$。

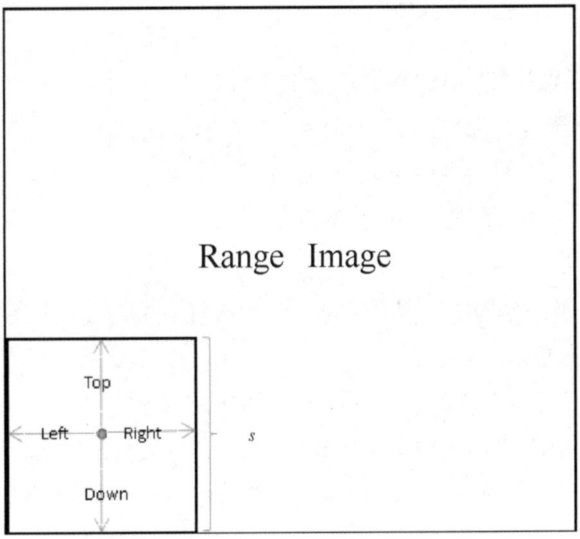

图 3-4　深度图（Range Image）

2）设定与查询点 p 同平面的最远距离为 d'_m(注意这里是与点 p 同平面的最远距离，有些资料中也把这个距离称为“典型 3D 距离”)，这里可以给一个参考值：一般可以取 $s=5$。

3）点 p 与上、下、左、右四个方向的邻域的距离记为 d_{top}，d_{down}，d_{left}，d_{right}。以 d_{top} 为例，计算原理如下式所示（注意这里图像的原点设在左下角），其中 k 是一个可变的参数，$p_{x,y}$ 表示图像坐标系的坐标，这里给出一个参考值 $k=3$。而其余三个方向的计算过程与 d_{top} 一致。

$$\begin{cases} d_{top}=\| p_{x,y}-p_{top} \| \\ p_{top}=\frac{1}{k}\sum_{i=1}^{k} p_{x,y+i} \end{cases} \tag{3-4}$$

4）对点 p 在上、下、左、右四个方向打分，判断点 p 是否为边缘点，以及边缘是在点 p 的那个方向上。点 p 在四个方向分数记为 s_{top}，s_{down}，s_{left}，s_{right}。以 s_{top} 为例，计算原理如下式所示，其余方向的分数与 s_{top} 一致。

$$s_{top}=\max\left\{0,1-\frac{d'_{m}}{d_{top}}\right\} \tag{3-5}$$

5）将分数值与阈值 T（参考值为 0.8），对评分大于 T 的点进行非极大值抑制，就区分出了物体的边缘点和非边缘点。

接着就可以借用边缘点信息进行 NARF 关键点探测了，具体探测步骤如下。

1）遍历深度图像中的每一个点，计算每个点的主方向 v，再计算根据邻域信息确定点的强度因子 I_1 和方向因子 I_2：

$$\begin{cases} I_1(p)=\min_i\left(1-w_{n_i}\max\left(1-\frac{10\cdot\|p-n_i\|}{\sigma},0\right)\right) \\ I_2(p)=\max_{i,j}(f(n_i)f(n_j)(1-|\cos(a'_{n_i}-a'_{n_j})|)) \end{cases} \tag{3-6}$$

$$f(n)=\sqrt{w_n\left(1-\left|\frac{2\cdot\|p-n\|}{\sigma}-\frac{1}{2}\right|\right)},\alpha=\begin{cases} 2(\alpha-180°), & \alpha>90° \\ 2(\alpha+180°), & \alpha\leqslant 90° \end{cases} \tag{3-7}$$

式中，w_n 为权值，边缘点权值为 1，其他点为 $1-(1-\lambda)^3$，λ 为点 p 的曲率。n_i 代表以 $\sigma/2$（σ 为 support size）为搜索半径的邻域内点的坐标，将主方向 v 投影到一个平面 B 上（B 为垂直于点 p 到传感器连线的一个平面），就能得到角度 α。

2）将强度因子和方向因子相乘便得到兴趣值 I。

3）利用高斯核来平滑兴趣值。

4）设定阈值 T_2，当兴趣值 I 大于阈值时，即为 NARF 关键点。T_2 的参考值可以为 0.5。

2. NARF 关键点描述

找到关键点后，为了比较不同视图中同一个区域的相似性，必须使用特征描述子描述关键点周围的区域。计算 NARF 描述子遵循的指导原则如下：可以捕获物体占用空间和自由空间的存在信息，以便描述曲面上的部分以及对象的外部形状；对噪声具有鲁棒性；能在关键点周围提取一个唯一的局部坐标系。在关键点上建立 NARF 描述子的流程如下。

1）在关键点 p 周围建立一个法线对齐的图像块（patch）。也就是说：要先建立一个局部坐标系，该坐标系原点在 p 上，z 轴指向法线的方向，y 轴指向与 z 轴垂直的某个方向，x 轴由右手准则定义；再将 p 周围以 $\sigma/2$ 为搜索半径的领域内的点转换到这个局部坐标系内。所得到的 x 和 y 坐标定义了一个点所在的描述子的单元格的位置（转换到局部坐标系中后，得到的结果相当于一个固定大小的二维分布直方图，这个 patch 的固定大小此处为 10×10），单元格的值是所有落在该单元格中点的 z 值的最小值。然后，还要在这个 patch 上应用一个“高斯模糊”。

2）图 3-5 所示为将一个星盘覆盖到图像块儿上，星盘的每条束（beam）对应最终描述子的一个值。对每个束 b_i 可以得到图像块落在上面的值的集合 $C=\{c_1,c_2,c_3,\cdots,c_m\}$。

则第 i 个特征描述子的值 D_i 可由下列公式计算：式中，c_j 就是星盘每条束（beam）经过某个单元格对应的值。

$$w(c_j)=2-\frac{2\cdot\|c_j-c_o\|}{\sigma} \tag{3-8}$$

$$D_i'=\frac{\sum_{j=0}^{m-1}(w(c_j)\cdot(c_{j+1}-c_j))}{\sum_{j=0}^{m-1}w(c_j)} \tag{3-9}$$

$$D_i=\frac{\operatorname{atan2}\left(D_i',\frac{\sigma}{2}\right)}{180°}\quad(\text{atan2( ) 为 C 函数}) \tag{3-10}$$

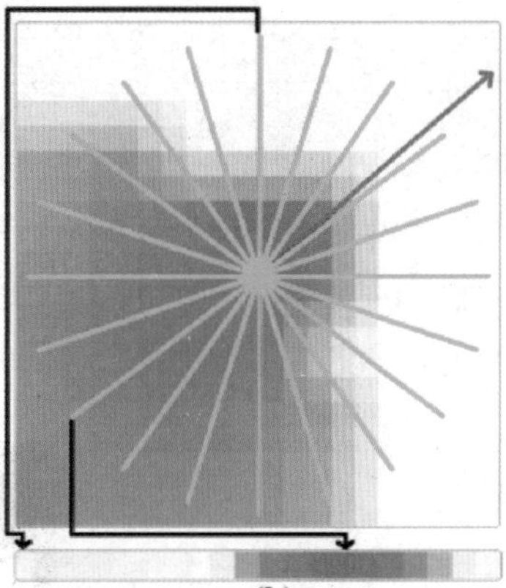

图 3-5　星盘图

3）从描述子中提取一个主方向：可以先建立一个旋转方向的离散直方图，每个直方图对应角度 β 的 bin（直方图中专业术语，可译为“组”）中存放的值为：

$$h(\beta)=\frac{1}{2}+\frac{1}{n}\sum_{i=1}^{n}D_i\times\left(1-\frac{|\beta-\gamma_i|}{180}\right)^2 \tag{3-11}$$

式中，γ_i 是星盘中第 i 条束对应的角度。最后，选择直方图中最大的 bin 对应的角度作为这个局部块（patch）的主导方向，图 3-5 中的红色箭头就代表该 patch 的主导方向。

4）根据得到的主导方向归一化描述子，使之具有旋转不变性。

3.3.2 【实战】基于 NARF 关键点检测点云配准

本节将展示如何从深度图像中提取 NARF 关键点。并利用该算法得到的关键点进行配准。本实战的关键代码如下。

```
pcl::RangeImage::CoordinateFrame coordinate_frame = pcl::RangeImage::CAMERA_
FRAME;//设置坐标框架
Eigen::Affine3f scene_sensor_pose(Eigen::Affine3f::Identity());
scene_sensor_pose = Eigen::Affine3f(Eigen::Translation3f(cloud->sensor_origin_
[0],
    cloud->sensor_origin_[1], cloud->sensor_origin_[2]))*
    Eigen::Affine3f(cloud->sensor_orientation_);//设置相机的姿态

    //-------------从点云创建深度图像———————————
float noise_level = 0.0;
float min_range = 0.0f;//设置搜索的最小距离
int border_size = 1;
pcl::RangeImage::Ptr range_image(new pcl::RangeImage);
```

```
range_image->createFromPointCloud(* cloud, pcl::deg2rad(0.02f), pcl::deg2rad(0.02f),
    pcl::deg2rad(360.0f), pcl::deg2rad(180.0f), scene_sensor_pose, coordinate_
frame,
    noise_level, min_range, border_size);
```

首先，由于提供的配准数据是 PCD 格式的点云数据，为了利用 NARF 算法，需要先生成对应的深度图像。深度图像的结果如图 3-6 所示：图 3-6a 所示为原文件深度图像，图 3-6b 所示为目标文件深度图像。

a)　　b)

图 3-6　深度图像结果

```
//-----------提取 NARF 关键点-------------
pcl::RangeImage& range_image0 = * range_image;
pcl::RangeImageBorderExtractor range_image_border_extractor;

pcl::NarfKeypoint narf_keypoint_detector(&range_image_border_extractor);
narf_keypoint_detector.setRangeImage(&range_image0);//指定深度图
narf_keypoint_detector.getParameters().support_size = 0.2f;
//指定搜索空间球体的半径,指定计算感兴趣值时所使用的领域范围
narf_keypoint_detector.getParameters().add_points_on_straight_edges = true;
//是否添加垂直边缘上的点
narf_keypoint_detector.getParameters().distance_for_additional_points = 0.5;
pcl::PointCloud<int>keypoint_indices;
narf_keypoint_detector.compute(keypoint_indices);//计算索引
keypoint->points.resize(keypoint_indices.size());
keypoint->height = keypoint_indices.height;
keypoint->width = keypoint_indices.width;
for (std::size_t i = 0; i <keypoint_indices.points.size(); ++i)
    {
    keypoint->points[i].getVector3fMap() =
    range_image->points[keypoint_indices.points[i]].getVector3fMap();
    }
```

然后，就是利用深度图像提取关键点。这里创建了一个 range_image_border_extractor 对

象，它是用来进行边缘提取的。然后利用这个 range_image_border_extractor 对象创建关键点检测的对象 narf_keypoint_detector。之后把深度图传给检测的对象，并且设置一些参数。然后，创建关键点云的索引对象 keypoint_indices，将计算得到的关键点索引存储在这个对象中，最后，为了进一步利用关键点进行配准，需要将深度图上的关键点再转化为点云中的点。关键点提取的结果如图 3-7 所示：其中，图 3-7a 所示为原文件关键点，图 3-7b 所示为目标文件关键点。

a)　　　　b)

图 3-7　关键点提取结果

下面将介绍 PCL 中使用 NARF 算法提取关键点的类 NarfKeypoint。

```
struct Parameters
    {
    Parameters(): support_size(-1.0f), max_no_of_interest_points(-1),
    min_distance_between_interest_points(0.25f),
    optimal_distance_to_high_surface_change(0.25),
    min_interest_value(0.45f),
    min_surface_change_score(0.2f),
    optimal_range_image_patch_size(10),
    distance_for_additional_points(0.0f),
    add_points_on_straight_edges(false),
    do_non_maximum_suppression(true),
    no_of_polynomial_approximations_per_point(false),
    max_no_of_threads(1), use_recursive_scale_reduction(false),
    calculate_sparse_interest_image(true) {}
```

Parameters 是 NarfKeypoint 类中的公共结构，也是存储该算法计算参数的重要属性。其中 support_size 代表算法中的 σ；max_no_of_interest_points 代表需要返回的最大兴趣点的数目；min_interest_value 代表能被视作兴趣点的阈值 T_2；min_surface_change_score 是表面变化分数的最小值，它代表上述算法在提取边缘点时提到的阈值 T；do_non_maximum_suppression 表示是否要做非极大值抑制；calculate_sparse_interest_image 表示是否使用一些启发式的方法决定图像的哪些部分在计算兴趣值的时候可以省略，以此来提高运行效率。

```
histogram_value = (std::max) (histogram_value, positive_score);
    negative_score  = (std::min) (negative_score, current_negative_score);
  //重设 was_touched 变量为 false
for (const int &neighbors_to_check_idx : neighbors_to_check)
    was_touched[neighbors_to_check_idx] = false;
float angle_change_value = 0.0f;
for(int histogram_cell1=0;histogram_cell1<angle_histogram_size-1; ++histogram_
cell1)
    {
    if (angle_histogram[histogram_cell1]==0.0f)
        continue;
    for (int histogram_cell2=histogram_cell1+1; histogram_cell2<angle_histogram
        _size; ++histogram_cell2)
        {
        if (angle_histogram[histogram_cell2]==0.0f)
            continue;
        float normalized_angle_diff = 2.0f* float (histogram_cell2-histogram_cell
            1)/float (angle_histogram_size);
        normalized_angle_diff = (normalized_angle_diff <= 1.0f ? normalized_
            angle_diff : 2.0f-normalized_angle_diff);
        angle_change_value = std::max (angle_histogram[histogram_cell1] *
             angle_histogram[histogram_cell2] * normalized_angle_diff, angle_
change_value);
        }
    }
angle_change_value = std::sqrt (angle_change_value);
interest_value = negative_score * angle_change_value;
```

在 NarfKeypoint 类中，最重要的两个函数就是 calculateSparseInterestImage 函数和 calculateCompleteInterestImage 函数了，这两个函数都是计算深度图中每个点的兴趣值的，不同的是 calculateSparseInterestImage 函数采用了启发式的方法，只计算了一部分兴趣值，所以它的结果是稀疏的。无论采用哪种函数计算“兴趣值”，它们都是利用“区域增长”的算法，先计算目标点的强度因子 negative_score，再计算方向因子 angle_change_value。最后再把这两个结果相乘就得到“兴趣值”（interest_value）。

利用上述方法得到的关键点粗配准的结果如图 3-8 所示：其中，图 3-8a 所示为配准前的原图，图 3-8b 所示为配准后的图片。

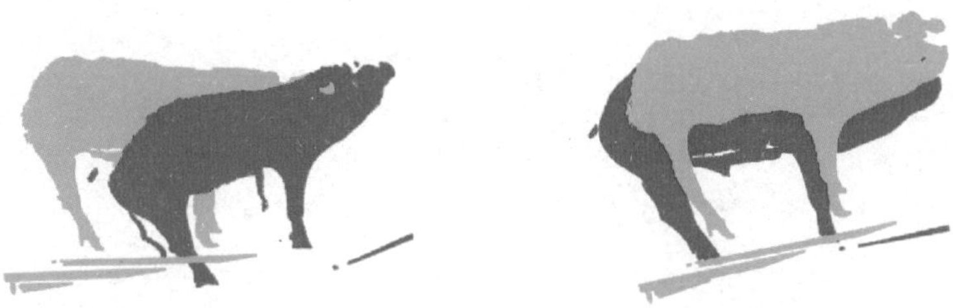

a) 配准前的原图　　b) 配准结果

图 3-8　粗配准结果

3.4 Harris

Harris 关键点检测算法最早由 Chris Harris 和 Mike Stephens 于 1988 年提出，是早期的一种基于自相关矩阵响应值原理的关键点检测算法。

3.4.1 Harris 检测原理

Harris 算法通过设计一个局部检测窗口，在图像中判断该窗口沿任一方向作微小偏移是否都会引起窗口内的平均能量发生大变化以至于超过预设的阈值，如果是，则将此刻窗口的中心像素点标记为特征点。

Harris 关键点检测算法可用数学描述如下：

$$E(\Delta\boldsymbol{u})=\sum_i w(\boldsymbol{x}_i)[I(\boldsymbol{x}_i+\Delta\boldsymbol{u})-I(\boldsymbol{x}_i)]^2 \tag{3-12}$$

式中，$E(\Delta\boldsymbol{u})$称为局部自相关函数，表示点$\boldsymbol{x}_i(i\in 1,2,\cdots,n)$发生微小移动量 $\Delta\boldsymbol{u}$ 后产生的变化，n 为窗口内的点数量，$w(\boldsymbol{x}_i)$的取值取决于点$\boldsymbol{x}_i$ 的位置，点$\boldsymbol{x}_i$ 在指定的局部窗口内时 $w(\boldsymbol{x}_i)$ 为统一的一个值，在窗口外则为 0，I 为图像的灰度函数。为得到自相关矩阵，将变化点的图像灰度函数进行一阶泰勒展开：

$$I(\boldsymbol{x}_i+\Delta\boldsymbol{u})\approx I(\boldsymbol{x}_i)+\nabla I(\boldsymbol{x}_i)\cdot\Delta\boldsymbol{u} \tag{3-13}$$

式（3-13）中，$\nabla I(\boldsymbol{x}_i)$表示$\boldsymbol{x}_i$ 处的图像梯度，整理式（3-12）和（3-13）得：

$$\begin{aligned}E(\Delta\boldsymbol{u})&=\sum_i w(\boldsymbol{x}_i)[I(\boldsymbol{x}_i+\Delta\boldsymbol{u})-I(\boldsymbol{x}_i)]^2\\&\approx\sum_i w(\boldsymbol{x}_i)[\nabla I(\boldsymbol{x}_i)\cdot\Delta\boldsymbol{u}]^2\\&=\Delta\boldsymbol{u}^{\mathrm{T}}[\sum_i w(\boldsymbol{x}_i)\cdot\nabla I(\boldsymbol{x}_i)^{\mathrm{T}}\cdot\nabla I(\boldsymbol{x}_i)]\Delta\boldsymbol{u}\\&=\Delta\boldsymbol{u}^{\mathrm{T}}[\sum_i w(\boldsymbol{x}_i)\cdot\begin{bmatrix}I_{x_i}\\I_{y_i}\end{bmatrix}\cdot[I_{x_i},I_{y_i}]]\Delta\boldsymbol{u}\end{aligned}$$

$$= \Delta \boldsymbol{u}^{\mathrm{T}} [\sum_i w(\boldsymbol{x}_i) \cdot \begin{bmatrix} I_{x_i}^2 & I_{x_i} I_{y_i} \\ I_{x_i} I_{y_i} & I_{y_i}^2 \end{bmatrix}] \Delta \boldsymbol{u} \tag{3-14}$$

式中，I_{x_i}，I_{y_i}分别为像素点$\boldsymbol{x}_i$在x，y方向上的梯度。则自相关局部函数在每个像素点上的估计可以表示为：

$$A = w \cdot \begin{bmatrix} I_x^2 & I_x I_y \\ I_x I_y & I_y^2 \end{bmatrix} \tag{3-15}$$

通过分析该自相关矩阵的两个特征值来得到自相关矩阵的响应值，从而判断该像素点是否为特征点，如果两个特征值都很大，则说明局部自相关函数呈尖峰形，窗口移动时将导致局部自相关函数急剧变化，表示窗口的中心像素点为图像的特征点。其中，Harris 是以特征值来表示响应值的，在实际应用中，通常采用下式来计算每个像素点的响应值 m：

$$m = \det(\boldsymbol{A}) - k\mathrm{tr}(\boldsymbol{A})^2 = \lambda_1 \lambda_2 - k(\lambda_1 + \lambda_2)^2 \tag{3-16}$$

式中，$\det(\boldsymbol{A})$表示矩阵$\boldsymbol{A}$的行列式，$\mathrm{tr}(\boldsymbol{A})$表示矩阵的迹，$\lambda_1$，$\lambda_2$表示矩阵的两个特征值，$k$称为默认常数或敏感因子，通常取值在［0.04,0.06］之间。

不妨设 $k=0.05$，以 λ_1，λ_2 为自变量，响应值 m 为因变量，制作的函数如图 3-9 所示。

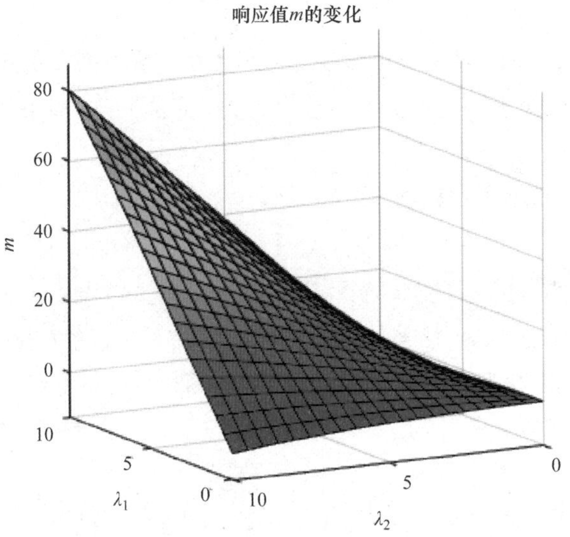

图 3-9　响应函数图

观察图 3-9，当 λ_1，λ_2 均较大时有 $m>0$。因此根据两个特征值 λ_1，λ_2 均较大时像素点为特征点的原理，可以认为当响应值 $m>0$ 时，判断该点为关键点。

点云中的 3D Harris 借鉴了 2D Harris 的思想，但确定特征点的方法是方块内点云的数量变化。试想方块沿点法线方向移动时，方块内的点云数量应该不变，当方块处于特征点或角点处时，则有两个方向会大幅改变方块内的点云数量。2D Harris 使用梯度进行关键点检测，扩展到 3D Harris 中则使用法向量，3D Harris 中对应的协方差矩阵 $\boldsymbol{A}$ 为：

$$A=\sum_{(x,y,z)\in w}w(x,y,z)\begin{bmatrix}n_x^2 & n_yn_z & n_xn_z\\ n_yn_z & n_y^2 & n_xn_y\\ n_xn_z & n_xn_y & n_z^2\end{bmatrix} \tag{3-17}$$

式中，$n_i(i\in\{x,y,z\})$表示向量的 i 分量，w 表示局部方块内的点集合，每个像素点的 3D Harris 响应值 M 计算方式类似 2D Harris：

$$M=\det(A)-k\mathrm{tr}(A)^2 \tag{3-18}$$

对于 3D Harris 原理，还有另外一种计算方式，即对于局部方块内的点云，利用最小二乘法来拟合得到一个抛物面函数 z：

$$z=f(x,y)=\frac{p_1}{2}x^2+p_2xy+\frac{p_3}{2}y^2+p_4x+p_5y+p_6 \tag{3-19}$$

之所以选择一个只有六项的二次曲面，是因为它代表一个抛物面，且可以容易求得函数的偏导，当然这也意味着会存在一定的误差，但读者应注意到拟合曲面时仅仅是在选取的一个小局部窗口中进行的，因此在一定程度上可以忽略此类误差。为进一步分析，对于局部方块中拟合的曲面，我们将其旋转，使拟合平面的法线为 z 轴，同时平移点集，使得质心位于坐标系的原点。这样，函数在（0,0）处的偏导数可表示如下：

$$f_x=\left.\frac{\partial f(x,y)}{\partial x}\right|_{x=0} \tag{3-20}$$

$$f_y=\left.\frac{\partial f(x,y)}{\partial y}\right|_{y=0} \tag{3-21}$$

在 2D Harris 中，A 中元素均为图像梯度，即两个位置之间的 x 和 y 偏差值，因此对应到 3D Harris 中，A 中元素应均为偏导积分，假设 A 为：

$$A=\begin{bmatrix}A_1 & A_2\\ A_2 & A_3\end{bmatrix} \tag{3-22}$$

则根据高斯函数，对应 A_1，A_2，A_3 分别为：

$$A_1=\frac{1}{\sqrt{2\pi}\sigma}\int_{R^2}\exp\left(\frac{-(x^2+y^2)}{2\sigma^2}\right)\cdot f_x(x,y)^2\mathrm{d}x\mathrm{d}y \tag{3-23}$$

$$A_2=\frac{1}{\sqrt{2\pi}\sigma}\int_{R^2}\exp\left(\frac{-(x^2+y^2)}{2\sigma^2}\right)\cdot f_x(x,y)\cdot f_y(x,y)\mathrm{d}x\mathrm{d}y \tag{3-24}$$

$$A_3=\frac{1}{\sqrt{2\pi}\sigma}\int_{R^2}\exp\left(\frac{-(x^2+y^2)}{2\sigma^2}\right)\cdot f_y(x,y)^2\mathrm{d}x\mathrm{d}y \tag{3-25}$$

式中，σ 是一个常数，它定义了高斯函数，因子 $1/\sqrt{2\pi}\sigma$ 是一个归一化值，利用微积分知识，可以将 A_1，A_2，A_3 三个表达式简化为：

$$A_1=p_4^2+2p_1^2+2p_2^2 \tag{3-26}$$

$$A_2=p_4p_5+2p_1p_2+2p_2p_3 \tag{3-27}$$

$$A_3=p_5^2+2p_2^2+2p_3^2 \tag{3-28}$$

实际应用上，***A*** 响应值仍然采用式（3-18）求得。在 PCL 库中，Harris 检测采用的是第一种原理的方式，即法向量的方式。

3.4.2 【实战】基于 Harris 关键点检测点云配准

本节展示如何利用 Harris 关键点提取算法来进行点云配准。从可执行文件中加载源点云和目标点云，提取两片点云的特征点，然后利用特征点进行粗配准，配准结果用图像和 3D 显示方式进行可视化，用户可直观地观察两幅图像的配准结果。

1. Harris 代码

首先，打开名为 harris.cpp 的代码文件，同文件夹下可以找到相关的测试点云文件 pig_view1.pcd 和 pig_view2.pcd。

2. Harris 检测源码解释说明

Harris 关键点提取的关键代码如下。

```
void extract_keypoint(pcl::PointCloud<pcl::PointXYZ>::Ptr& cloud, pcl::PointCloud<pcl::PointXYZI>::Ptr& keypoint)
{
    pcl::HarrisKeypoint3D<pcl::PointXYZ, pcl::PointXYZI> harris;
    pcl::search::KdTree<pcl::PointXYZ>::Ptr tree(new pcl::search::KdTree<pcl::PointXYZ>());
    harris.setSearchMethod(tree);
    harris.setInputCloud(cloud);
    harris.setNumberOfThreads(8);     //初始化调度器并设置要使用的线程数
    harris.setRadius(4);  //方块半径
    harris.setRadiusSearch(4);
    harris.setNonMaxSupression(true);
    //harris.setThreshold(1E-6);
    harris.compute(* keypoint);
    //关键点显示
    pcl::PointIndicesConstPtr keypoints2_indices = harris.getKeypointsIndices();
    pcl::PointCloud<pcl::PointXYZ>::Ptr keys(new pcl::PointCloud<pcl::PointXYZ>);
    pcl::copyPointCloud(* cloud, * keypoints2_indices, * keys);
    ……//可视化
}
```

此处利用 pcl::HarrisKeypoint3D 类创建了 3D Harris 关键点对象，该类的定义处在 PCL 库下 harris_3d.hpp 文件中，该对象用于保存计算后得到的关键点，其关键代码如下。

```
template <typename PointInT, typename PointOutT, typename NormalT> void
pcl::HarrisKeypoint3D<PointInT, PointOutT, NormalT>::calculateNormalCovar
(const pcl::Indices& neighbors, float* coefficients) const //计算法向量的协方差矩阵
```

```
{
  …
  for (const auto& index : neighbors)
  {
    if (std::isfinite ((* normals_)[index].normal_x))
    {
      coefficients[0] += (* normals_)[index].normal_x * (* normals_)[index].normal_x;
      coefficients[1] += (* normals_)[index].normal_x * (* normals_)[index].normal_y;
      coefficients[2] += (* normals_)[index].normal_x * (* normals_)[index].normal_z;
      coefficients[5] += (* normals_)[index].normal_y * (* normals_)[index].normal_y;
      coefficients[6] += (* normals_)[index].normal_y * (* normals_)[index].normal_z;
      coefficients[7] += (* normals_)[index].normal_z * (* normals_)[index].normal_z;
      ++count;
    }
  }
  if (count > 0)
  {
    float norm = 1.0 / float (count);
    coefficients[0] * = norm;
    coefficients[1] * = norm;
    coefficients[2] * = norm;
    coefficients[5] * = norm;
    coefficients[6] * = norm;
    coefficients[7] * = norm;
  }
}
```

上述代码计算了式（3-17）的矩阵的每个元素。后续对关键点检测过程的参数进行初始化，如计算法线等。下面给出检测关键点函数的代码。这里选好对应的检测方式后会进入对应的检测函数，以默认的 Harris 方式的关键点检测代码为例。

```
template <typename PointInT, typename PointOutT, typename NormalT> void
pcl::HarrisKeypoint3D<PointInT, PointOutT, NormalT>::responseHarris (PointClou-
dOut &output) const
{
  …
  for (intpIdx = 0; pIdx < static_cast<int> (input_->size ()); ++pIdx)
  {
    const PointInT& pointIn = input_->points [pIdx];
```

```
    output [pIdx].intensity = 0.0; //std::numeric_limits<float>::quiet_NaN ();
    if (isFinite (pointIn))
    {
      pcl::Indices nn_indices;
      std::vector<float> nn_dists;
      tree_->radiusSearch (pointIn, search_radius_, nn_indices, nn_dists);
      calculateNormalCovar (nn_indices,covar);

      float trace =covar [0] + covar [5] + covar [7];
      if (trace ! = 0)
      {
        float det =covar [0] * covar [5] * covar [7] + 2.0f * covar [1] * covar [2] *
covar [6]
                -covar [2] * covar [2] * covar [5]
                -covar [1] * covar [1] * covar [7]
                -covar [6] * covar [6] * covar [0];

        output [pIdx].intensity = 0.04f + det - 0.04f * trace * trace;
      }
    }
    output [pIdx].x =pointIn.x;//保存关键点的坐标
    output [pIdx].y =pointIn.y;
    output [pIdx].z =pointIn.z;
  }
  output.height = input_->height;
  output.width = input_->width;
}
```

显然，这里是计算式（3-18）中的响应值，但此处额外增加了一个经验值常数 0.04。对于本例，设置了搜索方式为 Kd 树，搜索半径参数根据点云密度进行设置，本例中选择 4 时提取的关键点数量较为合适。得到源点云和目标点云的关键点后，利用配准部分代码将两点云配准，最后将配准结果用 3D 窗口可视化。

3. Harris 关键点检测程序案例

在 cmake 中利用提供的 CmakeLists.txt 文件建立工程文件，之后在 VS 中打开 harris.sln 工程文件，在 harris 项目上单击鼠标右键生成 exe 可执行文件，然后在命令行中键入 harris.exe 即可运行。关键点提取结果如图 3-10 所示，配准结果输出如图 3-11 所示。

图 3-10 Harris 关键点提取结果

图 3-11 Harris 关键点配准结果

3.5 SIFT 3D

本节从 SIFT 3D 检测原理、代码实现和应用案例三方面介绍 SIFT 3D 关键点检测技术。

3.5.1 SIFT 3D 检测原理

SIFT（Scale Invariant Feature Transform，尺度不变特征变换）关键点检测算法由 British Columbia 大学的 David G.Lowe 教授于 1999 年提出，2004 年对该算法进行了更系统的完善总结。该算法在尺度空间中寻找极值点并提取其位置、尺度、旋转不变量信息，提取的特征对视角变化、仿射变换、噪声具有一定的鲁棒性，对尺度缩放、旋转具有较好的不变性。目前许多基于特征点的图像匹配算法都是通过改进和拓展 SIFT 算子来提高配准精度，其广泛应用于对象识别、机器人地图感知与导航、影像拼接和 3D 模型的建立等领域。

这里先介绍 SIFT 3D 关键点检测技术的前身，即 SIFT 2D 关键点检测技术，其主要包括生成尺度空间构建、空间极值点检测、稳定关键点的精确定位、确定稳定关键点的方向信息四个步骤。SIFT 2D 关键点检测的算法流程如下。

1. 尺度空间构建

尺度空间是试图在图像领域模拟人眼观察物体的概念与方法，即观看物体近处清楚、远处模糊的特性。建立尺度空间的实质是把不同距离观察同一个物体的所有可能结果告诉计算机。一个图像的尺度空间表示为 $L(x,y,\sigma)$，其定义为原始图像 $I(x,y)$ 与一个可变尺度的二维高斯核函数 $G(x,y,\sigma)$ 的卷积运算，即

$$L(x,y,\sigma)=G(x,y,\sigma)\otimes I(x,y). \tag{3-29}$$

式中，二维高斯核函数 $G(x,y,\sigma)=\dfrac{1}{2\pi\sigma^2}e^{-\frac{x^2+y^2}{2\sigma^2}}$，$(x,y)$ 是空间像素坐标，σ 是尺度因子。σ 的大小决定图像的平滑程度，大尺度对应图像的概貌特征，小尺度对应图像的细节特征。

2. 空间极值点检测

为了有效地在尺度空间检测到稳定的关键点，提出了高斯差分（Difference of Gaussian）尺度空间，其利用不同尺度的高斯差分核 $G(x,y,\sigma)$ 与图像卷积生成，如图 3-12 所示。

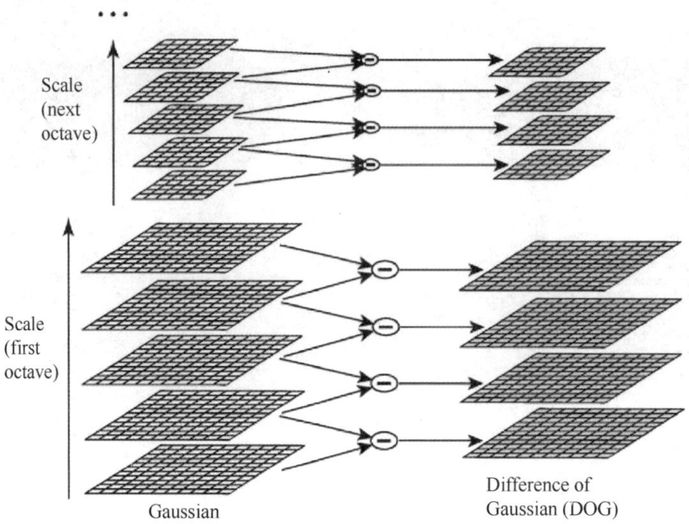

图 3-12　高斯差分尺度空间

高斯差分函数 $D(x,y,\sigma)$ 表示为：

$$
\begin{aligned}
D(x,y,\sigma) &= [G(x,y,k\sigma)-G(x,y,\sigma)]\otimes I(x,y) \\
&= L(x,y,k\sigma)-L(x,y,\sigma).
\end{aligned}
\tag{3-30}
$$

在检测极值点时，中间的检测点和它同尺度的 8 个相邻点和上下相邻尺度对应的 2×9 个点共 26 个点比较，以确保在尺度空间和二维图像空间都检测到极值点，如图 3-13 所示。

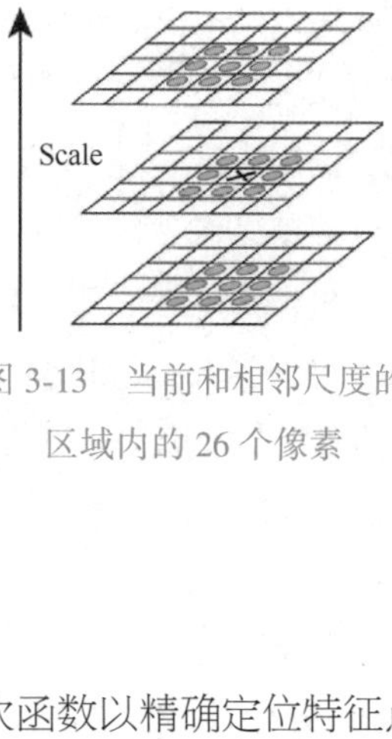

图 3-13　当前和相邻尺度的区域内的 26 个像素

一个像素点如果在 DOG 尺度空间本层以及上下两层的 26 个领域中是最大或最小值时，就认为该点是图像在当前尺度下的一个特征点。在横轴、纵轴、尺度三个方向的附近 26 个点中找极值，此时找出的极值点为离散的极值点，因为像素是离散的，尺度空间也是离散的（下一层是上一层的 k 倍），所以中间可能有很多像素点未取到，因此现在找的极值点可能是真正极值点附近的一个点。

3. 稳定关键点的精确定位

以上方法检测到的极值点是离散空间的极值点，通过拟合三维二次函数以精确定位特征点的位置和尺度（达到亚像素精度），同时去除低对比度的关键点和不稳定的边缘响应点（DOG 算子会产生较强的边缘响应），以增强匹配稳定性，提高抗噪声能力。为了提高关键点的稳定性，对尺度空间 DOG 函数进行曲线插值，利用 DOG 函数在尺度空间的泰勒展开式为：

$$
D(\boldsymbol{X}) = D+\frac{\partial D^{\mathrm{T}}}{\partial \boldsymbol{X}}\boldsymbol{X}+\frac{1}{2}\boldsymbol{X}^{\mathrm{T}}\frac{\partial^2 D}{\partial \boldsymbol{X}^2}\boldsymbol{X}
\tag{3-31}
$$

式中，向量 $\boldsymbol{X}=(x,y,\sigma)$，对 $D(\boldsymbol{X})$ 进行求导并使一阶导数为 0（公式省略了高阶项）：

$$
\begin{aligned}
D(\boldsymbol{X})' &= \frac{\partial D^{\mathrm{T}}}{\partial \boldsymbol{X}}+\frac{\partial D^{\mathrm{T}}}{\partial \boldsymbol{X}}+\frac{\partial^2 D}{\partial \boldsymbol{X}^2}\boldsymbol{X}+\frac{1}{2}\frac{\partial^2 D}{\partial \boldsymbol{X}^2}2\boldsymbol{X}=0 \\
&= 2\frac{\partial D^{\mathrm{T}}}{\partial \boldsymbol{X}}+2\frac{\partial^2 D}{\partial \boldsymbol{X}^2}\boldsymbol{X}=0
\end{aligned}
\tag{3-32}
$$

可得特征点精确位置的偏移向量：

$$\hat{X}=-\frac{\partial^2 D^{-1}}{\partial X^2}\frac{\partial D}{\partial X}. \tag{3-33}$$

将 $\hat{X}$ 加到原特征点的坐标，即得到特征点的亚像素精确估计。极值点精确位置方程的值为：

$$D(\hat{X})=D+\frac{1}{2}\frac{\partial D^{\mathrm{T}}}{\partial X}\hat{X}. \tag{3-34}$$

4. 确定稳定关键点的方向信息

通过尺度不变性求极值点，需要利用图像的局部特征（关键点邻域像素的梯度方向分布特性）为给每一个关键点分配一个基准方向，使描述子对图像旋转具有不变性。对于在 DOG 金字塔中检测出的关键点，采集其所在高斯金字塔图像 3σ 邻域窗口内像素的梯度和方向分布特征。每个像素的梯度模 m 和方向 θ 分别为：

$$m(x,y)=\sqrt{L(x+1,y)-L(x-1,y)^2+(L(x,y+1)-L(x,y-1)^2)}, \tag{3-35}$$

$$\theta(x,y)=\arctan\left((\frac{L(x,y+1)-L(x,y-1)}{L(x+1,y)-L(x-1,y)}\right). \tag{3-36}$$

式中，L 所用的尺度为每个关键点各自所在的尺度。

针对三维点云的 SIFT 3D 关键点检测算法是由 SIFT 2D 算法扩展而来的。SIFT 3D 算法的具体实现步骤如下。

1）关键点检测过程中涉及的点云高斯金字塔是通过对点云数据按照不同尺寸的三维高斯分布盒子，将其分离为体素网格集的方法进行下采样得到的。

2）将输入点云表示为 $I(x,y,z)$，将 3D 高斯滤波器表示为 $G(x,y,z,k\sigma)$ 表示，其中整数 k 表示尺度因子。则在 k 和 $k-1$ 尺度空间的数据表示为：

$$L_k=G(x,y,z,k\sigma)\otimes I(x,y,z) \tag{3-37}$$

$$L_{k-1}=G(x,y,z,(k-1)\sigma)I\otimes(x,y,z) \tag{3-38}$$

三维空间中高斯差分（DOG）的计算是基于两个相邻尺度的点云集进行的，即 $D(x,y,z,k)=L_k-L_{k-1}$。

3）在每个尺度空间，寻找当前邻域内的高斯差分极值点作为候选的关键点。

4）判断候选关键点是否具有高对比度，如果是，则将其加入关键点集中。

SIFT 算子提取特征点时只考虑高斯差分金字塔的局部邻域情况，没有从全局角度考虑特征点分布的合理性，导致检测的特征点中可能存在某些区域特征点异常密集，而某些区域特征点又异常稀疏的情况。密集的特征点存在一定的冗余性，增加计算量且容易造成误配的情况。稀疏的特征点造成该区域的局部变形未被充分考虑，导致形变参数估计不准确。

3.5.2 【实战】基于 SIFT 3D 关键点检测点云配准

本节将演示如何利用 SIFT 3D 算法提取点云关键点，并基于此实现粗配准的过程。首先基于 SIFT 3D 算法对源点云和目标点云检测关键点，之后为每个关键点计算 FPFH 特征描述子，基于两组点云的特征描述子利用随机采样一致性算法实现粗配准。

1. SIFT 3D 代码

本书随书资源中第 3 章例 5 文件夹下存放了 SIFT 3D 算法提取关键点及粗配准实现的 sift3d.cpp 文件。

2. SIFT 3D 源码解释分析

SIFT 3D 关键点提取算法在 PCL 中被实现，具体的实现代码在 sift_keypoint.h 和 sift_keypoint.hpp 中。类 SIFTKeypoint 实现关键点检测的分析如下。

首先，创建一个输入点云的副本，此副本将在高斯金字塔中的每个组（Octave）内进行相应的尺寸调整。

```
typename pcl::PointCloud<PointInT>::Ptr cloud (new pcl::PointCloud<PointInT> (*
input_));
```

接下来，对于每个组进行关键点搜索。对每个组进行关键点搜索的具体处理流程包括对点云进行降采样并且要求点云降采样后的点数至少大于 25 个，将 Kd 树更新为降采样之后的点，通过 detectKeypointsForOctave( ) 函数利用设置的尺度相关参数进行关键点检索。

```
VoxelGrid<PointInT> voxel_grid;
  //搜索每个组的关键点
  float scale = min_scale_;
  for (int i_octave = 0; i_octave < nr_octaves_; ++i_octave)
  {
    // 对点云进行降采样处理
    const float s = 1.0f * scale;
    voxel_grid.setLeafSize (s, s, s);
    voxel_grid.setInputCloud (cloud);
    typename pcl::PointCloud<PointInT>::Ptr temp (new pcl::PointCloud<PointInT>);
    voxel_grid.filter (* temp);
    cloud = temp;
    // 对点云进行降采样处理
    const std::size_t min_nr_points = 25;
    if (cloud->size () < min_nr_points)
      break;
    //用降采样的点更新 KdTree
    tree_->setInputCloud (cloud);
    // 检测当前组的关键点
    detectKeypointsForOctave (* cloud, * tree_, scale, nr_scales_per_octave_, output);
    //增加下一个组的尺度
    scale * = 2;
      }
```

detectKeypointsForOctave( )函数实现了高斯差分尺度空间的构建及极值点的检测，并将结果保存。

```
// 计算高斯差分(DOG)尺度空间
  std::vector<float> scales (nr_scales_per_octave + 3);
  for (int i_scale = 0; i_scale <= nr_scales_per_octave + 2; ++i_scale)
  {
      scales[i_scale] = base_scale * powf (2.0f, (1.0f * static_cast<float> (i_scale) - 1.0f) /
      static_cast<float> (nr_scales_per_octave));
  }
  Eigen::MatrixXf diff_of_gauss;
  computeScaleSpace (input, tree, scales, diff_of_gauss);
  //在 DOG 尺度空间中寻找极值
  std::vector<int> extrema_indices, extrema_scales;
  findScaleSpaceExtrema (input, tree, diff_of_gauss, extrema_indices, extrema_scales);
  //保存关键点
  output.points.reserve (output.size () + extrema_indices.size ());
```

下面解析利用 SIFT 3D 算法提取点云关键点的源文件中的关键语句，首先需要包含 SIFT 3D 关键点检测类头文件。

```
#include <pcl/keypoints/sift_keypoint.h>
```

函数 extract_keypoint 是 SIFT 3D 关键点检测算法的实现部分。首先定义点类型 pcl::PointWithScale 的数据用来存放关键点检测的结果。

```
pcl::PointCloud<pcl::PointWithScale> result;
//定义点类型 pcl::PointWithScale 的数据
```

接着设置 SIFT 3D 关键点检测算法搜索时与尺度相关参数设置的相关参数。参数 min_scale 在点云体素尺度空间中的标准偏差，为尺度空间中最小尺度的标准偏差，点云对应体素栅格中体素的最小尺寸；n_octaves 是检测关键点时体素空间尺度的数目，即高斯金字塔中组的数目；n_scales_per_octave 为在每一个体素空间尺度下计算高斯空间的尺度时所需的参数，每组（octave）计算的尺度数目；参数 min_contrast 设置限制关键点检测的阈值。

```
//-----------------------------SIFT 算法参数----------------------------------
const float min_scale = 5.f;//设置尺度空间中最小尺度的标准偏差
const int n_octaves = 3; //设置尺度空间层数
const int n_scales_per_octave = 15;//设置尺度空间中计算的尺度个数;
const float min_contrast = 0.01f;//设置限制关键点检测的阈值
```

创建 SIFT 关键点检测对象，输入待检测的点云。然后创建一个空的 Kd 树对象，并把它传递给 SIFT 检测对象。传入尺度相关参数，执行 SIFT 关键点检测，并将结果保存至 result 中。

```
//---------------------------SIFT 关键点检测--------------------------------
pcl::SIFTKeypoint<pcl::PointXYZ, pcl::PointWithScale> sift;
//创建 sift 关键点检测对象
sift.setInputCloud(cloud);//设置输入点云
pcl::search::KdTree<pcl::PointXYZ>::Ptr tree (newpcl::search::KdTree<pcl::PointXYZ>());
sift.setSearchMethod(tree);//创建一个空的 kd 树对象 tree,并把它传递给 sift 检测对象
sift.setScales(min_scale, n_octaves, n_scales_per_octave);
//指定搜索关键点的尺度范围
sift.setMinimumContrast(min_contrast);//设置限制关键点检测的阈值
sift.compute(result);//执行 sift 关键点检测,保存结果在 result
```

输出结果信息，并将点类型 pcl::PointWithScale 的 result 转换为点类型 pcl::PointXYZ 的数据，以便后续使用。

```
cout << "Extracted " << result.size() << " keypoints" << endl;
copyPointCloud(result, * keypoint);
//将点类型 pcl::PointWithScale 的数据转换为点类型 pcl::PointXYZ 的数据
```

3. SIFT 3D 案例的编译和运行

读者依照数据自行调整参数，利用上述参数进行 SIFT 关键点检测的运行结果如图 3-14 所示，图中绿色的点是原始点云，红色的点是检测到的关键点。

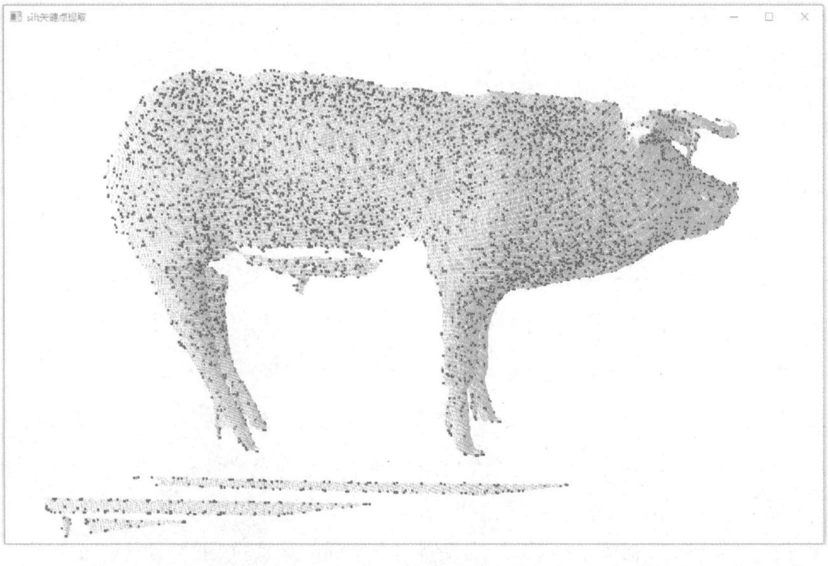

图 3-14　SIFT 关键点检测结果

利用 SIFT 3D 算法提取点云关键点，实现粗配准的过程，结果如图 3-15 所示。

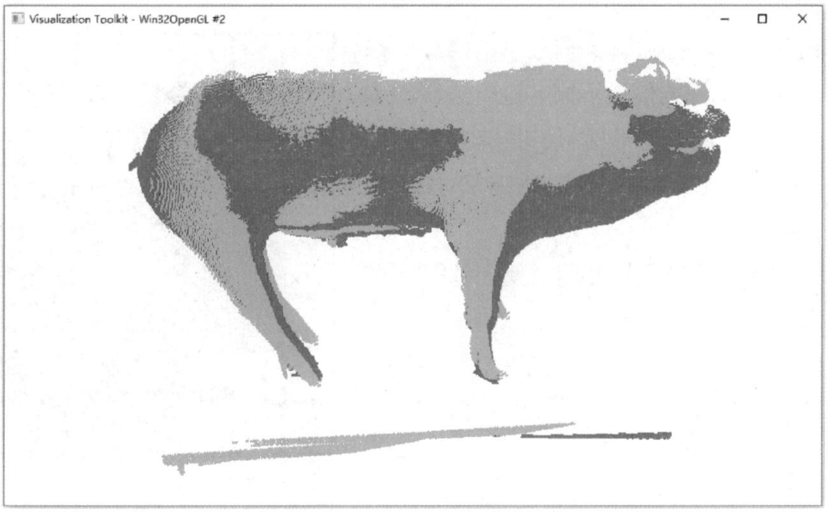

图 3-15　基于 SIFT 关键点检测结果进行粗配准的结果

3.6 SUSAN

1995 年英国牛津大学的 S.M.Smith 提出了一种图像边缘检测算法——SUSAN 算法，不同于以前经典边缘检测算法，SUSAN 算法基于灰度相似性比较，采用圆形模板，对图像进行灰度差统计，不用计算方向导数，而且具备积分特性，它简单而且有效，适用于图像中边缘和角点的检测，可以去除图像中的部分噪声。

3.6.1 SUSAN 检测原理

SUSAN 特征检测原理如图 3-16 所示。

在图 3-16 中，a、b、c、d、e 表示圆形模板，中心的十字表示模板的核心，灰色区域为待处理的图像特征。使用模板在图像上滑动，在图像与模板相交的区域中，如果模板周边像素点与模板中心像素点的差值小于或者等于一个给定的阈值，那么，把满足上述条件的像素集合的区域定义为：吸收核同值区域（Univalue Segment Assimilatimg Nucleus），简称 USAN 区域。

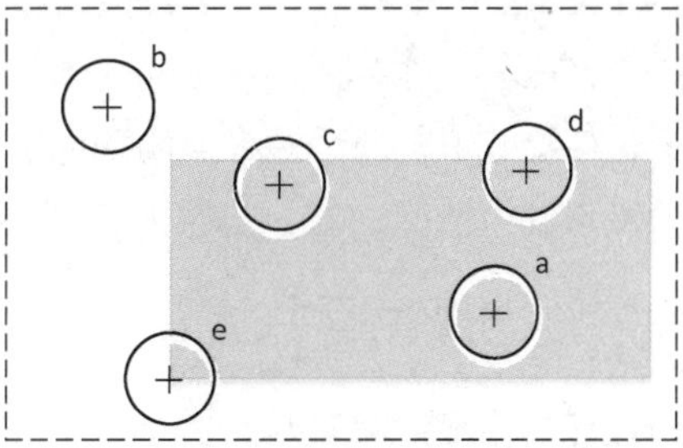

图 3-16　SUSAN 特征检测原理

由图 3-16 中可以看出，模板中心像素点周围邻域的重要信息都包含在 USAN 区域中，当模板完全位于图像或背景中时，USAN 区域面积最大（如 a 和 b）；当模板移向图像边缘时，USAN 区域逐渐变小（如 c）；当模板中心像素位于角点时，USAN 区域面积最小（如 e）。并且在边缘处像素的 USAN 值都小于或者等于其最大值的一半，因此，计算图像中每一个像素的 USAN 值，通过设定一个 USAN 阈值，查找小于阈值的像素点，即可确定为边缘点，这就是 SUSAN 算法的核心思想。

边缘检测算法一般采用方形模板，如 2×2、3×3 模板，但是 SUSAN 算法的模板不同，进行边缘检测时，SUSAN 算子使用的是圆形模板，具有方向性的优点，模板半径一般在 3~4 个像素，SUSAN 圆形模板结构如图 3-17 所示。

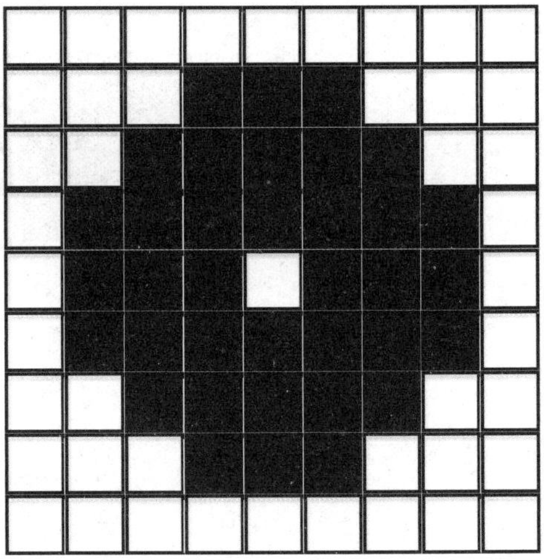

图 3-17　SUSAN 圆形模板结构

SUSAN 算法对边缘进行检测时，使上述圆形模板在整个图像上滑动，比较中心像素点与模板内的像素点灰度差值，将灰度差值与预先设定好的灰度门限阈值比较，计算该点是否属于 USAN 区域，计算公式如下：

$$c(r,r_0)=\begin{cases}1, & |I(r)-I(r_0)|\leqslant t\\ 0, & |I(r)-I(r_0)|>t\end{cases} \tag{3-39}$$

式中，$c(r,r_0)$为判别函数，若其值为 1 说明该像素点属于 USAN 区域；r_0 为模板的中心像素点；r 为模板中带判断的像素点；$I(r)$为模板中像素点的灰度值；$I(r_0)$为圆形模板中心像素点的灰度值。

由式（3-39）可以判断模板的像素点是否属于 USAN 区域。USAN 区域的大小可由式（3-40）求得：

$$n(r_0)=\sum_{r\neq r_0}c(r,r_0) \tag{3-40}$$

$n(r_0)$为以 r_0 为中心像素点的模板 USAN 区域大小，实质上为圆形模板内 $c(r,r_0)$为 1 的点的个数，将得到的每个像素点的 USAN 区域面积值 $n(r_0)$与设定好的几何阈值 g 比较，当 $n(r_0)<g$时，被检测像素点 r_0可以判断为边缘点，公式如下：

$$R(r_0)=\begin{cases}g-n(r_0), & n(r_0)<g\\ 0, & n(r_0)\geqslant g\end{cases} \tag{3-41}$$

式中，g 为几何阈值。由上面的分析可以知道，边缘点的 USAN 区域的最大值由几何阈值 g 决定，待检测点判断为边缘点的条件是 USAN 区域值 $n(r_0)<g$。若几何阈值 g 取值过小，会出现边缘点漏检情况，若 g 值过大，则边缘点附近的像素点也可能被判断为边缘，大量的实验证明，当几何阈值 $g=\frac{3}{4}n_{max}$（n_{max}为选择模板 USAN 区域最大值）时，能对各种边缘进行检测，边缘点的检测效果较好。

灰度门限阈值 t 的大小决定了能检测边缘的最小对比度，也是能处理的噪声最大容限。t 值越小，表示算法就能从越低对比度图像中提取边缘特征。因此，处理不同噪声和对比度图像时，选取不同的灰度门限阈值 t 会得到更好的处理效果。

3.6.2 【实战】基于 SUSAN 关键点检测点云配准

本节主要实现基于 SUSAN 关键点的点云粗配准，首先提取源点云与目标点云中的 SUSAN 关键点，之后计算每个关键点的 FPFH 特征描述子，基于源点云和目标点云两组特征描述子使用随机采样一致性粗配准算法，实现两组点云的初始对齐。PCL 中实现了 SUSAN 中关键点提取的算法。

1. SUSAN 关键点检测案例代码

在随书资源本节文件夹中打开 susan.cpp 的代码文件，同时在文件夹中找到相关测试点云文件 pig_view1.pcd 和 pig_view2.pcd

2. SUSAN 关键点检测源码解释分析

下面解释源文件中的关键代码语句，首先需要包含 SUSAN 关键点的头文件。

首先输入两组点云，分别对源点云和目标点云进行 SUSAN 关键点提取，执行特征点提取函数 extract_keypoint( )，在该函数中首先创建用于 SUSAN 关键点估计的对象 SUSAN，keypoints 对象用于保存 SUSAN 关键点，tree 为初始化的 Kd 树对象。

```
pcl::SUSANKeypoint<pcl::PointXYZI, pcl::PointXYZI> SUSAN;
pcl:: PointCloud < pcl:: PointXYZI >:: Ptr keypoints (new pcl:: PointCloud < pcl::
PointXYZI>());
pcl::search:: KdTree < pcl:: PointXYZ >:: Ptr tree (new pcl:: search:: KdTree < pcl::
PointXYZ>());
```

之后设置 SUSAN 关键点检测对象的参数，其中 setRadius( ) 函数用于设置正常估计和非最大抑制的半径，setDistanceThreshold( ) 函数用于设置距离阈值，setAngularThreshold( ) 函数用于设置角点检测的角度阈值，setIntensityThreshold( ) 函数用于设置角点检测的强度阈值，setNon-MaxSupression( ) 函数用于响应应用非最大值抑制。

```
SUSAN.setRadius(3.0f);
SUSAN.setDistanceThreshold(0.01f);
SUSAN.setAngularThreshold(0.01f);
SUSAN.setIntensityThreshold(0.1f);
SUSAN. compute(* keypoint1);
```

对于圆形模板 USAN 区域，周边像素与中心位置像素进行对比，可以得到与中心位置的相似判别值。SUSAN 关键点提取算法在 PCL 中已有实现，在 PCL 源码 susan.h 和 susan.hpp 中具体实现的关键性代码如下：定义 area 为累积相似度，如果输入的点满足相似判断的条件，则可以对相似判别值进行累加，最终得到中心位置的累积相似度 area。

```
float area = 0;
Eigen::Vector3f centroid = Eigen::Vector3f::Zero ();
std::vector<int>usan;
```

```
usan.reserve (nn_indices.size () - 1);
for (std::vector<int>::const_iterator index = nn_indices.begin(); index ! = nn_
indices.end(); ++index)
    {
      if ((* index ! = point_index) && std::isfinite ((* normals_)[* index].normal_x))
      {
        //相似判断
        if ((std::abs (nucleus_intensity - intensity_ ((* input_)[* index])) <= in-
        tensity_threshold_) || (1 - nucleus_normal.dot ((* normals_)[* index].get-
        NormalVector3fMap ()) <= angular_threshold_))
        {
          ++area;
          centroid += (* input_)[* index].getVector3fMap ();
          usan.push_back (* index);
        }
      }
}
```

在 susan.hpp 代码文件中，通过对相似度进行累积，可以判别中心位置是不是边缘、角点，若累积相似度 area 越大，则越不可能是边缘、角点。在这里又引入了一个几何阈值 geometric_threshold，通过判断 area 与 geometric_threshold 的大小，得到该中心位置属于边缘或者角点的可能性。

```
if (! geometric_validation_)
    {
      PointOutT point_out;
      point_out.getVector3fMap () = point_in.getVector3fMap ();
      intensity_out_.set (point_out, geometric_threshold - area);
      if (label_idx_ ! = -1)
      {
        std::uint32_t label = static_cast<std::uint32_t> (point_index);
        memcpy (reinterpret_cast<char* > (&point_out) + out_fields_[label_idx_].offset,
                &label, sizeof (std::uint32_t));
      }
…
```

3. SUSAN 关键点检测案例编译与运行

利用提供的 CMakeList.txt 文件，在 Cmake 里建立工程文件，并执行可执行文件，将测试点云放入工程目录下可以直接运行，运行结果如图 3-18 所示。

利用 SUSAN 算法提取点云关键点，实现粗配准的过程，结果如图 3-19 所示。

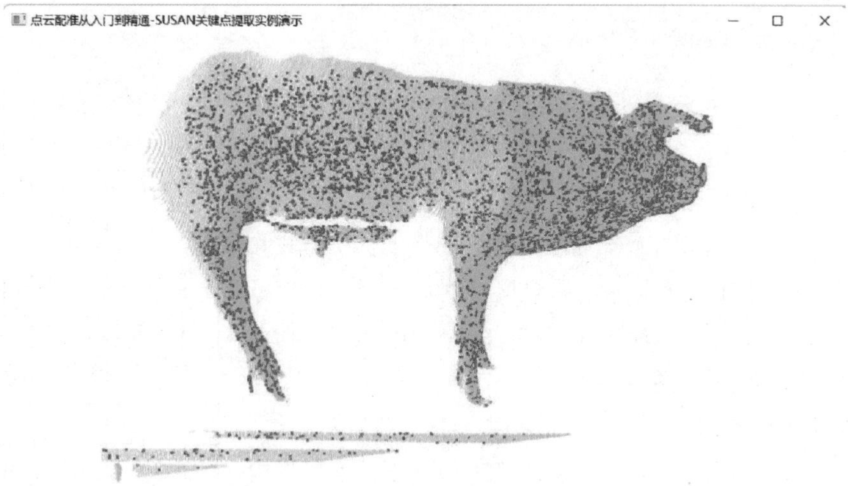

图 3-18　关键点提取结果

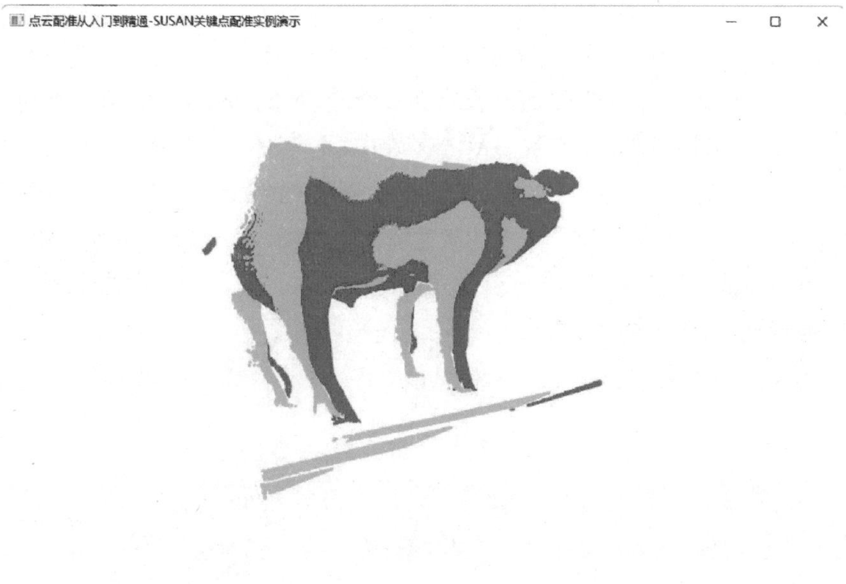

图 3-19　粗配准结果

3.7 AGAST（角点检测）

AGAST（Adaptive and Generic Accelerated Segment Test，角点检测）算法是 Elmar 于 2010 年提出的一种特征点检测算法，该算法改进了 FAST（Features from Accelerated Segment Test）中的特征点检测算法，具有更快的速度和更好的鲁棒性。AGAST 算法比传统的特征点检测算法快五倍以上，并且本身检测模板具有旋转不变性，可以良好地适用于线性图形变换模型。并且该算法还拥有很好的对前景图像识别的能力，有利于观察图像特征区域。

3.7.1 AGAST 检测原理

AGAST 模板将像素周围邻域划分成多个区域，针对每个区域的像素使用动态决策树，并根据每个区域的不同特征来调整决策树结构，可以在不牺牲速度的同时更好地判断候选特征点。

AGAST 算法提供了比 FAST 算法更详细的特征标记方式和判断依据，添加了非较亮和非较暗采样区域对原采样区域进行了扩展。首先对中心像素点周围固定半径圆周上的点进行特征分析，其特征采样模板如图 3-20 所示。

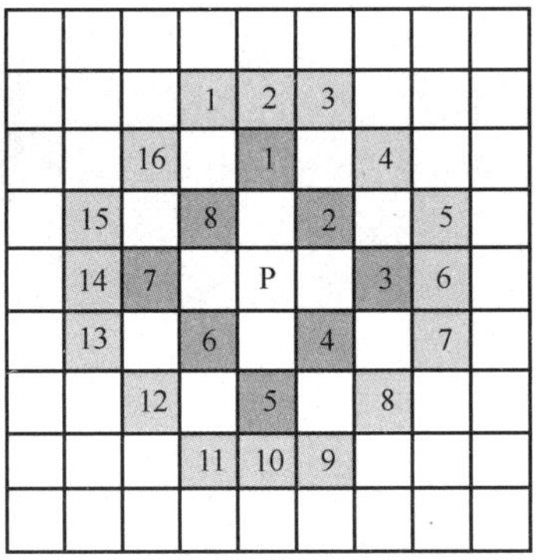

图 3-20　AGAST 特征采样模板

通常选取圆周上 16 个点作为决策树的输入值判断特征，圆形的特征检测方式使 AGAST 算法具有旋转不变性。如果检测到这个点是候选特征点，则会继续用决策树检查更小圆周上的 8 个点，使该算法对缩放图像有一定的处理能力。通过中心像素点与其圆形区域邻域进行比较，利用邻域像素相较于中心像素的亮暗状态判断是否为特征点。AGAST 还将上一个像素点的状态比较结果作为参考，输入到下一个像素点进行计算，可以更加合理地比较像素邻域的整体结构，并自适应地调整当前的比较方式，从而可以更好地检测特征。AGAST 邻域采样点的亮度状态总共分为 6 种，具体状态转换方式如式（3-42）所示。其中，$S_{n\to x}$表示第 n 个像素的圆形邻域中第 x 个像素灰度相对于中心像素的亮度状态，I_n 表示这个像素的灰度值，$I_{n\to x}$表示这个像素相对于中心像素的灰度，t 表示比较灰度状态的阈值，$S'_{n\to x}$为上一个像素的比较状态，上一个像素的比较状态结果可以在一定程度上影响当前像素的比较方式，u 表示状态还未知。

$$S_{n\to x}=\begin{cases} d, & I_{n\to x}<I_n-t \quad (\text{较暗}) \\ \bar{d}, & I_{n\to x}\geqslant I_n-t\cap S'_{n\to x}=u \quad (\text{不暗}) \\ S, & I_{n\to x}\geqslant I_n-t\cap S'_{n\to x}=\bar{b} \quad (\text{相似}) \\ S, & I_{n\to x}\leqslant I_n+t\cap S'_{n\to x}=\bar{d} \quad (\text{相似}) \\ \bar{b}, & I_{n\to x}\leqslant I_n+t\cap S'_{n\to x}=u \quad (\text{不亮}) \\ b, & I_{n\to x}>I_n+t \quad (\text{较亮}) \end{cases} \tag{3-42}$$

AGAST 特征检测算法采用的是基于配置空间的二叉树以及自适应树切换，采用以上分类方法可以得到一棵二叉树，接着使用类似于反向归纳法的方法来构建最优二叉树。使用深度优先方式探查配置空间寻找到一个叶子（已执行完 AGAST 角点准则的路径上的第一个节点），叶子的计算代价为零。对于一个内部节点的计算代价 C_p 的计算公式如下所示。

$$C_p=\min_{(C_+,C_-)} C_{C+}+PC_+\cdot C_T+C_{C-}+PC_-\cdot C_T=C_{C_+}+C_{C_-}+P_p\cdot C_T \tag{3-43}$$

式中，C_+和 C_-是该节点的子节点，C_T 表示在此节点处进行判断的代价（$C_T\in(C_R,C_C,C_M)$，C_R 指寄存器读取时间，即对同一个像素进行第二次比较的代价，C_C 指缓存读取时间，即读取同一行中另外一个像素用于比较的代价，C_M 指内存读取时间，即用于描述其他像素的读取的时间)，P_P、PC_+、PC_-分别指像素配置中的父节点和子节点的概率。运用动态规划法可以找到最优的加速分类检验，决策树可以通过不同的 $\{C_R,C_C,C_M\}$ 进行优化寻找到最优决策树。

由于每幅图像都有自己的场景，同型的、混杂的或是带纹理的结构性区域。一幅待规格化的图像的概率分布用下式（3-44）建模。

$$P_x=\prod_{i=1}^{N}P_i,P_i=\begin{cases}1 & 当\ S_{n\to x}=u\\ P_s & 当\ S_{n\to x}=s\\ P_{bd} & 当\ S_{n\to x}=d\vee S_{n\to x}=b\\ P_{bd}+P_s & 当\ S_{n\to x}=\bar{d}\vee S_{n\to x}=\bar{b}\end{cases} \tag{3-44}$$

式中，P_s 指与中心点相似的概率，P_{bd}指比中心点亮或暗的概率，并且 $P_s+2P_{bd}=1$。运用这种方法就很好地解决了特定的单一场景的问题。对于包含复杂场景的情况，则在每个决策路径的结束时，跳转到与当前场景相适宜的特定的树，如图 3-21 所示。

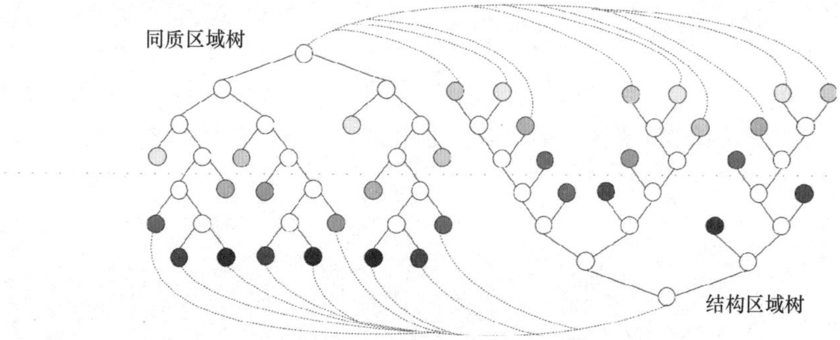

图 3-21　利用 AGAST 算法构建的两棵决策树

3.7.2 【实战】基于 AGAST 关键点检测点云配准

本节展示如何从图像中基于 AGAST 算法提取关键点，并且用图像进行可视化，用户可直观地观察关键点的位置和数量。

1. AGAST 关键点检测代码

在随书资源本节文件夹中打开 agast.cpp 的代码文件，同时在文件夹中找到相关测试点云文件 6_00003.pcd。

2. AGAST 关键点检测源码解释说明

下面解释源文件中的关键代码语句，首先需要包含 AGAST 关键点的头文件。开始先进行命令行参数分析，从磁盘读取一个点云（若不存在就创建一个），创建一个深度图像并进行可视化，更多可视化相关的拓展内容可参考本书相关系列图书《点云库 PCL 从入门到精通》（书号：978-7-111-61552-1）的第 5 章可视化。关键的部分如下。

首先要包含 AGAST 关键点的头文件。

```
#include <pcl/keypoints/agast_2d.h>
```

利用 AgastKeypoint2D 对点云进行 AGAST 关键点提取，此处注意该算法只适用于深度图像，即有序点云，输入数据为 XYZRGBA 的数据，输出与深度图像像素坐标对应的二维坐标数据。cloud 用于保存输入点云，keypoints 用于保存 AGAST 关键点，Agast.setThreshold( ) 用于设置 agast 角点检测的阈值，判断邻域点相对于中心点的状态 $S_{n \to x}$。

```
pcl::AgastKeypoint2D<pcl::PointXYZRGBA, pcl::PointUV> Agast;
pcl::PointCloud<pcl::PointXYZRGBA>::Ptr keypoints(new
pcl::PointCloud<pcl::PointXYZRGBA>());
PointCloud<pcl::PointUV> keypoints_1;//使用 keypoints_1 来存储结果
pcl::search::KdTree<pcl::PointXYZRGBA>::Ptr tree(new
pcl::search::KdTree<pcl::PointXYZRGBA>());
Agast.setInputCloud(cloud);
Agast.setThreshold(30);//设置角点检测的阈值
Agast.compute(keypoints_1);//计算关键点
```

在 agast_2d.h 文件中，首先利用输入的中心点周围点的像素值 im 计算角点得分。然后对给定图像进行初步关键点检测，最后使用非极大值抑制的方法结合计算的关键点得分和初步检测的关键点得到最终的关键点。

```
/** \计算角点得分
* \输入参数 im:用于计算得分的像素
virtual int
computeCornerScore (const unsigned char* im) const = 0;
/** \在给定图像中检测感兴趣的点(即关键点)
* \输入参数 im:用于检测关键点的图像
* \输出参数 corners_all:关键点检测结果
virtual void
detect (const unsigned char* im,
std::vector<pcl::PointUV, Eigen::aligned_allocator<pcl::PointUV> >
&corners_all) const = 0;
/** \使用非极大值抑制方法
* \输入关键点位置
* \输入参数 scores:根据图像数据计算的关键点得分
* \输出参数 output:在非极大值抑制之后输出的结果关键点
void
applyNonMaxSuppression (const pcl::PointCloud<pcl::PointUV> &input,
const std::vector<ScoreIndex>& scores,
   pcl::PointCloud<pcl::PointUV> &output);
```

3. AGAST 关键点检测案例程序编译并运行

利用提供的 CMakeLists.txt 文件，在 cmake 中建立工程文件，并生成相应的可执行文件，生成可执行文件后，就可以运行了，运行结果如图 3-22 所示。

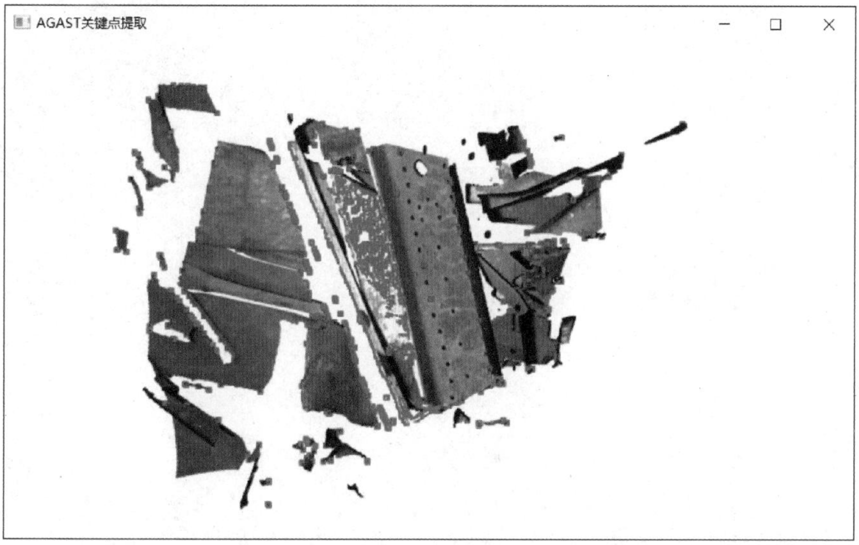

图 3-22 废钢关键点提取图

3.8 在点云配准任务上各个关键点检测表现对比

本节进行对比实验，比较本章涉及的六种算法的优缺点，分别在兔子点云数据和废钢点云数据上进行实验。因为 AGAST 是针对有序点云的关键点提取算法，本部分不做对比测试。

rabbit_0.pcd 和 rabbit_1.pcd 可以在随书资源本节文件夹中找到，兔子点云数据可视化结果如图 3-23 所示，其中绿色是源点云，红色是目标点云。

图 3-23 兔子点云数据可视化结果

以源点云为例，关键点提取结果见表 3-1。

表 3-1 关键点提取结果

	ISS	NARF	Harris	SIFT 3D	SUSAN
提取关键点个数	442	413	589	763	563
运算时长（秒）	2.12	144.3	3.39	4.67	0.24

提取的关键点分布如图 3-24 所示。

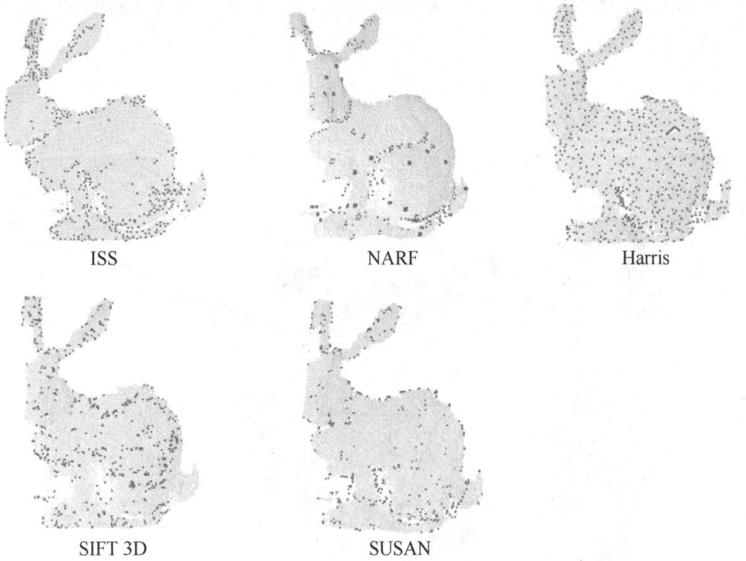

图 3-24 兔子点云关键点提取结果

根据提取到的关键点，利用 SAC 算法完成粗配准，如图 3-25 所示。

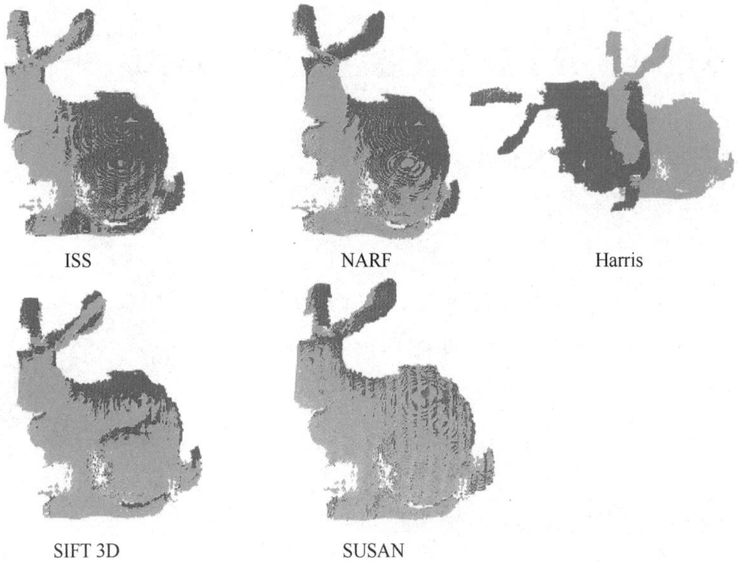

图 3-25 兔子点云配准结果

观察关键点提取结果发现 Harris 角点提取算法，对于兔子点云这样圆滑的点云数据，提取到的点均匀分布，导致其配准结果较差。

实验第二部分使用废钢点云数据，如图 3-26 所示。

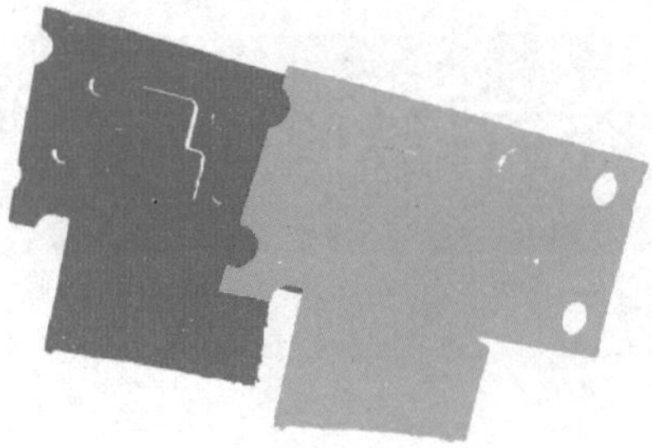

图 3-26　废钢点云可视化结果

以源点云为例，关键点提取结果见表 3-2。

表 3-2　关键点提取结果

	ISS	NARF	Harris	SIFT 3D	SUSAN
提取关键点个数	210	289	239	436	NULL
运算时长（秒）	20.6	38.4	2066.6	13.9	NULL

提取的关键点分布如图 3-27 所示。

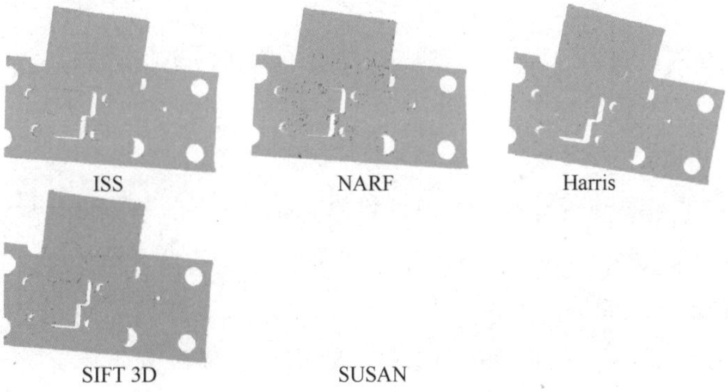

图 3-27　废钢点云关键点提取结果

根据提取到的关键点，利用 SAC 算法完成粗配准，如图 3-28 所示。

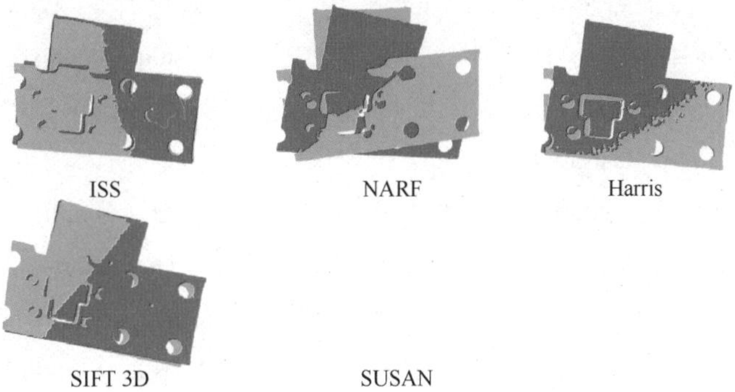

图 3-28　废钢点云配准结果

第4章 点云特征描述子

4.1 什么是点云特征描述子

点云特征描述子就是描述点云特征的 N 维向量。对点云检测到的关键点并不适合直接用于特征匹配，因为点云是一种离散的、非结构化的数据，并且受噪声、遮挡和离群值的影响。通过将检测到的特征点表述为描述子，可以增加特征的鲁棒性，提高特征点间的可比性和匹配率。

对于相近的点云分布，其点云特征描述子应该也具有相似性，而对分布不相近的点云，其描述子应该也具有不一致性。描述子具有一定的压缩性，可以将复杂高维的点云特征压缩为更简单的表现形式。通过计算点云描述子，匹配不同点云的描述子，能够提高配准的效率。

针对不同物体的三维表面采样数据，可以将点云描述子分为针对刚性物体的和针对非刚性物体的。针对非刚性物体的，又被称为本征局部描述子，具有抗非刚性变化的能力，在该类描述子中，Sun 等人利用在曲面进行拉普拉斯-贝尔特拉米运算和其衍生的空间嵌入计算来获得热核签名描述子（Heat Kernel Signature，HKS），对等容、等距变化具有鲁棒性而且有一定的抗非等容、等距变换能力。Aubry 等人（2011 年）通过一种量子力学的方式来描述曲面的多尺度细节并提出波核签名描述子（Wave Kernel Signature，WKS），比 HKS 具有更强的区分性。

针对刚性物体的描述子相对使用更加广泛。Johnson 和 Hebert（1997 年）提出了自旋图特征（Spin Image），是被引用次数最多的描述子之一，但是描述能力有限、对数据分辨率变化敏感。Frome 等人（2004 年）提出 3D 形状上下文描述子（3D shape context，3DSC），将局部球域划分为多个子空间后计算每个子空间内的点占比来计算特征描述子。Rusu 等人（2008 年）提出点特征直方图（Point Feature Histograms，PFH），其鉴别能力强，但是计算量较大，相对比较耗时，于是 Rusu 等人（2009 年）利用简化版点特征直方图（Simplified Point Feature Histogram，SPFH）提出了快速点特征直方图（Fast Point Feature Histograms，FPFH），具有快速、鉴别能力强的特点。Salti 等人（2014 年）提出一种用于表面匹配的局部三维描述子 SHOT（Signature of Histogram of Orientation）是一种基于局部特征的描述子，其基本思想为：基于邻域点建立局部坐标系，将点邻域空间分出几个子空间，然后对子空间中每个点的法向特征统计到直方图进行编码，再将每个子空间的直方图联合到一起得到三维描述子。

4.2 Spin Image（旋转图像）

Spin Image 是 Johnson 于 1999 年提出，并且 Lazebnik 于 2005 年完善的基于点云空间分布的特征描述算法，其思想是将一定区域的点云分布转换成二维的 Spin Image，然后对场景和模型的 Spin Image 进行相似性度量。Spin Image 算法与通常的算法不同在于，它不仅是计算距离-灰度二维直方图，而且采用“软直方图”统计，即局部支撑邻域的每个像素对直方图的每一个区间都有贡献，以便消除直方图的混叠效应。但 Spin Image 特征描述子对稀疏点云敏感，同时需要均匀的网格分辨率才能正确地进行三维目标识别任务。

4.2.1 Spin Image 特征描述子原理

Spin Image 是最常用的局部表面特征描述子之一。它是由物体表面上与方向相关联的一个定向点（或代表物体表面的网格顶点）生成的。图像如图 4-1 所示。定向点定义在平面（$p,\boldsymbol{n}$）上，p 是定向点的位置，$\boldsymbol{n}$ 是 p 的法向量。由 p 和 $\boldsymbol{n}$ 建立一个二维坐标系，平面坐标由 α（x 点在 P 上的投影与 p 的距离）和 β（x 点到平面的距离）给出。使用这个坐标系，定义了一个自旋平面 S_0，将相邻点 x 的 3D 坐标编码到一个（$p,\boldsymbol{n}$）坐标系的 2D 空间中。自旋平面 S_0：$R^3 \to R^2$，定义为 $S_0(x)\to(\alpha,\beta)$。S_0 公式如式（4-1）所示。

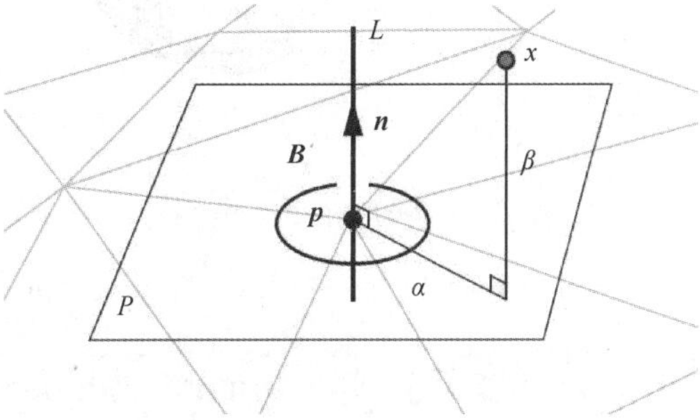

图 4-1　Spin Image 原理图

$$S_0: R^3 \to R^2$$

$$S_0(x)\to\left(\sqrt{\|x-p\|^2-(\boldsymbol{n}*(x-p))^2},(\boldsymbol{n}*(x-p))\right) \tag{4-1}$$

Spin Image 特征描述子是一个具有一定分辨率（即二维网格大小）的二维图像（网格）。由于 Spin Image 中每个网格落入点的数量不同，以每个网格中落入点的数量计算每个网格的强度 I 作为最终的值。然而为了增加稳定性、减少对噪声的影响和降低对位置的敏感度，一般会考虑采用双线性插值的方式将点分布到邻近的四个像素中。原理如图 4-2 所示。

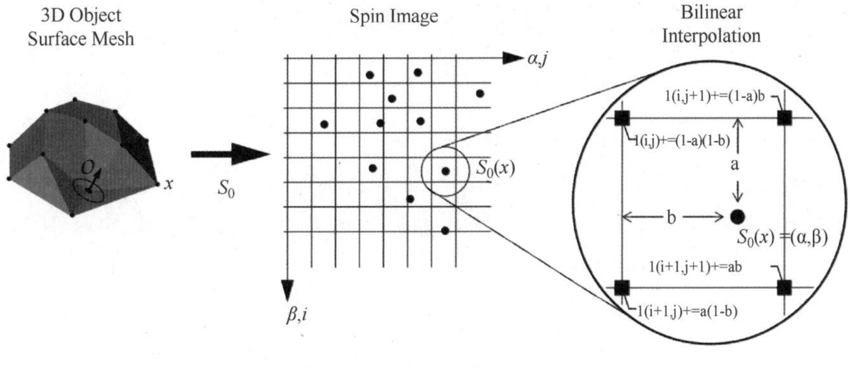

图 4-2　双线性插值

图 4-2 中默认的网格边长是 1（但并非真实的边长），当一个点落入网格（i,j）中时，就会被双线性插值分散到（i,j），（$i,j+1$），（$i+1,j$），（$i+1,j+1$）四个网格中，这样就获得了 Spin Image，图像如图 4-3 所示。

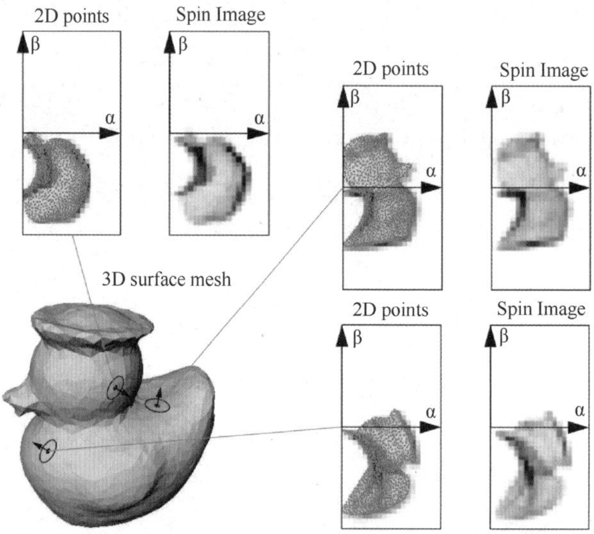

图 4-3　Spin Image 图像

Spin Image 绕着选择顶点的法向量自转 360°，将所到之处的顶点全部映射在二维图像上，累积成为一幅图像，再经过处理就成了 Spin Image。

4.2.2 【实战】Spin Image 配准实例

本节展示如何利用 Spin Image 对关键点进行特征描述，并且利用特征描述进行匹配从而达到配准的目的。

1. Spin Image 案例代码

首先，打开名为 spinimage.cpp 的代码文件，同文件夹下可以找到相关的测试点云文件 pig_view1.pcd。

2. Spin Image 源码解释说明

下面解释源文件中的关键代码语句，首先需要包含 spin image 的头文件。

```
#include <pcl/features/spin_image.h>
```

Spin Image 特征描述子需要根据法向量来进行计算，因此首先开始计算法线。

```
//---------------------计算法线-------------------
pcl::NormalEstimationOMP<pcl::PointXYZ, pcl::Normal> n;//OMP 加速
pcl::PointCloud<pcl::Normal>::Ptr normals(new pcl::PointCloud<pcl::Normal>);
//建立 kdtree 来进行近邻点集搜索
pcl::search::KdTree<pcl::PointXYZ>::Ptr tree(new pcl::search::KdTree<pcl::PointXYZ>);
```

```
n.setNumberOfThreads(6);//设置 openMP 的线程数
n.setInputCloud(cloud);
n.setSearchMethod(tree);
n.setRadiusSearch(0.3);//半径搜索
n.compute(* normals);//开始进行法向计算
```

这里使用 NormalEstimationOMP，利用 OMP 进行加速，随后建立 kdtree 来进行近邻点集搜索，设置计算法线所需参数。获取点云法线后，开始计算 Spin Image 图像，首先构造一个 Spin Image Estimation，输入点云坐标、法线，设置输出形式为 Histogram<153>直方图。使用 spin_image_descriptor 来计算 Spin Image 描述子，并设置 descriptor 所需参数。接着设置搜索半径，并计算 Spin Image 图像，以直方图形式输出。

```
// ------------------spin image 图像计算------------------
pcl::SpinImageEstimation<pcl::PointXYZ, pcl::Normal, pcl::Histogram<153> >
spin_image_descriptor(8, 0.05, 10);//构造一个 SpinImageEstimation,输入点云坐标、法
线,设置输出形式为 Histogram<153>直方图
//spin_image_descriptor 三个数字分别表示:旋转图像分辨率
//最小允许输入点与搜索曲面点之间的法线夹角的余弦值,以便在支撑中保留该点
//最小支持点数,以正确估计自旋图像。如果在某个点支持包含的点较少,则抛出异常
spin_image_descriptor.setInputCloud(cloud);
spin_image_descriptor.setInputNormals(normals);
//使用法线计算的 Kdtree
spin_image_descriptor.setSearchMethod(tree);
pcl::PointCloud<pcl::Histogram<153> >::Ptr spin_images(new pcl::PointCloud<
pcl::Histogram<153> >);//定义 spin_images 来存储结果直方图
spin_image_descriptor.setRadiusSearch(40);
//计算 spin image 图像
spin_image_descriptor.compute(* spin_images);
cout << "SI output points.size (): " << spin_images->points.size() << endl;
```

在 PCL 源码中的 spin_image.hpp 文件实现了该特征描述子的计算过程，步骤为：确定当前查询点，并确定查询点的旋转轴和旋转半径，根据半径得到查询点附近的 k 近邻，计算各近邻点与查询点之间的二维特征，将各二维特征映射到二维网格，由于分辨率的存在，需要对二维特征进行双线性插值，最后标准化，将 spin_image 特征矩阵拉成一维向量。

3. Spin Image 案例编译并运行

利用提供的 CMakeLists.txt 文件，在 cmake 中建立工程文件，并生成相应的可执行文件。生成可执行文件后，就可以运行了，运行结果如图 4-4 所示。

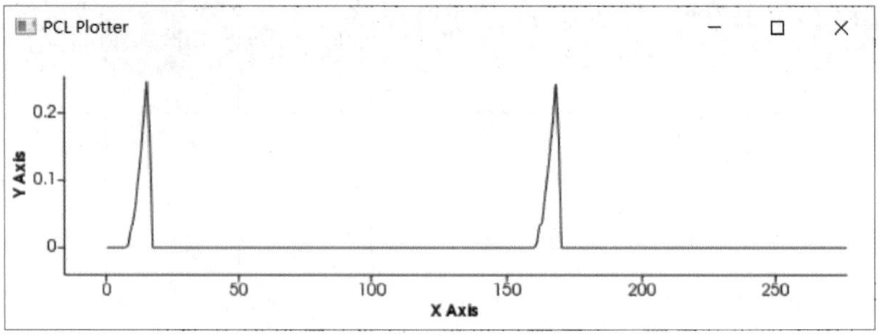

图 4-4　显示检索第一点的自旋图像结果直方图

4.3 3DSC（3D 形状上下文特征）

形状上下文（Shape Context，SC）由 Serge Belongie 等人于 2002 年首次提出，是一种主流的形状特征描述子，多用于目标识别和形状特征匹配。它采用一种基于形状轮廓的特征描述算法，其在对数极坐标系下利用直方图描述形状特征能很好地反映物体轮廓上的采样点分布特征。

4.3.1 3DSC 特征描述子原理

Serge Belongie 等人最先提出的形状上下文描述子是基于二维空间的，也就是 2DSC，而之后的 3DSC 是在 2DSC 的基础上扩展的算法，因此，这里先介绍 2DSC 的算法原理，再介绍 3DSC 的算法原理。

1. 2DSC（2D 形状上下文特征）**原理**

2DSC 的算法流程如下。

1）首先，给定的形状如图 4-5a 和图 4-5b 所示，这里以 Serge Belongie 资料中的字母 A 为

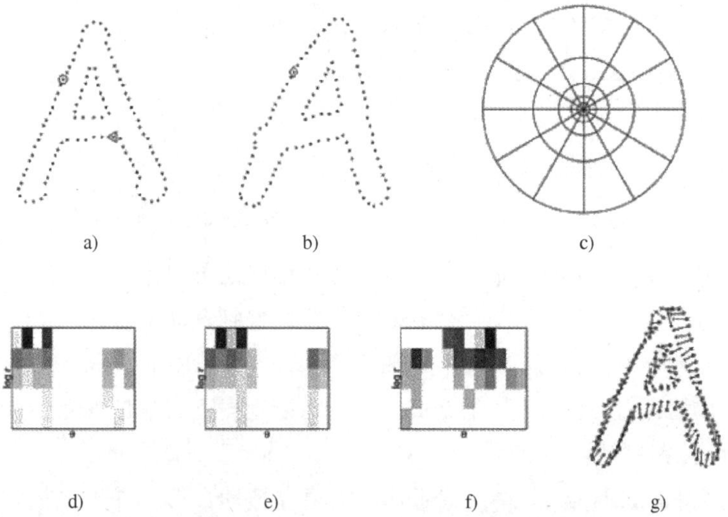

图 4-5　2DSC 算法示意图

例，通过边缘检测算子（canny 算子之类的）获取轮廓边缘，对轮廓边缘采样可以得到一组离散的点集 $P=\{p_1,p_2,p_3,...p_n\}$。

2）计算形状上下文。给定点集 P 中的任意点 p_i，在以点 p_i 为中心，r 为半径的区域内，按“对数距离 logr”等间隔取 N 个同心圆，同时沿圆周方向按角度 M 等分，建立一个对数极坐标系（LogPolar，如图 4-5c 所示，值得注意的是，这个极坐标系没有规定固定的 0°方向，对于某个中心点 p_i，假设按角度分成 M 份，本算法会分别取 M 个不同方向作为 0°方向，得到 M 个形状上下文，而在比较时值选取 M 个形状上下文中最接近的进行比较），该坐标系有 $M*N$ 个大小不同的扇区。

随后，可以构建点集中其他点相对于点 p_i 的对数极坐标分布直方图。直方图构建方法如下式所示。

$$h_i(k)=\#\{q\neq p_i:(q-p_i)\in \mathrm{bin}(k)\} \tag{4-2}$$

最后构建出来的直方图如图 4-5 的 d、e、f 图所示，直方图中的每个 bin 存储的是落在该扇区中的其他边缘点 q 的数量。这个直方图就是点 p_i 形状上下文描述子，它可以表示点 p_i 的局部特征。图 4-5 中的 d 图和 e 图就是 a 图和 b 图中相似的特征点 a1 和 b1 的直方图，它们的分布形状就非常相似。而 f 图属于与 a1、b1 完全不同的特征点 a2 对应的直方图。相应的，其分布也和 d、e 很不一样。

3）由上面步骤可以得到每个点的形状上下文，接下来需要计算两个目标的形状上下文相似度，从而得到相似与否的结论。计算一个目标的形状直方图与另一目标的形状直方图之间的匹配代价，代价函数如下：其中，$h_i(k)$ 为目标 P 的点 p_i 的形状直方图，$h_j(k)$ 为目标 Q 的点 q_j 的形状直方图。按照以下公式可以计算目标的代价矩阵 $\boldsymbol{C}$，大小为 $n*n$。

$$\boldsymbol{C}_{i,j}=\boldsymbol{C}(p_i,q_j)=0.5*\sum_{k=1}^{K}\frac{[h_i(k)-h_j(k)]^2}{h_i(k)+h_j(k)} \tag{4-3}$$

4）然后，基于计算得到的代价矩阵 $\boldsymbol{C}$，可以进行点匹配操作。找到一个点匹配的策略，使下式获得最小值。其中，象征一种点匹配的策略，代表与相匹配的点。

$$H(\pi)=\sum \boldsymbol{C}(p_i,q_{\pi(i)}) \tag{4-4}$$

2. 3DSC（3D 形状上下文特征描述子）**原理**

3DSC 的算法是由 Andrea Frome 等人于 2004 年提出来的，这个算法是直接在 2DSC 上拓展而来的。图 4-6 所示为 3DSC 将 2DSC 的圆形坐标区域扩展为以采样点 p 为圆心，R 为半径的球区域。其中，球的北极方向为点 p 的法线方向。

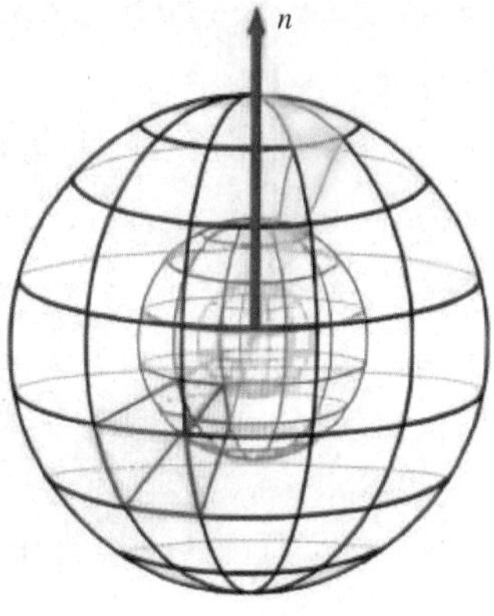

图 4-6 球坐标系

与 2DSC 类似，该坐标系也有大小不同的同心球，同心球半径的计算方式如下。其中，r_{min} 为设置的最小半径，r_{max} 为设置的最大半径，I 为同心球总数 R_j 代表计算出来第 j 个同心球的半径。另外，这个圆球还被方位角以及立面尺寸上的等间隔边界所分割（类似于地球的经纬度）。这样分割就能得到 $J*K*L$ 个 bin（假设按方位角等分为 K 份，按立面等分为 L 份）。

$$R_j = \exp\left\{\ln(r_{min}) + \frac{j}{J}\ln\left(\frac{r_{max}}{r_{min}}\right)\right\} \tag{4-5}$$

值得注意的是，相对于原始 2DSC 中以统计每个 bin 内点数目的方式来构建分布直方图，3DSC 还增加了计算统计区域内（即球体内）每个点 p_i 的权重的步骤。计算方式如下：

$$w(p_i) = \frac{1}{p_i^3 \sqrt{V(j,k,l)}} \tag{4-6}$$

式中，$V(j,k,l)$ 对应第 j 个同心球，第 k 个方位方向，第 l 个仰角方向区域对应的体积。p_i 是对应局部点的密度，它是以局部点 p_i 为球心，以 a（a 是一个事先给定的参数）为半径的球体包含的点的数目。计算了权重之后，直方图中每个 bin 的值由累积每个点的加权计数得到。这种归一化处理解释了由于表面的角度或到扫描仪的距离而引起的采样密度的变化。

另外，经过上面的处理后，由于无法规定方位角的 0°方向，在方位角方向上有一个自由度。为了比较不同坐标系中计算出的形状上下文，可以使方位角每个等角度的分割都充当一次 0°方向，计算一次形状上下文。这样，每个基点对应 L 种（假设方位角等分为 L 份）不同的形状上下文，而在使用描述子进行比较时，就统一使用 L 种情况中最接近的一种。

4.3.2 【实战】利用 3DSC 进行 ICP 精配准

本次实战准备使用 3DSC 算法计算关键点的特征描述子（即 Shape Contexts），然后利用关键点和描述子进行“采样一致性对齐（SAC）”粗配准。最后再利用 ICP 算法不断迭代，对粗配准的结果精配准。下文展示的代码只是关于本节部分核心代码，具体代码可见本书附带资源的程序文件。

```
//-------------------计算法线----------------------
pcl::NormalEstimationOMP<PointT, pcl::Normal> n;//OMP 加速
pcl::PointCloud<pcl::Normal>::Ptr normals(new pcl::PointCloud<pcl::Normal>);
//建立 kdtree 来进行近邻点集搜索
pcl::search::KdTree<pcl::PointXYZ>::Ptr tree(new pcl::search::KdTree<pcl::
PointXYZ>());
n.setNumberOfThreads(6);//设置 openMP 的线程数
n.setInputCloud(key_cloud);
n.setSearchSurface(cloud_in);
n.setSearchMethod(tree);
n.setKSearch(10);
n.compute(* normals);
cout << "法线计算完毕!!!" << endl;
```

要计算 3D 形状上下文，首先必须计算每个关键点的法线，法线是构建分布直方图的关键。

```
//-------------------计算 3DSC----------------------
pcl::ShapeContext3DEstimation<PointT, pcl::Normal, pcl::ShapeContext1980> sc;
sc.setInputCloud(key_cloud);
sc.setInputNormals(normals);
//kdTree 加速
sc.setSearchMethod(tree);
sc.setMinimalRadius(4);          // 搜索球面(rmin)的最小半径值
sc.setRadiusSearch(40);          // 设置用于确定用于特征估计的最近邻居的球体半径
sc.setPointDensityRadius(8);     //这个半径用于计算局部点密度=这个半径内的点数
sc.compute(* dsc);
cout << "3DSC 特征描述子计算完毕!!!" << endl;
```

然后，就可以计算特征描述子了，这里要设置的参数包括搜索球面的最大半径（rmax）、最小半径（rmin），以及点密度计算需要的搜索半径。在 PCL 中主要用到 ShapeContext3DEstimation 来计算 3DSC 的特征描述子。

下面将会具体介绍 ShapeContext3DEstimation，首先是类中包含的属性。

```
ShapeContext3DEstimation (bool random = false) :
    radii_interval_(0),
    theta_divisions_(0),
    phi_divisions_(0),
    volume_lut_(0),
    azimuth_bins_(12),
    elevation_bins_(11),
    radius_bins_(15),
    min_radius_(0.1),
    point_density_radius_(0.2),
    descriptor_length_ (),
    rng_dist_ (0.0f, 1.0f)
    {…}
```

其中 azimuth_bins_是方位角（经度方向）平分的份数，elevation_bins_是立面角（纬度方向）平分的份数，radius_bins_是同心球的个数，min_radius_是最小的搜索半径，search_radius_是最大的搜索半径，point_density_radius_就是点密度半径（即上面所述的参数 a）。

ShapeContext3DEstimation 类中最核心的函数就是 computePoint 这个函数（计算每个点的特征描述子的函数）。当然在计算特征描述子之前还要调用 initCompute 这个函数，这个函数主要是根据已有的属性初始化计算另一些属性。下面将详细解析 computePoint 这个函数。

首先给定当前点，找到最大搜索半径内的邻域点，然后计算局部坐标系。

```
// Compute and store the RF direction
  x_axis[0] =rnd ();
```

```
  x_axis[1] =rnd ();
  x_axis[2] =rnd ();
  if (! pcl::utils::equal (normal[2], 0.0f))
    x_axis[2] = - (normal[0]* x_axis[0] + normal[1]* x_axis[1]) / normal[2];
  else if (! pcl::utils::equal (normal[1], 0.0f))
    x_axis[1] = - (normal[0]* x_axis[0] + normal[2]* x_axis[2]) / normal[1];
  else if (! pcl::utils::equal (normal[0], 0.0f))
    x_axis[0] = - (normal[1]* x_axis[1] + normal[2]* x_axis[2]) / normal[0];
  x_axis.normalize ();
  // Check if the computed x axis is orthogonal to the normal
  assert (pcl::utils::equal (x_axis[0]* normal[0] + x_axis[1]* normal[1] + x_axis
[2]* normal[2], 0.0f, 1E-6f));
  // Store the 3rd frame vector
  y_axis.matrix () = normal.cross (x_axis);
```

计算局部坐标的 x 坐标轴和 y 坐标轴，x 坐标轴由随机数生成器生成（保证与法线垂直的情况下）。z 坐标轴就是法线

```
// Compute the Bin(j, k, l) coordinates of current neighbour
const auto rad_min = std::lower_bound(std::next (radii_interval_.cbegin ()),
radii_interval_.cend (), r);
const auto theta_min = std::lower_bound(std::next (theta_divisions_.cbegin ()),
theta_divisions_.cend (), theta);
const auto phi_min = std::lower_bound(std::next (phi_divisions_.cbegin ()), phi_
divisions_.cend (), phi);
// Bin (j, k, l)
const auto j = std::distance(radii_interval_.cbegin (), std::prev(rad_min));
const auto k = std::distance(theta_divisions_.cbegin (), std::prev(theta_min));
const auto l = std::distance(phi_divisions_.cbegin (), std::prev(phi_min));
```

对搜索到的每个邻域点，计算对数极坐标系中的坐标 i、j、k（即计算点在哪个 bin 中）。其中，r 是邻域点到原点的距离，phi 是邻域点在切平面投影后与 x 轴的夹角，theta 是邻域点与 z 轴（即法线）的夹角。

```
pcl::Indices neighbour_indices;
std::vector<float> neighbour_distances;
int point_density =searchForNeighbors (* surface_, nn_indices[ne], point_density_
radius_,
neighbour_indices, neighbour_distances);
// point_density is NOT always bigger than 0 (on error, searchForNeighbors returns
0), so we must check for that
```

```
if (point_density == 0) continue;
float w = (1.0f / static_cast<float> (point_density)) *
        volume_lut_[ (l* elevation_bins_* radius_bins_) +  (k* radius_bins_) + j];
```

计算点密度 point_density，然后计算权重 w。

```
    assert (w >= 0.0);
    if (w == std::numeric_limits<float>::infinity ())
      PCL_ERROR ("Shape Context Error INF! \n");
    if (std::isnan(w))
      PCL_ERROR ("Shape Context Error IND! \n");
    /// Accumulate w into correspondent Bin(j,k,l)
desc[ (l* elevation_bins_* radius_bins_) + (k* radius_bins_) + j] += w;
    assert (desc[ (l* elevation_bins_* radius_bins_) + (k* radius_bins_) + j] >= 0);
```

将权重 w 累积到特征描述子（形状上下文）相应的 bin 中去。利用上述计算得到的特征描述子可以进行粗配准，粗配准得到的变换矩阵如图 4-7b 所示，结果如图 4-7c 所示，而配准前的目标图像和源图像如图 4-7a 所示。

```
//icp 配准
PointCloud::Ptr icp_result(new PointCloud);
pcl::IterativeClosestPoint<PointT, PointT> icp;
icp.setInputSource(key_src);
icp.setInputTarget(key_tgt);
icp.setMaxCorrespondenceDistance(0.04);
icp.setMaximumIterations(35);          // 最大迭代次数
icp.setTransformationEpsilon(1e-10); // 两次变化矩阵之间的差值
icp.setEuclideanFitnessEpsilon(0.01);// 均方误差
icp.align(* icp_result, sac_trans);
```

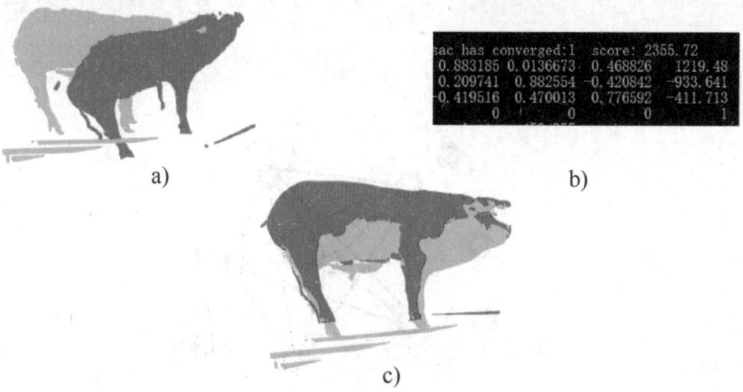

图 4-7　粗配准结果

得到粗配准的变换矩阵后就可以利用 ICP 算法进行精配准。配准的结果如图 4-8 所示，可以看到与粗配准比起来，配准效果有所提升，score 相对较小。

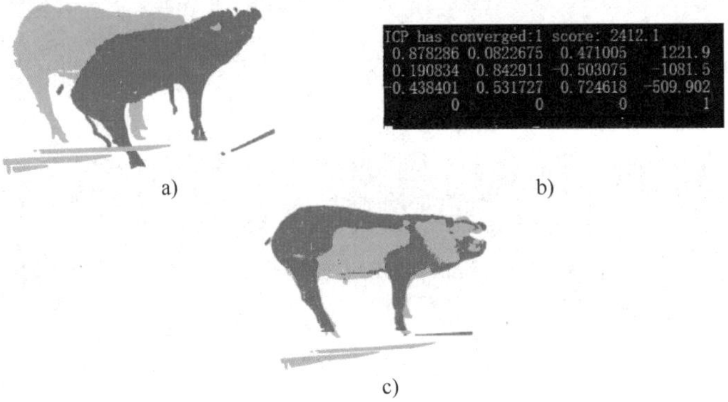

图 4-8　ICP 算法精配准结果

4.4 PFH（点特征直方图）

点特征直方图（Point Feature Histograms，PFH）最初由 Radu Bogdan Rusu 等人提出，该算法通过参数化查询关键点与其周围邻域点之间的空间差异，形成一个多维度直方图，从而实现对该点的邻域几何属性的描述。该直方图所在的高维超空间为特征表示提供了一个可度量的信息空间，其具有以下三个优势：1）刚性变换不变性，即不受旋转、平移变换的影响；2）采样一致性，即改变采样密度，特征保持不变；3）轻微噪声不变性。

4.4.1 PFH 特征描述子原理

PFH 是基于点与其邻域内的 k 个点之间及它们的法向量之间的几何关系，试图捕捉其邻域表面的变化情况以描述局部邻域的几何特征。因此，生成的 PFH 特征空间取决于每一个点的表面法线估计的质量。图 4-9 所示 PFH 算法在计算点 p_q（用红色标注出来的点）的影响区域。设置以 p_q 为中心、半径为 r 的球内的 k 个点为其邻域点，将其邻域点互相连接形成一个网络，最后的 PFH 描述子通过直方图的形式呈现所有匹配点间的相互关系。

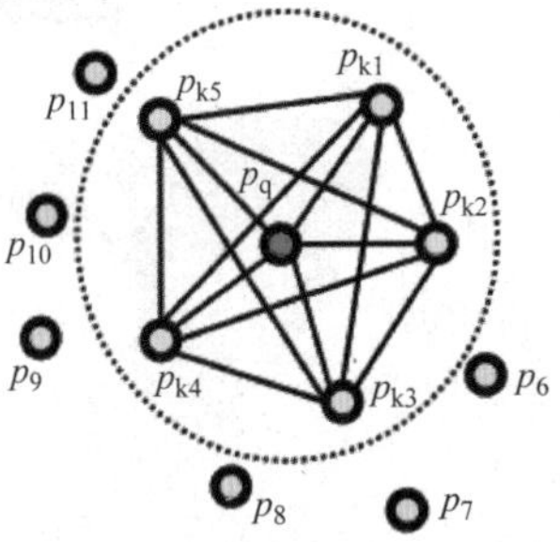

图 4-9　一个查询点 p_q 在 PFH 计算时的影响区域

PFH 的计算过程如下。

1）针对网络中的任意两点 p_i 和 p_j 以及它们对应的法向量 $\boldsymbol{n}_i$ 和 $\boldsymbol{n}_j$，利用如下公式确定源点 p_s，一旦 p_s 被确定那另一个点即为 p_t。该公式的实现思想是以法向量与两点连线的夹角较小的那个点为源点。

$$p_s=\begin{cases}p_i, & \boldsymbol{n}_i\cdot(p_j-p_i)\leqslant\boldsymbol{n}_j\cdot(p_i-p_j)\\ p_j, & \boldsymbol{n}_i\cdot(p_j-p_i)>\boldsymbol{n}_j\cdot(p_i-p_j)\end{cases}$$

2）计算网络中的两个点 p_s 和 p_t 以及它们对应的法向量 $\boldsymbol{n}_s$ 和 $\boldsymbol{n}_t$ 之间存在的相对偏差，图 4-10所示为建立以 p_s 为源点的局部相对坐标系（u,v,ω），计算公式如下。

$$u=n_s$$

$$v=\frac{(p_t-p_s)}{\|p_t-p_s\|_2}\times u$$

$$\omega=u\times v$$

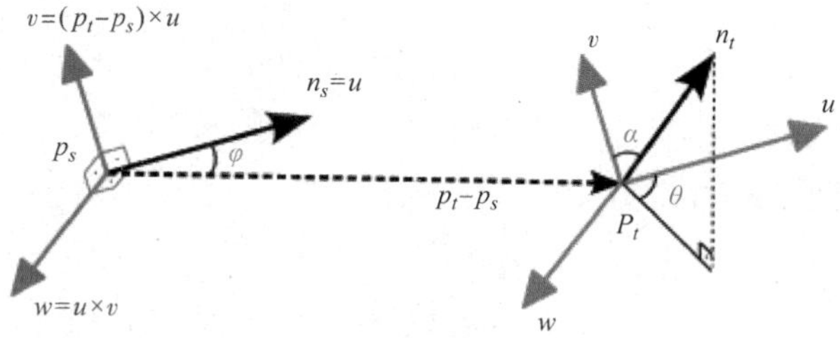

图 4-10 定义的以 p_s 为源点的局部相对坐标系（u,v,ω）

3）基于图 4-10 建立的 $uv\omega$ 局部坐标系，用一组角度来表示法向量 $\boldsymbol{n}_s$ 和 $\boldsymbol{n}_t$ 之间的偏差，公式如下。

$$\alpha=v\cdot\boldsymbol{n}_t$$

$$\varphi=u\cdot\frac{p_t-p_s}{\|p_t-p_s\|_2}$$

$$\theta=\arctan(\omega\cdot\boldsymbol{n}_t,u\cdot n_t)$$

式中，$\|p_t-p_s\|_2$ 表示 p_t 和 p_s 两点之间的欧氏距离。经过此过程就可以将原先用于描述每对点的空间关系的 12 个参数［两个点的坐标（x,y,z）以及法向量（$\boldsymbol{n}_x,\boldsymbol{n}_y,\boldsymbol{n}_z$）］用 α、φ、θ、$\|p_t-p_s\|_2$ 4个参数表示。每个点对之间的法向量的关系由四元组$<\alpha,\varphi,\theta,\|p_t-p_s\|_2>$表示，将其用来描述物体的曲面的几何特征。

4）所有的四元组将对会以统计的方式放进直方图中，在实际操作中一般会把每个特征值范围划分为 b 个子区间，并统计落在每个子区间点的数目。因为四元组中的 α、φ、θ 均为法向量的角度度量，所以能够很容易地归一到相同的区间内。在某些情况下，扫描的局部点密度会发生变换，因此通常省略 $\|p_t-p_s\|_2$ 参数，只取 3 个角度特征。如果将归一化后的每个特征区间分为 5 份，这样就组成了一个 125 维的特征向量，如图 4-11 所示。

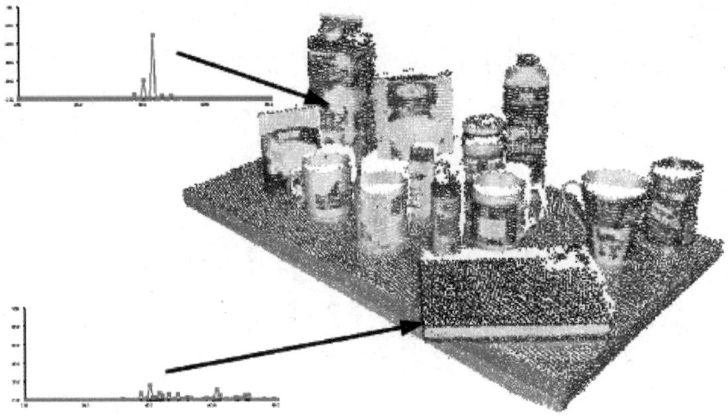

图 4-11　点云中不同点的点特征直方图表示法

4.4.2 【实战】PFH 计算与对应点可视化

本节将演示如何利用 PFH 算法计算点云的局部特征描述子，并基于此实现对应点的计算及可视化。首先对源点云和目标点云进行 SIFT 关键点检测，对于得到的关键点利用 PFH 算法计算点云的特征描述子，基于此实现对应点求解并可视化。

1. PFH 案例代码

本书中第 4 章例 4 文件夹下存放了 PFH 计算与对应点可视化的 PFH.cpp 文件，同时在文件夹中找到相关测试点云文件 pig_view1.pcd 和 pig_view2.pcd。

2. PFH 案例源码解释分析

利用 PFH 算法计算点云的局部特征描述子在 PCL 中被实现，具体的实现代码在 pfh.h 和 pfh.hpp 中。类 PFHEstimation 实现 PFH 局部特征描述子求解的分析如下。

遍历输入数据中的每一个点，对每一个点进行 PFH 特征描述子的求解，之后将结果复制到输出点云中。关键的 PFH 求解步骤在 computePointPFHSignature( )函数中。

```
//在整个索引向量上进行迭代
for (std::size_t idx = 0; idx < indices_->size (); ++idx)
  {
    if (! isFinite ((* input_)[(* indices_)[idx]]) ||
    this->searchForNeighbors ((* indices_)[idx], search_parameter_, nn_indices,
nn_dists) == 0)
     {
       for (Eigen::Index d = 0; d <pfh_histogram_.size (); ++d)
         output[idx].histogram[d] = std::numeric_limits<float>::quiet_NaN ();
       output.is_dense = false;
       continue;
     }
```

```
    //在每一个局部区域内估计点的 PFH 特征描述子
    computePointPFHSignature (* surface_, * normals_, nn_indices, nr_subdiv_,
    pfh_histogram_);
    //复制计算结果至输出点云
    for (Eigen::Index d = 0; d <pfh_histogram_.size (); ++d)
      output[idx].histogram[d] =pfh_histogram_[d];
  }
```

computePointPFHSignature( )函数实现了遍历邻域中的所有点，进而实现了对每一对点进行特征计算。

关键点提取部分参考关键点提取算法章节得到关键点数据。在本例中使用 SIFT 算法实现点云的关键点提取。下面解析 PFH 计算与对应点可视化源文件中的关键语句，首先需要包含 PFH 算法计算点云的局部特征描述子类的头文件。

```
#include <pcl/features/pfh.h>
```

函数 compute_pfh_feature 是 PFH 特征计算的实现部分。PFH 特征描述子的计算依赖于每一个点的表面法线估计的质量。此函数首先使用 OPNEMP 多线程加速计算输入关键点的法向量信息，并将计算的法向量保存至 normals 中。

```
//------计算法向量---------
pointnormal::Ptr normals(new pointnormal);
pcl::NormalEstimationOMP<pcl::PointXYZ, pcl::Normal> n;
n.setInputCloud(input_cloud);
n.setNumberOfThreads(5);
n.setSearchMethod(tree);
n.setKSearch(20);
n.compute(* normals);
```

接着创建 pcl:: PFHEstimation<pcl:: PointXYZ, pcl:: Normal, pcl:: PFHSignature125>对象 pfh，并将输入点云数据集 input_cloud 和法线 normals 传递给它，并且设置用于邻域搜索的参数 setRadiusSearch( )，将计算结果保存在类型为 pcl:: PointCloud<pcl:: PFHSignature125>:: Ptr 的变量中，并将此变量返回。

```
//创建 PFH 估计对象 pfh,并将输入的点云数据集 cloud 和法线 normals 传递给它
pcl::PFHEstimation<pcl::PointXYZ, pcl::Normal, pcl::PFHSignature125> pfh;
// pfh 特征估计器
pfh.setInputCloud(input_cloud);
pfh.setInputNormals(normals);
pfh.setSearchMethod(tree);
```

```
pcl::PointCloud<pcl::PFHSignature125>::Ptr pfh_fe_ptr(new pcl::PointCloud<pcl::
PFHSignature125>());
pfh.setRadiusSearch(15);
pfh.compute(* pfh_fe_ptr); //计算 pfh 特征值
```

在分别计算源点云和目标点云的 PFH 之后，声明对应点求解器 pcl::registration::CorrespondenceEstimation<pcl::PFHSignature125, pcl::PFHSignature125>和对应点结果变量指针 boost::shared_ptr<pcl::Correspondences>，将源点云和目标点云的 PFH 特征描述子分别输入对应点求解器中，利用函数 determineCorrespondences()确定对应点关系，最终实现对应点的可视化。

3. PFH 案例编译与运行

利用提供的 CMakeList.txt 文件，在 Cmake 里建立工程文件，并生成相应的可执行文件，将测试点云放入工程目录下就可以直接运行，对应点关系可视化结果如图 4-12~图 4-14 所示。

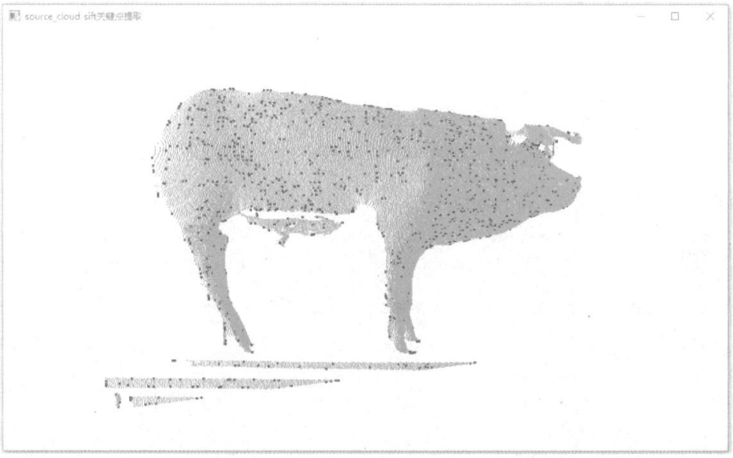

图 4-12　源点云的 SIFT 关键点提取结果

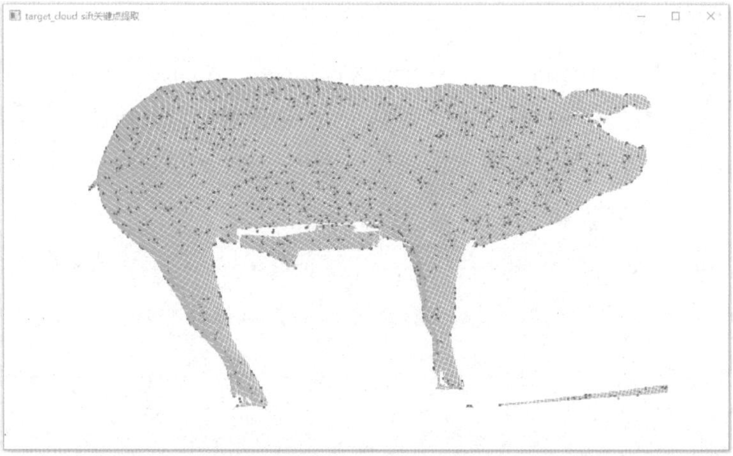

图 4-13　目标点云的 SIFT 关键点提取结果

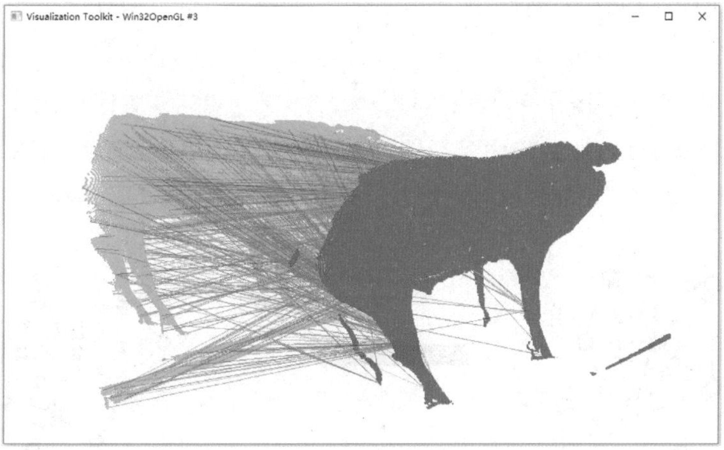

图 4-14　PFH 计算及对应点关系可视化结果

4.5 FPFH（快速点特征直方图）

FPFH（Fast Point Feature Histograms）是由 Radu Bogdan Rusu 等人于 2009 年提出的一种鲁棒的多维特征描述子，它是在该团队在先前所提出的 PFH（Point Feature Histograms）的基础上产生的一种改进版本。

4.5.1 FPFH 特征描述子原理

尽管 PFH 是一种信息丰富的局部特征，对于一个有 n 个点的点云数据，其 PFH 的理论计算复杂度为 $O(nk^2)$，k 为每一个点的邻域点个数，因此如果将其应用到实时点云配准中是不能保证实时性的，从而导致性能瓶颈。FPFH 的提出能够将计算复杂度降低到 $O(n \cdot k)$，同时保留 PFH 的大部分鉴别能力和特征。FPFH 具体计算流程如下。

1）对于 P 中的任意一个查询点 p_q，按照 PFH 中的计算方法来计算它本身与其邻域内其他点的一个元组（α,ϕ,θ），之后将以上三个特征分别统计成直方图，每个直方图都包含 11 个区间，在这一维上统计点在这 11 个区间个数，并将三个直方图连接起来，得到了对于点 p_q 的一个 33 维的特征向量被称为 SPFH（Simple Point Feature Histograms）：

$$[\alpha_1 \cdots \alpha_{11}]+[\phi_1 \cdots \phi_{11}]+[\theta_1 + \theta_{11}]$$

2）重新计算每个查询点 p_q 的邻域点 p_k，并对这些邻域点按照相同的方式构建 SPFH，如图 4-15 所示，p_{k1} 到 p_{k5} 为查询点 p_q 的邻域点，p_6 到 p_{11} 为每个 p_k 的邻域点。每个查询点（红色）只连接到它的 k 邻域，而每个邻域点都与自己的邻域点相连接。标记为 2 的连接表示计算了两次 SPFH，并且参与到最终的 FPFH 计算中。

3）将查询点 p_q 与其邻域点 p_k 的 SPFH 相结合，确定点 p_q 最终的 FPFH：

$$\mathrm{FPFH}(p_q)=\mathrm{SPFH}(p_q)+\frac{1}{k}\sum_{i=1}^{k}\frac{1}{w_k}\mathrm{SPFH}(p_k) \tag{4-7}$$

式中，w_k 表示查询点 p_q 与一个邻域点 p_k 的距离。与 PFH 相比，FPFH 在以一定半径 r 球面以外包含了额外的点，范围在 $2r$ 以内。由于式（4-7）采用了加权计算的方式，使得 FPFH 结合了 SPFH 值并且重新得到了临近重要点对的几何信息。通过改进直方图构建方式，对其进行简化，并且极大地降低了 FPFH 的整体复杂性，使得其可以应用到实时性的任务中。但是由于 FPFH 对点云法向量极其敏感，因此对原始点云的法向量计算结果的正确性要求较高。

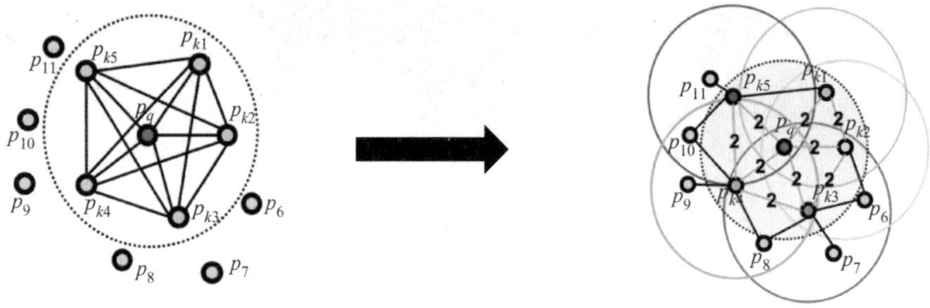

图 4-15　FPFH 示意图

4.5.2 【实战】FPFH 计算与对应点可视化

本节主要实现 FPFH 特征描述子的计算与可视化，首先计算两个测试点云内每个点的法向量，之后根据法向量计算结果计算每个点的 FPFH，并根据得到的 FPFH 结果计算对应点并且可视化。

1. FPFH 案例代码

在随书资源本节文件夹中打开 FPFH.cpp 的代码文件，同时在文件夹中找到相关测试点云文件 pig_view1.pcd 和 pig_view2.pcd。

2. FPFH 案例源码解释分析

FPFH 计算的多线程版本在 PCL 库中 fpfh_omp.h 和 fpfh_omp.hpp 文件中被实现，FPFHEstimationOMP 类继承 FPFHEstimation 类。计算特征的函数为 computeFeature( )，在函数实现中，首先建立一个索引列表用于计算 SPFH，对输入点云中的每个点的相邻点建立 SPFH，初始化用于储存 SPFH 的数组，hist_f1、hist_f2 和 hist_f3 分别为三个特征直方图。

```
const auto data_size =spfh_indices_vec.size ();
hist_f1_.setZero (data_size, nr_bins_f1_);
hist_f2_.setZero (data_size, nr_bins_f2_);
hist_f3_.setZero (data_size, nr_bins_f3_);
```

对于当前查询点 p_idx 而言，首先查找 p_idx 的邻域点，并且计算 p_idx 的 SPFH。

```
int p_idx =spfh_indices_vec[i];
if (! isFinite ((* input_)[p_idx]) ||this->searchForNeighbors (* surface_, p_idx,
search_parameter_, nn_indices, nn_dists) == 0)
    continue;
    this->computePointSPFHSignature (* surface_, * normals_, p_idx, i, nn_indices,
hist_f1_, hist_f2_, hist_f3_);
```

将三个特征直方图大小叠加后得到最终的 SPFH 特征直方图大小。

```
int nr_bins = nr_bins_f1_ + nr_bins_f2_ + nr_bins_f3_;
```

最后通过加权计算 FPFH 特征直方图，并赋值到输出结果 output 中。

```
weightPointSPFHSignature (hist_f1_, hist_f2_, hist_f3_, nn_indices, nn_dists, fpfh
_histogram);
for (int d = 0; d < nr_bins; ++d)
        output[idx].histogram[d] =fpfh_histogram[d];
```

下面解释本文所提供的源文件中的关键代码语句，首先需要包含 FPFH 计算的头文件，这里使用 PCL 实现的多线程加速版本。

```
#include <pcl/features/fpfh_omp.h>
```

在函数 compute_fpfh_feature( ) 中实现对点云的 FPFH 计算，首先使用法向量估计的 OPNEMP 多线程加速计算方法计算每个点的法向量，将法向量作为输入用于计算 FPFH。之后声明 FPFH 类对象 pcl::FPFHEstimationOMP<pcl::PointXYZ, pcl::Normal, pcl::FPFHSignature33>，并且设置用于邻域搜索的参数 setKSearch( )，一般而言，进行 FPFH 计算的邻域搜索参数要大于进行法向量计算时设置的参数，计算结果保存在类型为 pcl::PointCloud<pcl::FPFHSignature33>的变量中。

```
pcl::FPFHEstimationOMP<pcl::PointXYZ, pcl::Normal, pcl::FPFHSignature33> f;
f.setNumberOfThreads(12);
f.setInputCloud(input_cloud);
f.setInputNormals(normals);
f.setSearchMethod(tree);
f.setKSearch(30);
f.compute(* fpfh);
```

在分别计算源点云和目标点云的 FPFH 之后，声明对应点求解类 pcl::registration::CorrespondenceEstimation<pcl::FPFHSignature33, pcl::FPFHSignature33>和对应点结果变量指针 boost::shared_ptr<pcl::Correspondences>。函数 determineCorrespondences( ) 用于确定对应点关系，第三个参数 max_ distance 为设置的允许最大距离，最终输出找到的查询点索引、目标点索引和它们的距离。

```
crude_cor_est.determineCorrespondences(* cru_correspondences,0.4);
```

最终对对应点关系进行可视化处理。

```
viewer->addCorrespondences<pcl::PointXYZ>(source_cloud,target_cloud,* cru_cor-
respondences, "correspondence");
```

3. FPFH 案例编译与运行

利用提供的 CMakeList.txt 文件，在 Cmake 里建立工程文件，并执行可执行文件，将测试点云放入工程目录下就可以直接运行，对应点关系可视化结果如图 4-16 所示。

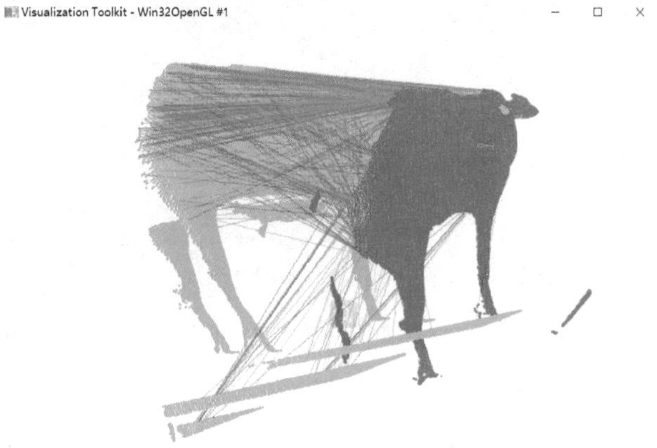

图 4-16 对应点关系可视化结果

4.6 SHOT（方向直方图）

Salti 等人在 2014 年提出一种用于表面匹配的局部三维描述子 SHOT。他们将现有三维局部特征描述算法分为两类，即基于特征的描述算法与基于直方图的描述算法，并分析了两种算法的优势，提出基于特征的局部特征描述算法要比后者在特征的描述能力上更强，而基于直方图的局部特征描述算法在特征的鲁棒性上比前者更胜一筹。

4.6.1 SHOT 特征描述子原理

SHOT（Signature of Histogram of Orientation）是一种基于局部特征的描述子，其基本思想为：基于邻域点建立局部坐标系，将点邻域空间分出几个子空间，然后对子空间中每个点的法向特征统计到直方图进行编码，再将每个子空间的直方图联合到一起得到三维描述子，主要计算步骤如下。

1）对于点云中每个查询点 p_i，构建点邻域的协方差矩阵 $\boldsymbol{M}$，式中，r 表示邻域半径，p_k 表示邻域内每一个点，$\hat{p}$ 表示该点邻域内所有点的质心，d_k 表示邻域内点到质心 $\hat{p}$ 的距离。

$$\boldsymbol{M}=\frac{\sum d_{k\leqslant r}(r-d_k)(p_k-\hat{p})(p_k-\hat{p})^{\mathrm{T}}}{\sum_{d_k\leqslant r}(r-d_k)} \tag{4-8}$$

2）通过对协方差矩阵 $\boldsymbol{M}$ 求解可得特征值及特征值对应的特征向量，将特征值按从大到小排序可得 $\boldsymbol{\lambda}_1>\boldsymbol{\lambda}_2>\boldsymbol{\lambda}_3$，其对应的特征向量 $\boldsymbol{v}_1$、$\boldsymbol{v}_2$、$\boldsymbol{v}_3$ 分别代表 x、y、z 三个坐标轴。

3）以查询点 p_i 为中心，建立半径为 r 的球型邻域，将球形坐标系从半径、经度和纬度三个维度划分成 32 个区域，半径分为内外球 2 份、纬度分成 2 份、经度分成 8 份，如图 4-17 所示。

4）计算分布在 32 个子空间内每个邻域点 p_k 与查询点 p_i 法向量之间的夹角余弦，式中，$\boldsymbol{v}_{ni}$ 表示第 n 个子空间内第 i 个点的法向量，$\boldsymbol{v}_3$ 表示查询点 p_i 的法向量，即局部坐标系的 z 轴。

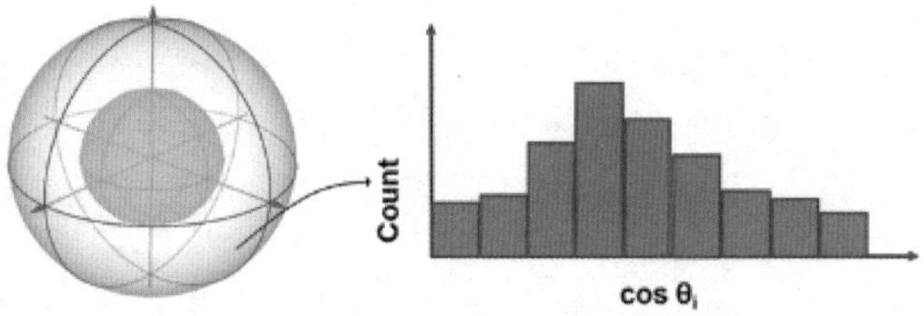

图 4-17　球型邻域（此示意图径度分为 4 份）

$$\cos\boldsymbol{\theta}_{ni}=\boldsymbol{v}_{ni}\cdot\boldsymbol{v}_3 \tag{4-9}$$

5）统计子空间内各个点与查询点的夹角余弦值，分成 11 维直方图，再将每个子空间的直方图组合在一起，形成 352 维的高位直方图特征。

6）由于 SHOT 描述子是局部特征描述子，支持空间细分，因此需要考虑边界效应。为消除边界影响，采用线性插值法将邻域内各点累加到局部直方图特定的单元格，即在一个局部直方图的相邻单元插值，相邻直方图的同一单元格进行插值。

1. 法向量插值

假设当前关键点支撑区域内一点的特征值为 $\cos\theta$，其处于（$\cos\theta_i$，$\cos\theta_{i+1}$）区间，首先计算出 $\cos\theta$ 到 $\cos\theta_i$ 和 $\cos\theta_{i+1}$ 的归一化（除以区间长度 s）距离，记为 d_i 和 d_{i+1}，然后给 $\cos\theta_i$ 区间累积值为 $+1-d_i$，给 $\cos\theta_{i+1}$ 区间累积值为 $+1-d_{i+1}$。线性插值的作用就是把当前值按照线性比例分配到相邻的离散区间上，图 4-18 所示为法向量余弦插值的图形描述。

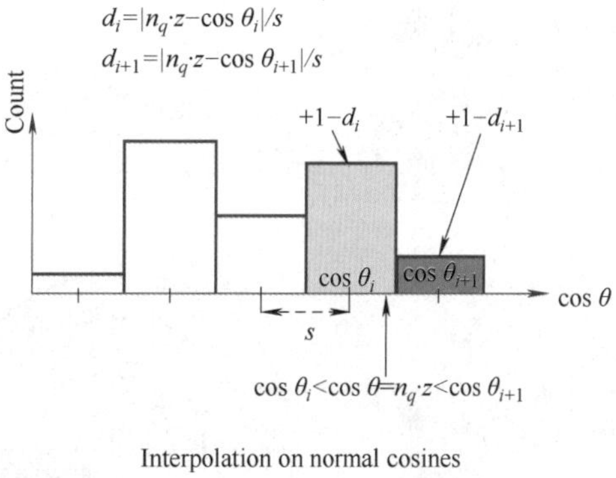

图 4-18　法向量余弦插值图形描述

2. 经度分区插值

对于经度，权重 d 为角度距离进行计算。插值的方法与上述相同。图 4-19 所示为经度插值的图形描述。

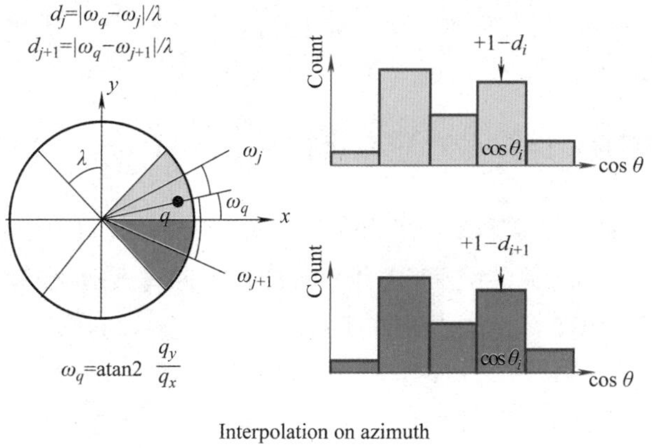

图 4-19　经度插值图形描述

3. 纬度分区插值

对于纬度，权重 d 为角度距离进行计算。插值的方法与上述相同。图 4-20 所示为纬度分区插值的图形描述。

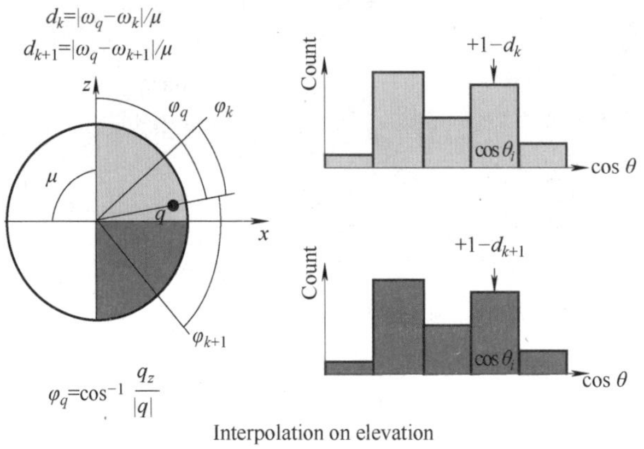

图 4-20　纬度分区插值图形描述

4. 径向分区插值

对于径向这个纬度，权重 d 根据欧氏距离进行计算。插值的方法与上述相同。图 4-21 所示为径向分区插值的图形描述。

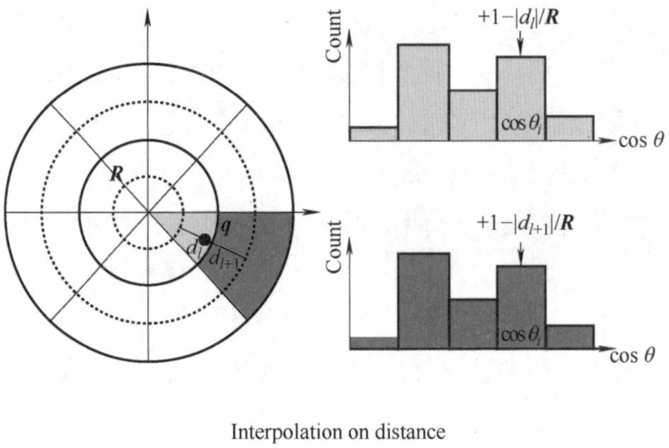

图 4-21　径向分区插值图形描述

4.6.2 【实战】SHOT 计算与对应点可视化

本节主要实现为关键点计算 SHOT 特征描述子对应关系的可视化处理。首先加载点云数据，之后计算法向量，最后计算关键点 SHOT 特征描述子并对其对应点求解和可视化。在 PCL 中实现了为关键点计算 SHOT 特征描述子的算法。

1. SHOT 案例代码

在随书资源本节文件夹中打开 SHOT.cpp 的代码文件，同时在文件夹中找到相关测试点云文件 pig_view1.pcd 和 pig_view2.pcd。

2. SHOT 案例源码解释分析

下面解释源文件中的关键代码语句，首先需要包含 SHOT 特征描述子的头文件。函数 compute_shot_feature 是 SHOT 算法的实现部分。此函数首先使用 OPENMP 多线程加速计算输入关键点的法向量信息，并将计算的法向量保存在 normals 中。接着创建 pcl::SHOTEstimationOMP<pcl::PointXYZ, pcl::Normal, pcl::SHOT352>对象 desrc_est，并将输入点云数据集 input_cloud 和法线 normals 传递给它，并且设置用于邻域搜索的参数 setRadiusSearch( )，将计算结果保存在类型为 shotFeature::Ptr shot(new shotFeature)的变量中，并返回变量。

```
shotFeature::Ptr shot(new shotFeature);
    pcl::SHOTEstimationOMP<pcl::PointXYZ, pcl::Normal, pcl::SHOT352> descr_est;
    descr_est.setRadiusSearch(40);
    descr_est.setInputCloud(input_cloud);
    descr_est.setInputNormals(normals);
    descr_est.setSearchMethod(tree);
    descr_est.compute(* shot);
```

在分别计算源点云和目标点云的 SHOT 之后，声明对应点求解类 pcl::registration::CorrespondenceEstimation<pcl::SHOT352, pcl::SHOT352>和对应点结果变量指针 boost::shared_ptr<pcl::Correspondences> cru_correspondences(new pcl::Correspondences)，将源点云和目标点云的 SHOT 特征描述子分别输入对应点求解对象之中，利用函数 determineCorrespondences( )确定对应点关系，最终实现对应点的可视化。

在 shot.hpp 里面就阐述了线性插值的计算过程，在插值过程中。局部直方图单元格增量是 $1-d$，对于法向量余弦插值，权重 d 表示直方图相邻单元格插值。同理，在经度、纬度和径向方向的插值与之类似。

```
//法向量余弦插值
binDistance[i_idx] -= step_index;
doubleintWeight = (1- std::abs (binDistance[i_idx]));
if (binDistance[i_idx] > 0)
    shot[volume_index + ((step_index+1) % nr_bins)] += static_cast<float> (binD-
    istance[i_idx]);
    else
      shot[volume_index + ((step_index - 1 + nr_bins) % nr_bins)] += - static_cast<
      float> (binDistance[i_idx]);
```

对于经度和维度，权重 d 为角度距离进行计算。插值的方法与上述相同。

```
//纬度差值
double inclinationCos = zInFeatRef / distance;
if (inclinationCos < - 1.0)
        inclinationCos = - 1.0;
```

```
if (inclinationCos > 1.0)
        inclinationCos = 1.0;
double inclination = std::acos (inclinationCos);
assert (inclination >= 0.0 && inclination <= PST_RAD_180);
if (inclination > PST_RAD_90 || (std::abs (inclination - PST_RAD_90) < 1e-30 &&
zInFeatRef <= 0))
    {
      double inclinationDistance = (inclination - PST_RAD_135) / PST_RAD_90;
      if (inclination > PST_RAD_135)
        intWeight += 1 - inclinationDistance;
      else
      {
        intWeight += 1 + inclinationDistance;
        assert ((desc_index + 1) * (nr_bins+1) + step_index >= 0 && (desc_index + 1) *
        (nr_bins+1) + step_index < descLength_);
        shot[(desc_index + 1) * (nr_bins+1) + step_index] -= static_cast<float>
        (inclinationDistance);
      }
    }
    else
    {
      double inclinationDistance = (inclination - PST_RAD_45) / PST_RAD_90;
      if (inclination < PST_RAD_45)
        intWeight += 1 + inclinationDistance;
      else
      {
        intWeight += 1 - inclinationDistance;
        assert ((desc_index - 1) * (nr_bins+1) + step_index >= 0 && (desc_index - 1) *
        (nr_bins+1) + step_index < descLength_);
        shot[(desc_index - 1) * (nr_bins+1) + step_index] += static_cast<float>
        (inclinationDistance);
      }
    }
...
```

径向差值的权重 d 是根据欧几里得距离进行计算的。

3. SHOT 案例编译并运行

利用提供的 CMakeList.txt 文件在 Cmake 里建立工程文件，并执行可执行文件，将测试点云放入工程目录下就可以直接运行，对应点关系可视化运行结果如图 4-22 所示。

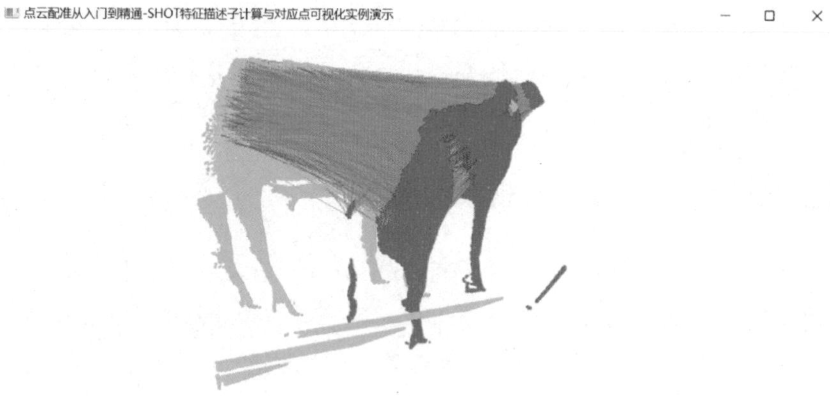

图 4-22　对应点关系可视化

4.7 VFH（视点特征直方图）

VFH（Viewpoint feature histogram，视点特征直方图）描述子是一种特征表示形式，常应用在点云聚类识别和六自由度位姿估计问题。VFH 源于 FPFH 描述子，具有 FPFH 的强大识别力，而且在计算中加入了视点变量，使得构造的特征能在保持旋转缩放不变性的同时能区分不同的位姿。

4.7.1 VFH 特征描述子原理

首先将 FPFH 特征进行扩展，使得特征估计的对象变为整个点云，以物体中心点为当前查询点，查询点与所有其他点形成的点对作为计算单元，求得扩展的特征点集 FPFH。然后添加视点方向与每个点估计法线之间的夹角作为额外的统计信息，视点是指观察点云时所在的位置点，视点到中心点两点形成的射线方向即为视点方向，如图 4-23 所示，查询点为 p_i，其法向量为$\boldsymbol{n}_i$，视点为 V_p。需要注意的是，计算视点方向与某点估计法线之间的夹角时需要将射线平移至该点。

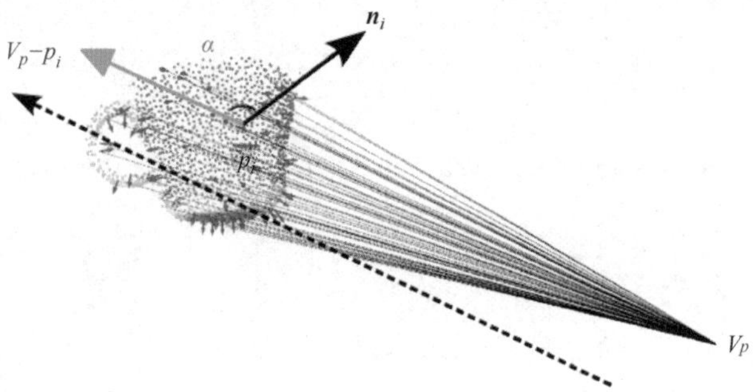

图 4-23　视点方向

通过统计视点方向与每个法线之间角度的直方图作为视点相关的特征分量，这一分量主要用来区分物体不同的位姿。第二个特征分量即FPFH中的三个角度特征，只不过VFH中的查询点为整个物体的中心点，由这个特性我们亦可知一个点云的VFH特征是唯一的，并且它的第二特征分量的个数等于点云的个数，VFH描述了点云的全局特征。

4.7.2 【实战】点云VFH特征提取实例

本节展示用VFH算法提取点云的特征来获取相似点云结果。首先通过将算法中的训练样本作为查询对象运行，并只寻找一个候选样本，实现了对结果的验证，该算法的结果是从Kd树中找到相同的对象。然后，再次将训练样本作为查询对象运行该算法，这次搜索了6个候选对象。该算法可以找到具有不同姿势的相似或相同对象。此外，将一些不相关的对象传递给算法，得到的候选对象是看起来与查询对象非常相似的对象，本实例中主要是实现了这个过程。

从可执行文件加载源点云，将VFH的提取结果利用可视化工具将其可视化出来。

1. VFH案例代码

首先，打开名为recognize_object.cpp和recognize_objects.h的代码文件，同文件夹下可以找到相关的训练数据training_data文件夹。

2. VFH案例源码解释说明

生成VFH特征直方图的函数如下。

```
void estimate_VFH(const boost::filesystem::path &path, pcl::PointCloud <pcl::VFH-
Signature308> &signature)
{
    ……
   // Estimate point cloud normals
    ……
   pcl::NormalEstimation<pcl::PointXYZ, pcl::Normal> ne;
    ……
   ne.compute(* normals);
   // Estimate VFH signature of the point cloud
   pcl::search::KdTree<pcl::PointXYZ>::Ptr tree (new pcl::search::KdTree<pcl::
   PointXYZ> ());
   pcl::VFHEstimation<pcl::PointXYZ, pcl::Normal, pcl::VFHSignature308> vfh;
   ……
   vfh.compute (signature);
}
```

这里首先加载点云数据，然后估算每个点的法线，利用法线信息和KdTree搜索方法来计算每个点云的VFH，从而形成特征直方图，其中VFHEstimation类计算方法的关键代码如下。

```
pcl:: VFHEstimation < PointInT, PointNT, PointOutT >:: compute ( PointCloudOut
&output)
{
  if (! initCompute ())
  {
    output.width = output.height = 0;
    output.points.clear ();
    return;
  }
  // Copy the header
  output.header = input_->header;
  output.width = output.height = 1;
  output.is_dense = input_->is_dense;
  output.points.resize (1);
  // Perform the actual feature computation
  computeFeature (output);
  Feature<PointInT, PointOutT>::deinitCompute ();
}
```

该方法首先用 initCompute( )函数判断输入点云的各参数是否进行了初始化，如未进行初始化则直接返回无大小的输出结果。否则设置各输出参数并利用 computeFeature 函数计算特征。本算法加载 VFH 特征信息的关键代码如下。

```
// Iterate through the data set directory to read VFH signatures
for (boost:: filesystem:: directory _ iterator i (base _ dir); i ! = boost::
filesystem::directory_iterator (); i++)
{
       if (boost:: filesystem:: is _ regular _ file (i - > status ()) && boost::
       filesystem::extension (i->path ()) == ".pcd")
      {
       vfh_model m;
       std::string str = i->path ().string();
       if(! checkVFH(str))
       {
         str.replace(str.find(".pcd"), 4, "_vfh.pcd");
         if(! boost::filesystem::exists(str))
         {   pcl::PointCloud <pcl::VFHSignature308> signature;
            estimate_VFH(i->path().string(), signature);
           pcl::io::savePCDFile (str, signature);
         }
      }
    ......
      }
}
```

这段代码主要检索用户输入的路径中所包含的.pcd 文件，如果存在.pcd 文件类型，则判断是否有对应的 VFH 特征描述子数据，如果没有则会估算 VFH 特征描述子，并将其保存为文件，便于下次直接载入。

3. VFH 案例编译并运行

利用提供的 CmakeLists.txt 文件在 cmake 中建立工程文件，之后在 VS 中打开 recognize_object.sln 工程文件，右键单击 recognize_object 项目生成 exe 可执行文件，然后在命令行中键入 recognize_object.exe 加上 4 个对应的参数，第 1 个参数为想要查找的输入点云，第 2 个参数输入 traning_data 所在的路径，第 3、4 个参数可不输入，*k* 的默认值为 6，寻找 6 个特征最接近的点云，第 4 个参数自己输入点云适合的阈值即可，按回车键即可运行。本例中输入点云为 pig_view1.pcd，如图 4-24 所示，其输出结果如图 4-25 所示。

图 4-24 输入点云

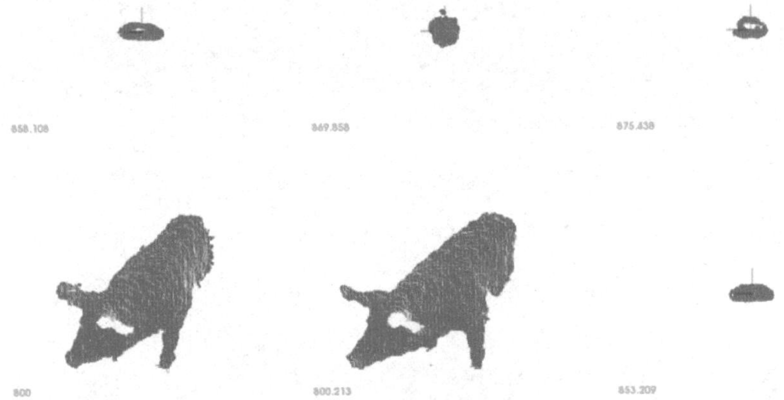

图 4-25 特征识别结果

图 4-25 中的 6 张图的特征与输入点云最相近，可以看到有两个生猪点云成功被识别出来并显示了，由于没有其他生猪点云数据存储在训练数据中，另外 4 个识别的点云与生猪无关，仅在特征信息上与输入点云相似。读者可以在相应的 traning_data 文件夹中找到对应的点云。

4.8 在废钢点云上对比实验

本节在废钢点云上对 3DSC、PFH、FPFH 和 SHOT 四种算法进行对比实验，其运算速度与配准效果见表 4-1。

表 4-1 四种算法时间对比

特征描述子	3DSC	PFH	FPFH	SHOT
运算时间（s）	1308.3	3188	2.43	12.87

可以看到 FPFH 算法相对于 PFH 算法在运算速度上有着显著提升。PFH 算法在废钢点云上，当关键点数量较少时的配准结果不理想，需要对更多的关键点进行特征描述子计算，相对来说运算速度就更慢。3DSC 算法因其特征描述子计算较为复杂，运算所需时间也更久，但是配准效果较好。总体来说，FPFH 特征描述子和 SHOT 特征描述子在废钢点云上的运算时间短，整体配准效率更好，如图 4-26 和图 4-27 所示。

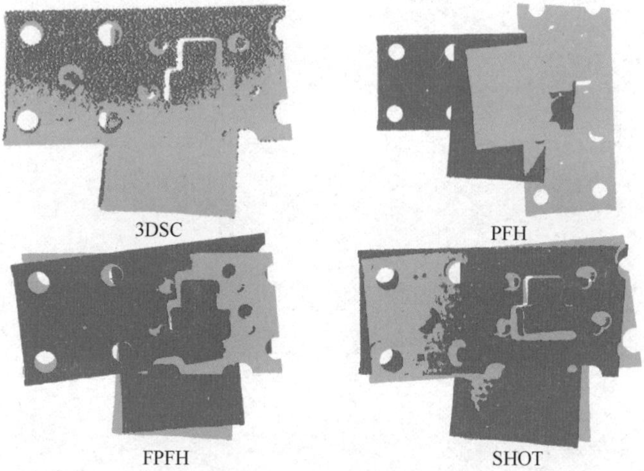

图 4-26 各算法粗配准结果对比

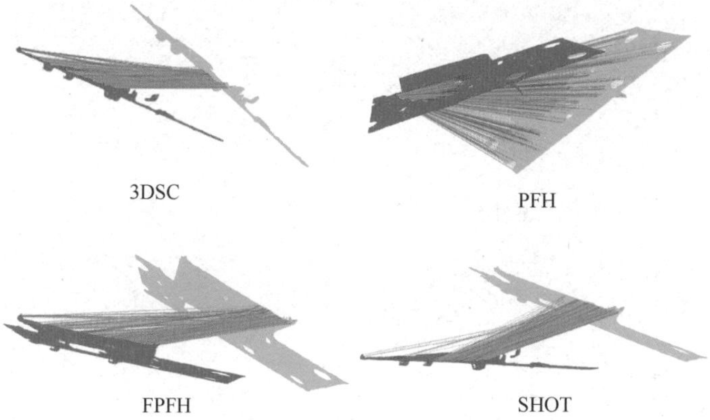

图 4-27 对应点关系可视化

算法应用篇

本部分为算法应用篇，涵盖了刚性与非刚性两大类配准算法：刚性配准从传统的 NR 到最近流行的 NR 改进算法，再到基于深度学习的算法；非刚性配准从 NR 到最近流行的结合图像变形的算法。在解析这些算法时，涉及算法原理、理论基础、技术实现、应用案例及优缺点等方面知识，帮助读者彻底搞清楚每一种算法的细节与计算过程。特别是对算法应用案例进行的相关分析，可以让读者从理论、技术和应用层面重新评价与认识每种算法，提升应用水平。

第5章 经典刚性配准算法

本章汇总了40多年来点云配准领域经典的开源算法，每节都涉及每种算法的原始创作者、算法原理、算法实现简要分析以及算法实战测试案例等版块内容，让读者能够更好地掌握每种算法的来龙去脉。对于做应用的读者，可适当忽略原理部分的公式推导；对于学习和研发的读者，相信每一部分都会对读者有所启发。由于每节之间基本上是互相独立的，因此读者可根据需要调整阅读顺序。

5.1 稀疏迭代最近点算法（Sparse ICP）

本节介绍一种基于稀疏优化技术的精配准算法，从算法简介、原理描述、算法实现、源码分析和算法测试实例等方面全面剖析，帮助读者全面了解和掌握该算法。

5.1.1 Sparse ICP 发明者

2013年，Sofien Bouaziz 等人提出了一种新的 ICP 改进算法：稀疏迭代最近点（Sparse Iterative Closest Point，Sparse ICP）算法，更多扩展资料可参看随书附赠资源中的说明文档。

5.1.2 Sparse ICP 算法设计的灵感、应用范围、优缺点和泛化能力

两个几何数据集的刚性配准在机器人导航、表面重建和形状匹配等许多应用中都是必不可少的。最常见的算法是使用迭代最近点（ICP）算法的变体来完成这项任务。原始 ICP 算法的主要问题是在3D扫描中会经常出现异常值和缺失数据的情况。大多数 ICP 算法的实际实现都通过一些启发式算法来修剪或调整对应点的相对权重来解决这个问题。然而，这些启发式算法可能不可靠且难以调优，这通常需要大量的人工协助。Sofien Bouaziz 等人提出了一种新的 ICP 算法，通过使用稀疏诱导范数对配准进行优化从而避免噪声、重叠区域有数据缺失等问题。Sparse ICP 算法保留了 ICP 算法的简单结构，同时在处理异常值和不完全数据时取得了更好的配准结果。

Sparse ICP 算法对经典的 ICP 算法进行了扩展，属于一种精配准算法，需要在粗配准的基础上进行，它系统地解决了在获得的三维数据中常见的异常值问题。将 ICP 配准问题表达为一个稀疏 ℓ_p 优化问题，能得到一种无启发式、鲁棒的仅具有一个自由参数的刚性配准算法。算

法利用稀疏ℓ_p范数改进 ICP 算法的鲁棒性，即在ℓ_p范数配准模型上增加 p 范数的惩罚项，提高每次迭代中求解匹配点的准确性，但其利用增广 Lagrangian（拉格朗日）求解大规模点云配准问题时效率较低。

5.1.3 Sparse ICP 算法原理描述

首先，将 ICP 算法抽象成求解下面的优化问题。

$$\arg\min_{R,t,Q}\sum_{i=1}^{m}\varphi(\boldsymbol{R}p_i+\boldsymbol{t},q_i)+I_Q(q_i)+I_{SO(3)}(R) \tag{5-1}$$

式中，$\boldsymbol{R}$ 是一个 3×3 旋转矩阵，$\boldsymbol{t}$ 是一个 3×1 平移向量，φ 是距离度量函数，$I_A(b)$是指示函数(Indicator Function)，即当 $b\in A$ 时，$I_A(b)=0$，否则 $I_A(b)=+\infty$。为了使公式表达更简洁，直接用 q_i 表示点 p_i 在点云 Q 中的最近点。$I(3)$表示 3×3 特殊正交群，特殊正交群是指行列式等于 1 的正交矩阵。式（5-1）是不连续的，无法直接求解，但可以转化为交替求解下面两个子问题：

$$\arg\min_{Q}\sum_{i=1}^{m}\varphi(\boldsymbol{R}p_i+\boldsymbol{t},q_i)+I_Q(q_i) \tag{5-2}$$

$$\arg\min_{R,t}\sum_{i=1}^{m}\varphi(\boldsymbol{R}p_i+\boldsymbol{t},q_i)+I_{SO(3)}(R) \tag{5-3}$$

公式（5-2）和式（5-3）定义了一个优化问题，给定残差 $z_i\in\boldsymbol{R}^k$，优化的目的是将残差向量 $z=[\|z_1\|_2,\cdots,\|z_n\|_2]^{\mathrm{T}}$分为非异常值$\|z_i\|_2\approx 0$ 和一小部分异常值$\|z_i\|_2\gg 0$，非异常值来自正确的对应点，异常值来源于错误或噪声造成的对应点，分类目标可通过找到一个稀疏向量 z 来实现。ℓ_0 范数计算一个向量中的非零数目，所以对于稀疏优化可表示为最小化$\|z\|_0$。然而，由于ℓ_0 范数求解是非凸的，因此一个常用选择是使用ℓ_1 范数进行优化，ℓ_1 范数通过惩罚非零项的数目，从而确保稀疏性，接近ℓ_0 范数的凸松弛。但本算法并不使用ℓ_1 范数进行优化，而是使用ℓ_p 范数（$p\in(0,1)$），并使用交替方向乘子法进行优化。这个方法要比使用ℓ_1 范数进行优化具备更好的性能。

用稀疏诱导范数代替 2-范数，即令 $\varphi(p,q)=\phi(\|p-q\|_2)$，$\varphi(r)=|r|^p$，$p\leqslant 1$，则式（5-2)和式（5-3）可以分别转化成下面的形式：

$$\arg\min_{Q}\sum_{i=1}^{m}\|\boldsymbol{R}p_i+\boldsymbol{t}-q_i\|_2^p+I_Q(q_i) \tag{5-4}$$

$$\arg\min_{R,t}\sum_{i=1}^{m}\|\boldsymbol{R}p_i+\boldsymbol{t}-q_i\|_2^p+I_{SO(3)}(R) \tag{5-5}$$

因为 $\phi(r)=|r|^p$ 在 R^+作用域上是单调递增函数，所以ℓ_p 范数与 2 范数会在相同点处取得最小值，因此式（5-4）的优化可转化成如下形式：

$$\arg\min_{Q}\sum_{i=1}^{m}\|\boldsymbol{R}p_i+\boldsymbol{t}-1_i\|_2+I_Q(q_i) \tag{5-6}$$

对于此公式可以使用基于ℓ_2 度量最近点寻找进行求解，利用 Kd 可以高效实现。

当 $p\leqslant 1$，式（5-5）是一个非凸优化问题，无法解析地求得最优解。目前有两种算法可以得到其近似解，分别为迭代调整权重和增广 Lagrangian 算法。下面将详细介绍这两种算法。迭代重新加权算法由 Chartrand 和 Yin 提出，以求解式（5-5）为例，给出计算步骤。首先将式（5-5）转化为下面的形式：

$$\arg\min_{R,t}\sum_{i=1}^{m}\omega_i^{p-2}\|Rp_i+t-q_i\|_2^p+I_{SO(3)}(R),\omega_i=\|Rp_i+t-q_i\|_2 \tag{5-7}$$

式中，ω_i 为前一次迭代的 ℓ_2 的残差。对于刚性配准的评估，每一次迭代都可以使用经典 ICP 算法来解决。然而在实际计算中，当残差消失时，这些算法会变得不稳定，例如，ω_i 的值为零时，ω_i^{p-2} 的值会趋向无穷大，从而引起计算时数值不稳定的情况发生。

然后按照下面的步骤进行求解。

1）初始化：令 $\omega_i=1$，$i=1$，2，…，m。

2）求解最优变换：当 ω_i 已知时，式（5-7）是一个加权最小二乘问题，求解方法和经典 ICP 算法中的最小化误差函数得到刚体变换步骤相同，详情可以参考第 2 章。

3）更新权重：令 $\omega_i=\|Rp_i+t,q_i\|_2$，式中，$R$ 和 t 在步骤 2）已经求得。当达到最大迭代次数或者相邻两次迭代 ω_i 的变化小于给定阈值，则终止；否则返回步骤 2）。

为了避免 ω_i 的值为零从而引起数值不稳定的情况，算法引入一组新的变量 $Z=\{z_i\in R^a,i=1,2,\cdots,m\}$，然后将式（5-7）转化成下面的约束优化问题。

$$\arg\min_{R,t,z}\sum_{i=1}^{m}\|z_i\|_2^p+I_{SO(3)}(R)\ s.t\ \delta_i=0 \tag{5-8}$$

式中，$\delta_i=Rp_i+t-q_i-z_i$。式（5-7）对应的增广 Lagrangian 方程定义如下。

$$L_A(R,t,Z,\Lambda)=\sum_{i=1}^{m}\|z_i\|_2^p+\lambda_i^{\mathrm{T}}\delta_i+\frac{\mu}{2}\|\delta_i\|_2^2+I_{SO(3)}(R) \tag{5-9}$$

式中，$\Lambda=\{\lambda_i\in R^3,i=1,2,\cdots,m\}$ 为 Lagrangian 乘子，$\mu>0$ 表示惩罚权重。式（5-9）包含 4 组参数，直接求解是很困难的，因此利用 ADMM（Alternating Direction Method of Multipliers，交替方向乘子法），可以分解为三个子问题。

$$\arg\min_{z}\sum_{i=1}^{m}\|z_i\|_2^p+\frac{\mu}{2}\|z_i-h_i\|_2^2 \tag{5-10}$$

$$\arg\min_{R,t}\sum_{i=1}^{m}\|Rx_i+t-c_i\|_2^2+I_{SO(3)}(R) \tag{5-11}$$

$$\lambda_i=\lambda_i+\mu\delta_i,i=1,2,\cdots,m \tag{5-12}$$

式中，$c_i=q_i+z_i-\dfrac{\lambda_i}{\mu}$，$h_i=Rp_i+t-q_i+\dfrac{\lambda_i}{\mu}$。对于式（5-10），变量 z_i 是独立的，可以分别求解，这样通过下面这种收缩算子（Shrinkage Operator）算法就可以有效地解决每一个子问题。

$$z_i^*=\begin{cases}0 & 当\ \|h_i\|_2\leqslant\tilde{h}_1\\ \beta h_i & 当\ \|h_i\|_2>\tilde{h}_1\end{cases} \tag{5-13}$$

收缩算子可以被解释为一个用于残差向量的分类器。例如，当 $p=0$ 时，式（5-13）中 β 的值总为 1，这样进行二分类：收缩算子要么拒绝 h_i 的值，要么完全接受它。式（5-11）中的 R 和 t，这个最小二乘问题可以用经典的刚性变换估计技术来求解。

Sparse ICP 算法利用稀疏范数对离群点的鲁棒性，不需要任何直觉上的“修剪”规则，获得了比经典 ICP 算法更好的配准结果。图 5-1 所示为一个具体的例子，当 p 的值降低时，配准更精确。

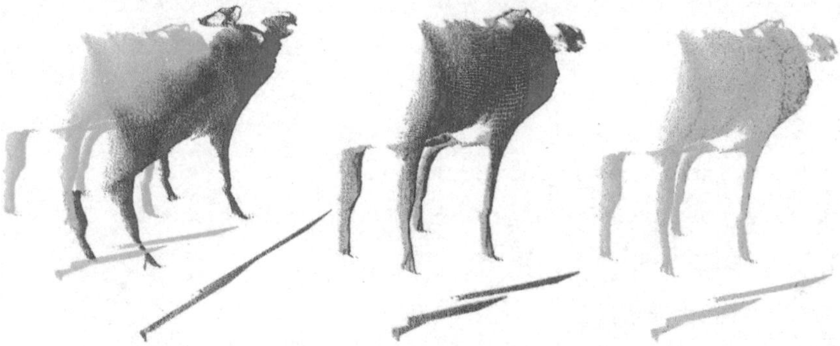

a) $p=2$　　b) $p=1$　　c) $p=0.5$

图 5-1　不同范数下的配准结果（Sparse ICP）

Sparse ICP 算法引入稀疏优化对点云配准进行优化，利用 l_p 范数取代 2 范数，最大化对应点间距离为 0 的数量，避免局部噪声对求解的影响。该算法采用 Lagrangian 算法对误差函数重新定义，解决数值不稳定等问题，再利用交换方向乘子法将重新定义的误差函数分成三个子问题，并通过收缩算子进行求解，提高了算法的精确度，使算法更加可靠。

5.1.4　Sparse ICP 算法实现及关键代码分析

本节主要介绍 IcpOptimizer.h，其实现了 Sparse ICP 算法，代码参考 Git 源码链接位于 https://github.com/palanglois/icpSparse。在随书资源本节文件夹中打开 IcpOptimizer.h 代码文件，同时可在文件夹 media 中找到相关测试点云文件 bunny_side1.obj 和 bunny_side2.obj。

下面解释源文件中的关键代码语句，首先是定义旋转矩阵 $\boldsymbol{R}$ 的类型，定义平移矩阵 t 的类型，定义刚性变换的类型，定义点云的类型。

```
typedef Eigen::Matrix<double,3,3> RotMatrix;
typedef Eigen::Matrix<double,3,1> TransMatrix;
typedef std::pair<RotMatrix,TransMatrix> RigidTransfo;
typedef Eigen::Matrix<double,Eigen::Dynamic,3> PointCloud;
```

在 IcpOptimizer.cpp 代码中，给出了每个算法的详细步骤。在代码中 mu(μ) 是为增广 Lagrangian函数的惩罚权重（μ>0），惩罚的策略逐渐增大了惩罚权重 μ 的值，从而导致逐步增加了约束满足条件。惩罚策略是借助惩罚函数，将约束问题转换为无约束问题的方法。

```
//主函数构建。初始化点云和稀疏 ICP 参数
IcpOptimizer::IcpOptimizer(Matrix<double,Dynamic,3> _firstCloud, Matrix<double,
```

```
Dynamic,3> _secondCloud, size_t _kNormals, int _nbIterations, int _nbIterationsIn,
double _mu, int _nbIterShrink, double _p, IcpMethod _method, bool _verbose) :
firstCloud(_firstCloud), secondCloud(_secondCloud), kNormals(_kNormals), nbIter-
ations(_nbIterations), nbIterationsIn(_nbIterationsIn), mu(_mu), nbIterShrink(_
nbIterShrink), p(_p), method(_method), verbose(_verbose)
{
    //法向量估计
    cout << "Estimating normals for first cloud" << endl;
    firstNormals = estimateNormals(_firstCloud,kNormals);
    if(method ==pointToPlane)
      {
         cout << "Estimating normals for second cloud" << endl;
         secondNormals = estimateNormals(_secondCloud,kNormals);
         cout << "Done with normal estimation" << endl;
      }
    //初始化计算转换
    computedTransfo = RigidTransfo(RotMatrix::Identity(),TransMatrix::Zero(3,
1));//刚体变换
    //将 Lagrangian 乘子初始化为 0
    lambda.resize(firstCloud.rows(),3);
    lambda.setZero();
    //初始化基准距离
    Matrix<double,1,3> minCloudOne = firstCloud.colwise().minCoeff();
    Matrix<double,1,3>maxCloudOne = firstCloud.colwise().maxCoeff();
    referenceDist = (maxCloudOne-minCloudOne).norm();
    cout << "The reference distance is : " << referenceDist << endl;
    //初始化其他参数
    hasBeenComputed = false;
}
```

下面是 Sparse ICP 算法的主要实现。整个算法的描述以及原理在上一节已经阐述，这里不再赘述。

```
//SparseICP 算法
for(int iter = 0; iter<nbIterations ; iter++) //迭代次数
{
    cout << "Iteration " << iter << endl;
    //第一步:计算对应关系
    vector<int>matchIndice = computeCorrespondances(secondCloud,movingPC);
    PointCloud matchPC = selectSubsetPC(secondCloud,matchIndice);
```

```
    if(method ==pointToPlane)
        selectedNormals = selectSubsetPC(secondNormals,matchIndice);
    //第二步:计算转换矩阵
    RigidTransfo iterTransfo;
    for(intiterTwo = 0; iterTwo<nbIterationsIn;iterTwo++)
        {
            //计算 Z(增广 Lagrangian 算法首先引入一组新的变量 Z)
            //计算 h(h_i =Rp_i +t-q_i +λ_i/μ)
            PointCloud h = movingPC-matchPC+lambda/mu;
            //Optimizing z with the shrink operator 使用收缩算子优化 z
            PointCloud z = PointCloud::Zero(h.rows(),3);
            for(int i=0;i<h.rows();i++)
                z.row(i) = shrink(h.row(i).transpose());
            //计算 c(c_i =q_i +z_i -λ_i/μ)
            PointCloud c = matchPC + z - lambda/mu;
            //Make a standard ICP iteration 进行标准 ICP 迭代
            if(method ==pointToPoint)
                iterTransfo = rigidTransformPointToPoint(movingPC,c);
            else if(method ==pointToPlane)
                iterTransfo = rigidTransformPointToPlane(movingPC,c,selectedNormals);
            else
                cout << "Warning ! The method you try to use is incorrect !" << endl;
            //利用新的变换矩阵更新源点云
            movingPC = movePointCloud(movingPC,iterTransfo);
            movingNormals = (iterTransfo.first* movingNormals.transpose()).transpose();
            computedTransfo = compose(iterTransfo,computedTransfo);
            updateIter(iterTransfo);
            //更新 Lagrangian 乘数
            PointCloud delta = movingPC-matchPC - z;
            lambda = lambda + mu * delta;
        }
}
```

5.1.5 Sparse ICP 实战案例测试及结果分析

本节分为 Sparse ICP 算法的源码分析、运行参数配置和结果展示三部分，帮助读者掌握该算法的运行方法和使用效果。

1. Sparse ICP 实战案例代码

将源代码解压后分为 C++源码和 experiments 文件夹、ext 文件夹、lib 文件夹、media 文件夹，其中 experiments 文件夹利用 algoTset.py 脚本实现了 Sparse Iterative Closest Point Written report 中的实验；ext 文件夹中包含了源码的依赖项 Eigen 和 NanoFlann；lib 文件夹中包含了实现 sparse icp 的头文件 IcpOptimizer.h 和函数 IcpOptimizer.cpp；media 文件夹中包含了输入点云文件。

2. Sparse ICP 实战案例源码解释分析

主要对以下参数进行调节。

```
opt.add_option("-h", "--help", "show option help");//显示选项帮助
opt.add_option("-d","--demo", "demo mode (uses integrated media)");//演示模式
opt.add_option("-i1","--input_1","Path to first input obj file (REQUIRED)","");
//第一个输入 obj 文件的路径
opt.add_option("-i2","--input_2","Path to second input obj file
(REQUIRED)","");//第二个输入 obj 文件的路径
opt.add_option("-o","--output","Path to the output directory (REQUIRED)","");
//输出目录的路径
opt.add_option("-n","--name","Name of the output file","output");//输出文件的名称
opt.add_option("-k", "--k_normals", "knn parameter for normals computation", "10");
// 用于法线计算的邻近算法(knn)参数
opt.add_option("-n1", "--n_iterations_1","Nb of iterations for the algorithm","25");
//算法的迭代次数
opt.add_option("-n2", "--n_iterations_2","Nb of iterations for the algorithm's
step Alignment","2");//内循环中变换矩阵估计时的迭代次数
opt.add_option("-mu","--mu","Parameter for step 2.1","10");//设置惩罚因子 μ 的数值
opt.add_option("-ns","--n_iterations_shrink","Number of iterations for shrink
step (2.1)","3");//设置收缩算子(Shrinkage Operator)算法的迭代次数

opt.add_option("-p","--p_norm","Use of norm L_p","0.4");//设置 lp 范数 p 的数值


opt.add_option("-po","--point_to_point","Use point to point variant");//点到点 ICP
opt.add_option("-pl","--point_to_plane","Use point to plane variant");//点到面 ICP
opt.add_option("-v","--verbose","Verbosity trigger");//是否显示详细输出
```

3. Sparse ICP 实战案例编译与运行

利用提供的 CMakeList.txt 文件，在 Cmake 里建立工程文件，并生成可执行文件，就可以运行了。例如想要对 media 文件夹中的 bunny_side1.obj 和 bunny_side2.obj 文件进行配准，在 cmd 中键入以下命令。

```
icpSparse.exe --input_1 E:\PCL\example\s-i\icpSparse-master\source\media\bunny_
side1.obj  --input_2 E:\PCL\example\s-i\icpSparse-master\source\media\bunny_
```

```
side2.obj --output E:\PCL\example\s-i\icpSparse-master\source\media\output --
point_to_point
```

运行结束之后会在 media\ output 文件夹中生成配准之后输出的 ply 文件。最终配准结果如图 5-2 所示。图 5-2a 中绿色为目标点云，红色为源点云，图 5-2b 中红色为配准之后的结果。

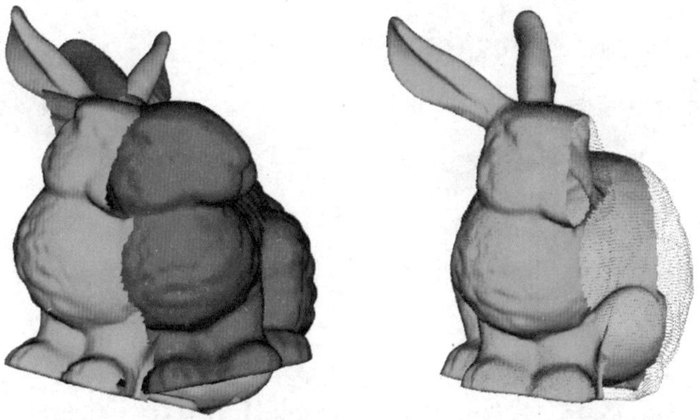

a) 源点云（红）和目标点云（绿）　　b) 配准结果（红）

图 5-2　bunny_side1.obj 和 bunny_side2.obj 点云文件配准结果

利用其他的点云数据作为输入测试 Sparse ICP 配准。点云文件 pig_view1.obj 和 pig_view2.obj 配准结果如图 5-3 所示。图 5-3a 中绿色和红色是输入点云（源点云+目标点云=输入点云，本节源点云均为红色，目标点云均为绿色），图 5-3b 中蓝色为配准之后输出点云。

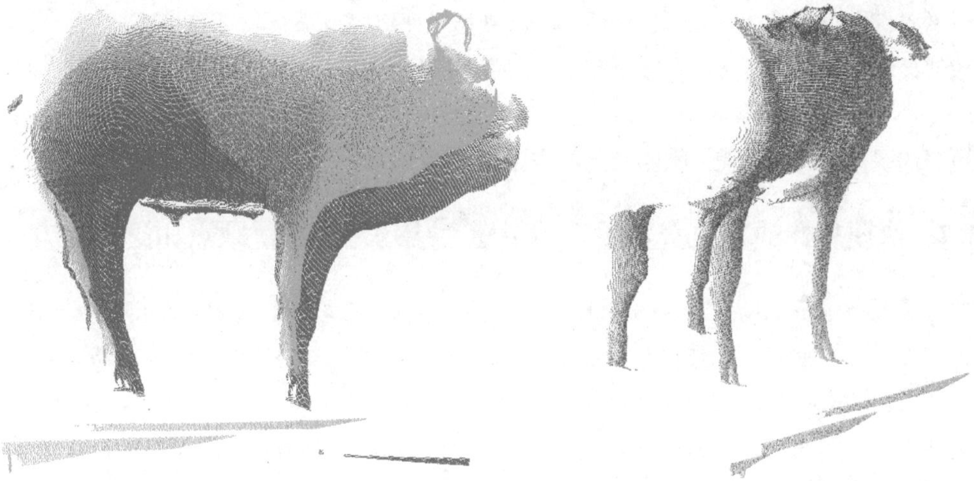

a) 源点云（红）和目标点云（绿）　　b) 配准结果（蓝）

图 5-3　pig_view1.obj 和 pig_view2.obj 点云文件配准结果

点云文件 cow01.obj 和 cow02.obj 的配准结果如图 5-4 所示。图 5-4a 中绿色和红色为输入点云，图 5-4b 中红色是配准之后输出的点云。

a) 源点云（红）和目标点云（绿）　　b) 配准结果（红）

图 5-4　cow01.obj 和 cow02.obj 点云文件配准结果

5.2 快速鲁棒的 ICP（Fast and Robust Iterative Closest Point）

本节介绍一种基于稀疏优化和 MM 框架技术的精配准算法，从算法简介、原理描述、算法扩展、算法实现、源码分析和算法测试实例等方面全面剖析，帮助读者全面了解和掌握该算法。

5.2.1 快速鲁棒的 ICP 发明者

张举勇，中国科学技术大学数学科学学院教授，研究方向包括：计算机图形学、计算机视觉、数值最优化算法。曾主持多项国家自然科学基金项目与国家重点研发计划课题，授权和申请发明专利 10 项，相关科研成果应用在多款华为硬件终端。现担任 The Visual Computer 期刊编委，更多扩展资料可参看随书附赠资源中的说明文档。

5.2.2 快速鲁棒的 ICP 算法设计的灵感、应用范围、优缺点和泛化能力

迭代最近点（Iterative Closest Point，ICP）算法及其变体是两个点集之间刚性配准的基本技术，在机器人技术和三维重建等领域有着广泛的应用。ICP 的主要缺点是：收敛速度慢，以及对异常值、缺失数据和部分重叠的敏感性。其他改进算法（例如：稀疏 ICP）通过稀疏性优化实现鲁棒性，但代价是计算速度较慢。因此，张举勇等人提出了 Fast and Robust ICP 算法，该算法属于一种精配准算法，其主要思路是通过安德森加速算法（Anderson Acceleration）来加快 Majorization-Minimization（MM）算法收敛速度。在此基础上，提出了一种基于 Welsch 函数的鲁棒误差度量算法，利用安德森加速法的 MM 算法有效地最小化该误差度量。在具有噪声和部分重叠的数据集上，获得了与稀疏 ICP 相似或更好的精度，处理速度比先前算法快一个数量级。该算法最后将基于 Welsch 函数的鲁棒误差度量算法扩展到点对平面的 ICP，并使用类似的

安德森加速 MM 策略来解决由此产生的问题。Robust ICP 提高了基准数据集上的配准精度，同时在计算时间上具有竞争力。

5.2.3 快速鲁棒的 ICP 算法原理

本节介绍快速鲁棒 ICP 的算法原理，分为问题引入、问题定义与优化求解和算法扩展等部分，带读者了解算法数理基础和技术流程。

1. 从 MM 框架角度理解经典 ICP

给定两点 $P=\{p_1,\cdots,p_m\}$ 和 $Q=\{q_1,\cdots,q_n\}$，使用旋转矩阵 $\boldsymbol{R}\in\boldsymbol{R}^{d\times d}$ 和平移向量 $\boldsymbol{t}\in\boldsymbol{R}^d$ 进行刚性变换，使 P 和 Q 对齐：

$$\min_{R,t}\sum_{i=1}^{M}(D_i(\boldsymbol{R},\boldsymbol{t}))^2+I_{SO(d)}(R) \tag{5-14}$$

式中 $D_i(R,t)=\min_{q\in Q}\|\boldsymbol{R}p_i+\boldsymbol{t}-q\|$ 是变换后的点 $\boldsymbol{R}p_i+t$ 到目标集 Q 的距离，$I_{SO(d)}(\cdot)$ 是特殊正交群 $SO(d)$ 的指示函数。

$$I_{SO(d)}(R)=\begin{cases}0, & \text{当 } \boldsymbol{R}^{\mathrm{T}}\boldsymbol{R}=I \text{ 且 } \det(\boldsymbol{R})=1\\ +\infty, & \text{其他}\end{cases} \tag{5-15}$$

ICP 算法通过以下两步交替的迭代方法解决了这个问题。

- 求对应点步骤：根据变换（$\boldsymbol{R}^{(k)},\boldsymbol{t}^{(k)}$）找到每个点 p_i 在 Q 中最近的点 $\hat{q}_i^{(k)}$，k 为迭代次数。

$$\hat{q}_i^{(k)}=\arg\min_{q\in Q}\|R^{(k)}p_i+t^{(k)}-q\| \tag{5-16}$$

- 对齐步骤：通过最小化对应点之间的 l_2 距离来更新变换。

$$(\boldsymbol{R}^{(k+1)},\boldsymbol{t}^{(k+1)})=\arg\min_{\boldsymbol{R},\boldsymbol{t}}\sum_{i=1}^{M}\|\boldsymbol{R}p_i+\boldsymbol{t}-\hat{q}_i^{(k)}\|^2+I_{SO(d)}(\boldsymbol{R}) \tag{5-17}$$

MM 算法是一种迭代优化方法。当目标函数为非凸函数难以优化时，可使用 MM 算法寻找一个易于优化的代理函数，然后寻找代理函数的最优解来估计目标函数的最优解。每迭代一次，将当前迭代构造新的代理函数，然后对新的代理函数最优化求解得到下一次迭代的解。通过多次迭代，可以得到越来越接近目标函数最优解的解。

在对齐步骤中利用 MM 算法求解，为了最小化目标函数 $f(x)$，MM 算法的每次迭代都从当前的迭代 $\boldsymbol{x}^{(k)}$ 构造一个代理函数 $\boldsymbol{g}(\boldsymbol{x}|\boldsymbol{x}^{(k)})$。

$$f(x^{(k)})=g(x^{(k)}|x^{(k)}, \text{且 } f(x)\leqslant g(x|x^{(k)})\ \forall x\neq x^{(k)} \tag{5-18}$$

最小化代理函数以获得下一个迭代。

$$x^{(k+1)}=\arg\min_{x} g(x|x^{(k)}) \tag{5-19}$$

由式（5-18）和式（5-19）可知：

$$f(x^{(k+1)})\leqslant g(x^{(k+1)}|x^{(k)})\leqslant g(x^{(k)}|x^{(k)})=f(x^{(k)})$$

因此，MM 算法单调地减小目标函数，直到收敛到局部最小值。针对 ICP 算法具体来说，由于最近的点 $\hat{q}_i^{(k)}$ 由 $\boldsymbol{R}^{(k)}$、$\boldsymbol{t}^{(k)}$ 确定，将式（5-17）中的每个距离值表示为：

$$d_i(\boldsymbol{R},\boldsymbol{t}|\boldsymbol{R}^{(k)},\boldsymbol{t}^{(k)})=\|\boldsymbol{R}p_i+\boldsymbol{t}-\hat{q}_i^{(k)}\|$$

由式（5-16）的定义可知：

$$d_i(\boldsymbol{R}^{(k)},\boldsymbol{t}^{(k)} \mid \boldsymbol{R}^{(k)},\boldsymbol{t}^{(k)}) = D_i(\boldsymbol{R}^{(k)},\boldsymbol{t}^{(k)})$$

此外，根据 D_i 的定义，对任何 $\boldsymbol{R}$、$\boldsymbol{t}$：

$$D_i(\boldsymbol{R}p_i+\boldsymbol{t}) = \min_{q\in Q} \|\boldsymbol{R}p_i+\boldsymbol{t}-q\|^2 \leqslant \|\boldsymbol{R}p_i+\boldsymbol{t}-\hat{q}_i^{(k)}\| = d_i(\boldsymbol{R},\boldsymbol{t} \mid \boldsymbol{R}^{(k)},\boldsymbol{t}^{(k)})$$

因此，式（5-17）中的每一个平方距离项都是式（5-14）中对应项$(D_i(\boldsymbol{R},\boldsymbol{t}))^2$的代理函数，式（5-17）中的目标函数是式（5-14）中的整体目标函数的代理函数。因此，ICP 是一种 MM 算法，它单调地减小式（5-14）的目标函数，直到收敛。

2. 快速鲁棒的 ICP

经典的 ICP 算法虽然简单，但其收敛速度较慢。快速鲁棒的 ICP 算法将 ICP 解释为不动点迭代方法，并提出了一种使用安德森加速（一种已建立的加速不动点迭代的技术）来提高其收敛速度的方法。此外，由于在对齐步骤中使用 l_2 距离作为误差度量，经典的 ICP 在有异常值和部分重叠时可能导致错误对齐。本算法采用基于 Welsch 函数的鲁棒误差度量，并导出了一个基于安德森加速的 MM 求解器，以加快其收敛速度。

（1）安德森加速

安德森加速利用了最新的迭代以及它前面的多个迭代值产生一个新的迭代值，更快地收敛到一个不动点：

$$x_{AA}^{(k+1)} = G(x^{(k)}) - \sum_{j=1}^{m} (\theta_j^*(G(x^{(k-j+1)})) - G(x^{(k-j)})) \tag{5-20}$$

式中，$(\theta_1^*,\cdots,\theta_m^*)$是以下线性最小二乘问题的解：

$$(\theta_1^*,\cdots,\theta_m^*) = \arg\min \|F^{(k)} - \sum_{j=1}^{m}\theta_j(F^{(k-j+1)} - F^{(k-j)})\|^2$$

其实安德森加速是求解残差函数的一种拟牛顿方法（Quasi-Newton Methods），它可以提高迭代的收敛速度。

（2）将安德森加速应用于 ICP

经典 ICP 可以写成变换变量 $\boldsymbol{R}$ 和 $\boldsymbol{t}$ 的不动点迭代：

$$(\boldsymbol{R}^{(k+1)},\boldsymbol{t}^{(k+1)}) = G_{ICP}(\boldsymbol{R}^{(k)},\boldsymbol{t}^{(k)}) \tag{5-21}$$

式中：

$$G_{ICP}(\boldsymbol{R}^{(k)},\boldsymbol{t}^{(k)}) = \arg\min_{\boldsymbol{R},\boldsymbol{t}} \sum_{i=1}^{M} \|\boldsymbol{R}p_i + \boldsymbol{t} - \prod_{Q}(\boldsymbol{R}^{(k)}p_i + \boldsymbol{t}^{(k)})\|^2 + I_{SO(d)}(\boldsymbol{R})$$

并且$\prod_Q(\cdot)$表示到点集 Q 上最近的投影。然而，安德森加速不能直接应用到映射的 G_{ICP}。这是因为安德森加速会计算新值 $\boldsymbol{R}$ 作为一个旋转矩阵的仿射组合，这个线性组合 $\boldsymbol{R}$ 通常不能保证是旋转矩阵。为了解决这个问题，使用了另一组变量 X 来参数化表示刚性变换，这样 X 的任何值都对应一个有效的刚性变换，并且 ICP 迭代可以被重写为：

$$X^{(k+1)} = \overline{G}_{ICP}(X^{(k)}) \tag{5-22}$$

然后通过在每次迭代中执行以下步骤，将安德森加速应用到变量 X 上。

1）从当前变量 $X^{(k)}$ 恢复旋转矩阵 $\boldsymbol{R}^{(k)}$ 和平移向量 $\boldsymbol{t}^{(k)}$。

2）执行 ICP 更新$(\boldsymbol{R}',\boldsymbol{t}')=G_{ICP}(\boldsymbol{R}^{(k)},\boldsymbol{t}^{(k)})$。

3）再用$\boldsymbol{R}'$、$\boldsymbol{t}'$的参数化结果，得到$\overline{G}_{ICP}$（$X^{(k)}$）。

4）使用$X^{(k-m)},\cdots,X^{(k)}$和$G_{ICP}(X^{(k-m)}),\cdots,G_{ICP}(X^{(k)})$计算式（5-20）中的$X_{AA}$。

刚性变换的一种参数化方法是将平移向量和旋转的欧拉角相串联（把向量和角度放在一起组成一个向量），这就是 AA-ICP 中对 R^3 中的 ICP 应用安德森加速的算法。然而，众所周知，使用欧拉角表示会产生称为万向锁的奇异点，当最佳旋转接近万向锁时，往往会影响 AA-ICP 的性能。在 R^3 中存在不产生这种奇异点的表示方法，是使用在 R^4 中的单位向量定义的单位四元数来表示。但是这种表示也不合适，因为单位向量的仿射组合一般也不保证是单位向量。而 $\boldsymbol{R}^d$ 中的所有刚性变换都形成了特殊的欧几里得群 $SE(d)$，这是一个李群，并产生了一个李代数 $se(d)$，它是一个向量空间。从微分几何的角度看，$SE(d)$是一个光滑流形，$se(d)$是它在恒等变换处的切空间。因此，可以使用 $se(d)$中对应的元素参数化刚性变换。

具体地说，如果使用其齐次坐标$\tilde{p}=[p^{\mathrm{T}},1]^{\mathrm{T}}$表示每个点 $p\in\boldsymbol{R}^d$，那么 $\boldsymbol{R}^d$ 中的刚性变换可以用旋转矩阵 $\boldsymbol{R}\in\boldsymbol{R}^{d\times d}$和平移向量 $\boldsymbol{t}\in\boldsymbol{R}^d$ 表示为齐次坐标的变换矩阵：

$$\boldsymbol{T}=\begin{bmatrix}\boldsymbol{R} & \boldsymbol{t}\\ 1 & 0\end{bmatrix}\in\boldsymbol{R}^{(d+1)\times(d+1)}$$

所有这些矩阵构成特殊的欧几里得群 $SE(d)$。它的李代数 $se(d)$包含：

$$\check{T}=\begin{bmatrix}S & u\\ 0 & 0\end{bmatrix}\in\boldsymbol{R}^{(d+1)\times(d+1)} \tag{5-23}$$

每个矩阵 $\check{\boldsymbol{T}}\in se(d)$通过矩阵指数对应一个矩阵 $\boldsymbol{T}\in SE(d)$：

$$T=\exp(\check{T})=\sum_{i=0}^{\infty}\frac{1}{i!}\check{T}^i \tag{5-24}$$

利用归纳的罗德里格（Rodrigues）公式，可以从数值上计算矩阵指数。另一方面，给定一个矩阵 $\boldsymbol{T}\in SE(d)$，可能有多个矩阵 $\check{\boldsymbol{T}}\in se(d)$满足式（5-24）。因此，提出了一种确定 $\check{\boldsymbol{T}}$ 唯一值的方法，并称它为 $\boldsymbol{T}$ 的对数，用 $\check{\boldsymbol{T}}=\log(\boldsymbol{T})$表示。然后对变换的对数执行安德森加速。由于 $se(d)$是一个矢量空间，加速值 $\check{\boldsymbol{T}}_{AA}$被计算为 $se(d)$中元素的仿射组合，也属于 $se(d)$，并表示刚性变换 $\boldsymbol{T}_{AA}=\exp(\check{T}_{AA})\in SE(d)$。

简单地应用安德森加速通常不足以快速收敛。众所周知，安德森加速即使在线性问题中也会出现不稳定和停滞，因此为了提高其性能，应当遵循一个稳定策略：只有当加速值相对于前一次迭代降低目标函数时，才接受该值作为新的迭代值；否则，就恢复使用未加速的 ICP 迭代值作为新迭代值。这种算法操作简单，同时保证了目标能量的单调降低。因此这里将安德森加速之前的迭代次数设置为 $m=5$。

（3）基于 Welsch 函数的鲁棒 ICP

经典 ICP 算法在进行对齐时使用了 l_2 距离，惩罚了源点云 P 到目标点云 Q 的大偏离，能够在对齐步骤中得到一个闭式解，但在存在异常值和部分重叠时往往会出现错误对齐。在这种情况下，P 中的一些点可能与 Q 中的任何点都不对应，并且错误的对应点可能会导致较大的误差。因此采用了另一种鲁棒的误差度量算法。具体来说，将配准问题表述为：

$$\min_{R,t}\sum_{i=1}^{M}\Psi_v(D_i(R,t))+I_{SO(d)}\boldsymbol{R} \tag{5-25}$$

式中，$\boldsymbol{\Psi}_v$ 是 Welsch 函数。

$$\Psi_v(x)=1-\exp\left(-\frac{x^2}{2v^2}\right) \tag{5-26}$$

式中，$v>0$ 是用户指定的参数。由于 $\boldsymbol{\Psi}_v(x)$ 在 $[0,+\infty)$ 上单调递增，此公式惩罚了点集之间的偏差。同时，$\boldsymbol{\Psi}_v$ 的上界是 1，这样的鲁棒度量算法对异常值和部分重叠引起的大偏差不敏感，始终是有界的。而且，当 v 接近 0 时，$\sum_{i=1}^{M}\boldsymbol{\Psi}_v(D_i(\boldsymbol{R},\boldsymbol{t}))$ 接近向量 $[D_1(\boldsymbol{R},\boldsymbol{t}),\cdots,D_m(R,t)]$ 的 l_0 范数。因此，使用此公式可以提高点集之间点的距离误差向量的稀疏性。

虽然式（5-25）是非线性和非凸的，但这个问题可以使用与经典 ICP 相同的 MM 框架通过在求对应点步骤和对齐步骤之间交替来解决。求对应点步骤与经典 ICP 相同。在对齐步骤中，利用最近点构造目标函数（式 5-25）在当前变换（$\boldsymbol{R}^{(k)},\boldsymbol{t}^{(k)}$）下的代理函数：

$$\sum_{i=1}^{M}\chi_v(\|\boldsymbol{R}p_i+\boldsymbol{t}-\hat{q}_i^{(k)}\| \mid D_i(\boldsymbol{R}^{(k)},\boldsymbol{t}^{(k)}))+I_{SO(d)}\boldsymbol{R} \tag{5-27}$$

式中，$\chi_v(x|y)$ 是 y 处 Welsch 函数的二次代理函数，形式为：

$$\chi_v(x|y)=\Psi_v(y)+\frac{x^2-y^2}{2v^2}\exp\left(-\frac{y^2}{2v^2}\right) \tag{5-28}$$

将代理函数（式 5-27）最小化来更新变换矩阵和向量，结果如下。

$$(\boldsymbol{R}^{(k+1)},\boldsymbol{t}^{(k+1)}=\arg\min_{R,t}\sum_{i=1}^{M}\omega_i\|\boldsymbol{R}p_i+\boldsymbol{t}-\hat{q}_i^{(k)}\|^2+I_{SO(d)}\boldsymbol{R} \tag{5-29}$$

式中，$\boldsymbol{\omega}_i=\exp(-\|\boldsymbol{R}p_i+\boldsymbol{t}-\hat{q}_i^{(k)}\|^2/(2v^2))$。对齐步骤（式 5-29）最小化点 $\{p_i\}$ 和 $\{\hat{q}_i^{(k)}\}$ 之间距离的加权平方和。可以通过 SVD 得到闭式解。与经典的 ICP 算法相似，该算法在每次迭代中降低目标能量并收敛到局部最小值。通过将安德森加速应用于 $se(d)$ 中刚性变换的参数化来提高其收敛速度，使用与检查目标函数值的加速值相同的稳定策略。

此算法与迭代重加权最小二乘（IRLS）算法具有相似的结构，该算法最小化了压缩感知的 l_p 范数（$p<1$）。与 IRLS 类似，此算法解决了一个加权最小二乘问题，在每次迭代中，点 p_i 的权值 $\boldsymbol{\omega}_i$ 根据它到对应点的当前距离进行更新。由于权值是一个高斯函数，v 是方差，与目标点集距离较大的点 p_i 的权值较小。此外，根据 3σ 规则，当距离大于 $3v$ 时，权重 $\boldsymbol{\omega}_i$ 足够小，以至于 p_i 的项对目标函数的影响很小，p_i 有效地被排除在此次迭代对齐求解问题之外。通过这种方式，该优化算法允许一些源点远离目标点集，并对异常值和部分重叠具有鲁棒性。

一些 ICP 变体通过从对齐步长中排除在其位置或法线之间存在较大偏差的点对来提高鲁棒性，这种算法可能很难调优或增加局部最小值的数量。此算法还排除了位置差较大的点对，但使用了一个高斯权函数，随着点对的距离越来越远，该权值逐渐减小。因此可以被认为是一种软阈值算法，对异常值进行弱惩罚，可以达到更稳定的结果。

在算法中，v 参数在获得良好性能方面起着重要的作用。一个较小的 v 有助于减弱异常值和部分重叠的影响。另一方面，一个较大的初始 v 有助于在对齐步骤中包含更多的点对，并避免不必要的局部极小值。因此，在迭代过程中逐步降低 v，算法首先用更大数量的点对进行更多的全局对齐，然后减少大偏差对应点对的影响，实现鲁棒对齐。具体来说，选择 $v_{\max}$ 和 $v_{\min}$ 两

个值作为 v 的上界和下界。首先设置 $v=v_{\max}$，然后运行 MM 算法，直到变换矩阵 $\boldsymbol{T}$ 的变化小于阈值（默认为 10^{-5}）或迭代次数超过上限（默认为 1000）。然后，将 v 的值减小一半，并再次运行 MM 算法，直到满足相同的终止条件。这个过程重复，直到达到 $v_{\min}$ 的下界。

为了选择 $v_{\max}$，计算所有初始点距 $\{D_i(\boldsymbol{R}^{(0)},\boldsymbol{t}^{(0)})\}$ 中的中值 $\overline{D}^{(0)}$，并设置 $v_{\max}=3\cdot D^{(0)}$。在该实验中，这个设置使得 $v_{\max}$ 足够大，除了具有显著偏差的异常点外，大多数点对都可以包含在对齐过程中。对于 $v_{\min}$，两个点集可能在不同的位置对同一曲面进行采样，$v_{\min}$ 应该足够大，以容纳由于采样产生的偏差。因此，首先计算每个点 $q_i\in Q$ 到它在 Q 上最近的 6 个点的中值距离，并取所有这些中值的中值 $\overline{E}_Q$。然后设置 $v_{\min}=\overline{E}_Q/3\sqrt{3}$。

3. 扩展到点对平面的 ICP

之前讨论的经典 ICP 算法通常称为“点到点” ICP，因为该算法的对齐步骤最小化了源点到对应目标点的距离。$\boldsymbol{R}^a$ 中另一个流行的 ICP 变体，通常称为“点到平面” ICP，在对齐步骤中最小化源点到目标点切平面的距离：

$$(\boldsymbol{R}^{(k+1)},\boldsymbol{t}^{(k+1)})=\arg\min_{\boldsymbol{R},\boldsymbol{t}}\sum_{i=1}^{M}((\boldsymbol{R}p_i+\boldsymbol{t}-\hat{q}_l^{(k)})\cdot\hat{n}_l^{(k)})^2+I_{SO(3)}\boldsymbol{R} \tag{5-30}$$

式中，$\hat{n}_l^{(k)}$ 是目标点集采样表面在 $\hat{q}_l^{(k)}$ 处的法线。点到平面 ICP 可以看作是求解一个优化问题：

$$\min_{\boldsymbol{R},\boldsymbol{t}}\sum_{i=1}^{M}(H_i(\boldsymbol{R},\boldsymbol{t}))^2+I_{SO(3)}\boldsymbol{R} \tag{5-31}$$

式中，$H_i(\boldsymbol{R},\boldsymbol{t})$ 是点 $\boldsymbol{R}p_i+\boldsymbol{t}$ 到切平面在 Q 中最近点的符号距离。由于切平面提供了目标点集下表面的局部线性逼近，点到平面的 ICP 可以实现更快的收敛。另一方面，它也存在对异常值和部分重叠的鲁棒性问题。可以通过采用基于 Welsch 函数 $\boldsymbol{\Psi}_v$ 的鲁棒度量来提高其鲁棒性：

$$\min_{R,t}\sum_{i=1}^{M}\Psi_v(H_i(R,t))+I_{SO(3)}R \tag{5-32}$$

这是通过在求对应点步骤（与点对点 ICP 相同）和对齐步骤交替来解决以下问题：

$$\min_{\boldsymbol{R},\boldsymbol{t}}\sum_{i=1}^{M}\Psi_v((\boldsymbol{R}p_i+\boldsymbol{t}-\hat{q}_l^{(k)})\cdot\hat{n}_l^{(k)})+I_{SO(3)}\boldsymbol{R} \tag{5-33}$$

使用代理函数替换上面的目标函数，从而得到代理问题：

$$\min_{\boldsymbol{R},\boldsymbol{t}}\sum_{i=1}^{M}\gamma_i((\boldsymbol{R}p_i+\boldsymbol{t}-\hat{q}_l^{(k)})\cdot\hat{n}_l^{(k)})^2+I_{SO(3)}\boldsymbol{R} \tag{5-34}$$

式中，$\gamma_i=\exp(-((\boldsymbol{R}^{(k)}p_i+\boldsymbol{t}^{(k)}-\hat{q}_l^{(k)})\cdot\hat{n}_l^{(k)})^2/(2v^2))$，这个问题没有一个闭式解。因此将其改写为 *se*（3）参数化的优化：

$$\min_{T}\sum_{i=1}^{M}\gamma_i(B_i^{(k)}(\widetilde{T}))^2 \tag{5-35}$$

式中，$\widetilde{T}\in R^6$ 表示式（5-23）中 *se*（3）元素 $\widetilde{T}$ 的实际变量（分别为每个子矩阵 $\boldsymbol{S}$ 和 $\boldsymbol{u}$ 的三个变量），$B_i^{(k)}(\widetilde{T})$ 是 $\boldsymbol{R}p_i+\boldsymbol{t}$ 到 $\hat{q}_l^{(k)}$ 切平面的带符号距离。然后用 $B_i^{(k)}$ 的一阶泰勒展开式将其线性化：

$$B_i^{(k)}(\widetilde{T})\approx B_i^{(k)}(\widetilde{T}^{(k)})+(J_i^{(k)})^T(\widetilde{T}-\widetilde{T}^{(k)}) \tag{5-36}$$

式中，$\widetilde{T}^{(k)}$ 为（$\boldsymbol{R}^{(k)}$，$\boldsymbol{t}^{(k)}$）的 *se*(3) 变量，$J_i^{(k)}$ 为 $B_i^{(k)}$ 在 $\widetilde{T}^{(k)}$ 处的梯度。将线性化代入公式（5-35），得到一个可简化为线性系统的二次问题：

$$(\sum_{i=1}^{M}\gamma_i J_i^{(k)}(J_i^{(k)})^T)\tilde{T}=\sum_{i=1}^{M}\gamma_i J_i^{(k)}(B_i^{(k)}(\tilde{T}^{(k)})-(J_i^{(k)})^T\tilde{T}^{(k)}) \tag{5-37}$$

该系统的解 $\tilde{T}_*^{(k)}$ 将被作为更新转换的候选。由于线性化，$\tilde{T}_*^{(k)}$ 可能增加目标函数（公式 5-32）。因此，沿着 $\tilde{T}_*^{(k)}-\tilde{T}^{(k)}$ 的方向进行直线搜索，以找到降低目标函数的新变换矩阵。当行搜索的步长达到最大时，如果找不到这样的变换矩阵，则使用目标函数值最小的步长。

与之前类似，使用安德森加速来加快收敛速度。当前变量 $\tilde{T}^{(k)}$ 到候选更新 $\tilde{T}_*^{(k)}$ 的映射，相当于根据 $\tilde{T}^{(k)}$ 找到最近的点$\{\hat{q}_t^{(k)}\}$，并求解线性系统（公式 5-37），可以写成：

$$\tilde{T}_*^{(k)}=G_{ppl}(\tilde{T}^{(k)}) \tag{5-38}$$

那么对于目标函数（公式 5-32）的局部最小值（$\boldsymbol{R}^*,\boldsymbol{t}^*$），对应的 se（3）变量 $\tilde{T}_*$ 应为 G_{ppl}的一个不动点。因此，将安德森加速应用于 $\tilde{T}^{(-m)}$，…，$\tilde{T}^{(k)}$和 G_{ppl}（$\tilde{T}^{(k-m)}$），…，G_{ppl}（$\tilde{T}^{(k)}$），得到加速值 $\tilde{T}_{AA}$。如果 $\tilde{T}_{AA}$降低目标函数（公式 5-32），那么就接受它作为新的迭代 $\tilde{T}^{(k+1)}$。

否则，执行前面描述的搜索。从 $v=v_{\max}$ 开始，逐渐减小，直到达到 $v_{\min}$ 的下界。对于每一个给定的 v 值，解算器都会运行，直到变换矩阵的变化小于一个阈值（默认为 10^{-5}）或迭代计数达到一个极限（6 代表 $v_{\max}$，然后每改变 v 一次增加 1，但不超过 10）。设置 $v_{\max}$ 为初始迭代中源点到对应切平面的中值距离的 3 倍。为了确定 $v_{\min}$，首先计算每个点 $q\in Q$ 从其在 Q 中最近的六个近邻到其切平面的中间距离，然后取所有值的中值$\bar{H}_Q$，并设置 $v_{\min}=\bar{H}_Q/6$。

5.2.4 快速鲁棒的 ICP 算法实现及关键代码分析

代码来源：https://github.com/yaoyx689/Fast-Robust-ICP。

伪代码 1：使用 Welsch 函数和安德森加速的鲁棒的点对点 ICP。

```
Input: T(0):P 的初始变换矩阵。
m:之前用于安德森加速的迭代次数。
correspondence(T):利用变换矩阵 T 通过式(5-16)计算所有最近点。
alignment(Q̂,T,v):使用通用的变换矩阵 T 和最近点 Q̂ 根据式(5-29)得到的新变换矩阵。
E_v(Q̂,T):变换矩阵 T 和最近点 Q̂ 的目标能量:E_v(Q̂,T) = Σ_{i=1}^{M} ψ_v(‖Rp_i+t-q̂_t^(k)‖)。
I_v,ϵ_v:v 的最大迭代次数和 T 的收敛阈值。

k=1,v=v_max;Q̂_0=correspondence(T^(0));;
while TRUE do
  k_start=k-1;E_prev=+∞;
  T′=alignment(Q̂^(k-1),T^(k-1),v);
  T^(k)=T′;Q̂^(k)=correspondence(T^(k));
  G^(k-1)=log(T′);F^(k-1)=G^(k-1)-log(T^(k-1));
```

```
  while k-k_start ≤ I_v do
    //确保 T^(k) 降低能量
    if E_v(Q̂^(k),T^(k)) ≥ E_prev then
      T^(k) = T'; Q̂^(k) = correspondence(T^(k));
    end
    E_prev = E_v(Q̂^(k),T^(k));
    //检查收敛性
    T' = alignment(Q̂^(k),T^(k),v);
if ‖T-T'‖_F < ϵ_v then break;
//安德森加速
    G^(k) = log(T'); F^(k) = G^(k) - log(T^(k));
    m_k = min(k-k_start,m);
    (θ*_1,…,θ*_{m_k}) = argmin ‖F^(k) - Σ_{j=1}^{m_k} θ_j(F^(k-j+1) - F^(k-j))‖²_F;
    T^(k+1) = exp(G^(k) - Σ_{j=1}^{m} θ*_j (G^(k-j+1) - G^(k-j)));
    Q̂^(k+1) = correspondence(T^(k+1));
    k = k+1;
  end
  If v = v_min then return T^(k);
  v = max(v/2,v_min); k = k+1;
end
```

伪代码 2：基于 Welsch 函数和安德森加速的鲁棒的点到平面的 ICP。

```
Input: T̃^(0):最初的变换矩阵。
m:之前用于安德森加速的迭代次数。
G_ppl(·):式(5-38)定义的映射。
Ẽ_v(T̃): 参数 T̃ 的目标能量。
l_max: 内部线性搜索的最大步骤数。
I_v,ϵ_v:v 的最大迭代次数和收敛阈值
k=1; v=v_max
while TRUE do
  k_start = k-1; E_prev = +∞; T̃_*^(k) = G_ppl(T̃^(k-1));
G^(k-1) = T̃^(k) = T̃_*^(k); F^(k-1) = G^(k-1) - T̃^(k-1);
  while k-k_start ≤ I_v do
```

```
//检查能量降低
E=Ẽ_v(T̃^(k));
if E≥E_prev then
  //执行线搜索
  τ=1;l=1;
  while l≤l_max do
    T̃_trial=T̃^(k-1)+τ(T̃_*^(k)-T̃^(k-1));
    E_trial=Ẽ_v(T̃_trial);
    if E_trial<E then
      E=E_trial;T̃^(k)=T̃_trial;
    end
    if E_trial<E_prev then break ;
  end
end
E_prev=E;
//检查收敛性
T̃_*^(k+1)=G_ppl(T̃^(k));
if T̃_*^(k)-T̃^(k)<ε_v then break;
//安德森加速
G^(k)=T̃_*^(k);F^(k)=G^(k)-T̃^(k);
m_k=min(k-k_start,m);
(θ_1^*,…,θ_{m_k}^*=argmin‖F^(k)-Σ_{j=1}^{m_k} θ_j(F^(k-j+1)-F^(k-j))‖^2;
T̃^(k+1)=exp(G^(k)-Σ_{j=1}^{m} θ_j^*(G^(k-j+1)-G^(k-j)));
k=k+1;
end
if v=v_min then return T̃^(k);
v=max(v/2,v_min);k=k+1;
;end
```

快速鲁棒的 ICP 关键代码如下。

结合以上伪代码对快速鲁棒的 ICP 代码进行理解。在 FRICP.h 文件中包含了快速鲁棒的 ICP 的关键代码。对于点到点的 ICP，首先计算初始的变换矩阵，然后计算最近点，基于 Welsch 函数运行 ICP 更新变换矩阵和平移向量，使得目标函数单调收敛，随后利用安德森加速得到最终的变换矩阵。

```
///计算变换矩阵
AffineNd transformation;
MatrixXX sigma = X * w_normalized.asDiagonal() * Y.transpose();
Eigen::JacobiSVD<MatrixXX> svd(sigma, Eigen::ComputeFullU | Eigen::Compute-
FullV);
if (svd.matrixU().determinant()* svd.matrixV().determinant() < 0.0)
    {
        VectorN S = VectorN::Ones(dim); S(dim-1) = -1.0;
        transformation.linear() = svd.matrixV()* S.asDiagonal()* svd.matrixU().
transpose();
    }
else
    {
        transformation.linear() = svd.matrixV()* svd.matrixU().transpose();
    }
transformation.translation() = Y_mean - transformation.linear()* X_mean;
///重新应用平均值
X.colwise() += X_mean;
Y.colwise() += Y_mean;
return transformation;
...
//安德森加速
SVD_T = T;
if (par.use_AA)
{
    AffineMatrixN Trans = (Eigen::Map<const AffineMatrixN>
    (accelerator_.compute(LogMatrix(T.matrix()).data()).data(), N+1, N+1)).exp();
    T.linear() = Trans.block(0,0,N,N);
    T.translation() = Trans.block(0,N,N,1);
}
//找到最近点
#pragma omp parallel for
for (int i = 0; i<nPoints; ++i)
{
    VectorN cur_p = T * X.col(i) ;
    Q.col(i) = Y.col(kdtree.closest(cur_p.data()));
    W[i] = (cur_p - Q.col(i)).norm();
}
```

```
///计算收敛能量
last_energy = get_energy(par.f, W, nu1);
X = T * X;
gt_mse = (X-X_gt).squaredNorm()/nPoints;
T.translation() += - T.rotation() * source_mean + target_mean;
X.colwise() += target_mean;
///保存收敛结果
par.convergence_energy = last_energy;
par.convergence_gt_mse = gt_mse;
par.res_trans = T.matrix();
```

类似地，对于点到平面的 ICP，同样基于 Welsch 函数运行 ICP 更新变换矩阵和平移向量，并以安德森加速获得最终变换矩阵。

```
///寻找最近点
#pragma omp parallel for
for(int i=0; i<X.cols(); i++){
    X.col(i) = T * ori_X.col(i);
    int id =kdtree.closest(X.col(i).data());
    Qp.col(i) = Y.col(id);
    Qn.col(i) = norm_y.col(id);
    W[i] = std::abs(Qn.col(i).transpose() * (X.col(i) - Qp.col(i)));
}
if(par.print_energy)
std::cout << "icp iter = " << total_iter << ", gt_mse = " << gt_mse
<< ", energy = " << energy << std::endl;
///停止标准
double stop2= (T.matrix() - To1).norm();
To1 = T.matrix();
if(stop2 < par.stop)
break;
///计算收敛能量
W = (Qn.array()* (X - Qp).array()).colwise().sum().abs().transpose();
energy = get_energy(par.f, W, par.p);
gt_mse = (X - X_gt).squaredNorm() / X.cols();
T.translation().noalias() += -T.rotation()* source_mean + target_mean;
X.colwise() += target_mean;
norm_x = T.rotation()* norm_x;
///保存收敛结果
par.convergence_energy = energy;
par.convergence_gt_mse = gt_mse;
par.res_trans = T.matrix();
```

5.2.5 快速鲁棒的 ICP 实战案例测试及结果分析

运行该程序需要使用四个输入参数，分别为存储源点云的输入文件、存储目标点云的输入文件、存储配准结果文件的路径以及配准算法如下。如果没有选择配准算法，则默认为 Ours（Robust ICP）。例如：$ ./FRICP ./data/target.ply ./data/source.ply ./data/res/ 3，支持 obj 和 ply 文件。

```
0: ICP
1: AA-ICP
2: Ours (Fast ICP)
3: Ours (Robust ICP)
4: ICP Point-to-plane
5: Our(Robust ICP point-to-plane)
6: Sparse ICP
7: Sparse ICP point-to-plane
```

使用项目自带兔子数据运行 Ours（Fast ICP）结果如图 5-5 所示，运行 Ours（Robust ICP）结果如图 5-6 所示，运行 Ours（Robust ICP point-to-plane）结果如图 5-7 所示。

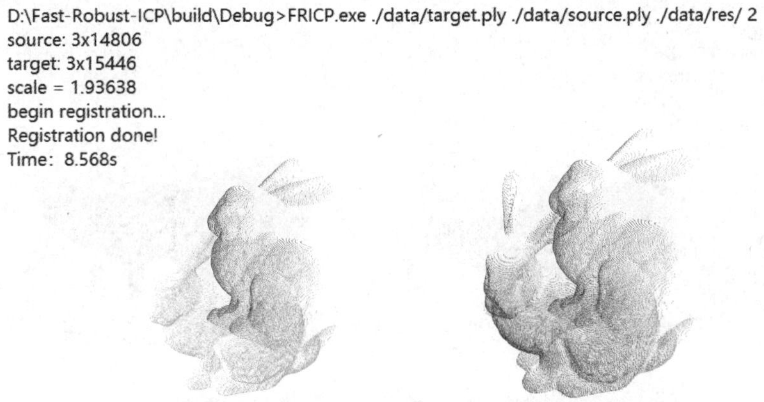
D:\Fast-Robust-ICP\build\Debug>FRICP.exe ./data/target.ply ./data/source.ply ./data/res/ 2
source: 3x14806
target: 3x15446
scale = 1.93638
begin registration...
Registration done!
Time: 8.568s

a）源点云（红）和目标点云（绿）　　b）配准结果（蓝）

图 5-5　兔子数据使用 Fast ICP 配准结果

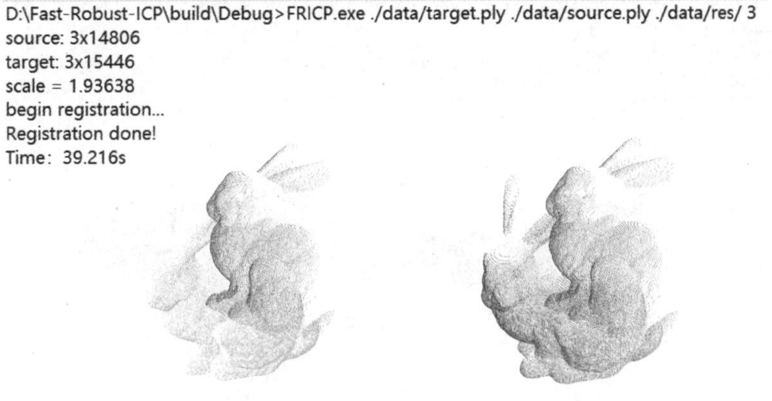
D:\Fast-Robust-ICP\build\Debug>FRICP.exe ./data/target.ply ./data/source.ply ./data/res/ 3
source: 3x14806
target: 3x15446
scale = 1.93638
begin registration...
Registration done!
Time: 39.216s

a）源点云（红）和目标点云（绿）　　b）配准结果（蓝）

图 5-6　兔子数据使用 Robust ICP 配准结果

```
D:\Fast-Robust-ICP\build\Debug>FRICP.exe ./data/target.ply ./data/source.ply ./data/res/ 5
source: 3x14806
target: 3x15446
scale = 1.93638
begin registration...
Registration done!
Time: 56.319s
```

a）源点云（红）和目标点云（绿） b）配准结果（蓝）

图 5-7 兔子数据使用 Robust ICP point-to-plane 配准结果

使用猪数据运行 Ours（Fast ICP）结果如图 5-8 所示，运行 Ours（Robust ICP）结果如图 5-9 所示，运行 Ours（Robust ICP point-to-plane）结果如图 5-10 所示。

```
D:\Fast-Robust-ICP\build\Debug>FRICP.exe ./data/pig_view2.ply ./data/pig_view1.ply ./data/res/ 2
source: 3x112099
target: 3x110451
scale = 1456.48
begin registration...
Registration done!
Time: 60.876s
```

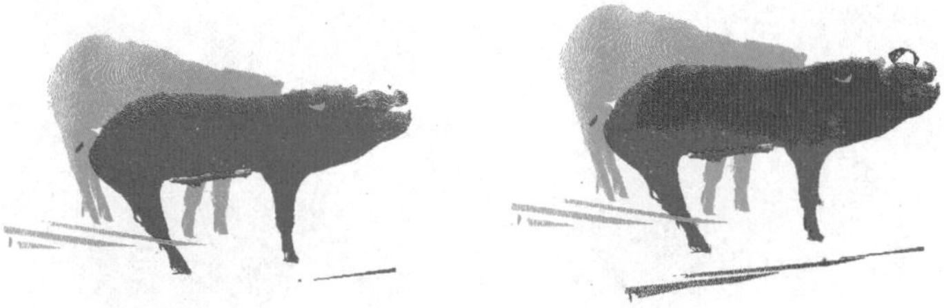

a）源点云（红）和目标点云（绿） b）配准结果（蓝）

图 5-8 猪数据使用 Fast ICP 配准结果

```
D:\Fast-Robust-ICP\build\Debug>FRICP.exe ./data/pig_view2.ply ./data/pig_view1.ply ./data/res/ 3
source: 3x112099
target: 3x110451
scale = 1456.48
begin registration...
Registration done!
Time: 749.129s
```

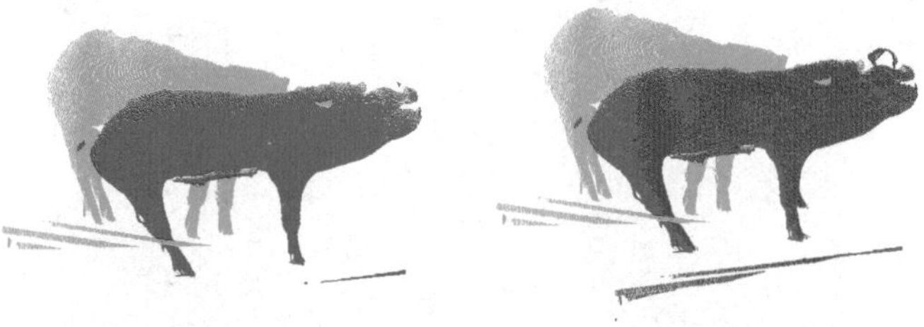

a）源点云（红）和目标点云（绿） b）配准结果（蓝）

图 5-9 猪数据使用 Robust ICP 配准结果

```
D:\Fast-Robust-ICP\build\Debug>FRICP.exe ./data/pig_view2.ply ./data/pig_view1.ply ./data/res/ 5
source: 3x112099
target: 3x110451
scale = 1456.48
begin registration...
Registration done!
Time：650.916s
```

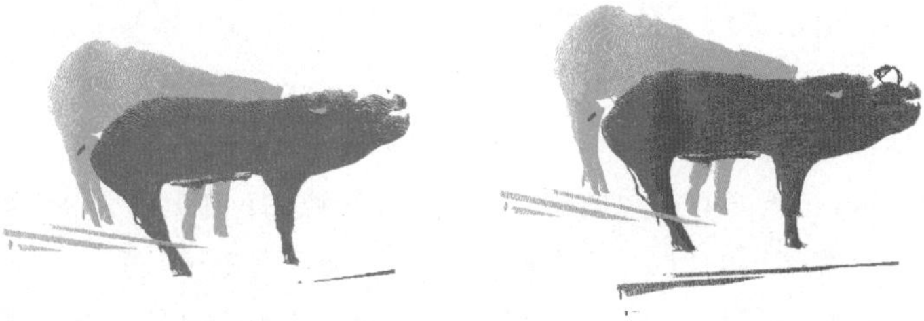

a）源点云（红）和目标点云（绿）　　b）配准结果（蓝）

图 5-10　猪数据使用 Robust ICP point-to-plane 配准结果

八种算法运行时间见表 5-1。RMSE（Root Mean Square Error，均方根误差），是预测值与真实值偏差的平方和与观测次数 n 比值的平方根，可以用来衡量观测值与真实值之间的偏差。

表 5-1　八种算法运行结果对比表

	兔子数据运行时间	猪数据运行时间	兔子数据 RMSE	猪数据 RMSE
ICP	12.991s	177.11s	0.013791	3.79574
AA-ICP	12.576s	120.417s	0.013783	3.79284
Ours（Fast ICP）	8.568s	60.815s	0.013772	3.80194
Ours（Robust ICP）	39.216s	338.363s	0.003343	1.2163
ICP Point-to-plane	7.149s	74.859s	0.010042	3.01793
Ours（Robust ICP point-to-plane）	56.395s	642.88s	0.003344	1.23897
Sparse ICP	795.229s	6233.88s	0.013491	4.97925
Sparse ICP point-to-plane	3639.01s	26905.3s	0.003346	1.22429

5.3 泛化的最近点迭代法（Generalized-ICP）

本节介绍一种基于 ICP 扩展的精配准算法，从算法简介、原理描述、算法实现、源码分析和算法测试实例等方面全面剖析，帮助读者全面了解和掌握该算法。

5.3.1　Generalized-ICP 发明者

Generalized-ICP（简称 GICP）算法由斯坦福大学的 Aleksandr V. Segal、Dirk Hähnel 和 Sebastian Thrun 提出，于 2009 年在 Robotics：Science and Systems 会议上发表。

GICP 是 ICP 算法的一种变体，其原理与 ICP 算法相同，之所以称为泛化的 ICP 算法，主要是因为大多数 ICP 框架没有被修改，仍用 Kd 树检索邻近点以保持速度和简单性，GICP 所提出的泛化只改变了目标函数的迭代计算，对收敛函数进行优化，将协方差矩阵计算加入误差函数。

5.3.2 Generalized-ICP 算法原理描述

本节介绍 GICP 的算法原理，分为问题引入和问题定义与求解两部分，带读者了解算法数理基础和技术流程。

1. 标准 ICP 算法简介

ICP（Iterative Closest Point）是经典的点云数据配准算法，在 20 世纪 90 年代得到了广泛的应用，找到两组点云中距离最近的点对，根据估计的变换关系（R，t）来计算经过变换之后的误差，通过不断的迭代直至误差小于某一阈值或者达到迭代次数来确定最终的变换关系。以上过程可以用式（5-39）来表示，即：求解给定的两个点云 A 和 B 之间对应点，使得 E(R,t)的值最小：

$$E(R,t)=\frac{1}{n}\sum_{i=1}^{n}\| a_i-(R\cdot b_i+t)\|^2 \tag{5-39}$$

其标准算法可以分为以下两步。

1）确定两组点云之间的对应点。

2）估计一个使对应点之间的距离最小化的变换矩阵。

具体算法过程见下面的伪代码。

Algorithm 1：ICP principle

Input：Reference point cloud A of size $n_A \cdot d$
　　Data point cloud B of size $n_B \cdot d$
　　Initial transformation R_0，t_0 from B to A

Output：Transformation R，t from B to A

```
1: R←R0
2: t←t0
3: while not converged do
4:     for i ← 1: nB do
5:     mi← FindClosestPointInA (R · bi+ t)
6:   end
7:   R, t← FindBestTransformationBetween (mi, R · bi+ t)
8: end
```

ICP 算法核心的核心部分在伪码的第 5 行，在点云 A 中查找 $R\cdot b_i+t$ 的对应点，为了保持算法的简单性，选择欧式距离最小的点作为对应点。第 7 行寻找最佳的将 $R\cdot b_i+t$ 变换到 m_i 的变换矩阵。这里最佳变换通过使一个特定的损失函数最小化确定，这个损失函数的不同也是本节提到的三种 ICP 变体（标准 ICP、点到面 ICP 和面到面 ICP）的根本区别。

2. point-to-plane ICP 算法简介

ICP 算法有很多变体，其中 point-to-plane 的变体利用表面法线信息提高了性能。在标准 ICP 算法中，通过迭代使得对应点的欧几里得距离即 $\sum\|R\cdot b_i+t-m_i\|^2$ 最小化，但 point-to-plane 变体中，是使源表面上的点沿目标表面的曲面法线投影到切平面子空间上的误差最小化，

如图 5-11 所示，源表面上的点 s_1 沿目标表面上的点 d_1 的法线方向 l_1 投影到 d_1 的切平面上，投影点到 d_1 的距离即为所求误差。

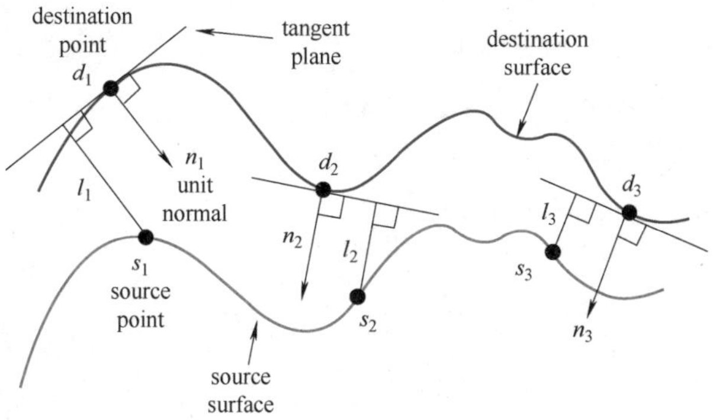

图 5-11　point-to-plane 误差计算示意

这一变化是通过改变标准 ICP 算法 Algorithm 中的第 5 行完成的，其过程可以用式（5-40）表示，式中，$\boldsymbol{\eta}_i$ 表示 m_i 的曲面法线：

$$T \leftarrow \arg\min_T \{ \textstyle\sum_i w_i \| \eta_i \cdot (R \cdot \mathrm{b}_i + t - m_i) \|^2 \} \tag{5-40}$$

3. GICP 算法原理

GICP 则是在这一步对目标函数的迭代估计上引入了概率模型，但是对应点的查找仍然使用欧几里得距离，而非概率度量，从而仍能使用 Kd 树来查找最近点，保持了 ICP 相对于其他完全依赖概率模型的算法的主要优势——速度和简单性。

假设点云 $A=\{a_i\}$ 和 $B=\{b_i\}$ $(i=1,...,n)$ 是已经完成对应点匹配的两个点云，即 a_i 与 b_i 是对应点。建立概率模型，假设存在一组潜在的点 $\hat{A}=\{\hat{a}_i\}$ 和 $\hat{B}=\{\hat{b}_i\}$ 符合高斯分布，且点 a_i 和点 b_i 来自 $\hat{A}$ 和 $\hat{B}$，或者说点云 A 和 B 是由假设的概率模型生成得到的，即：

$$a_i \sim N(\hat{a}_i, \boldsymbol{C}_i^A)$$

$$b_i \sim N(\hat{b}_i, \boldsymbol{C}_i^B)$$

a_i 和 b_i 是点 $\hat{a}_i$ 和 $\hat{b}_i$ 的观测值，$\{\boldsymbol{C}_i^A\}$ 和 $\{\boldsymbol{C}_i^B\}$ 是观测值对应的协方差矩阵。定义残差 $d_i^{R,t}=b_i-R\cdot a_i-t$，则有：

$$d_i^{R,t} \sim N(\hat{b}_i - R\hat{a}_i - t, \boldsymbol{C}_i^B + R\boldsymbol{C}_i^A R^{\mathrm{T}}) \tag{5-41}$$

对于观测值的实施变换（R^*, t^*）后可以得到式（5-42）：

$$d_i^{R^*,t^*} \sim N(0, \boldsymbol{C}_i^B + R^* \boldsymbol{C}_i^A (R^*)^{\mathrm{T}}) \tag{5-42}$$

接下来通过最大似然估计法（Maximum Likelihood Estimation，MLE）对 R^* 和 t^* 进行估计，则有最大似然函数如式（5-43）：

$$L(R,t) = \sum_{i=1}^{n} \log(\det(\boldsymbol{C}_i^B + R\boldsymbol{C}_i^A R^{\mathrm{T}})) - \frac{1}{2}(d_i^{R,t})^{\mathrm{T}}(\boldsymbol{C}_i^B + R\boldsymbol{C}_i^A R^{\mathrm{T}})^{-1} d_i^{R,t}) \tag{5-43}$$

由于上式不是凸函数，不便求其最大值，所以将（R,t）放在协方差中再利用 MLE 进行估算，将优化问题简化为最小化损失函数如式（5-44）：

$$l(R,t)=\sum_{i=1}^{n}((d_i^{R,t})^{\mathrm{T}}M_i d_i^{R,t}) \tag{5-44}$$

式中，$M_i=(\boldsymbol{C}_i^B+R\boldsymbol{C}_i^A R^{\mathrm{T}})^{-1}$。式（5-44）即是 GICP 算法的核心内容。容易发现当令$\{\boldsymbol{C}_i^A\}=0$和$\{\boldsymbol{C}_i^B\}=I$时，得到的正是标准 ICP 的算式，即标准 ICP 算法是泛化 ICP 算法的一种特殊情况。

在这种形式下也简化了梯度计算，用 r_i 表示残差，即 $r_i=b_i-R\cdot a_i-t$，此处的梯度可以用式（5-45）和式（5-46）表示为：

$$\frac{\partial l}{\partial t}=-2\sum_{i=1}^{n}M_i r_i \tag{5-45}$$

$$\frac{\partial l}{\partial R}=-2\sum_{i=1}^{n}M_i r_i a_i^{\mathrm{T}} \tag{5-46}$$

由于这是一个约束优化问题，$\boldsymbol{R}$ 必须是一个旋转矩阵，所以不能使用共轭梯度下降来解决。引入欧拉参数对旋转矩阵 $\boldsymbol{R}$ 进行描述，欧拉参数化的优点是使用了三个独立的参数$(\theta_x,\theta_y,\theta_z)$，在这种形式下，旋转矩阵 $\boldsymbol{R}$ 就可以写作 $\boldsymbol{R}=\boldsymbol{R}_{\theta_x}\boldsymbol{R}_{\theta_y}\boldsymbol{R}_{\theta_z}$，式中：

$$\boldsymbol{R}_{\theta_x}=\begin{pmatrix}1 & 0 & 0\\ 0 & \cos\theta_x & -\sin\theta_x\\ 0 & \sin\theta_x & \cos\theta_x\end{pmatrix}$$

$$\boldsymbol{R}_{\theta_y}=\begin{pmatrix}\cos\theta_y & 0 & \sin\theta_y\\ 0 & 1 & 0\\ -\sin\theta_y & 0 & \cos\theta_y\end{pmatrix}$$

$$\boldsymbol{R}_{\theta_z}=\begin{pmatrix}\cos\theta_z & -\sin\theta_z & 0\\ \sin\theta_z & \cos\theta_z & 0\\ 0 & 0 & 1\end{pmatrix}$$

则有 $\boldsymbol{R}$ 相对于 θ 的梯度：

$$\frac{\partial \boldsymbol{R}}{\partial \theta_x}=\boldsymbol{R}_z\boldsymbol{R}_y\frac{\partial \boldsymbol{R}_x}{\partial \theta_x}$$

$$\frac{\partial \boldsymbol{R}}{\partial \theta_y}=\boldsymbol{R}_z\frac{\partial \boldsymbol{R}_y}{\partial \theta_y}\boldsymbol{R}_z$$

$$\frac{\partial \boldsymbol{R}}{\partial \theta_z}=\frac{\partial \boldsymbol{R}_z}{\partial \theta_z}\boldsymbol{R}_y\boldsymbol{R}_x$$

通过链式规则，可得式（5-47）：

$$\frac{\partial l}{\partial \theta}=\sum_{i,j=1}^{3}\frac{\partial l}{\partial R_{ij}}\frac{\partial \boldsymbol{R}_{ij}}{\partial \theta} \tag{5-47}$$

GICP 中使用的点云协方差矩阵与传统的点云协方差矩阵的定义不同，由于现实物体表面是分段可微的，因此 GICP 假设数据集是局部平面的，即点服从平面分布，每个采样点在其局部平面方向上分布的协方差很高，而在曲面法线方向上分布的协方差很低。则可以设计一个模型，使得点在法线方向具有较小的方差，设为 ε，值为 0.001；在平面方向具有较大的方差，设为 1：

$$C_i = \boldsymbol{R}_{n_i}\begin{bmatrix}\varepsilon & 0 & 0\\0 & 1 & 0\\0 & 0 & 1\end{bmatrix}\boldsymbol{R}_{n_i}^{\mathrm{T}}$$

这里的 $\boldsymbol{R}_{n_i}$ 是一个旋转矩阵，将基底向量 e_1 旋转到点的法线方向。实际计算中，这个旋转矩阵是通过计算该点附近的点的协方差矩阵，并进行奇异值分解（Singular Value Decomposition，SVD）得到的，即为 $\hat{\Sigma} = \boldsymbol{UDU}^{\mathrm{T}}$ 中的矩阵 $\boldsymbol{U}$。

5.3.3　Generalized-ICP 算法实现及关键代码分析

本节将解读 PCL 中的 GICP 代码的关键部分，GICP 相关代码可以在 PCL 目录下的 include/pcl-1.12/pcl/registration/impl/gicp.hpp 中找到。

函数 computeCovariances 计算点云的协方差矩阵。

1）利用 Kd 树查找点的近邻点，这里的 k_correspondences_指的是对应点个数，nn_indecies 存储近邻点的索引，nn_dist_sq 存储近邻点与查找的点间的距离。

```
// Search for the K nearest neighbours
kdtree->nearestKSearch(query_point, k_correspondences_, nn_indecies, nn_dist_sq);
```

2）计算点正常的协方差，这里的 mean 是点云的质心。

```
// Find the covariance matrix
for (int j = 0; j < k_correspondences_; j++)
  {
  const PointT& pt = (* cloud)[nn_indecies[j]];
  mean[0] += pt.x;
  mean[1] += pt.y;
  mean[2] += pt.z;
  cov(0, 0) += pt.x * pt.x;
  cov(1, 0) += pt.y * pt.x;
  cov(1, 1) += pt.y * pt.y;
  cov(2, 0) += pt.z * pt.x;
  cov(2, 1) += pt.z * pt.y;
  cov(2, 2) += pt.z * pt.z;
  }
mean /= static_cast<double>(k_correspondences_);
// Get the actual covariance
for (int k = 0; k < 3; k++)
```

```
for (int l = 0; l <= k; l++)
{
cov(k, l) /= static_cast<double>(k_correspondences_);
cov(k, l) -= mean[k] * mean[l];
cov(l, k) = cov(k, l);
}
```

3）对点的协方差矩阵进行 SVD 分解，通过替换其中的方差重新构造 GICP 协方差矩阵。这里的 gicp_epsilon_的值为 0.001。

```
// Compute the SVD (covariance matrix is symmetric so U = V')
Eigen::JacobiSVD<Eigen::Matrix3d> svd(cov, Eigen::ComputeFullU);
cov.setZero();
Eigen::Matrix3d U = svd.matrixU();
// Reconstitute the covariance matrix with modified singular values using the column
vectors in V.
for (int k = 0; k < 3; k++)
{
  Eigen::Vector3d col = U.col(k);
  double v = 1.; // biggest 2 singular values replaced by 1
  if (k == 2)     // smallest singular value replaced bygicp_epsilon
      v =gicp_epsilon_;
  cov += v * col * col.transpose();
}
```

4）GICP 算法中梯度的计算在 GeneralizedIterativeClosestPoint<PointSource, PointTarget>::computeRDerivative（const Vector6d& x, const Eigen::Matrix3d& R, Vector6d& g）中完成；通过 GeneralizedIterativeClosestPoint<PointSource, PointTarget>::computeTransformation（PointCloud-Source&output, const Eigen::Matrix4f& guess）计算变换矩阵。

5.3.4 Generalized-ICP 实战案例测试及结果分析

本节分为 GICP 算法的源码分析、运行环境配置和结果展示三部分，带读者掌握该算法的运行使用方法。

1. GICP 案例代码

首先，在本书源码文件夹中，打开名为 GICP_exp.cpp 的代码文件，同文件夹下可以找到相关的测试点云文件 pig_view1.pcd 和 pig_view2.pcd。

2. GICP 案例源码解释说明

下面解释源文件中的关键代码语句，首先需要包含 GICP 的头文件，其次本节使用了一个计时器对象，需要包含 time 头文件。

```
#include <pcl/registration/gicp.h>
#include <pcl/console/time.h>
```

GICP 算法是一种精配准方法，本节先提取了 ISS 关键点，并完成了 SAC 粗配准，具体内容可以在前面章节查找。在进行 GICP 配准前，计时器开始计时。

```
pcl::console::TicToc time;
time.tic();
```

初始化 GICP 对象后，设置对应点对之间的最大距离，为终止条件设置最小转换差异，设置收敛条件以及最大迭代次数。

```
pcl::GeneralizedIterativeClosestPoint<pcl::PointXYZ, pcl::PointXYZ> gicp;
//初始化 gicp 对象
gicp.setInputSource(source_cloud);//设置输入点云
gicp.setInputTarget(target_cloud);
//设置目标点云(输入点云进行仿射变换,得到目标点云)
gicp.setMaxCorrespondenceDistance(100);//设置对应点对间的最大距离
gicp.setTransformationEpsilon(1e-6);//为终止条件设置最小转换差异
gicp.setEuclideanFitnessEpsilon(0.1);//设置收敛条件是均方误差和小于阈值,停止迭代
gicp.setMaximumIterations(35);//设置最大迭代次数
```

gicp. align( )函数会对输入点云进行转换，将匹配后的点云存储到 GICP_cloud 中。

```
pcl::PointCloud<pcl::PointXYZ>::Ptr gicp_cloud(new pcl::PointCloud<pcl::
PointXYZ>);//变换后的点云
gicp.align(* gicp_cloud);
```

输出配准计时和 GICP 的变换矩阵。

```
cout << "Applied" << 35 << "GICP iterations in " << time.toc() / 1000 << "s" << endl;
cout << " \nGICP has converged, score is" << gicp.getFitnessScore() << endl;
cout << "变换矩阵为: \n" << gicp.getFinalTransformation() << endl;
```

3. GICP 案例编译与运行

利用提供的 CMakeList.txt 文件，在 Cmake 里建立工程文件，并生成相应的可执行文件，将测试点云放入工程目录下就可以直接运行，程序运行输出界面如图 5-12 所示。

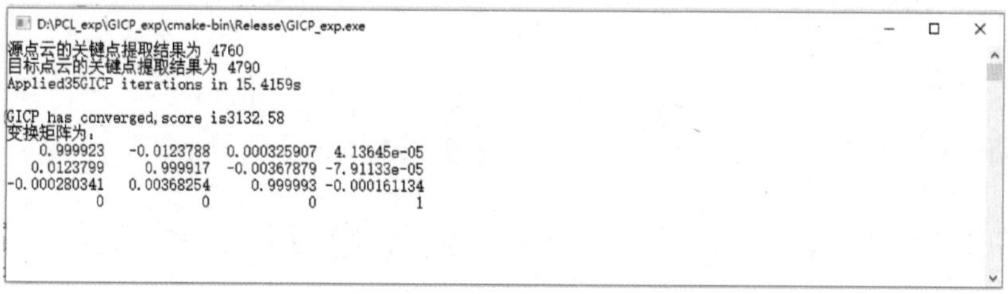

图 5-12　程序运行输出界面

图 5-13 和图 5-14 所示为猪点云的对应点配准可视化结果，其中红色是源点云，绿色是目标点云，蓝色是 GICP 配准的输出结果。

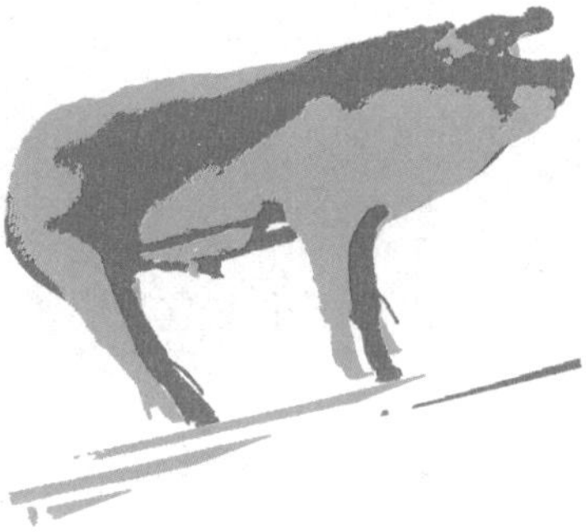

图 5-13　点云粗配准结果

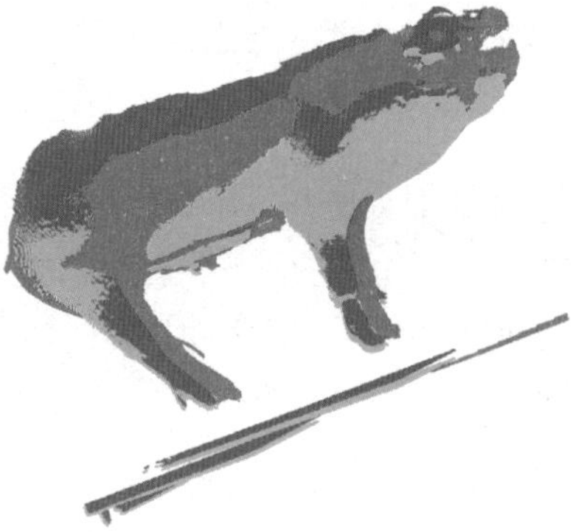

图 5-14　点云 GICP 精配准结果

图 5-15 所示为兔子点云上 GICP 配准的实验结果，其中红色是源点云，绿色是目标点云，蓝色是 GICP 配准的输出结果。

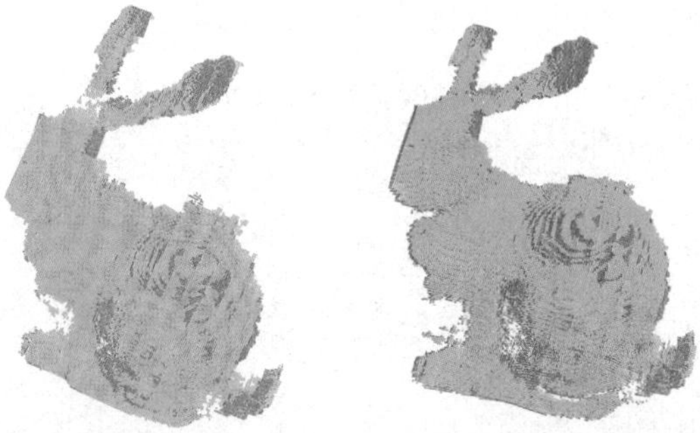

图 5-15　兔子点云配准结果（左：粗配准结果，右：GICP 精配准结果）

5.4 全局迭代最近点算法（Global Iterative Closest Point，GoICP）

本节介绍一种基于解空间优化查找的精配准算法，从算法简介、原理描述、算法实现源码分析和算法测试实例等方面全面剖析，帮助读者全面了解和掌握该算法。

5.4.1 GoICP 发明者

该算法是微软亚洲实验室杨蛟龙研究员率先发表在 2013 年 ICCV 会议上，并在 2016 年被 T-PAMI 期刊接收，更多扩展资料可参看随书附赠资源中的说明文档。

5.4.2 GoICP 算法设计的灵感、应用范围、优缺点和泛化能力

传统 ICP（Iterative Closest Point）中定义的配准问题本身是非凸的，同时其局部迭代操作

使得 ICP 算法对于局部极小值十分敏感。作为一个迭代求解算法，ICP 算法对初值要求较高。一个不恰当的初始化很容易使算法陷入局部极值而非全局最优解，从而导致错误的配准结果。更关键的是，并不存在一种可靠的机制来判断算法是否陷入了局部极值，因此针对三维空间中 ICP 定义的点云配准问题提出了一种全局最优的求解算法。该算法不依赖于初始值且总能得到全局最优解，其精度足以达到期望的水平。

ICP 只有在初始位置好的时候才能成功执行。GoICP 的中心思想尝试在解空间中的所有初始位置寻找最优解，从而使得拼接成功。但是尝试解空间中所有的位置在耗时和内存消耗上不可行，因此尝试使用分支限界的策略不停地去除不可能改善目标函数的解区间，仅仅尝试可能改善目标函数值的解区间，从而在较短的时间内完成拼接。GoICP 对初始位置几乎没有要求，因此不需要粗拼接过程。该算法最优地解决了包含旋转变换和平移变换的三维点云配准问题，可以直接对原始的稀疏或稠密点云进行配准，不需要给定候选对应点，也不受初始化好坏的影响。尽管 GoICP 克服了 ICP 算法对初始位置敏感的问题，但是 GoICP 会多次调用 ICP 算法，且复杂度较高，因此其运算时间较长。

5.4.3 GoICP 算法的原理描述

本节介绍 GoICP 的算法原理，分为数理基础、问题定义与优化求解和算法流程等部分，带读者了解算法数理基础和技术流程。

1. 分支限界法

GoICP 算法基于完善的分支定界理论（Branch and Bound，BnB）进行全局最优化，ICP 算法则作为局部搜索算法。通用的分支限界法的基本流程框架如下。

1）启发式查找问题的一个解 x_h，将其目标函数值 $F(x_h)$ 作为目标函数值当前最小函数值下界（Lower Bound，lb），如果没有启发式算法，可以设置初始 lb 为正无穷。

2）初始化一个优先队列，用来保存未被计算的解空间。将整个问题解空间压入优先队列，优先队列的排序可以根据实际需求进行定义。

3）执行下列循环直到队列为空或达到其他停止条件

①从队列中取出首元素 N。

②比较 N 的上界与 lb。如果 N 的上界小于 lb，则 lb 更新为上一次 lb 与 N 的上界两者中的较小值，并将 N 划分为新的子空间加入优先队列；如果 N 的下界大于 lb，则直接丢弃 N。

分支限界算法通过不断地将当前子解空间划分，去除那些不可能改善最优解的子空间（下界大于 lb），并且用子空间的上界更新 lb，从而不断压缩解空间，获得全局极值。

2. 配准问题定义

设两个点云 $x=\{x_i\},i=1,\cdots,N$ 和 $y=\{y_j\},j=1,\cdots,M$ 分别表示源点云以及目标点云，本文的目标是求解一个由旋转矩阵 $\boldsymbol{R}\in SO(3)$ 和平移向量 $\boldsymbol{t}\in\mathbb{R}^3$ 构成的刚性变换将源点云配准到目标点云上。最小化如下 L_2 误差 E：

$$E(\boldsymbol{R},\boldsymbol{t})=\sum_{i=1}^{N}e_i(\boldsymbol{R},\boldsymbol{t})^2=\sum_{i=1}^{N}\|\boldsymbol{R}x_i+\boldsymbol{t}-y_{j^*}\|^2 \tag{5-48}$$

式中，$e_i(\boldsymbol{R},\boldsymbol{t})$ 表示每个数据点 x_i 到其最近对应点的距离误差。给定 $\boldsymbol{R}$ 和$\boldsymbol{t}$，$y_{j*} \in y$ 表示数据点 x_i 对应 y 中距离 x_i 最近的点，即：

$$j^* = \arg \min_{j \in \{1,\cdots,M\}} \| \boldsymbol{R}x_i + \boldsymbol{t} - y_j \| \tag{5-49}$$

式中，j^* 是关于$(\boldsymbol{R},\boldsymbol{t})$以及 x_i 的函数而不是固定值。

3. 可行域参数化

BnB 算法是一种全局最优化方法，将 BnB 算法推广到三维配准，必须要考虑如何参数化和分割三维运动的可行域以及如何有效的寻找误差函数的上界和下界。

为了将整个三维刚性变换可行域，即 $SE(3)$ 空间来最小化 $E(\boldsymbol{R},t)$，而 $SE(3)$ 中的每个元素可以用最少的 6 个参数进行参数化，包括 3 个旋转和 3 个平移。如果将三个旋转用轴-角表示，整个三维旋转空间可以用$\mathbb{R}^3$空间中一个半径为 π 的实心球表示。角度小于 π 的旋转运动对应于该实心球球内唯一的轴-角坐标表示，为了操作简便用能够包含 π 球的最小三维立方体 $[-\pi, \pi]^3$ 来表示旋转空间，立方体边长为 2π。用该空间表示旋转有一定冗余，但这并不影响求解。对于平移变换部分，可以假设最优的平移存在于立方体 $[-\xi,\xi]^3$ 内部，组成边长为 2ξ 的立方体解空间。

在 BnB 的搜索过程中，通过使用八叉树数据结构，初始立方体会被分割成更小的子方块 C_r 和 C_t，C_r 表示旋转子方块，C_t 表示平移子方块，而这些子方块也可以被进一步分割成更小的子方块，该过程将被不断重复，如图 5-16 所示。图 5-16a 所示为用轴-角坐标表示可将旋转可行域参数化为半径为 π 的三维实心球。图 5-16b 所示为将平移变换参数设定在三维立方体 $[-\xi,\xi]^3$ 中。旋转和平移变换的可行域均使用八叉树数据结构进行划分，其中变色的方块表示一个子可行域。

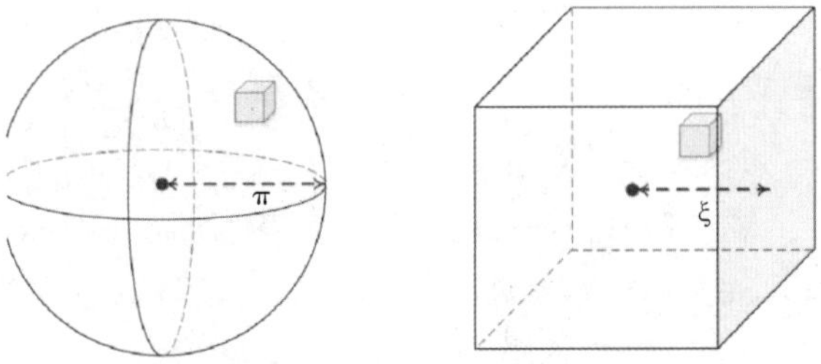

a）旋转变换可行域　　b）平移变换可行域

图 5-16　$SE(3)$空间参数化

4. 不确定域半径

一个三维点在任意旋转变换 $r \in C_r$ 或者平移变换 $t \in C_t$ 的扰动下能够形成的不确定区域，因此不确定域半径的计算目标是寻找一个球体，使得该球能够包含整个不确定区域。

任意三维点 $\boldsymbol{X}$ 以及任意两个旋转变换 $\boldsymbol{R}_0$ 和 $\boldsymbol{R}_{r_0}$，其中 r_0 和 r 是它们的角坐标表示，设 γ_r 为旋转不确定域半径，γ_t 为平移不确定域半径，给定一个三维点 x，它到原点的距离为 $\|x\|$，以及一个中心为 r_0、半边长为 σ_r 的旋转参数立方体空间 C_r，通过考查 $\boldsymbol{R}_r x$ 到 $\boldsymbol{R}_{r_0} x$ 之间的最大距离为：

$$\| \boldsymbol{R}_r x - \boldsymbol{R}_{r_0} x \| \leqslant 2\sin(\min(\sqrt{3}\sigma_r/2, \pi/2)) \|x\| \doteq \gamma_r \tag{5-50}$$

类似地，给定一个中心为 t_0，半边长为 σ_t 的平移参数立方体空间 C_t，则：

$$\| (x+\boldsymbol{t}) - (x+\boldsymbol{t}_0) \| \leqslant \sqrt{3}\sigma_t \doteq \gamma_t \tag{5-51}$$

由于 $\boldsymbol{\gamma}_r$ 是依赖于点 x_i 的，因此 $\boldsymbol{\gamma}_{r_i}$ 用表示点 x_i 的旋转不确定域半径，用向量 $\boldsymbol{\gamma}_r$ 表示所有的 $\boldsymbol{\gamma}_{r_i}$，如图 5-17 所示。图 5-17a 所示为三维点 x 由旋转参数域 C_r 给出的不确定球域（红色），该球球心为 $\boldsymbol{R}_{r_0}x$（蓝点），半径为 $\boldsymbol{\gamma}_{r_i}$。图 5-17b 所示为三维点 x 由平移参数域 C_t 给出的不确定球域（浅红色），该球球心为 $x+\boldsymbol{t}_0$（蓝点），半径为 $\boldsymbol{\gamma}_t$。

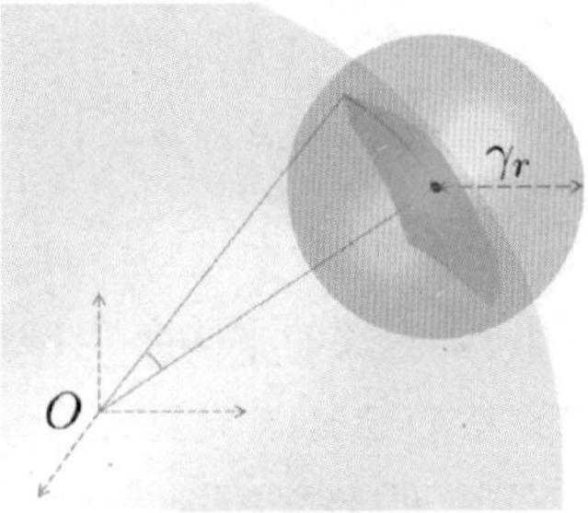

a）旋转不确定域半径

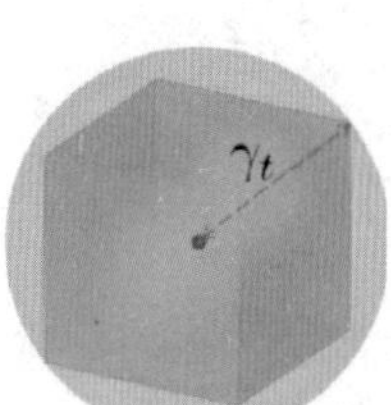

b）平移不确定域半径

图 5-17　三维点的不确定域半径

5. 配准误差定界

解空间的下界直接决定了是否进一步搜索该解空间，而解空间上界则用来不断更新全局上界，因此，如何计算解空间的上下界是 GoICP 的核心部分。给定一个以（$r_0,\boldsymbol{t}_0$）为中心的刚性变换可行域 $C_r\times C_t$，其给出了一个数据点 x_i 的不确定域半径 $\boldsymbol{\gamma}_{r_i}$ 和 $\boldsymbol{\gamma}_t$，则点 x_i 所对应最优配准误差的上界 $\overline{e_i}$ 和下界 $\underline{e_i}$ 可选择如下：

$$\overline{e_i} \doteq e_i(\boldsymbol{R}_{r_0},\boldsymbol{t}_0) \tag{5-52}$$

$$\underline{e_i} \doteq \max(e_i(\boldsymbol{R}_{r_0},\boldsymbol{t}_0)-(\gamma_{r_i}+\gamma_t),0) \tag{5-53}$$

$\overline{e_i}$ 的含义为在 $C_r\times C_t$ 可行域中心位置（$r_0,\boldsymbol{t}_0$）存在一个当前的误差，由于我们的目标是想不断地将误差减小，因此上界 $\overline{e_i}$ 需要保证不大于将点 x_i 经过 $\boldsymbol{R}_{r_0}$，$\boldsymbol{t}_0$ 变换后与对应最近点的距离误差 $e_i(\boldsymbol{R}_{r_0},\boldsymbol{t}_0)$。式（5-53）下界 $\underline{e_i}$ 表示最小误差不可能小于 $e_i(\boldsymbol{R}_{r_0},\boldsymbol{t}_0)$ 减去不确定域半径 $\boldsymbol{\gamma}_{r_i}$ 和 $\boldsymbol{\gamma}_t$ 之后的值。

扩展到 L_2 误差上下界。对于全部数据点，最优的 L_2 配准误差 E^* 的上界 $\overline{E}$ 和下界 $\underline{E}$ 可通过以下公式计算得到：

$$\overline{E} \doteq \sum_{i=1}^{M}\overline{e}_i^2 = \sum_{i=1}^{M}e_i(\boldsymbol{R}_{r_0},\boldsymbol{t}_0)^2 \tag{5-54}$$

$$\underline{E} \doteq \sum_{i=1}^{M}\underline{e}_i^2 = \sum_{i=1}^{M}\max(e_i(\boldsymbol{R}_{r_0},\boldsymbol{t}_0)-(\gamma_{r_i}+\gamma_t),0)^2 \tag{5-55}$$

6. 算法流程

本算法直接在六维空间中执行 BnB 算法，即将每个六维方块分成 $2^6=64$ 个等边子方块并对每个方块进行误差定界。然而，由于对六维方块分支得到的方块数量巨大，点云变换操作十分频繁，导致算法内存消耗大且执行效率低。为避免这种问题，算法提出使用一种嵌套的 BnB 结构。外层的旋转变换 BnB 算法在 $SO(3)$ 旋转空间中搜索，其调用内层的平移变换 BnB 算法求解误差函数界以及相应的最优平移变换。

对于外层的旋转变换 BnB 算法，给定一个旋转变换参数域 C_r，配准误差上下界选择为：

$$\overline{E}_r=\min_{\forall t\in C_t}\sum_i e_i(\boldsymbol{R}_{r_0},\boldsymbol{t})^2 \tag{5-56}$$

$$\underline{E}_r=\min_{\forall t\in C_t}\sum_i \max(e_i(\boldsymbol{R}_{r_0},\boldsymbol{t})-\gamma_{r_i},0)^2 \tag{5-57}$$

式中 $\boldsymbol{R}_{r_0}$ 为初始旋转方块参数域中心点所代表的旋转矩阵，$\boldsymbol{t}$ 为内层得到的最优平移参数。式中 C_t 是初始的平移变换域方块，为使用内层的平移变换 BnB 算法来求解 $\underline{E}_r$，平移变换参数域 C_t 对应的边界选择如下：

$$\overline{E}_t=\sum_i \max(e_i(\boldsymbol{R}_{r_0},\boldsymbol{t}_0)-\gamma_{ri},0)^2 \tag{5-58}$$

$$\underline{E}_t=\sum_i \max(e_i(\boldsymbol{R}_{r_0},\boldsymbol{t}_0)-(\gamma_{r_i}+\gamma_t),0)^2 \tag{5-59}$$

若将 $\overline{E}_t$ 和 $\underline{E}_t$ 中的旋转不确定域半径 γ_{r_i} 设为 0，则内层的平移变换 BnB 算法可以求解 $\overline{E}_r$。算法 1 和算法 2 分别给出了旋转变换 BnB 算法和平移变换 BnB 算法的具体描述。每个 BnB 将维护一个参数方块的优先级队列，BnB 优先搜索下界低的参数方块，因为这些方块更有可能包含全局最优解。一旦当前所获得的最优误差 E^* 与当前误差函数下界 $\underline{E}_r$ 之间的差小于阈值 ε，BnB 算法停止。

算法 1：外层搜索 SE（3）空间全局最优配准的 BnB 算法

输入：源点云和目标点云、阈值 ε、初始变换方块 C_r 和 C_t。

输出：全局最优误差 E^*、最优 r^* 和 t^*。

Step1：将 C_r 放入优先队列 Q_r 中，$E^*=+\infty$。

开始循环。

Step2：从 Q_r 中读取最低下界 $\underline{E}_r$ 的方块，当 $E^*-\underline{E}_r<\varepsilon$ 时退出循环，否则将方块分成 8 个等边长子方块。

对于每个子方块 C_r 进行循环。

Step2.1：以 C_r 中心 r_0、旋转不确定域半径 0、当前最小误差 E^* 为参数执行算法 2 来计算 C_r 对应的上界 $\overline{E}_r$ 和最优变换 t，t 由当前最优的子方块 C_t 计算得到，$\overline{E}_r$ 由经过（r_0,t）变换后，目标点云中各点到对应最近点的距离之和，即算法 2 计算得到的当前最优的 E^*。

Step2.2：如果 $\overline{E}_r<E^*$，则使用（r_0,t）初始化并执行 ICP 算法，如果 ICP 得到的误差小于 E^*，则更新 E^*、r^* 和 t^*。

Step2.3：以 C_r 中心 r_0，计算得到的旋转不确定域半径 γ_r、当前最小误差 E^* 为参数运行算法 2 来计算 C_r 的下界 $\underline{E}_r$，即算法 2 计算得到的当前最优的 E^*。

Step2.4：如果 $\underline{E}_r<E^*$，则将 C_r 放入 Q_r 中。

终止循环。

算法 2：给定旋转变换下求解最优平移变换的 BnB 算法

输入：源点云和目标点云、阈值 ε、初始平移变换方块 C_t。旋转变换 r_0、旋转不确定性半径 γ_r、当前最优误差 E^*。

输出：最优误差 E_t^* 和相应的 t^*。

Step1：将 C_t 放入优先队列 Q_t 中，$E_t^*=E^*$。

开始循环。

Step2：从 Q_t 中读取最低下界 $\underline{E}_t$ 的方块，当 $E_t^* - \underline{E}_t < \varepsilon$ 时退出循环，否则将方块分成 8 个等边长子方块。

对于每个子方块 C_t 进行循环。

Step2.1：计算 C_t 对应的上界 $\overline{E}_t$，如果 $\overline{E}_t < E_t^*$，则 $E_t^* = \overline{E}_t$，$t^* = t_0$。

Step2.2：计算 C_t 对应的下界 $\underline{E}_t$。

Step2.3：如果 $\underline{E}_t < E_t^*$，则将 C_t 放入 Q_t 中。

终止循环。

多次收敛到不同的局部极小值，其中每次收敛到的局部极小值都相比于上一次的局部极小值更小，最终使算法收敛到全局最小值。通过这种方式，全局 BnB 搜索和局部 ICP 算法被紧密地结合到本算法中。BnB 帮助 ICP 跳出局部极小值并指导 ICP 的每一次局部搜索，而 ICP 通过减小误差函数上界来加速 BnB 收敛，从而提高算法整体的速度。

5.4.4 GoICP 算法实现及关键代码分析

GoICP 算法源代码由 C++实现，被直接公开在 Github 网站。源代码文件结构如图 5-18 所示，其中 demo 文件夹内为点云配准可视化的 Matlab 代码。ConfigMap.h 和 ConfigMap.hpp 实现对输入的参数配置文件进行读写操作；jly_3ddt.h 和 jly_3ddt.cpp 实现了点云的三维欧氏距离变换；jly_goicp.h 和 jly_goicp.cpp 实现对 GoICP 类中成员变量和成员函数的声明和定义，文中原理的主要实现包含在其中；jly_icp3d.hpp 定义了 ICP3D 类，实现了对三维点云的传统 ICP 配准；jly_main.cpp 为整个项目的主函数执行文件；jly_sorting.hpp 实现了当进行外点去除时的残差点排序；matrix.h 和 matrix.cpp 实现对矩阵的基本运算操作；nanoflann.hpp 用于构建点云 Kd 树从而实现邻域点搜索；StringTokenizer.hpp 和 StringTokenizer.cpp 用于 string 中的 strStringTokenizer 对象，可以按标记分割字符串。

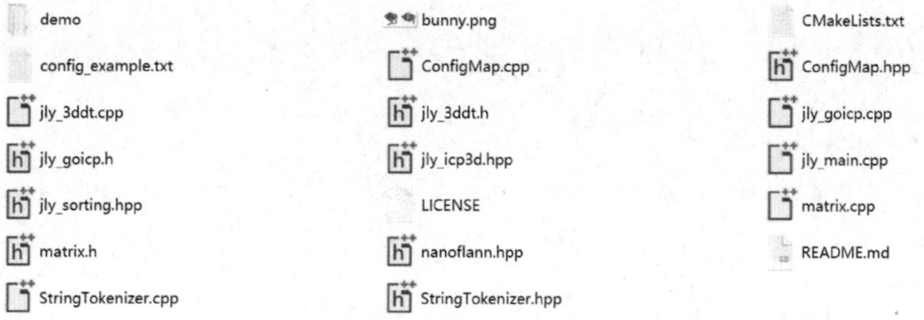

图 5-18 源代码文件结构

其中主函数位于 jly_main.cpp 文件中，首先通过 parseInput( ) 函数将命令行输入的点云数据和参数文件的参数名称读入，包括模型数据名称、待配准数据名称、随机采样点数、参数文件名称和输出文件名称。

```
parseInput(argc, argv, modelFName, dataFName, NdDownsampled, configFName, output-
Fname);
```

readConfig()函数则是将参数文件中设置的参数对 GoICP 的对象 goicp 进行初始化。

```
readConfig(configFName, goicp);
```

loadPointCloud()函数读入目标点云和点云。

```
loadPointCloud(modelFName, Nm, &pModel);
loadPointCloud(dataFName, Nd, &pData);
```

对目标点云进行三维欧氏距离变换（Distance Transform，DT），它被用来计算最近点距离以快速计算误差函数界，DT 将实空间中的最近点距离近似为离散网格点的距离，并且预先计算这些网格点距离以实现常数时间的最近距离计算。除了该算法最近邻点距离计算可以通过 kd-tree 数据结构加速实现。

```
goicp.BuildDT();
```

执行配准函数 Register()，最终得到配准所用的时间和配准的变换矩阵，并将变换矩阵输出到 txt 中。

```
goicp.Register();
```

本算法主要的实现在 Register()函数中，该函数中共进行以下三步操作。

1）执行初始化函数 Initialize()计算每个点的旋转不确定性半径 γ_r，它们被保存在 maxRotDis 中，之后定义 ICP 对象并初始化，放入目标点云和点个数参数。

```
icp3d.Build(M_icp,Nm);
```

根据参数列表中的参数设置最优初始变换方块 C_r 和 C_t，其数据结构为一个结构体。

```
typedef struct _ROTNODE//旋转方块
{
    float a, b, c, w;//a、b、c 表示旋转方块在三个维度的最小旋转弧度值,w 表示方块边长
    float ub, lb;//旋转方块的下界和上界
    int l;//旋转方块的层数
    friend bool operator < (const struct _ROTNODE & n1, const struct _ROTNODE & n2)
    {
    if(n1.lb ! = n2.lb)
        return n1.lb > n2.lb;
    else
        return n1.w < n2.w;
    }//运算符重载用于在优先队列中比较大小
}ROTNODE;
typedef struct _TRANSNODE//平移方块
```

```
{
  float x, y, z, w; //x、y、z 表示旋转方块在三个维度的最小平移值,w 表示方块边长
  float ub, lb; //平移方块的下界和上界
  friend bool operator < (const struct _TRANSNODE & n1, const struct _TRANSNODE & n2)
  {
    if(n1.lb ! = n2.lb)
      return n1.lb > n2.lb;
    else
      return n1.w < n2.w;
  }//运算符重载用于在优先队列中比较大小
}TRANSNODE;
```

执行 BnB 算法收敛的阈值 ε 被计算为：

```
SSEThresh = MSEThresh * inlierNum;
//MSEThresh 为参数文件设置值,inlierNum 为点云有效点个数
```

2）执行 OuterBnB( )函数，即算法 1 和算法 2，在 OuterBnB( )中首先执行一次 ICP 算法得到当前最优误差，之后按照算法 1 的流程执行 while 循环，在 while 循环中共执行两次 InnerBnB( )函数，该函数为内层平移变换。第一次执行返回 C_r 对应的上界 $\overline{E}_r$ 和最优平移方块。

3）第二次执行返回 C_r 的下界 $\underline{E}_r$。

```
ub =InnerBnB(NULL /* Rotation Uncertainty Radius* /, &nodeTrans);//第一次执行
lb =InnerBnB(maxRotDis[nodeRot.l], NULL /* Translation Node* /);//第二次执行
```

当外层 OuterBnB( )函数终止循环时，最终的误差和旋转矩阵和平移矩阵被保存在 Goicp 对象中。

```
optError = error;
optR = R_icp;
optT = t_icp;
```

5.4.5 GoICP 实战案例分析、算法测试过程及结果分析

本节分为 GoICP 算法的运行环境配置和结果展示两部分，带读者掌握该算法的运行使用方法。

1. GoICP 案例代码

将源代码解压后分为 C++源代码实现和 demo 文件夹，在文件夹 demo 中包含原作者提供的实验数据，包括目标点云 model_bunny.txt 与待配准数据 data_bunny.txt、参数文件 config.txt，而 demo.m 为 Matlab 中将结果可视化的程序。

解释分析

主要对参数文件 config.txt 内的参数进行调节。

```
MSEThresh=0.001//均方误差收敛阈值
rotMinX=-3.1416//沿旋转方块 X 维度的最小旋转值(弧度值)
rotMinY=-3.1416//沿旋转方块 Y 维度的最小旋转值(弧度值)
rotMinZ=-3.1416//沿旋转方块 Z 维度的最小旋转值(弧度值)
rotWidth=6.2832//旋转方块每个维度边长(弧度值)
transMinX=-0.5//沿着平移方块 X 维度的最小平移值
transMinY=-0.5//沿着平移方块 Y 维度的最小平移值
transMinZ=-0.5//沿着平移方块 Z 维度的最小平移值
transWidth=1.0//平移方块每个维度的边长
trimFraction=0.0//设置为 0 表示不处理外点
distTransSize=300//DT 网格分辨率 300×300×300
distTransExpandFactor = 2.0// DistanceTransformWidth = ExpandFactor x WidthLarg-
estDimension
```

2. GoICP 案例编译与运行

利用提供的 CMakeList.txt 文件，在 Cmake 里建立工程文件，并执行可执行文件 GoICP.exe，将目标点云 model_bunny.txt、点云 data_bunny.txt 和参数文件 config.txt 放入可执行程序目录下，打开 cmd 执行命令。

```
./GoICP ./model_bunny.txt ./data_bunny.txt 500 ./config.txt ./output.txt
```

得到的输出结果如图 5-19 所示。

```
Building Distance Transform...6.434s (CPU)
Model ID: model_bunny.txt (35947), Data ID: data_bunny.txt (500)
Registering...
Error*: 30.1641 (Init)
Error*: 2.52462 (ICP 0.047s)
ICP-ONLY Rotation Matrix:
  0.6018848  -0.6702259  0.4342025
  0.7953163  0.5522054  -0.2500824
  -0.0721570  0.4958483  0.8654053
ICP-ONLY Translation Vector:
  0.1452797
  -0.2405161
  0.2175576
Error*: 2.33702
Error*: 2.22168(ICP 0.015s)
Error*: 1.9193
Error*: 0.0743015(ICP 0.02s)
Error*: 0.0743015, LB: 0, epsilon: 0.5
Optimal Rotation Matrix:
  -0.0000959  -0.0115725  0.9999328
  0.0134364  0.9998424  0.0115722
  -0.9999096  0.0134363  0.0000594
Optimal Translation Vector:
  0.2146019
  -0.1427068
  0.0783229
Finished in 1.597
```

图 5-19　配准结果输出

将目标点云、点云和输出结果 output.txt 放入 demo 文件，在 Matlab 中执行 demo.m 文件得到可视化结果，如图 5-20 所示，红色为目标点云，蓝色为点云，从可视化结果可知该算法可以实现点云的快速配准且效果较好。

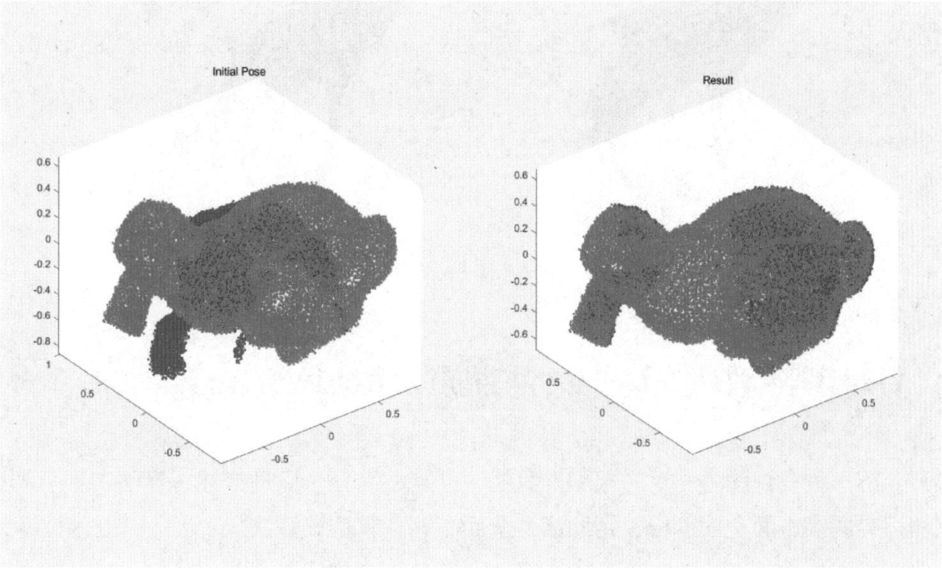

图 5-20　点云数据配准结果

本书还提供了第二组数据，数据已经进行了归一化操作并输出成 txt 格式，目标点云为 pig_model.txt，源点云为 pig_data.txt。参数列表为默认参数，执行程序后运行可视化 demo 得到的结果如图 5-21 所示。

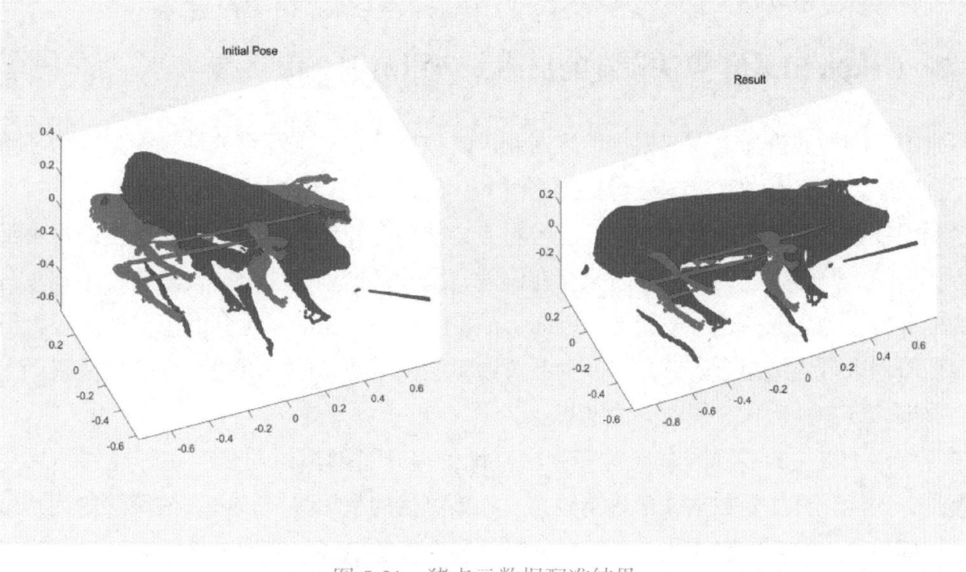

图 5-21　猪点云数据配准结果

尽管该算法不需要初始配准但是该算法对重叠区域较少的数据配准效果较差，因此源点云和目标点云需要足够多的重叠区域，这里提供另外一组低重叠率的点云数据，目标点云为 pig_model1.txt、源点云为 pig_data1.txt、参数列表为默认参数，配准结果如图 5-22 所示。

图 5-22　低重叠猪点云数据配准结果

5.5 针对环境构图的全局一致性扫描点云数据对齐(Graph SLAM)

本节介绍一种多视图全局对齐粗配准算法，从算法简介、原理描述、算法实现、源码分析和算法测试实例等方面全面剖析，帮助读者全面了解和掌握该算法。

5.5.1 Graph SLAM 发明者

本算法是一个经典且针对 SLAM（Simultaneous Localization And Mapping，即时定位与地图构建）问题而提出的算法。该算法的提出者是 Feng Lu 和 Evangelos Milios，他们在本算法中开创了通过全局优化方程组以减少约束引入的误差来进一步优化地图配准结果的先例。更多扩展资料可参看随书附赠资源中的说明文档。

5.5.2 Graph SLAM 算法设计的灵感、应用范围、优缺点

探索位置环境的机器人需要根据传感器测量的数据建立周围环境的地图模型。为了整合传感器不同帧的数据，必须对数据进行正确的对齐。先前的算法通常使用增量的方式进行对齐，即每个局部数据帧与累积的全局数据帧进行对齐，然后合并到模型中。由于模型的每个部分都是独立更新的，而数据在进行配准时又存在误差，因此，这种算法可能会最终产生一个各部分不一致的模型。为了保持这种一致性，Feng Lu 和 Evangelos Milios 建立了一个基于极大似然准则的算法流程来最优地组合所有的空间关系。该算法使用所有的空间关系作为约束来同时求解不同数据帧的姿态，优化全局对齐的结果。

该算法相比以往的多视图全局对齐算法来说，提升了建模的质量，使配准的结果更加准确。但是，该优化算法受数据噪声影响较大。如果测量的数据噪声较大，该算法的优化结果容易陷入局部最小。同时，在流程上该算法的时间复杂度也较高，导致该算法在配准的视图数量较多、视图数据本身较大时，配准速度较慢。

5.5.3 Graph SLAM 算法原理描述

本节介绍 Graph SLAM 的算法原理，帮助读者了解算法数理基础和技术流程。

1. 算法概述

多帧扫描数据的配准算法表述为：通过使用所有数据帧之间的位姿关系（Pose Relations）作为约束来估计不同数据帧的全局位姿（Global Pose）。这里，“全局位姿”代表每一个数据帧在采集时对应的机器人（或者说传感器）在全局坐标系下的位姿。而“位姿关系”代表两个姿态之间的估计空间关系。

“位姿关系”是本算法的输入。由于该算法使用机器人的位姿来定义机器人每一次扫描的局部坐标系，所以不同扫描之间的位姿关系可以通过机器人内部的里程计来测量机器人的相对运动直接得到。当然，更准确的位姿关系需要通过对齐两次扫描数据之间的对应点来求得。本书在前面的章节中已经介绍了很多关于成对的点云数据配准的算法，读者可以尝试把这些算法迁移过来求解本算法中需要的位姿关系，这里不再赘述具体的算法内容。对齐两次扫描数据（或者说对齐两个数据帧）后，可以在两个扫描数据上记录一组对应的点。这个对应点集合将会在这两次扫描的姿态之间形成一个约束条件。在后面阐述优化方法的段落中，作者会具体阐述这种类型的约束。

当匹配两次扫描数据时，首先要将一个扫描数据投影到另一个扫描数据的局部坐标系上。随后根据经验，从两次扫描数据之间的匹配部分的空间范围来估计两次扫描数据之间的重叠。只有当重叠大于一定阈值时，才会估测它们之间姿态关系。

给定成对的姿态关系，可以构建起一个网络（图结构）。在形式上，这个网络由节点和节点对之间的链接组成。网络上的节点代表机器人（或传感器）在其轨迹上的位姿。该算法将节点之间的链接分为两种：首先，如果两个姿态沿机器人运动的路径相邻，则称这两个节点之间存在一个弱链接（Weak Link）。对于“弱链接”，可以直接通过里程计来测量机器人之间的相对运动得到。其次，如果在两个姿态下进行的扫描有足够的重叠，则称这两个节点之间存在强链接（Strong Link）。为了确定扫描数据之间是否有足够的重叠，可以使用一个经验估计值。规定两次扫描的重叠部分应该大于两次扫描总的空间覆盖的固定百分比。对于每个强链接，相对姿态的约束是由相应的匹配算法给出的对应点的集合来确定的。需要注意的是，两个节点之间可能存在多个链接。图 5-23 所示为一个环境（图 5-23a）和其对应的位姿关系网络（图 5-23b）。

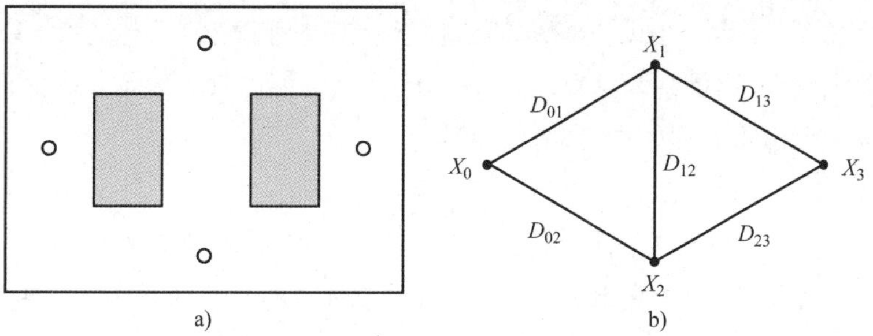

图 5-23　机器人测量位置示意图 a）和其对应的网络 b）

综上所述，优化问题定义如下：从该网络中构造一个目标函数，以所有的位姿作为变量（排除定义了全局参考坐标系的初始位姿）；网络中的每一条边都可以被转化为目标函数中的一个函数项，这个边可以看作是连接两个节点的弹簧。只有当两个节点之间的相对姿态等于测量值的时候，弹簧的能量才达到最小。所以，目标函数就表示这个网络中的总能量。本算法最后通过最小化这个总能量函数来一次性求解所有的位姿。

2. 基于位姿关系网络的最优估计

本节内容将具体阐释一个通用的最优估计算法，该算法结合了位姿关系网络中的一系列位姿关系。该算法将在后面用于机器人姿态估计和扫描数据的配准。

考虑下面的一般性最优估计问题：假设给定一个不确定测量的网络，该网络包含 $n+1$ 个节点 $\boldsymbol{X}_0$，$\boldsymbol{X}_1$，…，$\boldsymbol{X}_n$。这里每个节点 $\boldsymbol{X}_i$ 都表示一个 d 维的位置向量。而两个结点 $\boldsymbol{X}_i$ 和 $\boldsymbol{X}_j$ 之间的边 $\boldsymbol{D}_{ij}$ 表示这两个位置间可测量的差异。一般来说，$\boldsymbol{D}_{ij}$ 是变量 $\boldsymbol{X}_i$ 和 $\boldsymbol{X}_j$ 的一个函数，这个函数在本算法中被称为测量方程。特别典型的测量方程就是简单的线性情况，其公式为：$\boldsymbol{D}_{ij}=\boldsymbol{X}_i-\boldsymbol{X}_j$。

上述 $\boldsymbol{D}_{ij}$ 的观察值 $\overline{\boldsymbol{D}}_{ij}$ 可以被建模为 $\overline{\boldsymbol{D}}_{ij}=\boldsymbol{D}_{ij}+\Delta\boldsymbol{D}_{ij}$。式中，$\Delta\boldsymbol{D}_{ij}$ 为一个均值为零且协方差矩阵 $\boldsymbol{C}_{ij}$ 已知的随机高斯误差。给定一组节点之间的观测值 $\overline{\boldsymbol{D}}_{ij}$ 和协方差 $\boldsymbol{C}_{ij}$，本算法的目标是通过结合所有的测量值来得到位置 $\boldsymbol{X}_i$ 的最优估计。同时，本算法可以根据测量值的协方差矩阵，推导出估计的 $\boldsymbol{X}_i$ 的协方差矩阵。

如果假设所有的观测误差都是符合高斯分布且相互独立的，那么该算法的优化准则就相当于最小化式（5-60）的马氏距离：

$$W=\sum_{(i,j)}(\boldsymbol{D}_{ij}-\overline{\boldsymbol{D}}_{ij})^{\mathrm{T}}\boldsymbol{C}_{ij}^{-1}(\boldsymbol{D}_{ij}-\overline{\boldsymbol{D}}_{ij}) \tag{5-60}$$

即使观测误差不是独立的，仍然可以构成与上式类似的函数。独立假设在构成以上公式时不是必要的。

以下考虑利用上面的目标函数式（5-60）给出简单线性问题的解析解。考虑测量方程为简单线性形式的特殊情况，即：$\boldsymbol{D}_{ij}=\boldsymbol{X}_i-\boldsymbol{X}_j$。假设每对节点 $\boldsymbol{X}_i$ 和 $\boldsymbol{X}_j$ 之间都存在边 $\boldsymbol{D}_{ij}$。对每个 $\boldsymbol{D}_{ij}$ 都有一个测量值 $\overline{\boldsymbol{D}}_{ij}$，假设这个测量值服从高斯分布，并且其均值为 $\boldsymbol{D}_{ij}$ 且协方差矩阵 $\boldsymbol{C}_{ij}$（协方差矩阵的计算具体见下文推导）已知。则优化准则转换为最小化式（5-61）：

$$W=\sum_{0\leqslant i<j\leqslant n}(\boldsymbol{X}_i-\boldsymbol{X}_j-\overline{\boldsymbol{D}}_{ij})^{\mathrm{T}}\boldsymbol{C}_{ij}^{-1}(\boldsymbol{X}_i-\boldsymbol{X}_j-\overline{\boldsymbol{D}}_{ij}) \tag{5-61}$$

式中，W 是所有位置的函数。由于这里只能求解给定相对测量值的相对位置，所以须选择一个节点 $\boldsymbol{X}_0$ 作为参考，将其坐标视为常数。令 $\boldsymbol{X}_0=0$，则 $\boldsymbol{X}_1$，…，$\boldsymbol{X}_n$ 表示与 $\boldsymbol{X}_0$ 之间的相对位置。

以矩阵形式表示测量方程如式（5-62）所示：

$$\boldsymbol{D}=\boldsymbol{H}\boldsymbol{X} \tag{5-62}$$

式中，$\boldsymbol{X}$ 是包含 $\boldsymbol{X}_1$，…，$\boldsymbol{X}_n$ 的 n 维向量；$\boldsymbol{D}$ 是所有测量方程 $\boldsymbol{D}_{ij}=\boldsymbol{X}_i-\boldsymbol{X}_j$ 串联（Concatenation）在一起形成的矩阵；$\boldsymbol{H}$ 是一个关联矩阵，它的所有项都是 1、-1 或 0。则函数 W 有以下的表示：

$$W=(\overline{\boldsymbol{D}}-\boldsymbol{H}\boldsymbol{X})^{\mathrm{T}}\boldsymbol{C}^{-1}(\overline{\boldsymbol{D}}-\boldsymbol{H}\boldsymbol{X}) \tag{5-63}$$

式中，$\overline{\boldsymbol{D}}$ 是所有 $\boldsymbol{D}_{ij}$ 对应的测量值 $\overline{\boldsymbol{D}}_{ij}$ 串联在一起得到的矩阵。$\boldsymbol{C}$ 是 $\overline{\boldsymbol{D}}$ 的协方差，是由 $\boldsymbol{C}_{ij}$ 作为子矩阵组成的方阵。求出使 W 最小的 $\boldsymbol{X}$ 的解为：

$$X=(H^{T}C^{-1}H)^{-1}H^{T}C^{-1}\overline{D} \tag{5-64}$$

而 X 对应的协方差矩阵为：

$$C_{X}=(H^{T}C^{-1}H)^{-1} \tag{5-65}$$

如果测量误差是独立的，矩阵 C 将是块对角的，上述的解可以进一步简化。可以用 C 来表示上述矩阵 $H^{T}C^{-1}H$。矩阵 G 的定义如下：

$$G_{ii}=\sum_{j=0}^{n}C_{ij}^{-1}$$
$$G_{ij}=-C_{ij}^{-1}(i\neq j) \tag{5-66}$$

同样的，可以用 B 来表示上述 n 维向量 $H^{T}C^{-1}\overline{D}$，该项的 d 维子向量表示如下：

$$B_{i}=\sum_{j=0,j\neq i}^{n}C_{ij}^{-1}\overline{D}_{ij} \tag{5-67}$$

位置估计值 X 和其对应的协方差矩阵可以表示为如下形式：

$$X=G^{-1}B;C_{X}=G^{-1} \tag{5-68}$$

可以看到，上述算法要求 $G=H^{T}C^{-1}$ 是可逆的。只要该网络是全连通的并且个体的误差协方差表现正常，那么就能证明 G 可逆。注意，在全连通图中，G 的维数（自由节点的个数）小于或等于 C 的维数（边的个数）。

3. 位姿关系的推导

在本节中，将要把上一节推导出的最优估计算法应用于机器人的姿态估计和扫描数据的配准问题。为了达到这个目的，需要推导出位姿关系的线性化测量方程。

为了方便讨论姿态测量，这里要首先定义一个姿态复合运算。假设机器人从位姿 $V_{b}=(x_{b},y_{b},\theta_{b})^{T}$ 开始运动（x_{b}，y_{b} 表示机器人的空间位置，θ_{b} 表示机器人的朝向），相对于 V_{b} 改变了相对位姿 $D=(x,y,\theta)^{T}$ 达到新的位姿 $V_{a}=(x_{a},y_{a},\theta_{a})^{T}$。将其表示为：

$$V_{a}=V_{b}\oplus D \tag{5-69}$$

具体的坐标变换公式如下：

$$\begin{aligned}x_{a}&=x_{b}+x\cos\theta_{b}-y\sin\theta_{b}\\y_{a}&=y_{b}+x\sin\theta_{b}+y\cos\theta_{b}\\\theta_{a}&=\theta_{b}+\theta\end{aligned} \tag{5-70}$$

根据以上定义，可以定义其他复合运算。比如，可以根据前后两个姿态和相对位姿，定义复合运算的逆：

$$D=V_{a}\ominus V_{b} \tag{5-71}$$

具体的变换公式如下：

$$\begin{aligned}x&=(x_{a}-x_{b})\cos\theta_{b}+(y_{a}-y_{b})\sin\theta_{b}\\y&=-(x_{a}-x_{b})\sin\theta_{b}+(y_{a}-y_{b})\cos\theta_{b}\\\theta&=\theta_{a}-\theta_{b}\end{aligned} \tag{5-72}$$

如果 D_{ab} 是 $V_{a}\ominus V_{b}$ 的相对位姿，则反向相对姿态 D_{ba} 可以通过单目运算符获得：

$$D_{ba}=\ominus D_{ab}=(0,0,0)^{T}\ominus D_{ab} \tag{5-73}$$

可以证明 $(\ominus D)\oplus V=V\ominus D$。

此外，可以定义一个完整的三维位姿 $V_b=(x_b,y_b,\theta_b)^{\mathrm{T}}$ 和一个二维位置向量 $\boldsymbol{u}=(x,y)^{\mathrm{T}}$ 之间的复合运算，最后得到的结果是另一个二维向量 $\boldsymbol{u}'=(x',y')^{\mathrm{T}}$。该运算定义为：

$$\boldsymbol{u}'=V_b\oplus u \tag{5-74}$$

具体的变换公式由式（5-70）的前两个方程给出。该二维复合运算用于将非定向点从局部坐标系转换为全局坐标系。

设 V_a 和 V_b 是网络上的两个节点，并且这两个姿态之间存在强链接。根据成对视图的匹配算法，可以得到一组对应的点对 $\{(\boldsymbol{u}_k^a,\boldsymbol{u}_k^b),k=1,\cdots,m\}$。式中，$\boldsymbol{u}_k^a$ 和 $\boldsymbol{u}_k^b$ 分别来自扫描数据 S_a 和 S_b。如果忽略匹配的错误，则两个对应点由下式相关联：

$$\Delta Z_k=V_a\oplus\boldsymbol{u}_k^a-V_b\oplus\boldsymbol{u}_k^b=0 \tag{5-75}$$

如考虑随机观测误差，可以将其视作一个均值为零，协方差未知的随机变量。从对应点对中，可以最小化下面的距离函数来形成对位姿关系的约束：

$$F_{ab}(V_a,V_b)=\sum_{k=1}^{m}\|(V_a\oplus\boldsymbol{u}_k^a)-(V_b\oplus\boldsymbol{u}_k^b)\|^2 \tag{5-76}$$

由于是刚性变换，上式可以重写为如下等同形式：

$$F_{ab}(V_a,V_b)=\sum_{k=1}^{m}\|((V_a\ominus V_b)\oplus\boldsymbol{u}_k^a)-\boldsymbol{u}_k^b\|^2 \tag{5-77}$$

因此，F_{ab} 是 $D'=V_a\ominus V_b$ 的函数。位姿关系 $D'=V_a\ominus V_b$ 为测量方程。

为了将上述 F_{ab} 转化为式（5-61）所示的马氏距离形式，可以将每一项 ΔZ_k 都线性化。设 $\bar{V}_a=(\bar{x}_a,\bar{y}_a,\bar{\theta}_a)^{\mathrm{T}}$ 和 $\bar{V}_b=(\bar{x}_b,\bar{y}_b,\bar{\theta}_b)^{\mathrm{T}}$ 是对 V_a 和 V_b 的近似估计。指定 $\Delta V_a=\bar{V}_a-V_a$ 和 $\Delta V_b=\bar{V}_b-V_b$。令 $\boldsymbol{u}_k=(x_k,y_k)^{\mathrm{T}}=V_a\oplus\boldsymbol{u}_k^a\approx V_b\oplus\boldsymbol{u}_k^b$（$\boldsymbol{u}_k$ 为对应点的全局坐标）。对于较小的 ΔV_a 和 ΔV_b，可以使用泰勒公式展开：

$$\begin{aligned}\Delta Z_k&=V_a\oplus\boldsymbol{u}_k^a-V_b\oplus\boldsymbol{u}_k^b\\&=(\bar{V}_a-\Delta V_a)\oplus\boldsymbol{u}_k^a-(\bar{V}_b-\Delta V_b)\oplus\boldsymbol{u}_k^b\\&\approx(\bar{V}_a\oplus\boldsymbol{u}_k^a-\bar{V}_b\oplus\boldsymbol{u}_k^b)\\&\quad-\left(\begin{pmatrix}1&0&\bar{y}_a-y_k\\0&1&-\bar{x}_a+x_k\end{pmatrix}\Delta V_a\right.\\&\quad\left.-\begin{pmatrix}1&0&\bar{y}_b-y_k\\0&1&-\bar{x}_b+x_k\end{pmatrix}\Delta V_b\right)\\&=(\bar{V}_a\oplus\boldsymbol{u}_k^a-\bar{V}_b\oplus\boldsymbol{u}_k^b)\\&\quad-\begin{pmatrix}1&0&-y_k\\0&1&x_k\end{pmatrix}(\bar{H}_a\Delta V_a-\bar{H}_b\Delta V_b)\end{aligned} \tag{5-78}$$

式中：

$$\bar{H}_a=\begin{pmatrix}1&0&\bar{y}_a\\0&1&-\bar{x}_a\\0&0&1\end{pmatrix},\bar{H}_b=\begin{pmatrix}1&0&\bar{y}_b\\0&1&-\bar{x}_b\\0&0&1\end{pmatrix} \tag{5-79}$$

ΔZ_k 可以简化为如下的形式：

$$\Delta Z_k \approx \overline{Z}_k - M_k D \tag{5-80}$$

式中：

$$\overline{Z}_k = \overline{V}_a \oplus \boldsymbol{u}_k^a - \overline{V}_b \oplus \boldsymbol{u}_k^b \tag{5-81}$$

$$M_k = \begin{pmatrix} 1 & 0 & -y_k \\ 0 & 1 & x_k \end{pmatrix} \tag{5-82}$$

$$D = (\overline{H}_a \Delta V_a - \overline{H}_b \Delta V_b) \tag{5-83}$$

因此，我们可以用式（5-83）作为位姿差的测量方程代替 $\boldsymbol{D}=\boldsymbol{V}_a \ominus \boldsymbol{V}_b$。对 m 组对应点对，可以形成 m 个如式（5-80）所示的方程。可以把 $\overline{\boldsymbol{Z}}_k$ 连接成一个 $2m\times1$ 的向量 $\boldsymbol{Z}$，同样的，可以连接 $\boldsymbol{M}_k$ 形成一个 $2m\times3$ 的矩阵 $\boldsymbol{M}$。所以，上述 $\boldsymbol{F}_{ab}$ 可以被重新定义为一个关于 $\boldsymbol{D}$ 的二次函数：

$$\begin{aligned} F_{ab}(D) &= \sum\nolimits_{k=1}^{m} (\Delta \boldsymbol{Z}_k)^{\mathrm{T}} (\Delta \boldsymbol{Z}_k) \\ &= (\boldsymbol{Z}-\boldsymbol{M}\mathrm{D})^{\mathrm{T}} (\boldsymbol{Z}-\boldsymbol{M}D) \end{aligned} \tag{5-84}$$

为了最小化 $\boldsymbol{F}_{ab}$，$\boldsymbol{D}$ 的取值如下：

$$D = \overline{D} = (\boldsymbol{M}^{\mathrm{T}}\boldsymbol{M})^{-1}\boldsymbol{M}^{\mathrm{T}}\boldsymbol{Z} \tag{5-85}$$

上述最小化 $\boldsymbol{F}_{ab}(\boldsymbol{D})$ 的准则构成了一个最小二乘的线性回归问题。在式（5-80）中 $\boldsymbol{M}_k$ 已知。而 $\overline{Z}_k$ 被测量到时，误差为 $\boldsymbol{\Delta Z}_k$（这个误差的均值为 0，协方差矩阵 $\boldsymbol{C}_k^z$ 未知）。假设所有的误差都是具有相同高斯分布的自变量，那么，该误差协方差矩阵的形式为：

$$\boldsymbol{C}_k^z = \begin{pmatrix} \sigma^2 & 0 \\ 0 & \sigma^2 \end{pmatrix} \tag{5-86}$$

所以，上述最小二乘的解 $\overline{D}$ 呈高斯分布。其均值代表真实的值，其协方差矩阵由 $\boldsymbol{C}_D = s^2(\boldsymbol{M}^{\mathrm{T}}\boldsymbol{M})^{-1}$ 给出。式中，s^2 的表达式如下：

$$s^2 = (\boldsymbol{Z}-\boldsymbol{M}\overline{D})^{\mathrm{T}}(\boldsymbol{Z}-\boldsymbol{M}\overline{D})/(2m-3) = \frac{F_{ab}(\overline{D})}{2m-a} \tag{5-87}$$

此外，式（5-84）还可以重写为如下的形式：

$$F_{ab}(D) \approx (\overline{D}-D)^{\mathrm{T}}(\boldsymbol{M}^{\mathrm{T}}\boldsymbol{M})(\overline{D}-D) + F_{ab}(\overline{D}) \tag{5-88}$$

最终定义与马氏距离等同的位姿关系能量项：

$$\begin{aligned} W_{ab} &= (F_{ab}(D) - F_{ab}(\overline{D}))/s^2 \\ &\approx (\overline{D}-D)^{\mathrm{T}} C_D^{-1} (\overline{D}-D) \end{aligned} \tag{5-89}$$

式中：

$$C_D = s^2(M^{\mathrm{T}}M)^{-1} \tag{5-90}$$

本算法在上面利用视图对之间的对应点关系为每个强链接建立了能量项。下面还需要为每个弱链接建立能量项。假设里程计直接给出了机器人从姿态 $\boldsymbol{V}_b$ 移动到姿态 $\boldsymbol{V}_a$ 的相对姿态 $\boldsymbol{D}'$ 的测量值 $\overline{\boldsymbol{D}}'$，则测量方程如下：

$$D' = V_a \ominus V_b \tag{5-91}$$

目标函数中的能量项定义如下：

$$W_{ab} = (\overline{D}' - D')^{\mathrm{T}} C'^{-1} (\overline{D}' - D') \tag{5-92}$$

式中，C'是测量值$\overline{D}'$中测程误差的协方差，这个协方差按照下面的方式估计。首先，要明确机器人位姿改变的流程包括：1）机器人平台旋转角度α朝向目标位置；2）机器人平移距离L到达新的位置；3）机器人的传感器旋转总累积角度β进行测量扫描。这里将α、L和β中误差的偏差σ_α、σ_L和σ_β建模为与其相应值成比例，而这个比例值通常是由经验而定的。三维位姿的变化$D' = (x, y, \theta)^{\mathrm{T}}$可以通过如下方式推导：

$$x = L\cos\alpha; y = L\sin\alpha; \theta = \alpha + \beta \tag{5-93}$$

则D'的协方差C'可以近似为：

$$\boldsymbol{C}' = \boldsymbol{J} \begin{pmatrix} \sigma_\alpha^2 & 0 & 0 \\ 0 & \sigma_L^2 & 0 \\ 0 & 0 & \sigma_\beta^2 \end{pmatrix} \boldsymbol{J}^{\mathrm{T}} \tag{5-94}$$

式中，$\boldsymbol{J}$是$(x, y, \theta)^{\mathrm{T}}$关于$(\alpha, L, \beta)^{\mathrm{T}}$的偏导数组成的雅可比矩阵，方程如下：

$$J = \begin{pmatrix} -L\sin\alpha & \cos\alpha & 0 \\ L\cos\alpha & \sin\alpha & 0 \\ 1 & 0 & 1 \end{pmatrix} \tag{5-95}$$

该算法中还要对D'的测量方程进行线性化变换。测距法的观测误差为：$\Delta D' = \overline{D}' - D'$。设$\overline{V}_a = (\bar{x}_a, \bar{y}_a, \bar{\theta}_a)^{\mathrm{T}}$和$\overline{V}_b = (\bar{x}_b, \bar{y}_b, \bar{\theta}_b)^{\mathrm{T}}$是对$V_a$和$V_b$的近似估计。指定$\Delta V_a = \overline{V}_a - V_a$和$\Delta V_b = \overline{V}_b - V_b$。然后，经过泰勒公式展开误差$\Delta D'$可变成以下形式：

$$\begin{aligned} \Delta D' &= \overline{D}' - D' = \overline{D}' - (V_a \ominus V_b) \\ &= \overline{D}' - ((\overline{V}_a - \Delta V_a) \ominus (\overline{V}_b - \Delta V_b)) \\ &\approx \overline{D}' - (\overline{V}_a \ominus \overline{V}_b) + \overline{K}_b^{-1} (\Delta V_a - \overline{H}_{ab} \Delta V_b) \end{aligned} \tag{5-96}$$

式中：

$$\begin{aligned} \overline{\boldsymbol{K}}_b^{-1} &= \begin{pmatrix} \cos\bar{\theta}_b & \sin\bar{\theta}_b & 0 \\ -\sin\bar{\theta}_b & \cos\bar{\theta}_b & 0 \\ 0 & 0 & 1 \end{pmatrix}; \\ \overline{\boldsymbol{H}}_{ab} &= \begin{pmatrix} 1 & 0 & -\bar{y}_a + \bar{y}_b \\ 0 & 1 & \bar{x}_a - \bar{x}_b \\ 0 & 0 & 1 \end{pmatrix}. \end{aligned} \tag{5-97}$$

这里$\overline{\boldsymbol{H}}_{ab} = \overline{\boldsymbol{H}}_a^{-1} \overline{\boldsymbol{H}}_b$，而$\overline{\boldsymbol{H}}_a$和$\overline{\boldsymbol{H}}_b$在式（5-79）中被定义。如果这里定义一个新的观测误差$\Delta D = -\overline{\boldsymbol{H}}_a \overline{\boldsymbol{K}}_b \Delta D'$，那么式（5-96）可以被重新表示为：

$$\Delta D=\overline{D}-(\overline{\boldsymbol{H}}_a\Delta V_a-\overline{\boldsymbol{H}}_b\Delta V_a-\overline{\boldsymbol{H}}_b\Delta V_b)=\overline{D}-D \tag{5-98}$$

式中，$\overline{D}$ 和 D 的表示如下：

$$\overline{D}=\overline{\boldsymbol{H}}_a\ \overline{\boldsymbol{K}}_b((\overline{V}_a\ominus\overline{V}_b)-\overline{D}') \tag{5-99}$$

$$D=\overline{\boldsymbol{H}}_a\Delta V_a-\overline{\boldsymbol{H}}_b\Delta V_b \tag{5-100}$$

式中，$\overline{D}$ 可以看作是 D 的测量值。$\overline{D}$ 的协方差 C 可以由 $\overline{D}'$的协方差 C'给出：

$$C=\overline{\boldsymbol{H}}_a\ \overline{\boldsymbol{K}}_b C'\overline{K}_b^{\mathrm{T}}\ \overline{\boldsymbol{H}}_a^{\mathrm{T}} \tag{5-101}$$

综上，目标函数中的能量项变成了：

$$W_{ab}\approx(\overline{D}-D)^{\mathrm{T}}C^{-1}(\overline{D}-D) \tag{5-102}$$

4. 最优姿态的估计

在前面推导了该算法网络中强链接和弱链接两种链接形式在目标函数中的能量项表示，现在需要用推导的结果来求解每个节点的姿态变量。指定机器人的姿态为 V_i，$i=0$，1，…，n。那么，总的能量函数表示为：

$$W=\sum_{(i,j)}(\overline{D}_{ij}-D_{ij})^{\mathrm{T}}C_{ij}^{-1}(\overline{D}_{ij}-D_{ij}) \tag{5-103}$$

式中，D_{ij}是 V_i 和 V_j 之间的线性化姿态差：

$$D_{ij}=\overline{\boldsymbol{H}}_i\Delta V_i-\overline{\boldsymbol{H}}_j\Delta V_j \tag{5-104}$$

而$\overline{D}_{ij}$是 D_{ij}的来自真实测量数据的观测值，协方差 $\boldsymbol{C}_{ij}$也是已知的。

以 $\boldsymbol{X}_i=\overline{\boldsymbol{H}}_i\Delta V_i$ 为网络节点对应的状态向量，可以直接应用封闭形式的线性解［式（5-68）］来求解最优估计 $\boldsymbol{X}_i$ 和它们的协方差 $\boldsymbol{C}_i^X$。那么，姿态 V_i 和其对应的协方差 $\boldsymbol{C}_i$ 可以更新为：

$$V_i=\overline{V}-\overline{\boldsymbol{H}}_i^{-1}\boldsymbol{X}_i,\boldsymbol{C}_i=(\overline{\boldsymbol{H}}_i^{-1})\boldsymbol{C}_i^X(\overline{\boldsymbol{H}}_i^{-1}) \tag{5-105}$$

注意姿态估计 V_i 和协方差 $\boldsymbol{C}_i$ 都是基于参考姿态 $V_0=0$ 的假设给出的。事实上，如果 $V_0=(x_0,y_0,\theta_0)^{\mathrm{T}}$ 是非零的，那这个解可以变形为：

$$V_i'=V_0\oplus V_i;\boldsymbol{C}_i'=\boldsymbol{K}_0\boldsymbol{C}_iK_0^{\mathrm{T}} \tag{5-106}$$

式中：

$$\boldsymbol{K}_0=\begin{pmatrix}\cos\theta_0 & -\sin\theta_0 & 0\\ \sin\theta_0 & \cos\theta_0 & 0\\ 0 & 0 & 1\end{pmatrix} \tag{5-107}$$

5.5.4 Graph SLAM 算法实现及关键代码分析

本算法的实现主要依赖 PCL 库的 LUM 类。算法的输入包括需要配准的点云数据和传感器的初始位姿数据。算法的输出为配准好的结果点云数据。

```
LUM<PointT>::addPointCloud(const PointCloudPtr& cloud, const Eigen::Vector6f&
pose)
{
```

```
Vertex v = add_vertex(* slam_graph_);
(* slam_graph_)[v].cloud_ = cloud;//设定网络节点上的点云
if (v == 0 && pose ! = Eigen::Vector6f::Zero()) {
  PCL_WARN(
    "[pcl::registration::LUM::addPointCloud] The pose estimate is ignored for the "
    "first cloud in the graph since that will become the reference pose.\n");
(* slam_graph_)[v].pose_ = Eigen::Vector6f::Zero();
  return (v);
}
(* slam_graph_)[v].pose_ = pose;//设定网络节点上的姿态
return (v);
}
```

首先，读入点云数据 cloud 和位姿数据 pose。得到数据后，实例化 LUM 类的对象。调用上述 LUM 类的 addPointCloud( ) 函数将位姿和点云数据输入“网络”（也叫 SLAM 图）作为网络的节点。

```
LUM<PointT>::setCorrespondences(const Vertex& source_vertex,const Vertex& target
_vertex,
const pcl::CorrespondencesPtr& corrs)
{
if (source_vertex >= getNumVertices() || target_vertex >= getNumVertices() ||
    source_vertex == target_vertex) {
  PCL_ERROR(
    "[pcl::registration::LUM::setCorrespondences] You are attempting to set a set "
    "of correspondences between non-existing or identical graph vertices.\n");
  return;
}
Edge e;//定义网络上的链接
bool present;//用于指示网络中是否存在这条链接
std::tie(e, present) = edge(source_vertex, target_vertex, * slam_graph_);
if (! present)//如果不存在,则添加到网络上
  std::tie(e, present) = add_edge(source_vertex, target_vertex, * slam_graph_);
(* slam_graph_)[e].corrs_ = corrs;//更新这条链接的对应点关系
}
```

构造了节点后，需要构造网络的链接。本章前文提到过链接分“强链接”和“弱链接”。而在应用到这里的配准问题时，就只有“强链接”。所以，要先用 ICP 算法找到点云之间的对应点关系。然后用上述 LUM 类中的 setCorrespondences( ) 函数设置优化网络中的链接。

```
LUM<PointT>::compute()
{
  int n = static_cast<int>(getNumVertices());//获得节点的总数
  if (n < 2) {
    PCL_ERROR("[pcl::registration::LUM::compute] The slam graph needs at least 2 "
              "vertices.\n");
    return;
  }
  for (int i = 0; i < max_iterations_; ++i) {
  //线性地计算 C^-1和 C^-1 * D
    typename SLAMGraph::edge_iterator e, e_end;
    for (std::tie(e, e_end) = edges(* slam_graph_); e ! = e_end; ++e)
      computeEdge(* e);//这个函数将式(5-84)~式(5-87)的计算流程整合起来。目的是将对
                       应点关系转换为位姿关系 D
      //计算矩阵 G 和 B
    Eigen::MatrixXf G = Eigen::MatrixXf::Zero(6 * (n - 1), 6 * (n - 1));
    Eigen::VectorXf B = Eigen::VectorXf::Zero(6 * (n - 1));
    //从序号为 1 的节点开始,因为 0 号节点是参考节点
    for (int vi = 1; vi ! = n; ++vi) {
      for (int vj = 0; vj ! = n; ++vj) {
      Edge e;
        bool present1;
        std::tie(e, present1) = edge(vi, vj, * slam_graph_);
        if (! present1) {
          bool present2;
          std::tie(e, present2) = edge(vj, vi, * slam_graph_);
          if (! present2)
            continue;
        }
    //向矩阵 G 和 B 里填充元素,这里对应式(5-66)和式(5-67)
      if (vj > 0)
          G.block(6 * (vi - 1), 6 * (vj - 1), 6, 6) = -(* slam_graph_)[e].cinv_;
        G.block(6 * (vi - 1), 6 * (vi - 1), 6, 6) += (* slam_graph_)[e].cinv_;
        B.segment(6 * (vi - 1), 6) += (present1 ? 1 : -1) * (* slam_graph_)[e].cinvd_;
    }
  }
```

```
    //计算线性方程 GX = B
    Eigen::VectorXf X = G.colPivHouseholderQr().solve(B);

    //更新节点上的姿态
    float sum = 0.0;
    for (int vi = 1; vi ! = n; ++vi) {
      Eigen::Vector6f difference_pose = static_cast<Eigen::Vector6f>(
       -incidenceCorrection(getPose(vi)).inverse() * X.segment(6 * (vi - 1), 6));
      sum += difference_pose.norm();//计算更新前后的误差和
      setPose(vi, getPose(vi) + difference_pose);
    }

    //检查是否满足收敛条件(检查误差和是否小于给定阈值)
    if (sum <= convergence_threshold_ * static_cast<float>(n - 1))
      return;
  }
}
```

最后，可以利用 LUM 类中的 compute( ) 函数进行计算。这个函数是本代码的核心，它利用上述算法给定的解析解迭代地计算每个节点的最优姿态。经过迭代后可以利用 LUM 类的 getConcatenatedCloud( ) 函数将所有点云按新的姿态连接起来，得到配准后的点云。

5.5.5 Graph SLAM 算法测试过程及结果分析

本节分为 Graph SLAM 算法的源码分析、运行环境配置和结果展示等部分，帮助读者掌握该算法的运行使用方法。

1. 环境配置

本算法的实现主要依赖于点云库（Point Cloud Libray，PCL），这里推荐 PCL-1.12.0。另外，由于本算法的源码是基于 Linux 系统编写的。如果想要在 Windows 系统下执行，则需要把本书提供的 unistd.h 文件复制到以下参考路径中：C:\ProgramFiles(x86)\MicrosoftVisualStudio\2019\Community\VC\Tools\MSVC\14.29.30133\ include\ 。

2. 该算法的具体使用说明

读者在使用该算法时，可以直接使用点云库（PCL）中的 LUM 类来实现多视角的配准。下面，将介绍该类的具体使用实例。

```
const int LUM_ITER = 50;//应用本算法优化需要的最大迭代次数
const float LUM_CONV_THRESH = 0.0;//应用本算法迭代的收敛阈值
const int ICP_ITER = 3;//ICP 算法的迭代次数
const float ICP_MAX_CORRESP_DIST = 0.05;//ICP 算法的最大距离阈值
```

```
const float ICP_TRANS_EPS = 1e-8;//设置 ICP 算法两次变化矩阵之间的差值
const float ICP_EUCLIDEAN_FITNESS_EPS = 1;//设置 ICP 算法均方误差
```

算法开始时要设定好本算法需要的一些初始的参数。

```
pcl::registration::LUM<pcl::PointXYZ> lum;
for (int it = 0; it < this->m_PointClouds.size(); ++it)
  {
      Eigen::Vector6f pose;
      pose << this->m_Poses[it].x, this->m_Poses[it].y, this->m_Poses[it].z,
              this->m_Poses[it].roll, this->m_Poses[it].pitch, this->m_Poses[it].yaw;
    lum.addPointCloud(this->m_PointClouds[it], pose);
  }
```

在读入数据后，需要实例化 LUM 类，然后添加点云和对应的位姿来构建算法需要的图结构（这里是为了构建网络的节点）。

```
if (this->m_CorrespMethod == ICP) {
      for (int it = 0; it < this->m_PointClouds.size() - 1; ++it) {
          size_t src = it;
          size_t dst = it + 1;
          pcl::IterativeClosestPoint<pcl::PointXYZ, pcl::PointXYZ> icp;
          icp.setMaximumIterations(this->ICP_ITER);
          icp.setMaxCorrespondenceDistance(this->ICP_MAX_CORRESP_DIST);
          icp.setTransformationEpsilon(this->ICP_TRANS_EPS);
          icp.setEuclideanFitnessEpsilon(this->ICP_EUCLIDEAN_FITNESS_EPS);
          icp.setInputSource(this->m_PointClouds[src]);
          icp.setInputTarget(this->m_PointClouds[dst]);
          pcl::PointCloud<pcl::PointXYZ> temp;
          icp.align(temp);
          pcl::CorrespondencesPtr icpCoresp = icp.correspondences_;
          lum.setCorrespondences(src, dst, icpCoresp);//添加对应点关系
      }
```

要想构建图结构的边，则需要利用上述 ICP 算法或者其他算法找到两个点云之间的对应点关系，然后将对应点关系添加到模型中作为图结构的边。

```
// Close the loop.
       size_t src = this->m_PointClouds.size() - 1;//末尾点云的索引
       size_t dst = 0;//首位点云的索引
       pcl::IterativeClosestPoint<pcl::PointXYZ, pcl::PointXYZ> icp;
       icp.setMaximumIterations(this->ICP_ITER);//设置 icp 算法迭代次数
```

```
        icp.setMaxCorrespondenceDistance(this->ICP_MAX_CORRESP_DIST);//设置距离
        icp.setTransformationEpsilon(this->ICP_TRANS_EPS);//两次变换矩阵的差值
        icp.setEuclideanFitnessEpsilon(this->ICP_EUCLIDEAN_FITNESS_EPS);
        icp.setInputSource(this->m_PointClouds[src]);//源点云
        icp.setInputTarget(this->m_PointClouds[dst]);//目标点云
        pcl::PointCloud<pcl::PointXYZ> temp;
        icp.align(temp);
        pcl::CorrespondencesPtr icpCorresp = icp.correspondences_;
        lum.setCorrespondences(src, dst, icpCorresp);//首尾相接,形成闭环
```

这里注意，在进行优化前需要形成闭环才能保证问题有解。这里将这个网络首尾相接形成闭环。

```
    lum.setMaxIterations(this->LUM_ITER);//设置最大迭代次数
    lum.setConvergenceThreshold(this->LUM_CONV_THRESH);//设置迭代的收敛阈值
    lum.compute();//实施计算
```

构建完需要的网络结构后，可以利用上述函数开始迭代优化每个节点对应的位姿。

3. 实验结果展示

先利用经典的斯坦福兔子数据进行测试，这里选用 4 个视角拍摄的数据，将其中的第一个数据作为配准的参考数据，另外三个数据加入网络中参与优化计算。图 5-24a 所示为配准前叠加在一起的数据，图 5-24b 所示为配准的结果。

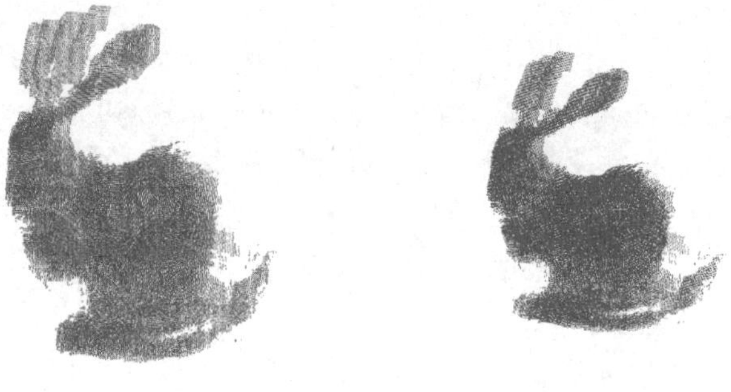

a) b)

图 5-24 配准前的多视角文件 a)，配准后的多视角文件 b)

可以看出，经过本算法的配准后，多视角对齐的效果确实有所提升，但细节上仍然不够理想，配准效果总体上不够好。

除了兔子数据，作者还找到一些经典的 SLAM 数据集进行实验。图 5-25 所示的数据来自 ASL 数据集（https://projects.asl.ethz.ch/datasets/doku.php），这是一个楼梯间的扫描数据。图 5-25a所示为配准前叠加在一起的数据。图 5-25b 所示为配准的结果。

这个数据是从场景的顶部扫描的图像。可以看到，配准之后 30 个视角对齐的效果有所提升。并且，该算法计算的速度也还不错，整个计算过程耗时 1 分钟左右。

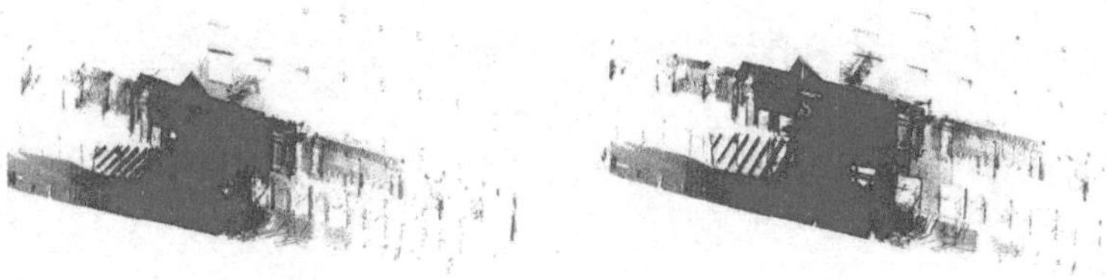

a) b)

图 5-25 配准前的楼梯间扫描数据 a)，配准后的楼梯间扫描数据 b)

下面，作者还在自己测定的废钢数据上进行了实验。实验结果如图 5-26 所示。

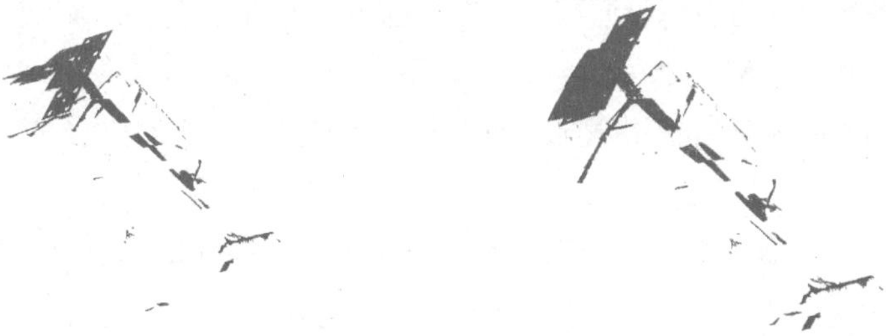

a) b)

图 5-26 配准前的废钢文件 a)，配准后的废钢文件 b)

可以看到，配准的效果和上面的兔子相似。对齐的效果确实有所提升，但没能达到理想的效果，其局部的配准并不够准确。

5.6 Multiview LM-ICP 配准算法

本节介绍一种多视图全局对齐精配准算法，从算法简介、原理描述、算法实现、源码分析和算法测试实例等方面全面剖析，帮助读者全面了解和掌握该算法。

5.6.1 Multiview LM-ICP 配准算法背景介绍

现如今，成对的点云视图配准算法层出不穷，精度也日益升高。然而针对一些大型的物体（比如建筑物）或者需要精细化建模的物体（比如某个文物），仅仅进行成对的配准难以还原物体的全貌和细节，因此，多个视角的配准十分关键。目前，多视角的配准存在以下两个问题：1）配准误差的累积；2）整个配准流程的自动化程度不够。为解决这两个问题，来自意大利维罗纳大学的 Simone Fantoni 等人提出了多视角的 LM-ICP 配准算法流程（Multiview LM-ICP）。该算法通过最小化全局对齐误差来解决所有视图之间的同时配准问题，极大地提高了多视角配准的精度。在进行两两之间的粗配准时，该算法选择了抽样配准的策略提高了算法执行的效率。同时，选择 M 估计样本一致性的粗配准算法（M-estimator SAmple Consensus，MSAC）提高了该算法的鲁棒性。

5.6.2 Multiview LM-ICP 配准算法原理描述

从关键点提取到 Multiview LM-ICP 算法优化的所有流程中，特征描述的步骤采用了 Spine Image 算法，这个算法在前几章已经介绍过，这里就不再过多阐述了。下面将着重描述关键点提取的算法、和特征点描述后进行的成对视图配准以及全局配准。

1. 关键点提取

关键点提取的目的是从点云中检测出少量且特征明显的点，用于下一步的匹配和计算。本文采用构建“显著性图”的算法来提取关键点，主要包括以下三个步骤。

1）对配准模型多尺度的表示。通过在网格数据 M 上应用 N 个高斯滤波器来获得 N 个多维滤波的映射 $\{F_i\}, i=1,...,N$。设 $g(v,\sigma_i)$ 为应用于顶点 $v\in M$ 且标准差为 σ_i 的高斯算子。在顶点 v 周围半径为 $2.5\sigma_i$ 的领域内应用高斯滤波，则高斯差分算子（即映射 F_i）的定义如下：

$$F_i(v)=g(v,\sigma_i)-g(v,2\sigma_i) \tag{5-108}$$

在该算法中设置了 6 个滤波尺度，对应于标准差 $\sigma_i\in\{1\epsilon,2\epsilon,3\epsilon,4\epsilon,5\epsilon,6\epsilon\}$。式中，$\epsilon$ 的值为该模型外包围盒的主对角线长度的 0.1%。可以看出，上述 $F_i(v)$ 是一个三维向量，表示了滤波后点 v 的偏移量。为了将位移量 $F_i(v)$ 减少为一个标量，可以把它投影到点 v 的法线上。按照这个思想，可以得到多尺度表示的图像 M_i：

$$M_i(v)=\| n(v)\cdot(g(v,\sigma_i)-g(v,2\sigma_i))\| \tag{5-109}$$

2）定义 3D 显著性度量。可以利用上面得到的多尺度表示的图像来定义 3D 显著性度量。首先，将上述图像归一化到一个固定的范围。然后，在归一化的图像中找到全局最大值 t，和所有其他局部极大值并计算出平均值 $\bar{t}$。最后，将归一化图像中的所有值都乘以 $(t-\bar{t})^2$ 得到归一化的多尺度表示图像 $\overline{M}_i$。上述这种归一化的效果是增加了最高峰值的突出度。将每个尺度的图像 $\overline{M}_i$ 相加便可以得到“显著性图像”。

3）获取关键点，得到的关键点是显著性图像中的极大值。可以先探测显著性图像中的局部极大值点。如果这个局部点的值大于全局极大值的 30%，则可以把它归为关键点。

2. 成对的视图配准

得到每个视图的关键点以及对关键点进行特征描述之后，要先进行成对的视图配准。该步骤的目的是在重叠的视图对中找到匹配的关键点，然后计算刚性变换矩阵，具体操作步骤如下。

1）在每个视图的关键点中选取一定数量的关键点作为初步估计所用的数据（原文中推荐每个视图中选取 100 个关键点）。

2）采用一种“投票”的策略来匹配不同视图中的关键点。将所有视图的关键点放到特征空间中用特征描述子来表示，就可以度量不同视图间关键点的相似程度。在特征空间中，每个关键点描述子 d 都与 n（文中取 $n=6$）个最近邻的描述子相匹配（这些描述子来自其他的视图）。这样，可以建立一个 2D 的直方图 H 来统计两两视图之间匹配的点的数目，直方图 H 的示例如图 5-27 所示。

其中，$V1\sim V4$ 为视图的编号。后续每个视图可以只与其他 m 个视图进行两两配准，而不用与所有的视图配准。这 m 个视图正是直方图 H 中每列匹配的点的数目最多（即得票数最多）的 m 个视图。

0	20	50	30	$V1$
20	0	40	40	$V2$
50	40	0	10	$V3$
30	40	10	0	$V4$
$V1$	$V2$	$V3$	$V4$	

图 5-27　统计直方图 H

3）得到两两视图之间的匹配关键点后，利用 MSAC 的算法计算视图对之间的刚性变换。MSAC（M 估计子采样一致性，也是 MLESAC 的一种）是对 RANSAC 算法（随机采样一致性，前几章有提及过）的推广。

RANSAC 的大体思路如下。

① 多次抽样，每次随机抽取 q 组数据。

② 用抽样的 q 组数据估计刚体变换矩阵 **P**。

③ 在所有数据上，用估计得到的刚体变换矩阵 **P** 计算重投影的距离误差，与设定的阈值 T 比较，超过阈值的则为离群点（Outlier），小于的则被判为内部点（Inlier）。

④ 更新离群点占比等参数，计算需要的采样次数（p 为离群点的占比、ε 为预设的置信度），如果当前采样次数不够则回到步骤 1 中继续采样。

$$l=\frac{\log(1-p)}{\log(1-(1-\varepsilon)^q)} \tag{5-110}$$

⑤ 选择所有采样中内部点占比最大的采样，利用扩充后的内部点估计得到最终的刚体变换矩阵 P。

以上 RANSAC 的算法等价于选择如下最小的代价函数。

$$C=\sum_i\rho(err_i) \tag{5-111}$$

$$\rho(e^2)=\begin{cases}0 & e^2<T^2\\ \text{constant} & e^2\geqslant T^2\end{cases} \tag{5-112}$$

上述 RANSAC 算法将所有内部点的贡献视作等同的，但事实上内部点也存在不同程度的误差贡献。因而上述的 MSAC 算法在原 RANSAC 的基础上使用了概率模型（M Estimator）对离群点和内部点建模。新的代价函数如下。

$$\rho_2(e^2)=\begin{cases}e^2 & e^2<T^2\\ T^2 & e^2\geqslant T^2\end{cases} \tag{5-113}$$

$$e_i^2=(\hat{x}_i-x_i)^2+(\hat{y}_i-y_i)^2+(\hat{x}_i'-x_i')^2+(\hat{y}_i'-y_i')^2 \tag{5-114}$$

$$T=1.96\sigma \tag{5-115}$$

式中，e^2 代表估计值与真值的距离，式中 (x_i,y_i) 和 (x_i',y_i') 为第 i 对对应点的测量坐标，$(\hat{x}_i,\hat{y}_i)$ 和 $(\hat{x}_i',\hat{y}_i')$ 为变换矩阵估计得到的理想坐标（这个式子是基于二维的，完全可以推广到三维）。σ 为误差的标准差，它可以通过如下的公式直接计算：

$$\sigma=1.4826(1+5/(n-q))\,\text{median}_i(\sqrt{e_i^2}) \tag{5-116}$$

式中，q 为抽样的对应点数，n 为所有的对应点数。

4）使用LM-ICP算法在整个点集上重新定义刚性变换矩阵（视图对精配准）。LM-ICP基本原理就是ICP算法，只不过在求解误差函数的时候使用LM（Levenberg-Marquardt）算法求解。其原理如下：设 $\{d_i\}_{i=1}^{N_d}$ 为数据视图的点集（Source File），$\{m_i\}_{i=1}^{N_m}$ 为模型视图的点集（Target File）。使用ICP算法其实就是最小化下面的误差函数来给出最优对齐。式中，a 是刚性变换矩阵 $\boldsymbol{T}$ 的参数向量。所以，$\boldsymbol{T}(a;\cdot)$ 表示一个刚性变换。

$$E(\boldsymbol{a})=\sum_{i=1}^{N_d}e_i(\boldsymbol{a})^2 \tag{5-117}$$

$$e_i(\boldsymbol{a})=\min_j\|\boldsymbol{m}_j-\boldsymbol{T}(\boldsymbol{a};\boldsymbol{d}_i)\| \tag{5-118}$$

这个误差函数的意义其实就是求数据视图的点经过刚性变化后与模型视图中最近邻点的平方和。使用LM算法求解的原理如下：$e_i(\boldsymbol{a})$ 在 a_k 处经泰勒公式展开后可以构造一个关于增量的线性最小二乘问题。如式（5-119），式中，$\boldsymbol{J}_i(\boldsymbol{a_k})$ 是一个雅克比矩阵，表示 $e_i(a)$ 在 a_k 的导数。

$$\Delta a_k^*=\arg\min_{\Delta a_k}\frac{1}{2}\|e_i(a_k)+\boldsymbol{J}_i(\boldsymbol{a_k})\Delta a_k\|^2 \tag{5-119}$$

上述增量方程中的雅可比矩阵，可以用如下的方式获得。

首先，设定一个欧几里得距离变换函数 $D(x)$，公式如下：

$$D(\boldsymbol{x})=\min_j\|\boldsymbol{m}_j-\boldsymbol{x}\| \tag{5-120}$$

式中，$\boldsymbol{m}_j$ 代表模型视图中的点。那么误差函数 $e_i(a)$ 就可以用 $D(x)$ 表示为 $D(T(a;d_i))$。根据复合函数求导的链式法则可知雅可比矩阵的表达公式如下：

$$\boldsymbol{I}_i=\partial e_i/\partial \boldsymbol{a}=\nabla_x D(\boldsymbol{T}(\boldsymbol{a};\boldsymbol{d}_i))\ \nabla_a^{\mathrm{T}}\boldsymbol{T}(\boldsymbol{a},\boldsymbol{d}_i) \tag{5-121}$$

式中，$\nabla_x D$ 可以通过有限差分的方式求得，即先求得函数 $D(\boldsymbol{x})$ 对应的图像（注意这里的 $\boldsymbol{x}$ 是一个三维向量，表示数据视图的点经变换矩阵变换后得到的点）。再将 $D(\boldsymbol{x})$ 的图像与不同的卷积核进行卷积，可以得到函数 $D(\boldsymbol{x})$ 对 x、y、z 三个方向的偏导数。进一步的，根据函数对向量求导的理论，可以求得 $\nabla_x D$。而 $\nabla_a^{\mathrm{T}}\boldsymbol{T}(a,d_i)$ 的求解更加简单，因为这个求导问题本身是可解析的，可以用矩阵求导的知识求得解析解。所以，使用LM算法求解的具体操作步骤如下。

① 给定初始值 $a0$，设置参数 λ 和迭代终止参数 σ，计算初始值 $E(a_0)$。

② 对第 k 次迭代，求解出增量 Δa_k。

③ 若 $E(a_k+\Delta a_k)<E(a_k)$，且 $\|\Delta a_k\|<\sigma$，则停止迭代，输出最终结果；若 $\|\Delta a_k\|>\sigma$ 则令 $a_{k+1}=a_k+\Delta a_k$，缩小 λ，再重复上述步骤求增量 Δa_k；若 $E(a_k+\Delta a_k)>E(a_k)$，则增大 λ，令 $a_{k+1}=a_k+\Delta a_k$，再循环迭代求增量 Δa_k。

5）视图之间配准完后还须生成权重矩阵 $\boldsymbol{W}$，生成的流程如下：先得区分出所有点集中的内部点（Inliers）和离群点（Outliers），取满足下式的点作为内部点。

$$|e_i-med_je_j|<3.5\sigma^* \tag{5-122}$$

$$\sigma^*=1.4826med_i\{|e_i-med_je_j|\} \tag{5-123}$$

式中，e_i 是优化后的残差（就是到最近邻点的距离），med 表示取中位数的操作。视图 i 和视图 j 在权重矩阵中对应的权重 $\boldsymbol{W}(i,j)$ 表示其内部点（Inliers）占总点数的分数。

3. 全局配准

全局配准包括两个阶段：首先是通过结合前面得到的成对刚性变换来生成全局对齐；然

后，通过一个同时考虑所有视图的多视图配准来精细化这种初始的全局对齐。

使用基于图的算法来生成全局对齐，具体操作步骤如下。

1）构造图结构，每个视图都是一个结点，使用上文得到的权重矩阵 $\boldsymbol{W}$ 作为该图结构的邻接矩阵。

2）选择任意视图作为对齐的参考视图 r，设置全局的参考坐标系。

3）对每个视图 i，将其与参考视图 r 对齐的变换是沿着图中 i 到 r 的最短加权路径通过链式变换来计算的。相当于计算以视图 r 为根的最小生成树。

以上全局对齐流程产生的结果如图 5-28a 所示，但是这种模式可以通过 Multiview LM-ICP 的算法进一步优化，图 5-28b 所示为进一步优化的结果。设 $V1$，$V2$，…，Vn 为需要对齐的一组视图，则 Multiview LM-ICP 的优化流程如下。

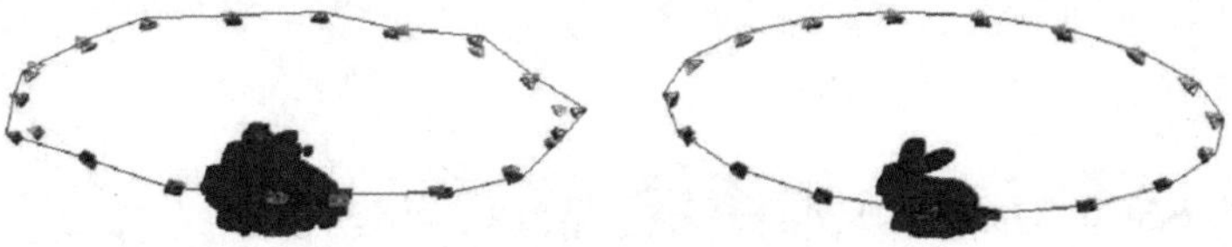

a)　　b)

图 5-28　多视角配准前的兔子数据 a）和配准后的兔子数据 b）

1）构造邻接矩阵 $\boldsymbol{A}$，如果视图 h 可以被配准到视图 k，则 $\boldsymbol{A}(h,k)$ 为 1，否则为 0。可以利用前面得到的权重矩阵 $\boldsymbol{W}$ 阈值化来构造 $\boldsymbol{A}$，选择阈值为 0.35，大于这个阈值的视图对在 $\boldsymbol{A}$ 中对应的位置设为 1，反之则设为 0。

2）设 $\boldsymbol{a}_1$，...，$\boldsymbol{a}_n$ 为每个视图变换到全局参考坐标系的刚性变换参数向量，则数据视图 h 和模型视图 k 之间的对齐误差可以定义为：

$$E(a_h,a_k)=\sum_{i=1}^{N_h}\boldsymbol{A}(h,k)\left(D_\epsilon^k\left(T(a_h a_k^{-1},d_i^h)\right)\right)^2 \tag{5-124}$$

式中，$T(a_h a_k^{-1},\cdot)=T(a_k,\cdot)^{-1}T(a_h,\cdot)$，而上式中的 $D_\epsilon(x)$ 是对原 $D(x)$ 函数的鲁棒性改正，$D_\epsilon(x)$ 如下所示。

$$D_\epsilon(x)=\epsilon(\min_j \| m_j-x \|) \tag{5-125}$$

$$\epsilon^2(x)=\begin{cases} x^2/2, & \text{if}|x|\leqslant k \\ k|x|-x^2/2 & \text{if}|x|>k \end{cases} \tag{5-126}$$

式中，ϵ 是带调优参数 k（$k=1.345\sigma$，σ 为误差的标准差）的 Huber 损失函数。可以看出，加上这个修正后，使个别噪声和异常值引起的误差影响变小，从而提高了算法的鲁棒性。

3）设集合 $S=\{(h,k):A(h,k)=|1\}$，也就是说如果视图 h 和视图 k 是可以通过变换矩阵相互转换的，则把它们视作“视图对”存储到集合 S 中。根据步骤 2 中的误差函数可知，总体对齐误差是通过累积重叠视图集合中每一个对视图的误差来定义的。其误差方程如下：

$$\begin{aligned} E(\boldsymbol{a}_1,\cdots,\boldsymbol{a}_n) &= \sum_{(h,k)\in S}\sum_{i=1}^{N_h}\left(D_\epsilon^k\left(T(\boldsymbol{a}_h\boldsymbol{a}_k^{-1},\boldsymbol{d}_i^h)\right)\right)^2 \\ &= \sum_{(h,k)\in S}\sum_{i=1}^{N_h}\left(e_{k,h,i}(\boldsymbol{a}_1,\cdots,\boldsymbol{a}_n)\right)^2 \end{aligned} \tag{5-127}$$

那么，图 5-29 所示为上述误差方程的雅可比矩阵 $\boldsymbol{J}$ 是一个包含 $q*n$（q 代表集合 S 中视图对的数量，n 为视图的总数）块（Block）的稀疏矩阵，这个矩阵的每块都包含一对视图的雅可比矩阵。假设视图对（h,k）是集合 S 中的第 s 个视图对。则稀疏矩阵 $\boldsymbol{J}$ 中的 $\boldsymbol{J}^{s,h}$ 块可以通过式（5-128）计算：

$$J^{s,h}_{i,j} = \nabla_x D^k_\epsilon(T(a_h a_k^{-1}, d^h_i))\ \nabla^{\mathrm{T}}_{[a_h]_j} T(a_h a_k^{-1}, d^h_i) \tag{5-128}$$

同样的，通过上面的式子也可以计算 $\boldsymbol{J}^{s,k}$。值得注意的是，$\boldsymbol{J}^{s,k}$和 $\boldsymbol{J}^{s,h}$ 属于雅可比矩阵的同一行，这表明视图 h 和 k 是集合 S 中的一对儿视图。不同的是，$\boldsymbol{J}^{s,h}$代表视图 h 作为数据视图，视图 k 作为模型视图，而 $\boldsymbol{J}^{s,k}$则恰好相反。

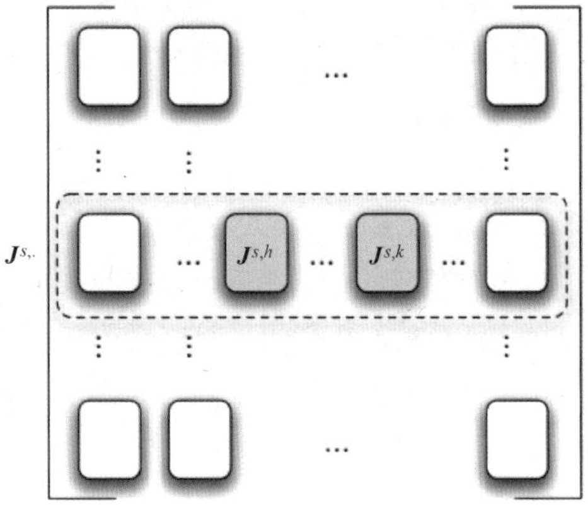

图 5-29 稀疏雅可比矩阵

5.6.3 Multiview LM-ICP 配准算法实现及代码分析

下面，本文将结合代码介绍本算法的具体实现。

```
vector<string> clouds = getAllTextFilesFromFolder(dir,"cloud");
    vector<string> poses = getAllTextFilesFromFolder(dir,"pose");
    vector<string>groundtruth = getAllTextFilesFromFolder(dir,"groundtruth");
```

加载数据，因为这个示例程序不包括两两视图之间的粗配准步骤，所以本算法需要的数据除了原点云 cloud，还有相机初始姿态 pose。

```
class Frame
{
public:
    Frame();
    ~Frame();
    vector<Vector3d> pts;
    vector<Vector3d> nor;
    bool fixed;
    Isometry3d pose = Isometry3d::Identity();
    Isometry3dposeGroundTruth = Isometry3d::Identity();
    vector<OutgoingEdge> neighbours;
    vector<Vector3d>getNeighbours(int queryIdx, size_t num_results);
```

读到的数据都被存在 Farm 这个类里，该类的属性包括点云、法线、初始姿态，以及该视图与其他 K 个视图之间的刚性变换

```
static void computePoseNeighbours(vector< std::shared_ptr<Frame> >& frames, int
knn){
```

```
    //计算最邻近点
    MatrixXi adjacencyMatrix=MatrixXi::Zero(frames.size(),frames.size());
    //初始化矩阵 A
    for(int src_id=0; src_id<frames.size(); src_id++){
        Frame&srcCloud = * frames[src_id];
        srcCloud.computePoseNeighboursKnn(&frames,src_id,knn);
    //找到每个视图的匹配视图
        for(int j=0; j< srcCloud.neighbours.size(); j++){
adjacencyMatrix(src_id,srcCloud.neighbours[j].neighbourIdx)=1;
    //匹配视图之间设置矩阵 A 的对应位置为 1
        }
    }
    cout<<"graph adjacency matrix == block structure"<<endl;
    cout<<adjacencyMatrix<<endl;
}
```

利用读入的 pose 数据初步计算两两视图之间的刚性变换（选择对应误差最小的前 K 个视图存到 neighbors 向量里）并计算邻接矩阵 A（如果两个视图之间存在刚性变换则矩阵 A 的位置取 1，反之为 0）。

```
for(int i=0; i<20; i++){

            timer.tic();
            ApproachComponents::computeClosestPoints(frames,FLAGS_cutoff);
            timer.toc(std::string("closest pts ") + std::to_string(i));
            timer.tic();
            if(! FLAGS_g2o){
                if(FLAGS_sophusSE3)
ICP_Ceres::ceresOptimizer_sophusSE3(frames,FLAGS_pointToPlane,FLAGS_robust);
                else if(FLAGS_angleAxis)
ICP_Ceres::ceresOptimizer_ceresAngleAxis(frames, FLAGS_pointToPlane, FLAGS_ro-
bust);
                else ICP_Ceres::ceresOptimizer(frames,
FLAGS_pointToPlane,FLAGS_robust);
            }else{
                ICP_G2O::g2oOptimizer(frames, FLAGS_pointToPlane);
            }
            timer.toc(std::string("global ") + std::to_string(i));
            cout<<"round: "<<i<<endl;
```

```
        Visualize::spinToggle(2);
    }
```

下面，为了优化全局对齐，需要使用本文的 Multiview LM-ICP 算法进行 20 次迭代，上述代码是迭代的大致流程。首先要计算最近邻点，再利用 ceres 库进行迭代求解。下面将对这里面的一些关键函数进行介绍。

```
void Frame:: computeClosestPointsToNeighbours (vector < shared _ptr < Frame > > *
frames, float thresh){
    if(this->fixed) return;//如果该视图为固定的全局视图则不参与计算
    Frame&srcCloud = * this;
    for (int j = 0; j <srcCloud.neighbours.size(); ++j)
      {
        int dst_id=srcCloud.neighbours[j].neighbourIdx;
        srcCloud.neighbours[j].correspondances.clear();//
        Frame&dstCloud = * frames->at(dst_id);
        Vector3dpreTra = Vector3d(dstCloud.pose.translation());
        autopreInvRot = dstCloud.pose.linear().inverse();
        std::vector<double>dists;
        for (int k = 0; k <srcCloud.pts.size(); ++k)
            {
            Vector3d& srcPtOrig = srcCloud.pts[k];
            Vector3d srcPtInGlobalFrame = srcCloud.pose* srcPtOrig;
    //数据点在全局坐标系下的坐标
            size_tidxMin;
            double pointDistSquared;
            Vector3d srcPtinDstFrame = preInvRot * (srcPtInGlobalFrame-preTra);
    //求得数据点在模型参考系下的坐标
            pointDistSquared = dstCloud.getClosestPoint(srcPtinDstFrame,idxMin);
    //返回最邻近点的距离和坐标
            double pointDist = 1e10;
            pointDist = sqrt(pointDistSquared);
            if(pointDist<thresh){
                srcCloud.neighbours[j].correspondances.push_back({k,(int)
idxMin,pointDist});
                dists.push_back(pointDist);
            }//判断如果最小距离小于阈值,则把它归为对应点
        }
        std::vector<double>::iterator middle = dists.begin() + (dists.size() / 2);
```

```
        std::nth_element(dists.begin(), middle, dists.end());
        double nthValue = * middle;
        cout<<"median dist to: "<<dst_id<<" is: "<<nthValue<<endl;
        srcCloud.neighbours[j].weight=nthValue* 1.5;//计算视图间的权重 W
    }
}
```

上述代码是计算最近点距离和索引的函数，将得到的两两视图间的最近点距离和索引存放在 neighbours 向量中，同时，还得用稳健估计的方法更新每个视图间的权重。其中，thresh 参数是一个阈值，只有最近邻的距离小于这个阈值的点的信息才会加入到每个 neighbour 的 correspondances 向量中。

```
void ceresOptimizer_sophusSE3(vector< std::shared_ptr<Frame> >& frames, bool
pointToPlane,bool robust,bool automaticDiff){
    ceres::Problem problem;//定义优化问题
    std::vector<Sophus::SE3d> cameras;//定义变换矩阵
    //提取初始的相机姿态
    for(int i=0; i<frames.size(); i++)
    {
      Sophus::SE3d soph = isoToSophus(frames[i]->pose);
      cameras.push_back(soph);
      if (i==0)
        {
          frames[i]->fixed=true;//设定全局坐标系
        }
    }
    //add edges
    for(int src_id=0; src_id<frames.size(); src_id++){

        Frame&srcCloud = * frames[src_id];
        if(srcCloud.fixed) continue;

        for (int j = 0; j <srcCloud.neighbours.size(); ++j) {

            OutgoingEdge& dstEdge = srcCloud.neighbours[j];
            Frame&dstCloud = * frames.at(dstEdge.neighbourIdx);
            intdst_id=dstEdge.neighbourIdx;

            for(auto corr :dstEdge.correspondances){

                ceres::CostFunction*  cost_function;
```

```
            if(pointToPlane){
                cost_function =
ICPCostFunctions::PointToPlaneErrorGlobal_SophusSE3::Create(dstCloud.pts[corr.
second],srcCloud.pts[corr.first],dstCloud.nor[corr.second]);//定义优化的目标函数
            }
            else{
                cost_function =
ICPCostFunctions::PointToPointErrorGlobal_SophusSE3::Create(dstCloud.pts[corr.
second],srcCloud.pts[corr.first]);
            }

            ceres::LossFunction*  loss = NULL;//定义损失函数,增强鲁棒性
            if(robust) loss = new ceres::SoftLOneLoss(dstEdge.weight);
            problem.AddResidualBlock(cost_function, loss,
cameras[src_id].data(),cameras[dst_id].data());//向优化问题添加残差模块儿

        }
    }
}
#ifdef useLocalParam
    ceres::LocalParameterization* param =
sophus_se3::getParameterization(automaticDiff);
#endif
    for (int i = 0; i < frames.size(); ++i) {
        #ifdef useLocalParam
        problem.SetParameterization(cameras[i].data(),param);
        #endif
        if(frames[i]->fixed){
            std::cout<<i<<" fixed"<<endl;
            problem.SetParameterBlockConstant(cameras[i].data());
        }
    }
    solve(problem);
    //update camera poses
    for (int i = 0; i < frames.size(); ++i) {
        frames[i]->pose=sophusToIso(cameras[i]);//更新变换矩阵
```

上述代码是全局优化配准的代码，该算法的实现依赖于谷歌的 ceres 库。在输入的几个参

数中，pointToPlane 代表 ICP 算法采用点到平面的距离度量，robust 代表使用鲁棒损失函数（可见 5.6.2 节 3.全局配准）。首先，定义一个“问题”，和一个刚性变换的集合。然后，要提取初始的相机位姿，作为迭代的初始输入。然后需要定义损失函数，向“问题”中添加误差项。然后通过 LocalParameterization 自定义刚性变换矩阵更新的方式。最后就可以开始解决这个“问题”了，经过一定次数的迭代可以得到更优化的结果。

5.6.4 Multiview LM-ICP 配准实战案例分析

本节包括 Multiview LM-ICP 算法的运行环境配置、结果展示等部分，帮助读者掌握该算法的运行使用方法。

1. 环境配置

本实验的代码是在 Windows 系统下的 VS2019 集成开发环境中运行的。代码主要依赖谷歌的 ceres-1.14.0 库，在安装 ceres 库之前，还要安装 Eigen-3.3.4、gflags-2.2.2、glog-0.6.0 三个依赖库，具体的安装方法和配置的方法请参看相关教程，这里就不再赘述了。值得注意的是，在编译 ceres 的代码时，会遇到标准库的 max、min 函数和宏里面定义的 max、min 冲突的问题。解决的办法是在工程配置中预先定义一个 NOMINMAX 宏。

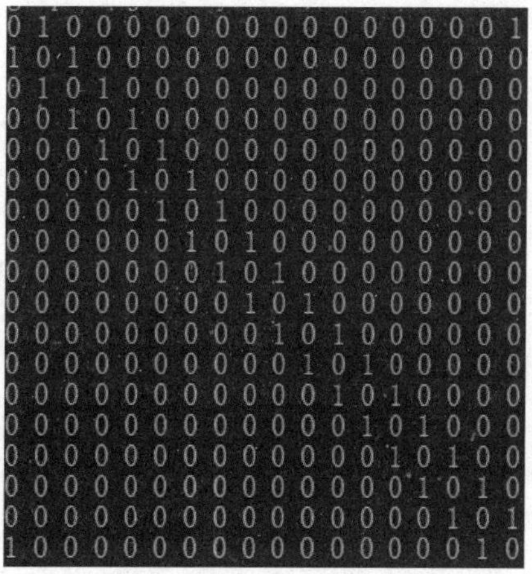

图 5-30　配准过程中产生的邻接矩阵 **A**

2. 实验结果展示

首先在 36 个不同视角的斯坦福兔子视图上做实验。实验的结果见图 5-28，图 5-28a是未经过多视角优化的对齐结果，图 5-28b 是经过多视角优化对齐的结果。图 5-30 所示为该过程中产生的邻接矩阵 **A**。

然后，我们还找了另一组来自斯坦福的犰狳数据做实验。这组数据只有 5 个视图，最后的结果如图 5-31 所示。

a)　　　b)

图 5-31　多视角配准前的犰狳数据 a）和配准后的数据 b）

其中，图 5-31a 是本算法优化前的粗配结果，图 5-31b 是经过本算法 20 次迭代以后的结果。可以看出，这个数据和上面的兔子数据配准的效果相近。即使细节方面有所不足，但配准的整体效果还是很不错的。

下面，还用之前的废钢数据做了实验，废钢数据的视图很少，只有来自不同视角的三个点云数据，最后配准的结果如图 5-32 所示：其中，图 5-32a 是该废钢的彩色图片，这个配准的物体其实是一块儿放在纸箱上的钢板；图 5-32b 是全局对齐后的结果；图 5-32c 是本算法优化后的结果。可以看到本算法将原来的几个视角成功地配准在一起了。

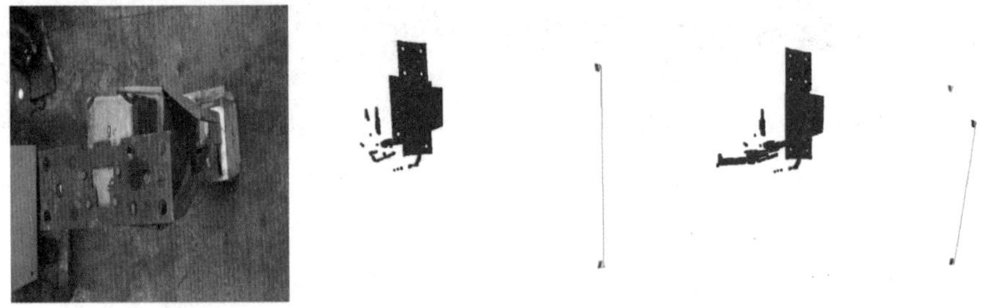

a) b) c)

图 5-32 原始废钢彩色图片、多视角配准前的废钢数据 b）和配准后的数据 c）

5.7 基于正态分布变换的配准算法（NDT）

本节介绍一种基于概率表示的粗配准算法，从算法简介、原理描述、算法实现、源码分析和算法测试实例等方面全面剖析该算法，帮助读者全面了解和掌握该算法。

5.7.1 NDT 配准算法发明者

NDT 配准算法由 MartinMagnusson 发明，他是 AASS 研究中心 Mobile Robotics and Olfaction Lab 的研究员，主要研究移动机器人的三维感知定位和映射。更多扩展资料可参看随书附赠资源中的说明文档。

5.7.2 正态分布变换配准算法设计的灵感、应用范围和优缺点

大多数扫描匹配算法需要找到所用特征之间的对应关系，即对应点或对应线，NDT 算法则使用了一种点集的新表示法，即正态分布变换（Normal Distributions Transform，NDT）。NDT 将单个扫描的离散点集转换为空间上定义的分段连续可微概率密度，该概率密度由一组易于计算的正态分布组成。

利用构建的正态分布函数可以应用于点云配准、机器人的位置跟踪和同步定位与地图构建（SLAM）等领域。

该算法的优点如下。

1）采用 NDT 连续化表示后，传统硬离散优化问题能够潜在地转化为更易于处理的连续优化问题。

2）不需要在点或特征之间建立明确的对应关系。由于这是大多数算法中最容易出错的部分，因此在没有对应关系的情况下，该算法更加稳健。

3）所有导数都可以分析计算，既快速又准确。

该算法的缺点如下。

局部正态分布不一定能很好地模拟任何情况下的点集数据，这也在一定程度上限制了其通用性。

5.7.3 正态分布变换配准算法原理描述

为了方便算法的理解，本节首先在 2D 平面上对 NDT 进行描述，之后再将其扩展到 3D 情况。

1. 二维 NDT 描述

该算法的目的在于匹配两次扫描得到的点集数据，而匹配两个点集的目标是找到两个点集位置之间的相对位姿。首先，将二维空间规则地细分为大小恒定的单元。然后，对于包含至少三个点（最小子集大小）的每个单元格，执行以下操作。

1）收集包含在该单元格内的所有 2D 点 $\boldsymbol{x}_{i=1,n}$。

2）计算均值 $\boldsymbol{q}=\frac{1}{n}\sum_{i=1}^{n}\boldsymbol{x}_i$。

3）计算协方差矩阵 $\boldsymbol{\Sigma}=\frac{1}{n-1}\sum_{i=1}^{n}(\boldsymbol{x}_i-\boldsymbol{q})(\boldsymbol{x}_i-\boldsymbol{q})^{\mathrm{T}}$。

式中，T 表示转置。在该单元中包含的 2D 点 $\boldsymbol{x}$ 处测量样本的概率由正态分布$N(\boldsymbol{q},\Sigma)$建模：

$$p(x)\sim\exp\left(-\frac{(\boldsymbol{x}-\boldsymbol{q})^{\mathrm{T}}\Sigma^{-1}(\boldsymbol{x}-\boldsymbol{q})}{2}\right) \tag{5-129}$$

该算法以概率密度的形式对 2D 平面进行了分段连续和可微的描述。然而，在计算协方差矩阵时，可能会出现矩阵奇异的情况，导致无法求得其逆矩阵。为解决矩阵奇异带来的影响，事先检查协方差矩阵 $\boldsymbol{\Sigma}$ 的较小特征值是否至少为最大特征值的 0.001 倍，如果不是，则将其赋值为最大值的 0.001 倍。

接下来描述两个扫描数据的配准过程。两个坐标系之间的空间映射 $\boldsymbol{T}$ 由式（5-130）给出：

$$\boldsymbol{T}:\begin{pmatrix}x'\\y'\end{pmatrix}=\begin{pmatrix}\cos\phi & -\sin\phi\\ \sin\phi & \cos\phi\end{pmatrix}\begin{pmatrix}x\\y\end{pmatrix}+\begin{pmatrix}t_x\\t_y\end{pmatrix} \tag{5-130}$$

式中，$(t_x,t_y)^{\mathrm{T}}$ 是描述两帧数据之间的平移参数，$\boldsymbol{\phi}$ 描述两帧之间的旋转参数。点集配准的目标是用两个点集数据来恢复这些参数，具体操作步骤如下。

1）构建第一次扫描点集（即目标点集）的 NDT。

2）初始化参数估计值。

3）对于第二次扫描（即变换集）的每个样本：根据参数将 2D 点集映射到第一次扫描点集的坐标系中。

4）确定变换集每个映射点的相应正态分布。

5）通过评估变换集映射点的分布并对结果求和来确定参数的分数。

6）通过执行牛顿迭代法（简称牛顿法），尝试优化分数来计算新的参数估计。

7）转到步骤 3，直到满足收敛标准。

使用以下符号对算法进行详细描述。

$\boldsymbol{p}=(p_i)^t_{i=1,3}=(t_x,t_y,\phi)^t$：要估计的参数向量。

$\boldsymbol{x}_i$：在第二次扫描数据的坐标系中，扫描样本 $\boldsymbol{i}$ 的 2D 点。

$\boldsymbol{x}_i'$：点 $\boldsymbol{x}_i$ 根据参数 $\boldsymbol{p}$ 映射到第一次扫描的坐标系中，即 $\boldsymbol{x}_i'=T(\boldsymbol{x}_i,\boldsymbol{p})$。

Σ_i，$\boldsymbol{q}_i$：由第一次扫描点集构建的正态分布在点 $\boldsymbol{x}_i'$所在网格的协方差和均值。如果用参数 Σ_i 和 $\boldsymbol{q}_i$ 评估的所有点 $\boldsymbol{x}_i'$的正态分布值的和是最大值，则根据 $\boldsymbol{p}$ 的映射可以被视为最优映射，这个值称之为 $\boldsymbol{p}$ 的分数（score($\boldsymbol{p}$)），定义为：

$$\text{score}(\boldsymbol{p})=\sum\nolimits_i\exp\left(\frac{-(\boldsymbol{x}_i'-\boldsymbol{q}_i)^t\Sigma_i^{-1}(\boldsymbol{x}_i'-\boldsymbol{q}_i)}{2}\right)\tag{5-131}$$

接下来解释如何将分数（score）最优化。因为优化问题通常被描述为最小化问题。因此，本节中要最小化的函数是$-\text{score}(\boldsymbol{p})$。对该函数利用牛顿法求解，通过牛顿法迭代查找参数 $\boldsymbol{p}=(p_i)^t$，使函数 f 最小化。每次迭代求解以下等式：

$$\boldsymbol{H}\Delta\boldsymbol{p}=-\boldsymbol{g}\tag{5-132}$$

式中 $\boldsymbol{g}$ 是 f 的转置梯度，带有元素：

$$\boldsymbol{g}_i=\frac{\partial f}{\partial p_i}\tag{5-133}$$

$\boldsymbol{H}$ 是 f 的海森矩阵（又译作黑塞矩阵、海瑟矩阵或海塞矩阵），带有元素：

$$H_{ij}=\frac{\partial f}{\partial p_i\partial p_j}\tag{5-134}$$

该线性系统的解是增量 $\Delta\boldsymbol{p}$，将其添加到当前估计中：

$$\boldsymbol{p}\leftarrow\boldsymbol{p}+\Delta\boldsymbol{p}\tag{5-135}$$

如果 $\boldsymbol{H}$ 是正定的，则 $f(\boldsymbol{p})$将在 $\Delta\boldsymbol{p}$ 的方向上减少。如果不是，则将 $\boldsymbol{H}$ 用 $\boldsymbol{H}'=\boldsymbol{H}+\lambda\boldsymbol{I}$ 替换。选择 λ 时，必须保证 $\boldsymbol{H}'$是正定的，$\boldsymbol{I}$ 表示单位矩阵。梯度和海森函数是通过收集式（5-131）所有和的偏导数来建立的。令

$$\boldsymbol{q}=\boldsymbol{x}_i'-\boldsymbol{q}_i$$

则 $\boldsymbol{q}$ 关于 $\boldsymbol{p}$ 的偏导等于 $\boldsymbol{x}_i'$关于 $\boldsymbol{p}$ 的偏导。目标函数$-$score 由每个格子的值 s 累加得到，则：

$$s=-\exp\left(\frac{-\boldsymbol{q}^t\Sigma^{-1}\boldsymbol{q}}{2}\right)\tag{5-136}$$

根据链式求导法则以及向量、矩阵求导的公式，s 梯度方向为：

$$\frac{\partial s}{\partial p_i}=\frac{\partial s}{\partial \boldsymbol{q}}\frac{\partial \boldsymbol{q}}{\partial p_i}=\boldsymbol{q}^t\Sigma^{-1}\frac{\partial \text{q}}{\partial p_i}\exp\left(\frac{-\boldsymbol{q}^t\Sigma^{-1}\boldsymbol{q}}{2}\right)\tag{5-137}$$

式中，$\boldsymbol{q}$ 对变换参数 p_i 的偏导数$\dfrac{\partial \boldsymbol{q}}{\partial \boldsymbol{p}_i}$，即为变换 $\boldsymbol{T}$ 的雅可比矩阵：

$$\frac{\partial \boldsymbol{q}}{\partial \boldsymbol{p}_i} = J_T = \begin{pmatrix} 1 & 0 & -x\sin\phi - y\cos\phi \\ 0 & 1 & x\cos\phi - y\sin\phi \end{pmatrix} \quad (5\text{-}138)$$

海森矩阵 $\boldsymbol{H}$ 的元素由式（5-139）给出：

$$\tilde{H}_{ij} = -\frac{\partial s}{\partial \boldsymbol{p}_i \partial \boldsymbol{p}_j} = -\exp\left(\frac{-\boldsymbol{q}^t \sum^{-1} \boldsymbol{q}}{2}\right) \left(\begin{array}{c} \left(-\boldsymbol{q}^t \sum^{-1} \dfrac{\partial \boldsymbol{q}}{\partial \boldsymbol{p}_i}\right)\left(-\boldsymbol{q}^t \sum^{-1} \dfrac{\partial \boldsymbol{q}}{\partial \boldsymbol{p}_j}\right) + \left(-\boldsymbol{q}^t \sum^{-1} \dfrac{\partial^2 \boldsymbol{q}}{\partial \boldsymbol{p}_i \partial \boldsymbol{p}_j}\right) \\ + \left(-\dfrac{\partial \boldsymbol{q}^t}{\partial \boldsymbol{p}_j} \sum^{-1} \dfrac{\partial \boldsymbol{q}}{\partial \boldsymbol{p}_i}\right) \end{array} \right) \quad (5\text{-}139)$$

式中，$\boldsymbol{q}$ 的二阶偏导为：

$$\frac{\partial^2 \boldsymbol{q}}{\partial \boldsymbol{p}_i \partial \boldsymbol{p}_j} = \begin{cases} \begin{pmatrix} -x\cos\phi + y\sin\phi \\ -x\sin\phi - y\cos\phi \end{pmatrix} & i = j = 3 \\ \begin{pmatrix} 0 \\ 0 \end{pmatrix} & \text{otherwise} \end{cases} \quad (5\text{-}140)$$

利用梯度和海森矩阵求解式（5-132）即可。算法简述如下所示。

Algorithm：用 NDT 配准要配准的点云 X 和参考点云 Y

1： {Initialisation：}
2： allocate cell structure B
3： for all points $y_i \in Y$ do
4：　　find the cell $b_i \in B$ that contains y_k
5：　　store y_k in b_i
6： end for
7： for all cells $b_i \in B$ do　//在第一次扫描点集的正态分布中计算所有网格的均值和方差
8：　　$Y' = \{y'_1, \cdots, y'_m\}$ ←all points in b_i
9：　　calculate q_i, $\sum_i$ of Y'
10： end for
11： {Registration：}
12： while not converged do　　//未收敛时不断循环
13：　　score←0
14：　　g←0
15：　　H←0
16： for all points $x_i \in X$ do
17：　　find the cell b_i that contains T (x_i, p)
18：　　score←score+s_i　//对每一个映射点，求它对应的分数并叠加
19：　　update g
20：　　update H
21：　　end for
22：　　solve H$\Delta p = -g$
23：　　p←p+Δp
24： end while

---

2. 三维 NDT 描述

二维中扫描数据被离散为多个单元格，三维中则分割成多个方形体。二维 NDT 和三维 NDT 两者的主要区别在于空间变换函数 $T(\boldsymbol{x}_i, \boldsymbol{p})$ 及其偏导数。在三维 NDT 中，使用三维欧拉角

对姿态进行描述，共有六个变换参数需要优化：三个为平移参数，三个为旋转参数。需要估计的参数向量是一个六维参数向量$\vec{\boldsymbol{p}}=(t_x,t_y,t_z,\phi_x,\phi_y,\phi_z)^t$。3D 变换函数为：

$$T_a:\begin{pmatrix}x'\\y'\\z'\end{pmatrix}=\boldsymbol{R}_x\boldsymbol{R}_y\boldsymbol{R}_z\begin{pmatrix}x\\y\\z\end{pmatrix}+\begin{pmatrix}t_x\\t_y\\t_z\end{pmatrix}$$

$$=\begin{pmatrix}c_yc_z & -c_ys_z & s_y\\ c_xs_z+s_xs_ys_z & c_xc_z-s_xs_ys_z & -s_xc_y\\ s_xs_z-c_xs_yc_z & c_xs_ys_z+s_xc_z & c_xc_y\end{pmatrix}\begin{pmatrix}x\\y\\z\end{pmatrix}+\begin{pmatrix}t_x\\t_y\\t_z\end{pmatrix} \tag{5-141}$$

式中，$c_i=\cos\phi_i$，$s_i=\sin\phi_i$。$T_a(\boldsymbol{x}_i,\bar{\boldsymbol{p}})$的一阶导为对应雅克比矩阵的第 i 列：

$$\boldsymbol{J}_{T_3}=\begin{pmatrix}1&0&0&0&c&f\\0&1&0&a&d&g\\0&0&1&b&e&h\end{pmatrix} \tag{5-142}$$

式中：

$$a=x_1(-s_xs_z+c_xs_ys_z)+x_2(-s_xc_z-c_xs_ys_z)+x_3(-c_xc_y),$$
$$b=x_1(c_xs_z+s_xs_yc_z)+x_2(-s_xs_ys_z+c_xc_z)+x_3(-s_xc_y),$$
$$c=x_1(-s_yc_z)+x_2(s_ys_z)+x_3(c_y),$$
$$d=x_1(s_xc_yc_z)+x_2(-s_xc_ys_z)+(x_3(s_xs_y),$$
$$e=x_1(-c_xc_yc_z)+x_2(c_xc_ys_z)+x_3(-c_xs_y),$$
$$f=x_1(-c_ys_z)+x_2(-c_yc_z),$$
$$g=x_1(c_xc_z-s_xs_ys_z)+x_2(-c_xs_z-s_xs_yc_z),$$
$$h=x_1(s_xc_z+c_xs_ys_z)+x_2(c_xs_yc_z-s_xs_z).$$

二阶偏导$\dfrac{\partial^2T_3(\boldsymbol{x}_1,\vec{\boldsymbol{p}})}{\partial p_i\partial p_j}$对应于海森矩阵的元素，海森矩阵为：

$$\boldsymbol{H}_3=\begin{pmatrix}\vec{H}_{11}&\cdots&\vec{H}_{16}\\ \vdots&&\vdots\\ \vec{H}_{61}&\cdots&\vec{H}_{66}\end{pmatrix}=\begin{pmatrix}\vec{0}&\vec{0}&\vec{0}&\vec{0}&\vec{0}&\vec{0}\\ \vec{0}&\vec{0}&\vec{0}&\vec{0}&\vec{0}&\vec{0}\\ \vec{0}&\vec{0}&\vec{0}&\vec{0}&\vec{0}&\vec{0}\\ \vec{0}&\vec{0}&\vec{0}&\vec{a}&\vec{b}&\vec{c}\\ \vec{0}&\vec{0}&\vec{0}&\vec{b}&\vec{d}&\vec{e}\\ \vec{0}&\vec{0}&\vec{0}&\vec{c}&\vec{e}&\vec{f}\end{pmatrix} \tag{5-142a}$$

式中：

$$\vec{a}=\begin{pmatrix}0\\ x_1(-c_xs_z-s_xs_yc_z)+x_2(-c_xc_z+s_xs_ys_z)+x_3(s_xc_y)\\ x_1(-s_xs_z+c_xc_yc_z)+x_2(-c_xs_ys_z-s_xc_z)+x_3(-c_xc_y)\end{pmatrix},$$

$$\vec{b}=\begin{pmatrix}0\\x_1(c_xc_yc_z)+x_2(-c_xc_yc_z)+x_3(c_xs_y)\\x_1(s_xc_yc_z)+x_2(-s_xc_ys_z)+x_3(s_xs_y)\end{pmatrix},$$

$$\vec{c}=\begin{pmatrix}0\\x_1(-s_xc_z-c_xs_ys_z)+x_2(-s_xs_z-c_xs_yc_z)\\x_1(c_xc_z-s_xs_ys_z)+x_2(-s_xs_ys_z-c_xs_z)\end{pmatrix},$$

$$\vec{d}=\begin{pmatrix}x_1(-c_ys_z)+x_2(c_ys_z)+x_3(-s_y)\\x_1(-s_xs_yc_z)+x_2(s_xs_ys_z)+x_3(s_xc_y)\\x_1(c_xs_yc_z)+x_2(-c_xs_ys_z)+x_3(-c_xc_y)\end{pmatrix},$$

$$\vec{e}=\begin{pmatrix}x_1(s_ys_z)+x_2(s_yc_z)\\x_1(-s_xc_yc_z)+x_2(-s_xc_yc_z)\\x_1(c_xc_ys_z)+x_2(c_xc_yc_z)\end{pmatrix},$$

$$\vec{f}=\begin{pmatrix}x_1(-c_yc_z)+x_2(c_ys_z)\\x_1(-c_xs_z-s_xs_yc_z)+x_2(-c_xc_z+s_xs_ys_z)\\x_1(-s_xs_z+c_xs_yc_z)+x_2(-c_xs_ys_z-s_xc_z)\end{pmatrix}.$$

通过对小角度使用以下三角近似，可以显著简化计算：

$$sin\phi\approx\phi,cos\phi\approx 1,\phi^2\approx 0. \tag{5-142b}$$

对于小于10°的角度，可以认为这些近似值是精确的。对于正弦函数，当角度为14°时，近似误差达到1%。对于余弦，同样的误差出现在8.2°。当使用小角度近似时，计算变换函数及其导数的速度更快，但在某些情况下，使用近似进行配准的鲁棒性较差。对于非线性优化的许多应用，海森矩阵往往不能直接进行分析计算，因为其计算成本过高，所以通常使用海森矩阵的数值近似值。

之后按照二维 NDT 下的优化方式，将对应参数更换为三维 NDT 的各参数，利用牛顿法不断迭代优化得到最优解（即最小-score），进而得到最优的配准结果。

5.7.4 正态分布变换配准算法实例及其关键代码分析

本节算法实例采用 PCL 官方的 NDT 案例，案例网址为：https://pointclouds.org/documentation/tutorials/normal_distributions_transform.html#。在该案例中，包含两个点云数据集 room_scan1.pcd 和 room_scan2.pcd，表示两次扫描房屋得到的数据，如图 5-33和图 5-34所示。

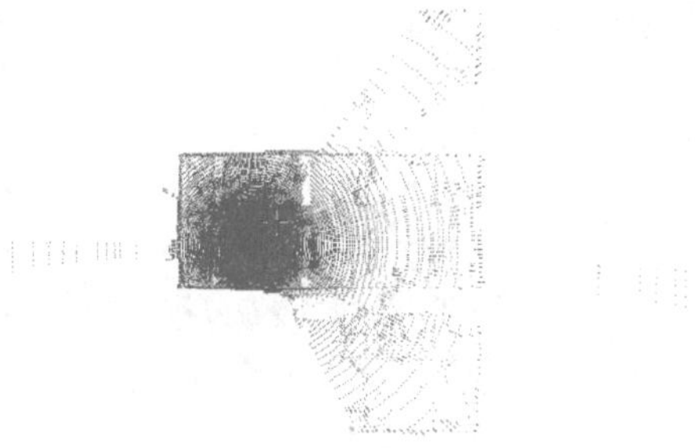

图 5-33 room_scan1.pcd

在本书提供的 NDT_source 文件夹下包含 CMakeLists.txt 文件和 normal_distributions_transform.cpp 源代

码文件。利用 Cmake 软件建立工程文件，然后在 VS 中打开 normal_distributions_transform.sln 文件，右键项目生成可执行文件 normal_distributions_transform.exe，直接运行即可得到配准结果，结果如图 5-35 所示。

图 5-34 room_scan2.pcd

图 5-35 两点云配准结果

从此结果来看，配准的效果良好。为进一步测试 NDT 算法的配准性能，本节中另外再取两只生猪点云进行实验，分别为 pig_view1.pcd 和 pig_view2.pcd 文件，两个点云的可视化结果如图 5-36 和图 5-37 所示。

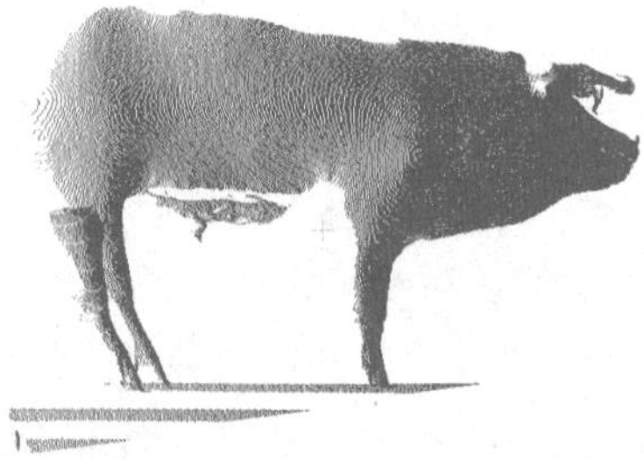

图 5-36 pig_view1.pcd 可视化结果

图 5-37 pig_view2.pcd 可视化结果

其算法运行结果如图 5-38 所示。

图 5-38 生猪点云配准结果

从图 5-38 可以看出，两个生猪的配准效果并不良好，即使旋转已到位，但在水平方向上有较大的偏差，可见 NDT 算法不一定适用于所有的点云数据。

接下来对关键代码进行分析。首先分析 NDT 类中的各个计算过程，类定义的代码可在 PCL 库的 ndt.hpp 文件中找到。

主要的计算代码如下。

```
NormalDistributionsTransform<PointSource, PointTarget>::computeTransformation
(PointCloudSource& output, const Eigen::Matrix4f& guess)
{
  nr_iterations_ = 0;
  converged_ = false;

  //初始化高斯拟合参数
  const double gauss_c1 = 10 * (1 - outlier_ratio_);
  const double gauss_c2 = outlier_ratio_ / pow(resolution_, 3);
  const double gauss_d3 = -std::log(gauss_c2);
  gauss_d1_ = -std::log(gauss_c1 + gauss_c2) - gauss_d3;
  gauss_d2_ =
      -2 * std::log((-std::log(gauss_c1 * std::exp(-0.5) + gauss_c2) - gauss_d3) /
gauss_d1_);
  …
  //初始化点梯度和海森矩阵
  point_jacobian_.setZero();
  point_jacobian_.block<3, 3>(0, 0).setIdentity();
  point_hessian_.setZero();
  …
  //计算初始变换向量的导数,在步长确定中进行后续导数计算
  double score =computeDerivatives(score_gradient, hessian, output, transform);
  while (! converged_) {
    //存储之前的转换
    previous_transformation_ = transformation_;
    //用牛顿法求解下降方向
     Eigen:: JacobiSVD < Eigen:: Matrix < double,  6,  6 > > sv (hessian, Eigen::
ComputeFullU |Eigen::ComputeFullV);
    //与最小化相反,最大化为负值
    Eigen::Matrix<double, 6, 1> delta= sv.solve(-score_gradient);
    //计算步长,并保证充分减少步长
    double delta_norm = delta.norm();
    if (delta_norm == 0 || std::isnan(delta_norm)) {//不再下降时返回
      trans_probability_ = score / static_cast<double>(input_->size());
      converged_ = delta_norm == 0;
      return;
    }
```

```
    delta /= delta_norm;//转变为单位向量
    delta_norm =computeStepLengthMT(…);
    delta * = delta_norm;//还原

    //将增量转换为矩阵形式
    convertTransform(delta, transformation_);
    transform += delta;
    …
    nr_iterations_++;
    if (//满足迭代条件) {
      converged_ = true;
    }
  }
  …
}
```

这段代码主要描述了整个 NDT 的计算过程，利用牛顿法不断迭代来获取梯度和海森矩阵，直到满足收敛条件。computeStepLengthMT( )函数用于求解最佳步长。接下来分析 computeDerivatives( )函数。

```
template <typename PointSource, typename PointTarget>double NormalDistribution-
sTransform<PointSource, PointTarget>::computeDerivatives(…//参数)
{
  //初始化点梯度和海森矩阵
  …
  //预计算角导数
  computeAngleDerivatives(transform);
  //更新每个点的梯度和海森矩阵
  for (std::size_t idx = 0; idx < input_->size(); idx++) {
    //转换点
    const auto& x_trans_pt = trans_cloud[idx];
    //查找邻近点
    std::vector<TargetGridLeafConstPtr> neighborhood;
    std::vector<float> distances;
     target_cells_.radiusSearch(x_trans_pt, resolution_, neighborhood, dis-
tances);
    for (const auto& cell : neighborhood) {
      //源点
      const auto& x_pt = (* input_)[idx];
```

```
        const Eigen::Vector3d x = x_pt.getVector3fMap().template cast<double>();
        //去噪点
        const Eigen::Vector3d x_trans = x_trans_pt.getVector3fMap().template cast<
double>() - cell->getMean();
        …
        //计算变换函数的导数
        computePointDerivatives(x);
        //更新分数、梯度和 hessian
        score +=updateDerivatives(score_gradient, hessian, x_trans, c_inv, compute_
hessian);
      }
    }
  return score;
}
```

其中角导数的计算函数 computeAngleDerivatives( ) 用于计算文中式（5-142a）和（5-142b）变量的各元素。computePointDerivatives( ) 用于生成 computeAngleDerivatives( ) 计算的元素形成的雅克比矩阵和海森矩阵变量。更多具体代码可在 ndt.cpp 文件中查看。

接下来对实例中的关键代码进行分析。

```
//将输入扫描过滤到原始大小的大约 10%,以提高配准速度
  pcl::PointCloud<pcl::PointXYZ>::Ptr filtered_cloud (new pcl::PointCloud<pcl::
PointXYZ>);
  pcl::ApproximateVoxelGrid<pcl::PointXYZ> approximate_voxel_filter;
  approximate_voxel_filter.setLeafSize (0.2, 0.2, 0.2);
  approximate_voxel_filter.setInputCloud (input_cloud);
  approximate_voxel_filter.filter (* filtered_cloud);
  std::cout << "Filtered cloud contains " << filtered_cloud->size ()
        << " data points from room_scan2.pcd" << std::endl;
```

这段代码过滤输入云以缩短配准时间。任何对数据进行均匀降采样的过滤器都可以用于该部分。目标云不需要过滤，因为 NDT 算法使用的体素网格数据结构不使用单个点，而是使用其每个数据结构体素单元中包含的点的统计数据。

```
//初始化正态分布变换
  pcl::NormalDistributionsTransform<pcl::PointXYZ, pcl::PointXYZ> ndt;
```

在这里，我们使用默认值创建 NDT 算法。内部数据结构暂未初始化。

```
  //设置比例相关 NDT 参数
  //设置终止条件的最小变换差
  ndt.setTransformationEpsilon (0.01);
```

```
//设置最大步长以进行 More-Thuente 线性搜索
ndt.setStepSize (0.1);
//设置 NDT 网格结构的分辨率(体素网格协方差)
ndt.setResolution (1.0);
```

这里根据处理的数据集的尺寸、间隔等对参数进行修改。变换 Epsilon 参数分别以米和弧度为单位定义变换向量［x，y，z，roll，pitch，yaw］的最小、允许的增量变化。一旦增量变化降至该阈值以下，对齐终止。步长参数定义了 More-Thuente 线搜索允许的最大步长，该线搜索算法确定低于该最大值的最佳步长，在接近最优解时缩短步长。最后，分辨率参数定义内部 NDT 网格结构的体素分辨率，分辨率太小不能很好地表达点云分布，太大则容易导致计算时间过长。以上参数的值是根据经验选择的。一些参数取决于传感器范围。

```
//计算所需的刚性变换以将输入云与目标云对齐
pcl::PointCloud<pcl::PointXYZ>::Ptr output_cloud (new pcl::PointCloud<pcl::PointXYZ>);
ndt.align (* output_cloud, init_guess);
std::cout << "Normal Distributions Transform has converged:" << ndt.hasConverged ()
<< " score: " << ndt.getFitnessScore () << std::endl;
```

最后，我们准备对齐点云。转换后的输入云存储在输出云中。然后，我们显示对齐结果以及分数。

5.8 SDRSAC：基于半正定的随机点云配准算法

本节介绍一种不用预配对的配准算法，从算法简介、原理描述、算法实现、源码分析和算法测试实例等方面全面剖析，帮助读者全面了解和掌握该算法。

5.8.1 SDRSAC 发明者

本算法的作者为 Huu M. Le、Thanh-Toan Do、Tuan Hoang 和 Ngai-Man Cheung，更多扩展资料可参看随书附赠资源中的说明文档。

5.8.2 SDRSAC 算法设计的灵感、应用范围和优缺点

许多现有配准算法需要将一组假定的对应关系（Correspondences）作为输入，以达到较好的对齐配准结果。这些对应关系通常要通过在给定的点集上提取局部不变特征（Invariant Descriptors），并执行多个最近邻搜索来提取初始关键点从而进行匹配。本节算法描述一种不用预配对的配准算法 SDRSAC，可直接对两组原始点云数据进行对齐。其次，为了提高算法效率，以解决处理大量密集点云数据时执行时间长的问题，该算法加入了随机方法来提取局部子集，通过解决两个点集局部配准问题来得到全局配准结果。该算法对密集和稀疏点云数据均适用。

同时，该算法使用了图匹配（Graph Matching）方法代替最小二乘法，能够很好地处理噪声和离群点，增强了算法的鲁棒性。

该算法的缺点是不能解决非刚性的配准问题，同时，在进行刚性配准时，针对不同的数据还需要手动调整阈值。由于阈值参数较多，对于每一组数据都需要多次尝试不同的阈值，这使得该算法的通用性有一定程度的下降。

5.8.3 SDRSAC 算法原理描述

本节主要介绍 SDRSAC 的算法原理，涉及问题定义与优化求解和算法流程等部分，帮助读者了解算法数理基础和技术流程。

1. 对齐问题描述

在点云配准问题中，对于给定的两个三维点集，求解的目标是找到最佳的刚性变换使得两个点集对齐。其中，刚性变换由旋转矩阵 $\boldsymbol{R}^* \in SO(3)$ 和平移向量 $\boldsymbol{t}^* \in \mathbb{R}^3$ 组成。在实际应用中，输入数据往往包含大量的噪声或者离群点，因此需要鲁棒（Robust）的方法使得计算不受这些异常值的影响。形式上，令 $S=\{s_i \in \mathbb{R}^3\}_{i=1}^{N_s}$ 和 $D=\{d_j \in \mathbb{R}^3\}_{j=1}^{N_d}$ 分别表示源点集和目标点集，则鲁棒刚性配准问题可以表示为：

$$\min_{R \in SO(3), t \in R^3} \sum_{i=1}^{N} \rho(\| \boldsymbol{R}s_j + \boldsymbol{t} - d_j \|) \tag{5-143}$$

式中，$\|\cdot\|$ 表示 ℓ_2 范数，d_j 是目标点集 D 中距离转换点 $\boldsymbol{R}s_i+\boldsymbol{t}$ 最近的一点，即：

$$d_j = \arg\min_{d_k \in D} \| \boldsymbol{R}s_i + \boldsymbol{t} - d_k \| \tag{5-144}$$

ρ 是鲁棒损失函数，$SO(3)$ 表示旋转矩阵的空间。为了使得配准足够鲁棒，ρ 通常从一组鲁棒核中选择。本节算法中使用了常用的最大一致标准（Maximum Consensus Criterion）方法。在该方法中，ρ 定义为：

$$\rho(x) = \begin{cases} 0 & \text{if } x \leqslant \epsilon, \\ 1 & \text{otherwise.} \end{cases} \tag{5-145}$$

式中，$\epsilon>0$ 表示由用户定义的阈值参数，用于指定要视为内点的对应点对（Correspondence Pair）的最大允许距离。

为了简化公式，假设给定两组 3D 点集 $P=\{p_i\}_{i=1}^{N}$ 和 $Q=\{q_j\}_{j=1}^{N}$，两点集均含有 N 个点。求解的目标是找到最佳对应集合 C_{PQ}^* 使得 P 和 Q 可以鲁棒地对齐。此处之所以不采用式（5-143）定义的 S 和 D，是因为此处提出的新问题将被用作求解式（5-143）的子问题，在下文中将进行解释。

定义 $\boldsymbol{X} \in \{0,1\}^{N \times N}$ 为置换矩阵（Permutation Matrix），如果第 i 行第 j 列的元素即 $\boldsymbol{X}_{i,j}$ 等于 1，则表示点对 $p_i \in P$ 和 $q_j \in Q$ 属于配对点；若不是配对点，则 $\boldsymbol{X}_{i,j}$ 等于 0。为了计入离群点，进一步假定最优解包含 $m<N$ 个配对点。m 应该大于等于 3（即最小子集大小）；或者 m 可以根据当前要解决问题的已知离群值比率进行估计。由于 m 的引入，$\boldsymbol{X}$ 现在变为子置换矩阵。用 $\hat{\boldsymbol{X}}$ 表示矩阵 $\boldsymbol{X}$ 的矢量化向量，通过堆叠矩阵 $\boldsymbol{X}$ 的列获得：

$$\hat{\boldsymbol{X}} = [\hat{\boldsymbol{X}}_{:,1}^{\mathrm{T}}\ \boldsymbol{X}_{:,2}^{\mathrm{T}} \cdots \boldsymbol{X}_{:,N}^{\mathrm{T}}]^{\mathrm{T}} \tag{5-146}$$

式中，$\boldsymbol{X}_{:,j}$表示$\boldsymbol{X}$的第j列。为了找到最佳的配对，考虑以下最优化问题：

$$\max_{X} \quad \hat{\boldsymbol{X}}^{\mathrm{T}}\boldsymbol{A}\hat{\boldsymbol{X}} \tag{5-147a}$$

$$\text{subject to} \quad X_{i,j}\in\{0,1\}\ \forall i,j\in\{1,2,\cdots,N\}, \tag{5-147b}$$

$$\textstyle\sum_{j=1}^{N}X_{i,j}\leqslant 1\ \forall i\in\{1,2,\cdots,N\}, \tag{5-147c}$$

$$\textstyle\sum_{i=1}^{N}X_{i,j}\leqslant 1\ \forall i\in\{1,2,\cdots,N\}, \tag{5-147d}$$

$$\textstyle\sum_{i=1}^{N}\sum_{j=1}^{N}X_{i,j}=m. \tag{5-147e}$$

式中，$\boldsymbol{A}\in\mathbb{R}^{N^2\times N^2}$是对称矩阵，表示$P$、$Q$点对的匹配势（Matching Potential），其定义为：

$$A_{ab,cd}=\begin{cases}f(\boldsymbol{p}_a,\boldsymbol{p}_c,\boldsymbol{q}_b,\boldsymbol{q}_d) & \text{if}\,|\delta(\boldsymbol{p}_a,\boldsymbol{p}_c)-\delta(\boldsymbol{q}_c,\boldsymbol{q}_d)|\leqslant\gamma,\\ 0 & \text{otherwise.}\end{cases} \tag{5-148}$$

式中，$a,b,c,d\in\{1,\cdots,N\}$为点的索引，$ab=a+(b-1)N$，$cd=c+(d-1)N$是$\boldsymbol{A}$的行列索引。p_a，$p_c\in P$，q_c，$q_d\in Q$，$\gamma>0$是预先定义的阈值，$\delta(p_1,p_2)$是两个点之间的欧氏距离，f是一个函数，将两对点(p_a,p_c)和(q_c,q_d)作为输入，并输出表示这两对点的匹配势的标量，式（5-148）中的f作为惩罚两条线段之间长度差的函数。为简单起见，函数f定义为$\exp(-|\delta(p_a,p_c)-\delta(q_c,q_d)|)$。由式（5-150）的定义，匹配势将不分配给$\boldsymbol{A}$的所有元素，只允许将长度差小于$\boldsymbol{\gamma}$的线段对（Pairs of Segments）视为匹配的候选对，而排除具有较大长度差的线段对。这样一来，式（5-149）的目标函数的意义即：使得尽可能多的点配对于匹配势大的地方，即使得两对点云中配对的任意线段长度的差值之和最小。

2. 半正定松弛过程（Semidefinite Relaxation）

令$\boldsymbol{Y}=\hat{\boldsymbol{X}}\hat{\boldsymbol{X}}^{\mathrm{T}}\in\mathbb{R}^{N^2\times N^2}$，二次型$\hat{\boldsymbol{X}}^{\mathrm{T}}\boldsymbol{A}\hat{\boldsymbol{X}}$为一个标量，其迹等于它本身，再根据二次型的迹的性质：

$$\hat{\boldsymbol{X}}^{\mathrm{T}}\boldsymbol{A}\hat{\boldsymbol{X}}=\text{trace}(\hat{\boldsymbol{X}}^{\mathrm{T}}\boldsymbol{A}\hat{\boldsymbol{X}})=\text{trace}(\boldsymbol{A}\hat{\boldsymbol{X}}\hat{\boldsymbol{X}}^{\mathrm{T}}) \tag{5-149}$$

式（5-147）变为：

$$\max_{X,Y} \quad \text{trace}(\boldsymbol{AY}), \tag{5-149a}$$

$$\text{subject to} \quad \boldsymbol{Y}=\hat{\boldsymbol{X}}\hat{\boldsymbol{X}}^{\mathrm{T}}, \tag{5-149b}$$

$$\text{trace}(\boldsymbol{Y})=m, \tag{5-149c}$$

$$0\leqslant X_{i,j}\leqslant 1\ \forall i,j, \tag{5-149d}$$

$$(5\text{-}147\text{c}),(5\text{-}147\text{d}),(5\text{-}147\text{e}). \tag{5-149e}$$

通过引入$\boldsymbol{Y}$，将问题提升到$\mathbb{R}^{N^2\times N^2}$域。在问题解不变的情况下，可以放松$\boldsymbol{X}$的二次约束。然而，由于秩1约束式（5-149b），式（5-149）仍然是非凸的，之所以叫秩1约束，是因为它的秩为1，秩1的矩阵集不是凸的。为了对式（5-149）进行近似，采用常见的凸松弛方法，其中式（5-149b）被松弛到半正定约束$\boldsymbol{Y}-\hat{\boldsymbol{X}}\hat{\boldsymbol{X}}^{\mathrm{T}}\geqslant 0$。然后，得出以下凸优化问题：

$$\max_{X,Y} \quad \text{trace}(\boldsymbol{AY}), \tag{5-150a}$$

$$\text{subject to} \quad \boldsymbol{Y}-\hat{\boldsymbol{X}}\hat{\boldsymbol{X}}^{\mathrm{T}}\geqslant 0, \tag{5-150b}$$

$$(5\text{-}147\text{c})(5\text{-}147\text{d})(5\text{-}147\text{e})(5\text{-}149\text{c})(5\text{-}149\text{d}) \tag{5-150c}$$

上面介绍的式（5-150）是一个凸半正定规划问题（Semidefinite Program，SDP），它的全局最优解可以使用许多现成的 SDP 求解器来获得，在该算法中使用 SDPNAL+该求解器是由 L.Q. Yang 等人在 MATLAB 平台上制作的软件包，实现了一种基于增广 Lagrangian 的算法来求解具有界约束的大规模半正定规划问题。为了使式（5-149）和式（5-150）的解能够尽可能近似，该算法中还加入了如下约束来收紧松弛：

$$Y_{ab,cd} \leqslant \begin{cases} 0, & \text{if } a=c, b \neq d, \\ 0, & \text{if } b=d, a \neq c, \\ \min(X_{ab}, X_{cd}), & \text{otherwise}, \end{cases} \tag{5-151}$$

式（5-151）表明点与点之间只能一对一匹配，且由于 $\boldsymbol{Y}_{ab,cd}=\boldsymbol{X}_{ab}\boldsymbol{X}_{cd}$ 都是二进制数，所以 $\boldsymbol{Y}_{ab,cd} \leqslant \min(\boldsymbol{X}_{ab}, \boldsymbol{X}_{cd})$ 成立。此外，由于鲁棒配准的特殊情况，式（5-150）可以进一步收紧，根据对定义的矩阵 $\boldsymbol{A}$ 的讨论，可以增加以下约束条件：

$$Y_{ab,cd}=0 \quad \text{if } A_{ab,cd}=0, \tag{5-152}$$

上式表明如果 $\boldsymbol{p}_a\boldsymbol{p}_c$ 和 $\boldsymbol{q}_c\boldsymbol{q}_d$ 对的长度差太大（大于 γ），将不允许 $\boldsymbol{p}_a\boldsymbol{p}_c$ 和 $\boldsymbol{q}_c\boldsymbol{q}_d$ 进行匹配。最终，将式（5-151）和式（5-152）代入后，SDP 松弛变为：

$$\max_{X,Y} \ \text{trace}(AY) \tag{5-153a}$$

$$\text{subject to 式(5-150b),式(5-149c),式(5-149d),式(5-150c),式(5-151),式(5-152)}. \tag{5-153b}$$

注意，式（5-153）仍然是凸 SDP，因为附加约束式（5-151）和式（5-152）是线性的。

在使用凸求解器求解式（5-153）直至全局最优后，剩下的任务是将其解投影回置换矩阵空间。该算法应用了线性分配问题（Linear Assignment Problem）。在该问题中，可以通过求解线性规划问题（Linear Programming，LP）有效地计算投影。具体地说，设 $\tilde{\boldsymbol{X}}$ 为式（5-153）的最优解。投影的 LP 可表示为：

$$\begin{aligned} &\max_{X} \quad \langle X, \tilde{X} \rangle, \\ &\text{subject to} \quad 0 \leqslant X_{i,j} \leqslant 1 \quad \textstyle\sum_i X_{i,j}=1, \sum_j X_{i,j}=1. \end{aligned} \tag{5-154}$$

式中，〈·，·〉表示两个矩阵的内积，即对应同下标元素分别一一相乘后求和。

式（5-154）的解提供了一组 N 对应点。然而，根据式（5-147）只需要从中选择 m 对。为了通过一个简单的启发式算法解决这个问题，注意式（5-147）中的最优解 $\boldsymbol{X}^*$ 只有 m 行/列包含值 1，其余均为零。因此，根据从式（5-154）中获得的对应集，将每对点对 (p_i, q_j) 赋予与 $\tilde{\boldsymbol{X}}_{i,j}$ 相等的分数，使得具有最高分数的 m 对点集作为式（5-147）的近似解。

本节算法可以总结如下。

Algorithm 1：SDRSAC

Require：输入数据 S 和 D，max_iter，inner_iters，采样子集的大小 N_{sample}

1：iter← 0；best_ score← 0；

2：while iter< max_ iter do

3：　　S′ ← 从 S 中随机采样，使 |S′| = N_{sample}

4：　　for　　t = 1 to inner_ iters do

（续）

```
5:        D′ ← 从 D 中随机采样，使 | D′ | = N_sample
6:          {M, R, t} ← SDRMatching (S, D, S′, D′)
7:        if | M | > best_ score then
8:            best score← | M | ; R* ←R; t* ← t
9:        end if
10:     end for
11:     iter ← iter+ inner_iters
12:     T ← 满足停止条件时的迭代次数
13:     if iter≥ T then
14:         return
15:     end if
16: end while
17: return 最佳转换 (R* , t* ), best_ score
```

其中 SDRMatching( )函数算法过程如下。

```
Algorithm 2: SDRMatching
Require: 输入数据 S 和 D, 采样子集 S′和 D′, 阈值 ϵ。
    1: A←使用带有 P=S′和 Q=D′的式 (5-148) 生成的矩阵
    2: X̃ ← 用步骤 1 生成的 A 求解 (5-153)
    3: X← 用步骤 2 生成的 X̃ 求解 (5-154)
    4: M′← { (s′_i ∈S′, d′_j ∈D′) | X_i,j =1}
    5: ( R̃ , t̃ ) ← 根据对应集 M′估计转换
    6: (R,t) ← 使用 ICP 算法进行精准匹配，初始化为( R̃ , t̃ )
    7: M ← { (s_i ∈S, d_j ∈D) | ‖ Rs_i+t-dj ‖ ≤ϵ}
       /* d_j 的定义在式 (5-144) */
    8: return M, R, t
```

3. 算法停止标准

用 p_I 表示选择一个内点（Inlier）的概率（即：内点率），用 T 表示试验次数（迭代次数）。请注意，从统计学的角度可以看出，N_{sample}大小的样本中的预期内点率也是 p_I。此外，在运行 Alg.2 之后，只剩下 m 对点对，使得算法可以基于 m 计算停止标准。令 p_f 表示算法在 T 次试验后未能找到所有内点对应集的概率，p_f 可以用下式计算：

$$p_f=(1-p_I^m)^{\mathrm{T}}, \tag{5-155}$$

因此，为了获得大于 p_s 的成功率，必须使迭代次数 T 满足下式：

$$T\geqslant\frac{\log(1-p_s)}{\log(1-p_I^m)}. \tag{5-156}$$

式（5-156）由 $p_s\geqslant 1-(1-p_I^m)^{\mathrm{T}}$ 推导而来，读者可自行验证。

由于实际的内点率 p_I 事先未知，根据几种随机方法的常见做法，该算法在采样过程中更新该值，即使用当前最优解的内点率迭代更新 p_I。

5.8.4 SDRSAC 实现的关键代码分析

本算法采用 MATLAB 实现，代码取自 https://github.com/intellhave/SDRSAC。实现该算法的关键代码函数在 ./SDRSAC-master/SDRSAC.m 文件，具体代码如下。

```
add_dependencies;                    % 添加对应的依赖函数路径
ps = 0.99;                           % T 次实验成功找到一个直线对应集的概率
iter=0;                              % 记录当前迭代次数
T_max = 1e10;                        % 最大实验次数
% 使用 KDTree 方法快速计算搜索范围
B_Tree =KDTreeSearcher(B');
% 准备采样
n = config.pointPerSample;           % N_sample
maxInls = 0;
bestR = [];                          % 保存最佳旋转矩阵
bestT = [];                          % 保存最佳平移向量
% 开始采样迭代
stop = false;
B_to_sample = B;                     % 用于保存去掉采样点后剩余的 B 点集
```

这段代码首先由 add_dependencies 函数添加所有需要的依赖函数路径，然后设置各项参数初始值，用于达到停止条件和保存各项信息。接下来算法会进入第一层循环。

```
while (iter < config.maxIter && ~stop)
    idxM = randsample(size(M,2), n);  % 随机采样 N_sample 个点
    m = M(:,idxM);     % 采样得到的对应的点坐标
    B_to_sample = B;
    scount = 0;
    % 二层循环
    …
    %
end
```

第一层循环从点集 M 中随机采样 N_{sample} 个点，本节算法中选取 $N_{sample}=16$，并获得随机采样得到的各点的坐标，用于后续在第二层循环中进行线段匹配，scount 是一个用于二层循环的计数停止条件。

```
while (size(B_to_sample,2) > n* 2 &&scount < 2)
      scount = scount + 1;
      fprintf('Current B size: %d\n', size(B_to_sample,2));
```

```
    idxB = randsample(size(B_to_sample,2), n);  % 随机采样
    b = B_to_sample(:,idxB);  % 采样得到的对应的点坐标
    B_to_sample(:,idxB) = [];  % 在点集 B 中除去已采样的点
    % 求解 SDP
    [Rs,ts, ~, corrB] =sdpReg(m, b, config);
    if ~isempty(corrB)  % 如果存在对应,则采用 ICP 算法进行进一步精准匹配
        TM = Rs* M +repmat(ts, 1, size(M,2));
        % 构建 ICP
        [Ricp, Ticp] =icp(B, TM, 'Matching', 'kDtree', 'WorstRejection', 0.1, '
iter', 100);
        TMICP = Ricp* Rs* M + repmat(Ricp* ts + Ticp, 1, size(M, 2));
        inls_icp = countCorrespondences(TMICP, B_Tree, config.epsilon);
        if inls_icp > maxInls
            maxInls = inls_icp;
            bestR = Ricp* Rs;  % 更新最佳旋转矩阵
            bestT = Ricp* ts + Ticp;     % 更新最佳平移向量
            fprintf('Best-so-far consensus size: %d\n', maxInls);%
            fprintf('--------------');
            % 计算停止标准
            pI = maxInls./size(M,2);
            T_max = log(1-ps)./log(1-pI^config.k);
        end
    end
    iter = iter+1;  % 更新迭代次数
    % 满足停止标准(至少 5 次迭代)
    if iter >= T_max && iter >=5
        stop = true;
    end
end
```

二层循环主要对源点集采样并用求解器求解，如果得到有对应关系，则会进一步使用 ICP 算法进行精准匹配，达到停止条件时则退出循环，循环结束后保存各项最优结果。

综上所述，M 和 B 是输入点云，每个参数都是一个 3×N 的矩阵，config 包含了所有的运行该算法的所需参数，读者可从同文件夹下的 readConfig.m 文件查看更多信息。该函数的输出是一个包含输出变量的结构体，包含最佳的旋转矩阵和平移向量。从代码可以看出，在利用 SDP 求解器求得解后，如果存在对应关系，则算法还会进一步利用 ICP 算法进行精准匹配，得到更准确的旋转矩阵变量和平移向量。

5.8.5 SDRSAC 实战案例分析

读者可在 MATLAB 中指定当前文件夹为 SDRSAC-master \ solvers \ SDPNAL+v1.0 后运行：

```
>>startup
>>SDPNALplus_Demo
```

检验是否正确安装了 SDPNAL+求解器，其中 startup.m 文件的作用是在 MATLAB 中为 SDPNAL+建立路径。然后回到 SDRSAC-master 文件夹运行 demo_sdrsac.m 文件即可测试该算法，测试数据存于 data 文件夹中，读者可在 readConfig_synthetic.m 文件中修改测试数据和各项阈值，以下展示三对点集的测试结果，点集数据分别为 bunny、pig 和 cow。

1. bunny 数据集测试

两组 bunny 点云数据如图 5-39 所示，运行程序的结果如图 5-40 所示。

a)　　　　　　　　b)

图 5-39　bunny 点云数据，图 a）为算法中点集 S（源点集），图 b）为点集 D（目标点集）

图 5-40　SDRSAC 在 bunny 数据的测试结果

2. pig 数据集测试

两组 pig 点云数据如图 5-41 所示，运行程序的结果如图 5-42 所示。

从运行结果可见该算法实现了良好的点集配准结果。

a) b)

图 5-41 pig 点云数据，图 a) 为算法中点集 S（源点集），图 b) 为点集 D（目标点集）

图 5-42 SDRSAC 在 pig 数据的测试结果

3. cow 数据集测试

两组 cow 点云数据如图 5-43 所示，运行程序的结果如图 5-44 所示。

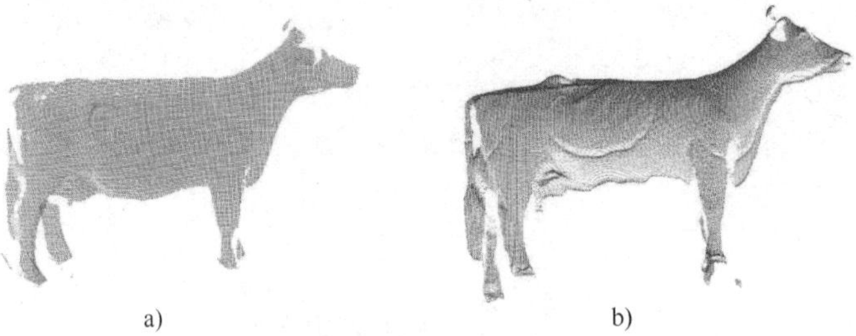

a) b)

图 5-43 cow 点云数据，图 a) 为算法中点集 S（源点集），图 b) 为点集 D（目标点集）

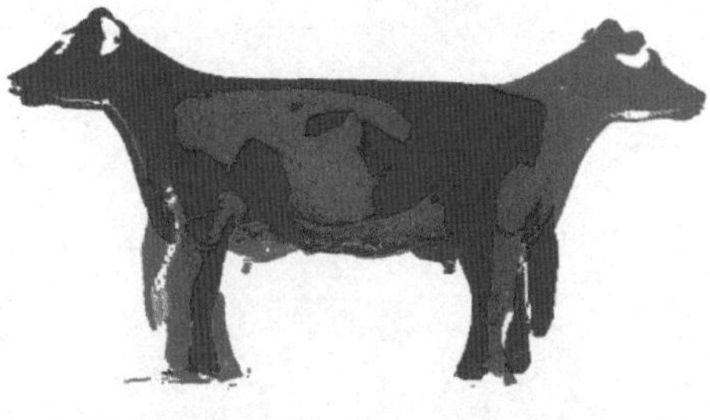

图 5-44 SDRSAC 在 cow 数据的测试结果

根据图5-44的结果，可以知道SDRSAC算法对于存在噪声的数据也并不一定能够正确配准，当两点云稍有不同时可能就会导致如图5-44所示的结果，尽管大部分点都能够配准，但这并不是我们想要的结果。

另外，该算法在配准较大规模的点云时，所需要的计算时间不够理想（10万数量的点云需要运行20分钟，但数量约5000规模的点云仅需约10秒，根据不同配置的设备和数据集，计算时间可能不同），因此在使用此算法进行配准时，尽量选择小规模的点云会更有优势。

5.9 PointDSC：利用深度空间一致性的鲁棒性点云配准算法

本节介绍一种基于深度学习的粗配准算法，从算法简介、原理描述、算法实现、源码分析和算法测试实例等方面进行全面剖析，帮助读者全面了解和掌握该算法。

5.9.1 PointDSC发明者

本算法的作者团队包括白旭阳、罗梓鑫、周磊、陈鸿凯、李磊、胡泽宇，等人，均来自香港科技大学，指导老师为香港城市大学傅红波老师与香港科技大学戴秋兰老师。算法核心作者之一白旭阳师从戴秋兰教授，主要研究方向是点云配准和激光雷达感知，曾在CVPR、ICCV、ECCV等会议上发表多篇学术论文，更多扩展资料可参看随书附赠资源中的说明文档。

5.9.2 PointDSC算法设计的灵感、应用范围、优缺点和泛化能力

目前，最先进的点云配准算法通常由三维关键点检测、关键点局部特征描述、离群匹配的去除以及变换矩阵的估计四步来实现。近些年来，尽管三维局部特征的检测与描述已经随着深度学习技术的发展而不断进步，但是当两个点云的重叠度较小时，特征空间匹配得到的匹配对仍然存在大量的离群匹配。在该研究中，作者尝试提出一个鲁棒的离群匹配去除算法来解决这一问题。

传统的非深度学习的三维离群匹配去除算法大致可以分为两类：基于个体的和基于群体的算法。其中，基于个体的算法，如：比值检验（Ratio Test）和互反检验（Reciprocal Check），仅根据局部特征描述子的相似性来识别先前的对应关系，而不考虑它们的空间一致性。相比之下，基于群体的算法通常利用三维场景的几何先验，通过分析空间一致性来识别正确的匹配对。在二维情况下，如图片匹配问题中，空间一致性只提供了点与对极线之间的弱限制。而在三维情况下，空间一致性是通过刚性变换在每对匹配点之间严格定义的，这是所有正确的匹配对都应该遵循的最重要的几何性质之一。在本算法中作者团队着重于利用三维空间一致性来实现鲁棒的三维点云配准。

基于学习的三维离群匹配去除算法通常将离群匹配去除任务建模为一个分类问题。其中，网络首先将输入的匹配对的三维坐标通过特征提取模块转化成高维的几何特征，再利用该特征来预测每个匹配对的是正确匹配对的概率。对于特征提取模块，这些算法仅依赖于稀疏卷积和

多层感知器等通用算子来获取上下文信息，而忽略了基本的三维空间关系。此外，在匹配对分类过程中，现有的算法只对每个匹配对进行单独分类，再次忽略了正确的匹配对之间所满足的空间一致性，从而在一定程度上影响分类的准确性。

上述所有的离群匹配去除算法，或是考虑了空间一致性但为手工设计，或为基于学习算法但没有引入空间一致性。在本算法中尝试结合两类算法的各自优势来设计出一种强大的二阶段深度神经网络 PointDSC，该网络在特征提取和匹配对分类的两个阶段都显式地利用了空间一致性约束。

适用于各种三维特征描述子（包括传统描述子与基于深度学习的描述子），可以极大程度地减少在描述子空间中构建的初始匹配对中的错误匹配，进而得到鲁棒的变换矩阵估计。

- 相比于之前的算法，PointDSC 在公开数据集（包括室内场景与室外场景）中均展现出了更好的性能。与最常见的鲁棒估计算法 RANSAC 相比可以用更短的时间得到更好的配准效果。
- PointDSC 显式地利用了三维空间一致性，由于该一致性对任何场景、任何描述子构建的初始匹配对都满足。因此，PointDSC 在不同应用场景下均获得了较好的泛化能力。
- 在特征提取模块中需要用到 $O(N^2)$ 的计算复杂度。其中，N 是初始匹配对的数量。因此，对于输入初始匹配对较多的情况，PointDSC 有着较高的计算复杂度与显存开销。
- 算法依赖深度学习，需要较大规模的训练数据。

由于 PointDSC 算法显式利用了在任何场景下都成立的三维空间一致性，其泛化能力对比之前的基于学习的算法有比较明显的进步。由于 PointDSC 是数据驱动的深度学习模型，不可避免会学习到训练数据中的先验知识，因此泛化能力不如非数据驱动的传统算法。

5.9.3 PointDSC 算法原理描述

本节介绍 PointDSC 的算法原理，涉及网络结构和算法流程等部分，帮助读者了解算法数理基础和技术流程。

1. 整体框架

假设一对部分重叠的三维点云的两组稀疏关键点 $X \in R^{|X| \times a}$ 和 $Y \in R^{|Y| \times a}$，其中每个关键点都包含相关的局部描述子。PointDSC 的输入是一组从特征空间匹配得来的初始匹配对 C，其中每一个匹配对包含一个来自 X 的三维点和一个来自 Y 的三维点，表示为 $c_i \in (x_i, y_i) \in R^6$。本算法的目标是给每一个匹配对赋予一个正确/错误的标签，并恢复出两个点云之间的变换矩阵。PointDSC 的整体架构如图 5-45 所示，算法的流程如下。

1）通过特征提取模块 SCNonlocal 将输入匹配对的坐标映射到高维特征空间。

2）通过一个多层感知器估计每个匹配对的初始正确概率，并利用该概率选择出一组高可信度且空间分布均匀的匹配对（称为 Seed）。

3）针对每一个 Seed，在特征空间中找到它的 k 近邻组成一组匹配对子集，通过匹配对分类模块 NSM 来对其进行分类，进而利用分类结果通过线性最小二乘法估计出该组匹配对子集对应的变换矩阵。

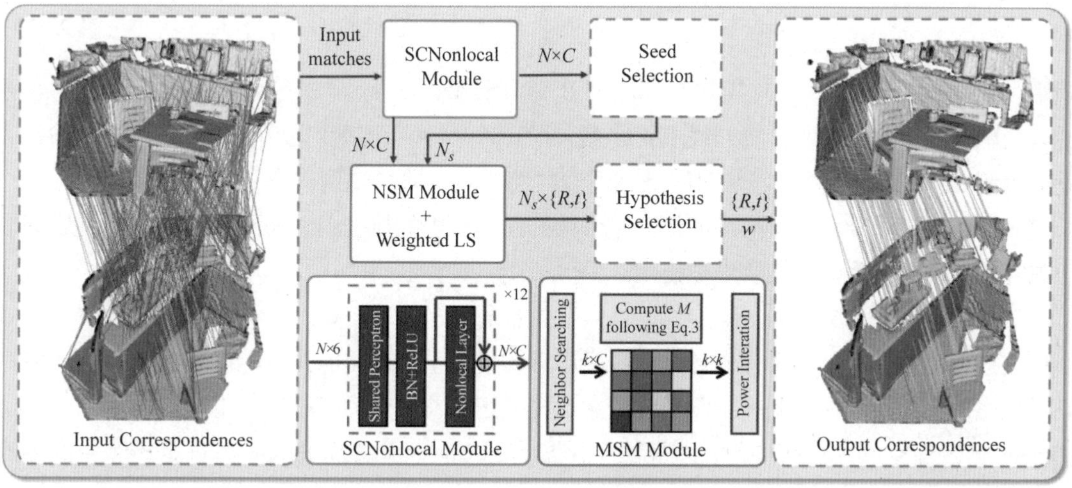

图 5-45　PointDSC 的整体架构

4）最后，算法在所有得到的变换矩阵中以正确匹配对数量为指标选择出最好的变换矩阵作为最终结果。

2. 特征提取模块

PointDSC 网络的第一个模块是 SCNonlocal。该模块接收初始匹配对作为输入，并为每个匹配对生成一个几何特征。以前的算法通常利用通用算子学习特征嵌入，而忽略了三维刚性变换的独特性质。该网络的 SCNonlocal 模块显式地利用正确匹配对之间的空间一致性来学习特征空间。在特征空间中正确的匹配对彼此更加接近。

PointDSC 网络的 SCNonlocal 模块有 12 个块，每个块由一个共享感知器层、一个带有 ReLU 的 BatchNorm 层和一个非局部算子层组成。图 5-46 展示了该算法提出的非局部算子层的结构。设 $\boldsymbol{f}_i \in \boldsymbol{F}$为匹配对的中间特征表示。该算法设计的用于更新特征的非局部算子层的灵感来自于著名的非局部网络，该网络使用非局部算子捕获远程依赖关系。该算法的贡献是引入了一个新的空间一致性项来补充非局部算子的特征相似性。具体来说，该算法使用以下公式更新特性：

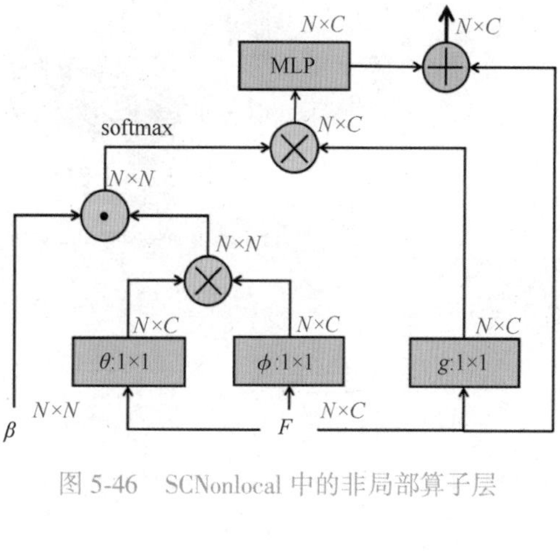

图 5-46　SCNonlocal 中的非局部算子层

$$f_i = f_i + MLP\left(\sum_j^{|c|} softmax_j(\alpha\beta)\, g(f_i)\right) \tag{5-157}$$

式中，α 项为特征相似项。β 项为空间一致性子项，其定义基于三维刚体变换所带来的保角保边的属性。

当正确匹配和离群值都满足长度一致性时，会存在歧义性。特征相似项 α 提供了缓解模糊性问题的可能性。该算法通过测量来自 X 的三维点和来自 Y 的三维点之间的长度差来计算 β。其计算公式如下：

$$\beta_{ij}=\left[1-\frac{d_{ij}^2}{\sigma_d^2}\right]_+,d_{ij}^2=\left|\ \|\boldsymbol{x}_i-\boldsymbol{x}_j\|-\|\boldsymbol{y}_i-\boldsymbol{y}_j\|\ \right| \tag{5-158}$$

式中，$[\cdot]_+$表示 $\max(\cdot,0)$ 操作，其确保 β_{ij} 为非负值。σ_d 为距离参数，控制长度差的敏感性。当两个匹配对之间所形成的线段长度差大于 σ_d 时，两个匹配对就会被认为是不一致的，β 就会得到 0；而只有当两个匹配对满足空间一致性的时候才会得到一个较大的 β 值。因此，这个空间一致性子项 β 可以做为特征相似性子项的一个可靠的校准器。通过 SCNonlocal 模块提取出的几何特征会在后续的模块中被使用。

3. Seed 选择模块

在这一模块中，该算法首先通过一组多层感知机将上面得到的几何特征映射为每个匹配对是否为正确匹配对的初始概率。利用此概率选择一组高置信度的匹配对，将其称为 Seed。为了使 Seed 可以在空间中分布均匀，该算法采用常见的 Non-Maximum Suppression 来避免空间中的密集分布的问题。

接下来，算法会在特征空间中为每一个 Seed 找到它的 k 近邻来形成一组匹配对子集，该子集会被匹配对分类模块作为输入并输出一个对应的变换矩阵。由图 5-47 可以看出，特征空间 KNN 相比空间 KNN 有几个优势。首先，通过 SCNonlocal 模块之后，在特征空间中找到的邻近点更可能接近 Sccd 的变换。其次，在特征空间中选择的邻近点在三维空间中可以定位到距离较远的邻域，从而获得更鲁棒的变换结果。

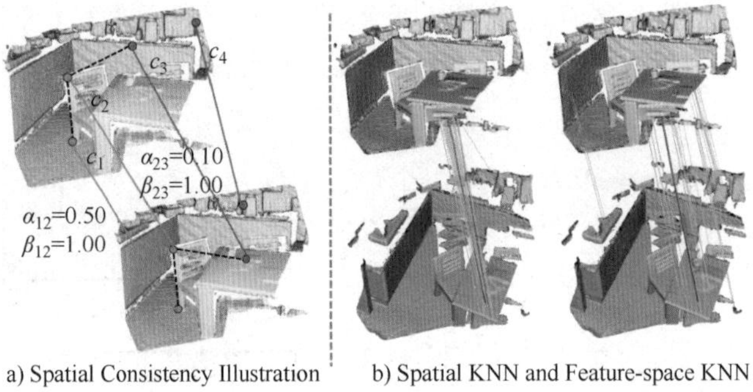

图 5-47　a）空间一致性、b）空间 KNN 和特征空间 KNN 示意图

4. 匹配对分类模块

给定一个输入的匹配对子集 $C'\subseteq C(|C'|=k)$，本模块将通过图聚类算法得到每个匹配是正确匹配对的概率，进而通过加权最小二乘法计算变化矩阵。如图 5-48 所示，该算法首先会将输入的匹配对 C' 转化为一致性图。其中每一个匹配对都会被视为是一致性图中的一个节点，而两个匹配对之间的一致性则会被视为图中两个节点之间的边上的权重。通过这样的过程，可

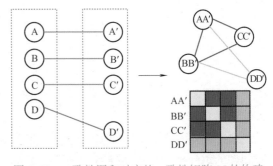

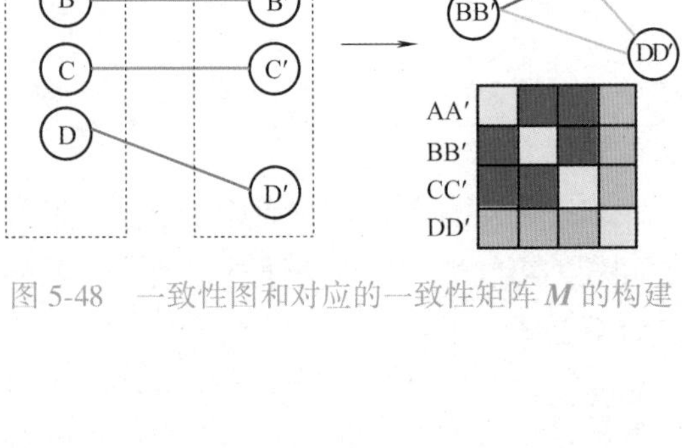

图 5-48　一致性图和对应的一致性矩阵 $\boldsymbol{M}$ 的构建

以将输入的匹配对转化为一致性图和对应的一致性矩阵 $\boldsymbol{M}$。每一项 $\boldsymbol{M}_{ij}$ 计算了匹配对 C' 中 c_i 和 c_j 的一致性，其定义如下：

$$\boldsymbol{M}_{ij}=\beta_{ij} * \gamma_{ij} \tag{5-159}$$

$$\gamma_{ij}=\left[1-\frac{1}{\sigma_f^2}\|\bar{f}_i-\bar{f}_j\|^2\right]_+ \tag{5-160}$$

式中，β_{ij} 与式（5-158）相同，$\bar{\boldsymbol{f}}_i$ 和 $\bar{\boldsymbol{f}}_j$ 是 l_2 范数归一化的特征向量。σ_f 是控制特征差异敏感度的参数。

在得到一致性图之后有如下观察：由于正确的匹配对之间天然满足空间一致性且其几何特征在经过 SCNonlocal 提取之后也会在特征空间中更加聚集，因此正确匹配对之间会自然地在一致性图上形成一个簇。而不正确的匹配对之间只有偶然的概率会形成一致性的连接，因而不太可能形成这样的簇。因此，该算法将匹配对的分类问题转化为在一致性图上查找最大簇的问题。借鉴之前的最大簇查找算法，该算法将一致性矩阵 $\boldsymbol{M}$ 的主特征向量视为是每一个匹配对与主簇之间的关联。由于这个主簇通常是由正确的匹配对形成的，因此该算法将这种关联解释为该匹配对正确的概率 e。与主簇的关联越高，该匹配对为正确匹配的概率就越高。利用估计出的正确概率，该算法可以通过加权最小二乘拟合最终的变换矩阵。

$$R',t'=\arg\min_{R,t}\sum_i^{|C'|} e_i\|R\boldsymbol{x}_i+\boldsymbol{t}-\boldsymbol{y}_i\|^2 \tag{5-161}$$

式（5-161）可以通过 SVD 求解。通过将上述的匹配对分类模块施加在每一个 Seed 的匹配对子集上，网络产生一组变换 $\{\boldsymbol{R}',\boldsymbol{t}'\}$。

5. 最优变换挑选

在这一模块中，算法以一致的匹配对数量为依据，选择出最优的变换矩阵作为模型输出，接着利用最优变换矩阵重新计算了每一个匹配对的正确概率。

$$\hat{R},\hat{t}=\arg\min_{R',t'}\sum_i^{|C|}[\![\|R'\boldsymbol{x}_i+t'-\boldsymbol{y}_i\|<\tau]\!] \tag{5-162}$$

式中，$[\![\cdot]\!]$ 是艾弗森括号，满足括号内的条件则值为 1，不满足条件则值为 0。最终的内部和异常值标签 $\boldsymbol{\omega}\in R^{|C|}$ 由 $\omega_i=[\![\|R'\boldsymbol{x}_i+t'-\boldsymbol{y}_i\|<\tau]\!]$ 得到。之后，算法通过最小二乘的方式对得到的所有内部对应点重新估计变换矩阵。

（1）损失公式

PointDSC 网络损失函数为 L_{sm} 和 L_{class} 两项的加权和，其公式为

$$L_{total}=L_{sm}+\lambda L_{class} \tag{5-163}$$

式中，λ 为超参数，用来平衡两个损失项。

（2）节点监督

本算法采用二元交叉熵损失作为节点监督项，通过

$$L_{\text{class}}=\text{BCE}(v,\omega^*) \tag{5-164}$$

式中，v 为预测的置信度，$\boldsymbol{\omega}^*$ 是分类标签的真值（是内部值或者异常值）。

$$\omega^*=[\|\boldsymbol{R}^*x_i+\boldsymbol{t}^*-y_i\|<\tau] \tag{5-165}$$

式中，$\boldsymbol{R}^*$ 和 $\boldsymbol{t}^*$ 分别为旋转和平移矩阵的真值。

（3）边监督

该损失项监督每组对应点之间的关系，作为节点监督的补充的。

$$L_{sm}=\frac{1}{|C|^2}\sum_{ij}(\gamma_{ij}-\gamma_{ij}^*)^2 \tag{5-166}$$

γ_{ij}为网络估计出的一致性值［式（5-160）］，γ_{ij}^*为一致性真值。

5.9.4 PointDSC 算法实现及关键代码分析

算法实现可以参见开源代码：https://github.com/XuyangBai/PointDSC/。

其中最关键部分为模型定义，具体参见下面链接：

https://github.com/XuyangBai/PointDSC/blob/master/models/PointDSC.py。

5.9.5 PointDSC 算法测试过程及结果分析

算法测试过程需要 GPU 支持，具体操作步骤如下。

1）数据准备：可在此处

https://drive.google.com/file/d/1zuf6NSD3-dHtTpk34iHtxAf8DQx3Y7RH/view? usp=sharing 下载 3DMatch 数据的测试集，包含原始点云和预先提取的局部描述子。

2）模型准备：模型存放在 github repo 中的 snapshot/PointDSC_3DMatch_release 文件夹下，正常执行完 git clone 指令之后不需要下载，可直接使用。

3）算法测试：运行如下脚本即可得到在 3DMatch 测试集上的结果。

```
python evaluation/test_3DMatch.py --chosen_snapshot PointDSC_3DMatch_release -use
_icp False
```

4）可视化：可运行如下脚本查看示例数据的配准结果，配准结果如图 5-49 和图 5-50 所示。

```
python demo _ registration. py - - chosen _ snapshot PointDSC _ 3DMatch _ release -
descriptor fcgf
```

图 5-49　两个点云配准前的位置

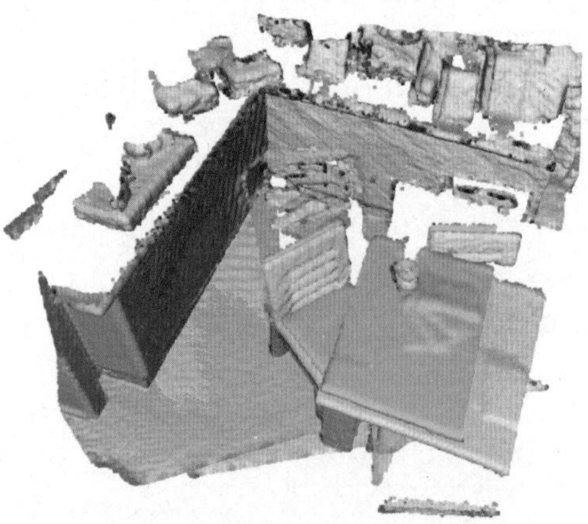

图 5-50　两个点云的配准结果

5.10 体素化广义迭代最近点配准算法（VGICP）

本节介绍一种 GCIP 改进的精配准算法，从算法简介、原理描述、算法实现、源码分析和算法测试实例等方面全面剖析，帮助读者全面了解和掌握该算法。

5.10.1 VGICP 发明者

2020 年 Kenji Koide 等人提出体素化广义迭代最近点（VGICP）算法，用于快速准确的进行三维点云配准，更多扩展资料可参看随书附赠资源中的说明文档。

5.10.2 VGICP 算法设计的灵感、应用范围和优缺点

体素化广义迭代最近点（VGICP）算法对广义迭代最近点（GICP）算法进行了体素化扩展，避免了昂贵的最近邻搜索，同时保持了最近邻搜索的准确性。与从点位置计算体素分布的正态分布变换（NDT）不同，该算法是通过聚集体素中每个点的分布来估计体素分布。

通过在模拟数据和真实环境数据中的评估，作者及其团队证实了该算法的精度与 GICP 相当，同时处理速度明显快于现有算法。实时 3D 激光雷达应用程序需要对激光雷达点云数据帧之间的相对姿态进行极快估测，该算法精度高且运行速度快，可以满足实时 3D 激光雷达应用程序开发的需要。在仿真环境和真实环境的评估结果表明，该算法具有较高的处理速度（CPU 30 帧/秒、GPU 120 帧/秒），并且对体素分辨率的变化具有良好的鲁棒性。VGICP 算法属于一种精准配准算法，需要有较好的初始位姿。

5.10.3 VGICP 算法原理描述

本节介绍 VGICP 的算法原理，涉及算法描述、推导等部分，帮助读者了解算法数理基础和技术流程。

1. GICP 算法描述

在本节中首先解释 GICP 算法，然后将其进行扩展以推导 VGICP 算法。

算法的目标是估计两个点云的变换矩阵 $\boldsymbol{T}$，将一组点 $\mathscr{A}=\{a_0,\cdots,a_N\}$（源点云）和另一组点 $\mathscr{B}=\{b_0,\cdots,b_N\}$（目标点云）对齐。遵循经典 ICP 算法，假设 $\mathscr{A}$ 和 $\mathscr{B}$ 之间对应关系是通过最近邻搜索得到的：$b_i=Ta_i$。GICP 算法假设每个采样点来自高斯分布：$a_i \sim \mathscr{N}(\hat{a}_i,C_i^A)$，$b_i \sim \mathscr{N}(\hat{b}_i,C_i^B)$。定义误差为：

$$\hat{d}_i=\hat{b}_i-\boldsymbol{T}\hat{a}_i. \tag{5-167}$$

通过高斯分布的再生性（Reproductive Property），d_i 的高斯分布可以表示为：

$$d_i \sim \mathscr{N}(\hat{b}_i-\boldsymbol{T}\hat{a}_i,C_i^B+TC_i^AT^{\mathrm{T}}) \tag{5-168}$$

$$=\mathscr{N}(0,C_i^B+TC_i^AT^{\mathrm{T}}). \tag{5-169}$$

$\boldsymbol{T}$ 可以看做 d_i 的概率分布中待估计的分布参数，通过最大似然估计法（Maximum likelihood estimation，MLE）对其进行估计，如下所示：

$$\boldsymbol{T} = \arg\max_{T} \sum_i \log(p(d_i)) \tag{5-170}$$

$$= \arg\min_{T} \sum_i d_i^{\mathrm{T}}(C_i^B + \boldsymbol{T}C_i^A \boldsymbol{T}^{\mathrm{T}})^{-1} d_i. \tag{5-171}$$

每个点的协方差矩阵通常是由 k 个相邻点估计的（例如：$k=20$。每个协方差矩阵通过使用（$1,1,\epsilon$）替换其特征值正则化，这种正则化使 GICP 具有平面对平面的特性。

2. 体素化 GICP（VGICP）

为了推导体素化 GICP 算法，首先拓展式（5-167），以便计算 $\hat{a}_i$ 与其相邻点之间的距离，如下式所示。

$$\hat{d}'_i = \sum_j (\hat{b}_j - \boldsymbol{T}\hat{a}_i), \tag{5-172}$$

该方程可解释为平滑目标点分布。然后与式（5-169）类似，d_i'的分布表示为：

$$\hat{d}'_i \sim (\mu^{d_i}, C^{d_i}), \tag{5-173}$$

$$\mu^{d_i} = \sum_j (\hat{b}_j - \boldsymbol{T}\hat{a}_i) = 0, \tag{5-174}$$

$$C^{d_i} = \sum_j (C_j^B + \boldsymbol{T}C_i^A \boldsymbol{T}^{\mathrm{T}}). \tag{5-175}$$

通过最大似然估计法对 $\boldsymbol{T}$ 进行估计，则有：

$$\boldsymbol{T} = \arg\min_{T} \sum_i (\tilde{d}_i^{\mathrm{T}} \tilde{C}_i^{-1} \tilde{d}_i), \tag{5-176}$$

$$\tilde{d}_i = \sum_j (b_j - Ta_i), \tag{5-177}$$

$$\tilde{C}_i = \sum^j (C_j^B + TC_i^A T^{\mathrm{T}}). \tag{5-178}$$

为了有效的计算上述方程，将其重新整理为：

$$\boldsymbol{T} = \arg\min_{T} \sum_i (N_i \tilde{d}_i^{\mathrm{T}} \tilde{C}_i^{-1} \tilde{d}_i), \tag{5-179}$$

$$\tilde{d}_i = \frac{\sum_j b_j}{N_i} - Ta_i, \tag{5-180}$$

$$\tilde{C}_i = \frac{\sum_j C_j^B}{N_i} + \boldsymbol{T}C_i^A \boldsymbol{T}^{\mathrm{T}}. \tag{5-181}$$

上式中，N_i 为相邻点的个数。式（5-179）表明可以有效地计算目标函数的方法是利用式（5-171）中的 b_j 和 C_i^B 代替 a_i 周围的点（b_j 和 C^j）分布的平均值，并用 N_i 对函数加权，从而有效地计算目标函数。通过在每个体素中存储 $b_i' = \frac{\sum b_j}{N_i}$和 $C_i' = \frac{\sum c_j^B}{N_i}$，可以自然地将该方程应用于基于体素的计算。图 5-51 所示为在 GICP、NDT 和 VGICP 中使用的对应模型。

图 5-51 使用渐变的椭圆表示可能的分布，用实心的点表示确切的位置。不难看出，GICP

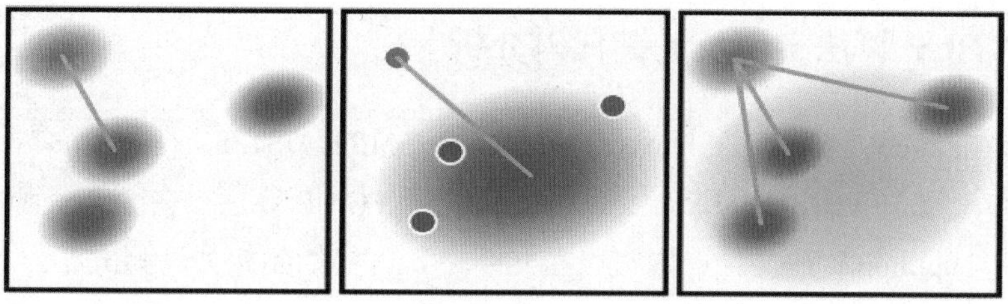

a) GICP   b) NDT   c) VGICP

图 5-51 a) GICP、b) NDT 和 c) VGICP 中距离计算的对应模型

实际上是一种 Nearest Distribution-To-Distribution 的算法，该模型合理，但是依赖于代价高昂的最近邻搜索。而 NDT 是一种 Voxel-Based Point-To-Distribution 的算法，该算法首先将输入点云分割为一组体素，并将每个体素中的点拟合为正态分布。然后，它通过找到在体素分布下最大化输入点可能性的变换，将另一个点云与体素化的点云对齐。VGICP 则希望建模为 Voxel-Based Distribution-To-Multidistribution 算法，同时求解最有可能的分布到分布之间的配对关系。相比较之下，NDT 使用点对体素分布对应的模型，但至少需要 4 个点（实际多于 10 个）来计算三维协方差矩阵。如果体素中的点数量很低，协方差矩阵就会被破坏。VGICP 算法利用体素对应中的单分布到多分布映射来处理单个体素中只有几个点的情况。因为它从点分布计算体素分布，所以即使体素只包含一个点，它也会产生适当的协方差矩阵。图 5-52 详细描述了VGICP 的配准过程，如上所述，VGICP 算法不需要代价昂贵的最近邻搜索。

Algorithm 1 VGICP algorithm

1: Point clouds : $\mathcal{A} = \{a_0, \cdots, a_N\}$, $\mathcal{B} = \{b_0, \cdots, b_M\}$
2: Covariances : $\mathcal{C}^A = \{C_0^A, \cdots, C_N^A\}$, $\mathcal{C}^B = \{C_0^B, \cdots, C_M^B\}$
3: Initial guess: $\mathbf{T}$
4: **procedure** VGICP($\mathcal{A}, \mathcal{B}, \mathcal{C}^A, \mathcal{C}^B, \tilde{\mathbf{T}}$)
5:      $\mathbf{T} \leftarrow \tilde{\mathbf{T}}$
6:      $\mathcal{V} \leftarrow$ VOXELIZATION($\mathcal{B}, \mathcal{C}^B$)
7:      **while** $\mathbf{T}$ is not converged **do**
8:          $e = [], J = []$
9:          **for** $i \in \{0, \cdots, N\}$ **do**
10:              voxel_index $\leftarrow$ floor(a_i/voxel_resolution)
11:              **if** voxel_index $\notin \mathcal{V}$ **then** ▷ Not fall in a voxel
12:                  continue
13:              $e_i, J_i \leftarrow$ Cost($\mathbf{T}, a_i, C_i^A, v.\mu, v.C, v.N$)
14:              $e \leftarrow e \cup e_i, J \leftarrow J \cup J_i$
15:          $\delta\mathbf{T} \leftarrow -(J^T J)^{-1} J^T e$ ▷ Gauss-Newton update
16:          $\mathbf{T} \leftarrow \mathbf{T} \boxplus \delta\mathbf{T}$
         return $\mathbf{T}$
17: **procedure** VOXELIZATION($\mathcal{B}, \mathcal{C}^B$)
18:      $\mathcal{V} \leftarrow []$
19:      **for** $j \in \{0, \cdots, M\}$ **do**
20:          voxel_index = cast_to_int (b_j/voxel_resolution)
21:          **if** voxel_index $\notin \mathcal{V}$ **then**
22:              $\mathcal{V}[\text{voxel\_index}] \leftarrow (\mu = 0, C = 0, N = 0)$
23:          $\mathcal{V}[\text{voxel\_index}].\mu \leftarrow \mathcal{V}[\text{voxel\_index}].\mu + b_j$
24:          $\mathcal{V}[\text{voxel\_index}].C \leftarrow \mathcal{V}[\text{voxel\_index}].C + C_j^B$
25:          $\mathcal{V}[\text{voxel\_index}].N \leftarrow \mathcal{V}[\text{voxel\_index}].N + 1$
26:      **for** $v \in \mathcal{V}$ **do**
27:          $v.\mu \leftarrow v.\mu/v.N$
28:          $v.C \leftarrow v.C/v.N$
     return $\mathcal{V}$

图 5-52 VGICP 算法流程图

5.10.4 VGICP 算法实现及关键代码分析

代码参考 Git 源码，其链接在 https://github.com/SMRT-AIST/fast_gicp。

本节主要介绍 fast_vgicp_impl.hpp 文件，其实现了 VGICP 算法。在随书资源本节文件夹中打开 fast_vgicp_impl.hpp 代码文件，同时可在文件夹 data 中找到相关的测试点云文件。

VGICP 是一种 Voxel-Based Distribution-To-Multidistribution 算法。在 fast_vgicp_impl.hpp 代码文件之中，给出了算法的步骤。FastVGICP::compute_error()函数对于每一个匹配点对，计算误差 $\hat{d}_i' = \sum_j(\hat{b}_j - T\hat{a}_i)$ 和协方差修正之后的目标函数 T。

```
template <typename PointSource, typename PointTarget>
double FastVGICP<PointSource, PointTarget>::compute_error(const Eigen::Isome-
try3d& trans) {
double sum_errors = 0.0;
#pragma omp parallel for num_threads(num_threads_) reduction(+ : sum_errors)
for (int i = 0; i <voxel_correspondences_.size(); i++)
  {
    const auto& corr =voxel_correspondences_[i];
    auto target_voxel = corr.second;
    const Eigen::Vector4d mean_A = input_->at(corr.first).getVector4fMap().tem-
plate cast
    <double>();
    const auto&cov_A = source_covs_[corr.first];
    const Eigen::Vector4d mean_B = corr.second->mean;
    const auto&cov_B = corr.second->cov;
    const Eigen::Vector4dtransed_mean_A = trans * mean_A;
    //定义误差 d̂'ᵢ(d̂'ᵢ=Σⱼ(b̂ⱼ-T âᵢ,))
    const Eigen::Vector4d error = mean_B -transed_mean_A;
    //协方差修正之后的总误差
    //T=arg min_T Σ_i N_i((Σb_j/N_i)-Ta_i)^T((Σc_j^B/N_i)+TC_i^A T^T)^-1((Σb_j/N_i)-Ta_i)
    //w 为 N_i,是相邻点的个数。
    double w = std::sqrt(target_voxel->num_points);
    sum_errors += w * error.transpose() * voxel_mahalanobis_[i] * error;
  }
  return sum_errors;
}
```

FastVGICP::update_correspondences()函数基于 Voxel 构建单分布到多分布的配对关系，根

据体素的协方差矩阵计算匹配本身的协方差的逆矩阵 $\left(\frac{\sum c_j^B}{N_i}+TC_i^A T^{\mathrm{T}}\right)^{-1}$ ，voxel_mahalanobis_［i］计算马氏距离。

```
for (int i = 0; i <voxel_correspondences_.size(); i++) {
    const auto& corr =voxel_correspondences_[i];
    const auto&cov_A = source_covs_[corr.first];
    const auto&cov_B = corr.second->cov;
    Eigen::Matrix4d RCR =cov_B + trans.matrix() * cov_A * trans.matrix().transpose
();
    RCR(3, 3) = 1.0;
    //协方差的逆
    voxel_mahalanobis_[i] = RCR.inverse();
    voxel_mahalanobis_[i](3, 3) = 0.0;
  }
```

5.10.5 VGICP 算法实战案例测试及结果分析

VGICP 算法实战案例测试及结果分析的相关内容如下。

1. VGICP 案例代码

源代码解压后的文件夹，其中 data 文件夹包含了测试输入点云文件 251370668.pcd 和 251371071.pcd；include 文件夹包含了实现 cuda、gicp、ndt、so3 的头文件；src 文件夹中的 align.cpp 代码文件是将原始 pcl 库中的 gicp、单线程版本和多线程版本的 fast_gicp，fast_vgicp 进行运行时间和 getFitnessScore( )得分对比。

在这里要说明的是，源代码是在 Ubuntu 系统上运行的，想在 VS 上运行要对 CmakeLists.txt 文件进行以下修改。

```
add_library(fast_gicp SHARED// 将 SHARED 替换成 STATIC
  src/fast_gicp/gicp/lsq_registration.cpp
  src/fast_gicp/gicp/fast_gicp.cpp
  src/fast_gicp/gicp/fast_gicp_st.cpp
  src/fast_gicp/gicp/fast_vgicp.cpp
```

2. VGICP 案例源码解释分析

主要对以下参数进行调节。

```
std::cout << "--- pcl_gicp ---" << std::endl;
  pcl::GeneralizedIterativeClosestPoint<pcl::PointXYZ, pcl::PointXYZ> pcl_gicp;
  test_pcl(pcl_gicp, target_cloud, source_cloud);

  std::cout << "--- vgicp_st ---" << std::endl;
```

```
fast_gicp::FastVGICP<pcl::PointXYZ, pcl::PointXYZ> vgicp;
vgicp.setResolution(1.0);
vgicp.setNumThreads(1);
test(vgicp, target_cloud, source_cloud);

std::cout << "--- vgicp_mt ---" << std::endl;
vgicp.setNumThreads(omp_get_max_threads());
    test(vgicp, target_cloud, source_cloud);
```

3. VGICP 案例编译与运行

利用提供的 CMakeList.txt 文件，在 Cmake 里建立工程文件，并生成可执行文件，然后开始运行。如果想要对 data 文件夹中的 pig_view1.pcd 和 pig_view2.pcd 文件进行配准，则在 cmd 中定位到 gicp_align.exe 执行文件目录中并键入以下命令。

```
gicp_align.exe pig_view1.pcd pig_view2.pcd
```

运行结果如图 5-53 所示。

```
E:\fastgicp\CMake\Release>gicp_align.exe pig_view1.pcd pig_view2.pcd
target:112099[pts] source:110451[pts]
--- pcl_gicp ---
single:12503.5[msec] 100times:1.24946e+06[msec] fitness_score:19507.9
--- vgicp_st ---
single:1094.69[msec] 100times:116213[msec] 100times_reuse:81293.1[msec] fitness_score:17647.9
--- vgicp_mt ---
single:236.665[msec] 100times:27007.8[msec] 100times_reuse:17763.1[msec] fitness_score:17647.9
```

图 5-53　gicp_align.exe 程序运行结果

在图 5-53 中可以看出，VGICP 算法的运行时间比 PCL 库中的 GICP 算法要少得多，并且多线程的 VGICP 算法比单线程的 VGICP 算法也要快。多线程 VGICP 最终配准结果如图 5-54所示。图 5-54a 中的红色为目标点云，绿色为源点云，图 5-54b 中的蓝色为配准之后的结果。

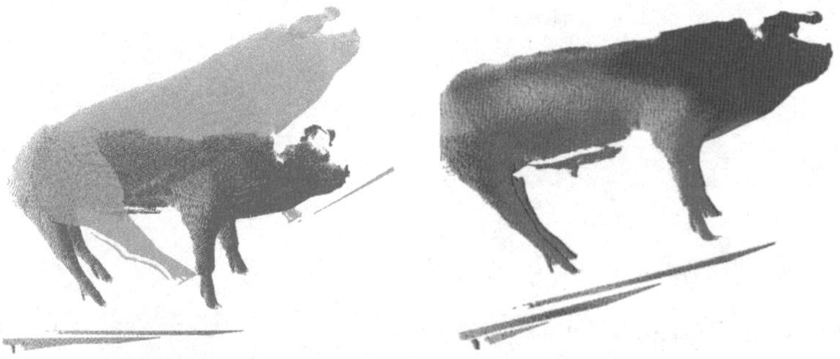

a)　　b)

图 5-54　a）红色为目标点云，绿色为源点云；b）蓝色为配准结果

本节又利用牛的数据进行了测试，配准结果如图 5-55 所示。

a) b)

图 5-55 a) 红色为目标点云，绿色为源点云；b) 蓝色为配准结果

本节还利用 KITTI 数据集（KITTI 数据集链接：http://www.cvlibs.net/datasets/kitti/eval_object.php? obj_benchmark=3d）对 Fast_VGICP 算法进行了测试，在测试过程中 KITTI 数据里共有 7481 个数据，每个数据的 FPS 为 10FPS。图 5-56a 所示为原始图形，图 5-56b 所示为配准之后的图形。

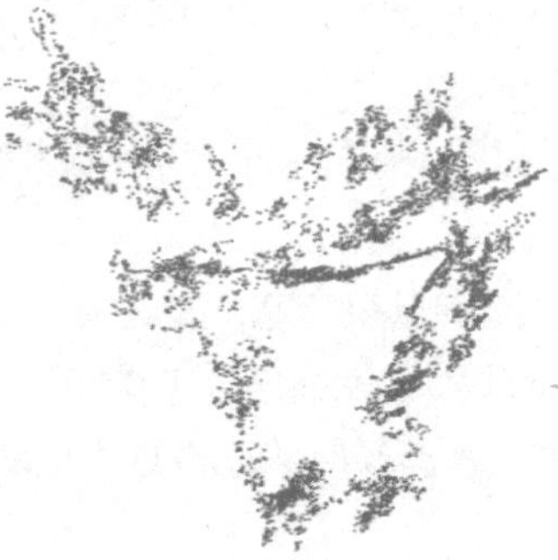 

a) b)

图 5-56 a) 原始图形；b) 配准之后的点云图形

5.11 SAC-IA 初始配准算法

本节介绍一种基于采样一致性的粗配准算法，从算法简介、原理描述、算法实现、源码分析和算法测试实例等方面全面剖析，帮助读者全面了解和掌握该算法。

5.11.1 SAC-IA 发明者

SampleConsensusicial Alignment（SCA）是 Radu Bogdan Rusu（以下简称 Radu）等人基于 FPFH 特征描述子提出的初始配准算法，通常称为 Sample Consensus Initial Alignment（SAC-IA），即采样一致性粗配准算法。

Radu 是 PCL 的创始人之一，是世界著名的 3D 数据处理专家，在 3D 数据处理领域拥有 10

年以上的研究资历。Radu 于 2009 年在德国慕尼黑工业大学以最高荣誉取得计算机科学博士学位，在攻读博士学位期间跻身于慕尼黑大学科技认知系统的最优秀群体之中，在进入 Fyusion 之前，Radu 在斯坦福大学担任访问学者，同时在 Willow Garage 担任研究员期间研究 3D 计算机视觉时创立了点云库（PCL）开源项目。

5.11.2 SAC-IA 算法应用范围和优缺点

相比利用点云旋转不变性的贪婪初始配准算法，SAC-IA 算法对对应点对进行了抽样，计算较为简单，不容易陷入局部最小值等相关问题。显著提高了配准效率，但是降低了配准精度，因此通常用来进行初始配准。SAC-IA 初始配准可以让待配准的两片点云位置尽可能地靠近，缩小点云之间的旋转和平移误差，使得源点云和目标点云有较好的初始位置。

5.11.3 SAC-IA 算法原理描述

输入待配准的源点云 P、目标点云 Q 和两个点云的 FPFH 特征值，SAC-IA 初始配准过程如下。

1）从给定的点云 P 中选取 s 个样本点，并满足样本点两两之间的距离大于预先设定的最小距离阈值 $d_{\min}$，从而保证每个采样点的代表性。

2）对于每个样本点，在点云 Q 中通过近邻搜索寻找与样本点的 FPFH 值相似的点作为样本点在 Q 中的对应点候选。

3）通过 SVD 分解（详细内容见第 2 章）计算出样本点集与它们的对应点之间的变换关系。依据上述变换计算对应点变换之后的距离误差和函数，此处的误差度量用 Huber 惩罚函数 L_h 如式（5-182）来确定，这里的 e_i 是第 i 组对应点的样本点变换结果与 Q 中的对应点距离，t_e 是预先设定好的值。整个变换的误差为 $\sum_{i=1}^{n}L_h(e_i)$。

$$L_h(e_i)\begin{cases}\frac{1}{2}e_i^2 & \|e_i\|\leqslant t_e \\ \frac{1}{2}t_e(2\|e_i\|-t_e) & \|e_i\|>t_e\end{cases} \tag{5-182}$$

在这一过程中通过 RANSAC 算法剔除错误的对应点对，从而保证相似特征点对的正确匹配。重复以上三个步骤，选取误差最小的刚性变化为最佳变换，并用来进行初始配准。最后利用 LM（Levenberg-Marquardt）算法进行非线性局部优化。LM 算法优化相关内容可以参考本书第 5 章的 LM-ICP 算法部分。

5.11.4 SAC-IA 算法实现及关键代码分析

本部分关键代码来自 PCL 点云库的仓库源码 ia_ransac.h 和 ia_ransac.hpp。

通过函数 selectSamples 进行样本点选取，函数关键部分如下。

```
template <typename PointSource, typename PointTarget, typename FeatureT>
void
```

```
SampleConsensusInitialAlignment<PointSource, PointTarget, FeatureT>::selectSam-
ples(
    const PointCloudSource& cloud,
    unsignedint nr_samples,
    float min_sample_distance,
    pcl::Indices& sample_indices)
...
//获取数量为 nr_samples 的随机采样点
index_t iterations_without_a_sample = 0;
const auto max_iterations_without_a_sample = 3 * cloud.size();
sample_indices.clear();
while (sample_indices.size() < nr_samples)
{
    const auto sample_index = getRandomIndex(cloud.size());
    // 检查采样点是否唯一及与其他采样点的距离是否大于距离阈值
    bool valid_sample = true;
    for (const auto& sample_idx : sample_indices)
      { float distance_between_samples =
        euclideanDistance(cloud[sample_index], cloud[sample_idx]);
      if (sample_index == sample_idx ||distance_between_samples < min_sample_distance)
        { valid_sample = false;
          break;
        }
      }
...
      min_sample_distance_ * = 0.5f;
      min_sample_distance= min_sample_distance_;
      iterations_without_a_sample = 0;
}
```

通过近邻搜索寻找特征相似点作为对应点候选。

```
template <typename PointSource, typename PointTarget, typename FeatureT>
void
SampleConsensusInitialAlignment<PointSource, PointTarget, FeatureT>::
    findSimilarFeatures(const FeatureCloud& input_features,
                        const pcl::Indices& sample_indices,
                        pcl::Indices& corresponding_indices)
{
```

```
pcl::Indices nn_indices(k_correspondences_);
std::vector<float> nn_distances(k_correspondences_);
corresponding_indices.resize(sample_indices.size());
for (std::size_t i = 0; i < sample_indices.size(); ++i)
    { //近邻搜索寻找相似点
    feature_tree_->nearestKSearch(input_features,
                                  sample_indices[i],
                                  k_correspondences_,
                                  nn_indices,
                                  nn_distances);
    //随机选取一个相似点并加入对应点索引
    const auto random_correspondence =getRandomIndex(k_correspondences_);
    corresponding_indices[i] = nn_indices[random_correspondence];
    }
}
```

计算误差度量，对候选对应点生成的变换矩阵进行评分，最终选择误差最小变换矩阵。

```
template <typename PointSource, typename PointTarget, typename FeatureT>
float
SampleConsensusInitialAlignment<PointSource, PointTarget, FeatureT>::computeEr-
rorMetric(
    const PointCloudSource& cloud, float)
{
  pcl::Indices nn_index(1);
  std::vector<float> nn_distance(1);
  constErrorFunctor& compute_error = * error_functor_;
  float error = 0;
  for (const auto& point : cloud)
  {//计算点与它在目标点云中最近的点之间的距离
    tree_->nearestKSearch(point, 1, nn_index, nn_distance);
    //误差度量的计算,累加每个样本点变换后的的距离误差
    error += compute_error(nn_distance[0]);
  }
  return (error);
}
```

SAC 配准算法的函数 computeTransformation 最关键部分如下，在这个函数中计算给定的两个点云的初始变换，这里计算点云之间变换的算法 estimateRigidTransformation 调用了 PCL 中的 transformation_estimation_svd.h。

```
for (; i_iter < max_iterations_; ++i_iter) {
    //随机选取样本点
    selectSamples(* input_, nr_samples_, min_sample_distance_, sample_indices);
    //在目标点云中选取特征相似点
    findSimilarFeatures(* input_features_, sample_indices, corresponding_indices);
    //通过 SVD 计算源点云与目标点云之间的变换
    transformation_estimation_->estimateRigidTransformation(
        * input_, sample_indices, * target_, corresponding_indices, transformation_);
    //变换点云并计算误差
    transformPointCloud(* input_, input_transformed, transformation_);
    float error =
        computeErrorMetric(input_transformed, static_cast<float>(corr_dist_threshold_));
    //在这个迭代过程中,如果最新的变换误差较小,将更新 final_transformation
    if (i_iter == 0 || error < lowest_error)
    { lowest_error = error;
      final_transformation_ = transformation_;
      converged_ = true;
    }
  }
```

5.11.5 SAC-IA 算法实战案例测试及结果分析

本节展示如何使用 SAC-IA 算法完成初始配准，需要包含头文件 ia_ransac.h。

```
#include <pcl/registration/ia_ransac.h>
```

其中，scia.setMinSampleDistance( )设置采样点之间的最小距离，点之间距离小于这个值才可以被当成采样点；scia.setNumberOfSamples( )设置每次迭代计算中使用的样本数量，采样点越多，计算速度越慢；scia.setCorrespondenceRandomness( )设置在特征空间求对应点时的近邻检索个数。

```
pcl::PointCloud<pcl::PointXYZ>::Ptr sac_align(pcl::PointCloud<pcl::PointXYZ>::
Ptr& cloud, pcl::PointCloud<pcl::PointXYZ>::Ptr s_k, pcl::PointCloud<pcl::
PointXYZ>::Ptr t_k, pcl::PointCloud<pcl::FPFHSignature33>::Ptr sk_fpfh, pcl::
PointCloud<pcl::FPFHSignature33>::Ptr tk_fpfh)
{
    pcl::SampleConsensusInitialAlignment<pcl::PointXYZ, pcl::PointXYZ, pcl::FPF-
HSignature33> scia;
    scia.setInputSource(s_k);//输入源点云的关键点
    scia.setInputTarget(t_k);//输入目标点云的关键点
```

```
    scia.setSourceFeatures(sk_fpfh);//输入源点云的 FPFH 特征描述子
    scia.setTargetFeatures(tk_fpfh);//输入目标点云的 FPFH 特征描述子
    scia.setMinSampleDistance(7);//设置采样点之间的最小距离,满足则被当做采样点
    scia.setNumberOfSamples(5);//设置每次生成位姿时所用的对应点个数
    scia.setCorrespondenceRandomness(6);//设置在特征空间求对应点时的近邻检索个数
    pcl::PointCloud<pcl::PointXYZ>::Ptr sac_result(new pcl::PointCloud<pcl::PointXYZ>);
    scia.align(* sac_result);
    pcl::transformPointCloud(* cloud, * sac_result, scia.getFinalTransformation());
    return sac_result;
}
```

在测试点云文件 pig_view1.pcd 和 pig_view2.pcd 上的初始配准结果如图 5-57 所示。

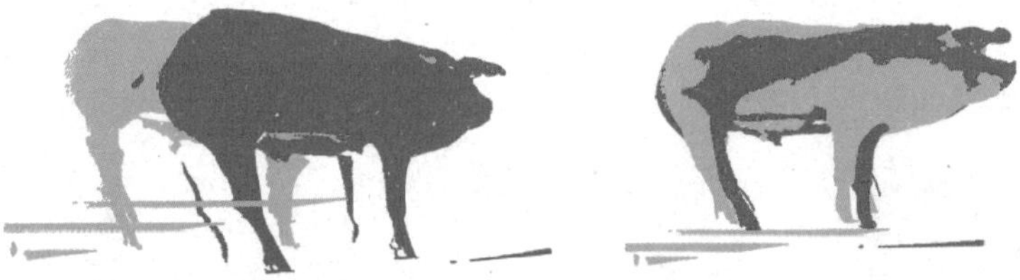

配准前　　配准后

图 5-57　SAC-IA 初始配准算法在猪点云上测试结果

在测试点云文件 rabbit_0.pcd 和 rabbit_1.pcd 上的初始配准结果如图 5-58 所示。

配准前　　配准后

图 5-58　SAC-IA 初始配准算法在兔子点云上测试结果

5.12 Super 4PCS 配准算法

本节介绍一种基于 4PCS 的粗配准算法，从算法简介、原理描述、算法实现、源码分析和算法测试实例等方面全面剖析，帮助读者全面了解和掌握该算法。

5.12.1 Super 4PCS 发明者

本算法的发明者 NicolasMellado 是 CNRS（Centre national de la recherche scientifique，法国国家科学研究中心）的研究员，更多扩展资料可参看随书附赠资源中的说明文档。

5.12.2 Super 4PCS 算法设计的灵感、应用范围和优缺点

四点一致集算法 4PCS（4-Points Congruent Sets）由 Dror Aiger 于 2008 年提出，2014 年 Mellado 对其进行了改进，降低了搜索阶段的复杂度，提高了配准效率，形成了 Super 4PCS（Super 4-Point Congruent Sets）算法。4PCS 与 Super 4PCS 算法基本思想都是基于 RANSAC（随机抽样一致）算法，4PCS 算法对确定对应点对的策略进行了优化，将原本的随机选择三个不同的点修改为以源点云中共面的四点为基，在目标点云中确定对应的四点，以构成对应四点集，这样需要验证的点集会大大减少，并且能更快地找到两组点云的最佳匹配，同时，由于四点集具有仿射不变性，在一定程度上可增强算法的鲁棒性。但是 4PCS 算法在搜索共面四点集过程中要耗费大量的时间，并且在找到的全等集合 U 中包含大量的冗余点集，需要浪费大量的时间去验证这些冗余点集，因此 4PCS 算法很难做到快速实时的配准。针对 4PCS 算法配准速度非常慢的缺点，Mellado 提出了 Super 4PCS 算法，利用智能索引使 4PCS 算法的计算复杂度显著降低。该算法适用于重叠区域较小或者重叠区域发生较大变化场景点云配准，不用对输入数据进行预滤波和去噪，能够快速准确地完成点云配准。

5.12.3 Super 4PCS 算法原理描述

4PCS 算法主要是根据共面四点之间的仿射不变关系来确定对应点的，如图 5-59 所示，在仿射变换中，由三个确定的共线点 a、b 和 c 所确定比例 r 是不变的，对于给定的非全共线的共面四点 a、b、c 和 d，有 ab 与 cd 相交于点 e，可确定两个比例和。与在仿射变换中是不变的，即由源点云 P 中的四个共面点所确定的和由目标点云 Q 中对应的四个点所确定的是相同的。

$$r_1 = \frac{\| a-e \|}{\| a-b \|} \tag{5-183}$$

$$r_2 = \frac{\| c-e \|}{\| c-d \|} \tag{5-184}$$

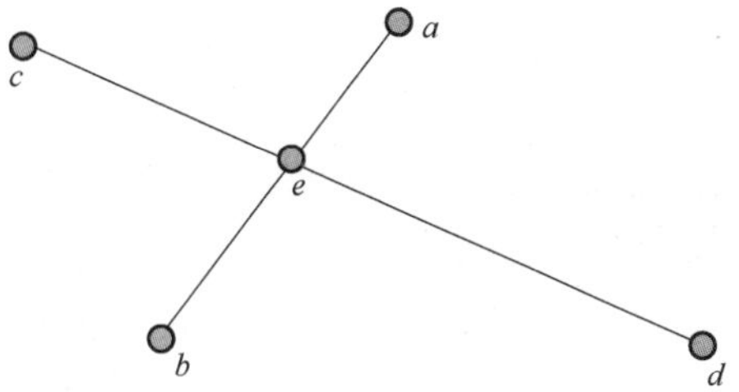

图 5-59　共面四点确定两个仿射不变量

然后根据这两个仿射不变量寻找对应的四点集，如图 5-60 所示，对目标点云 Q 中的任意两点计算可能存在的交点 e_1 和 e_2：

$$e_1 = q_1 + r_1(q_2 - q_1) \tag{5-185}$$

$$e_2 = q_1 + r_2(q_2 - q_1) \tag{5-186}$$

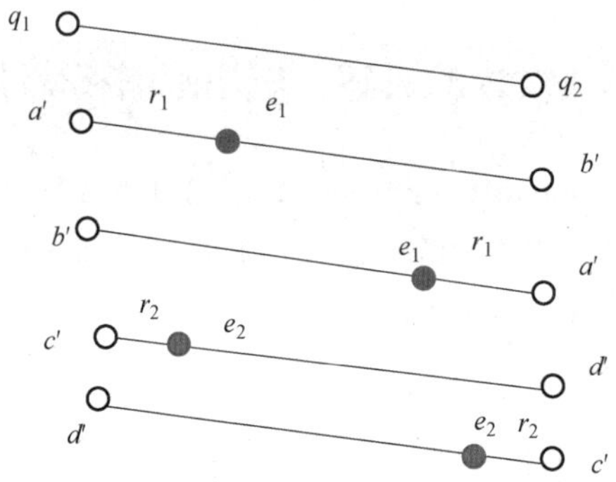

图 5-60　目标点云 Q 中任意两点计算可能的交点

若一对点计算出的 e_1 和另一对点计算出的 e_2 近似相等，如图 5-61 所示，其中灰色点代表 e_1，黄色点代表 e_2，则 q_5、q_3、q_4、q_1 与 a、b、c、d 相对应。

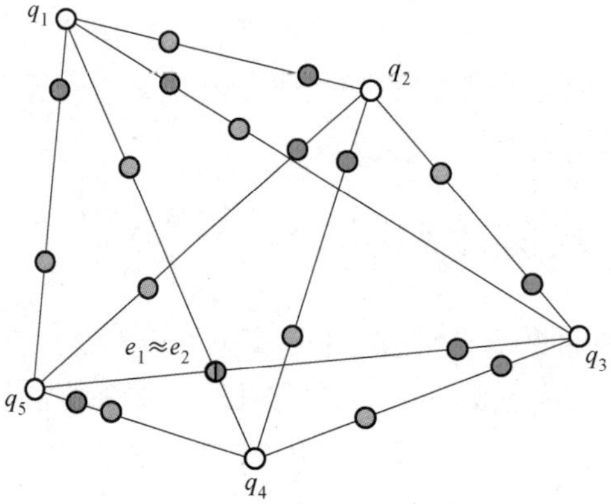

图 5-61　找到交点近似相等的两对点构成的四点集

另外，对于刚体变换来说对应点对之间的距离不变，所以在刚体变换的情况下寻找对应四点集时还应加上如下约束条件：

$$d_1' = \| a' - b' \| \approx \| a - b \| = d_1 \tag{5-187}$$

$$d_2' = \| c' - d' \| \approx \| c - d \| = d_2 \tag{5-188}$$

找到所有与 B 对应的四点集 $U = \{U_1, U_2, \cdots, U_n\}$，则根据四点集 B 和与其对应的每一个四点集 U_i 都可以计算出一个刚体变换矩阵 $\boldsymbol{T}_i$，将 $\boldsymbol{T}_i$ 应用于源点云进行变换，并通过比较最大公共点集（Largest Common Pointset，LCP）确定最终的变换矩阵。但是 4PCS 算法在搜索共面四点集过程中要耗费大量的时间，并且在找到的全等集 U 中包含大量的冗余点集，需要浪费大量的时间去验证这些冗余点集，因此 4PCS 算法很难做到快速实时的配准。

为了解决以上两个问题，Super 4PCS 算法使用了智能索引使 4PCS 算法的计算复杂度显著降低。4PCS 算法的时间复杂度是 $O(n^2+k)$，n 是目标点云 Q 中点的数量，k 是近似全等点集的数量。Super 4PCS 算法使用智能索引对 4PCS 算法做了两个方面的改善：1）利用栅格化点云的方法加速了根据距离搜索匹配点对的过程；2）对找到点对中的冗余点对进行剔除。通过上面两个改进，将算法的时间复杂度降到最优线性复杂度 $O(n+k_1+k_2)$，其中 n 是目标点云 Q 中点的数量，k_1 是目标点云 Q 中两点距离为 d 的点对的数量，k_2 是经过滤波后得到的全等集合的数量。

针对改进 1)，两个点云 P 和 Q，首先从源点云 P 中找到一个平面四点集 $B=\{p_1,p_2,p_3,p_4\}$，算法的目标是在目标点云 Q 中提取所有与四点集 B 全等的共面四点集。定义 $d_1=\|p_1-p_2\|$，$d_2=\|p_3-p_4\|$，对于任意 $q_i\in Q$，需要找到所有距离为 $d_1\pm\varepsilon$ 和 $d_2\pm\varepsilon$ 的点。如图 5-62所示，Super 4PCS 算法对这个问题使用栅格化处理的方法，首先将目标点云 Q 标准化，把目标点云 Q 中所有点放到网格 G 中，然后对 G 进行栅格化处理，栅格大小为 ε，然后以每个点为球心画半径为 $d\pm\varepsilon$ 的球。

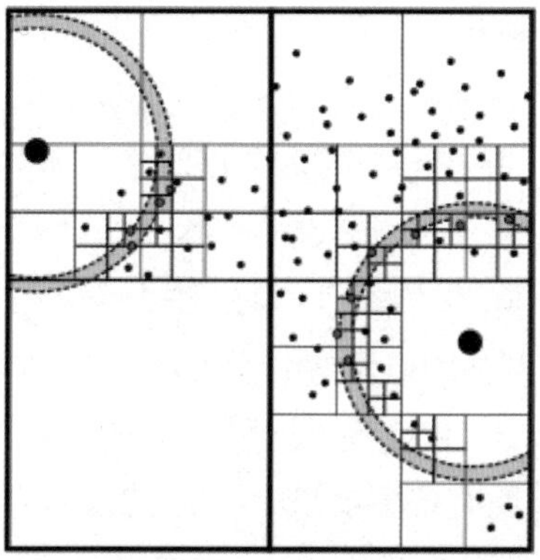

图 5-62　栅格化球体提取匹配点对示意图

通过在网格上执行超球面的同步自适应栅格化，递归地细分包围目标点云 Q 的空间，并计算一组超球体与细分体之间的交点，然后在球心和相交的点之间实现点对提取。记 q_i 与那些落在$[d_1-\varepsilon,d_1+\varepsilon]$范围内的点组成的点对集合为 S_1，而 q_i 与那些落在$[d_2-\varepsilon,d_2+\varepsilon]$范围内的点组成的点对的集合为 S_2，如式（5-189）和式（5-190）所示。

$$S_1=\{(q_i,q_j)\mid q_i,q_j\in Q,\ \|p_i-p_j\|\in[d_1-\varepsilon,d_1+\varepsilon]\} \tag{5-189}$$

$$S_2=\{(q_i,q_j)\mid q_i,q_j\in Q,\ \|p_i-p_j\|\in[d_2-\varepsilon,d_2+\varepsilon]\} \tag{5-190}$$

针对改进 2)，4PCS 算法找到了和点集 B 近似全等的四点集 U，但是 U 中的点集并不全都与四点集 B 全等，这些不全等的点集就是冗余点集。如图 5-63 所示，点集$\{(p_1,p_2),(p_3,p_4)\}$对应$\{(q_1,q_2),(q_3,q_4)\}$和$\{(q_1',q_2'),(q_3,q_4)\}$，但是$\{(q_1',q_2'),(q_3,q_4)\}$和$\{(p_1,p_2),(p_3,p_4)\}$并不全等，因此$\{(q_1',q_2'),(q_3,q_4)\}$是冗余点集，这就导致了 4PCS 算法的低效，浪费了大量时间去验证这些冗余点集。因此，Super 4PCS 算法通过从点云 Q 中提取对应于线段之间的相同角度，相同距离以及相同不变量的四个共面点来解决此问题。设 $B=\{p_1,p_2,p_3,p_4\}$ 为从源点云 P 中提取的共面四点集，e 为线段 p_1p_2 和 p_3p_4 的交点，定义距离 $d_1=\|p_1-p_2\|$，$d_2=\|p_3-p_4\|$，不变量 $r_1=\|p_1-e\|/d_1$，$r_2=\|p_1-e\|/d_2$，利用上述方法已在目标点云 Q 中找到了分别相距 d_1

和 d_2 的两个点对集合 S_1 和 S_2。

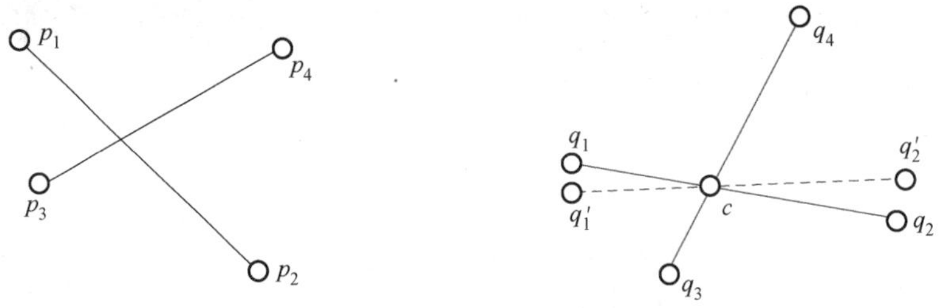

图 5-63　冗余点对示意图

将角度匹配问题映射到一组法线的索引中，这样对于任何给定的查询法线 n 和角度 θ，可以快速查询到所有与 n 存在角度偏差为 θ 的法线。将法线视为单位球（高斯球）上的一个点，查询一个单位圆上的所有点。图 5-64 所示的点 c，圆由相对于查询法向 n 角度偏差为 θ 的法线定义。对于近似参数 ε，我们栅格化一个圆，设置其单元格大小为 ε。查询法线 n 由一个箭头表示，它定义了单位球体上的圆，该圆包含与 n 成角度 θ 的所有点。之后做全等四点集提取，构造一个单元大小为 ε 的网格，并在每个网格中存储如上所述的法线索引。对一个有序点对（p_1,p_2）进行方向描述时，对另一个点对进行同样的方向描述。通过遍历 S_1 中的所有点对，并计算一个新的点 e，对应不变量 r_1。在映射到网格的单元格中添加 e，并在 R^3 中添加一个向量，表示从 p_1 到 p_2 的归一化方向。随后将向量插入增广法线索引中。在这一阶段的最后，所有与不变量 r_1 对应的点 e_i 都存储在网格单元中，它们的法线存储在每个单元的法线索引中。对于给定的点集 B，有相交线之间的夹角 θ 来提取 S_2 中与这个夹角一致的点对，即它们与 S_1 中对应的对之间的夹角近似为 θ。在这一阶段的最后，我们有一个目标点云 Q 中的 4 点集，它们全等于点集 B，不会产生冗余点集。

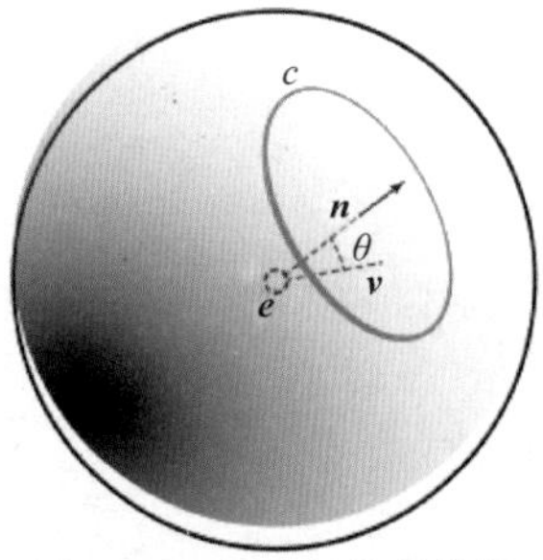

图 5-64　在球上做单位圆匹配角度查询示意图

5.12.4　Super 4PCS 算法实现及关键代码分析

代码来源：https://github.com/STORM-IRIT/OpenGR，其中 OpenGR 是 Super 4PCS 原作者将 Super 4PCS 的内容结合了其他开源库的项目，原项目 Super 4PCS 现已不再维护。在 Linux、MacOS 和 Windows 平台上都支持 OpenGR。

Linux 的用户在命令行输入以下命令完成代码下载、工程生成和编译链接运行。

```
git clone https://github.com/STORM-IRIT/OpenGR.git
mkdir build
cd buildcmake .. -DCMAKE_BUILD_TYPE=Release -DCMAKE_INSTALL_PREFIX=./install
make install
cd install/scripts/
./run-example.sh
```

Windows 的用户可以直接下载源码，下载完成后，源码文件夹中 3rdparty 文件中 happly 文件夹与 stb 文件夹为空，所以需要单独下载。在 Github 中相应位置有如图 5-65 所示的相关链接，读者可自行下载并放入对应文件夹中。

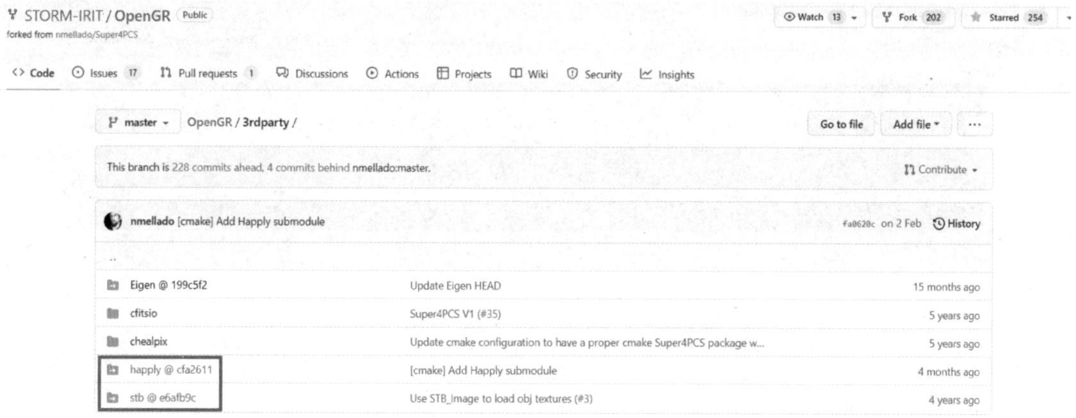

图 5-65　happly 文件夹与 stb 文件夹链接

接下来，在 OpenGR 文件夹下创建 build 和 install 两个空的文件夹，使用 CMake 建立工程文件，配置（Configure）后进行一些如图 5-66 所示的修改。图 5-66a 将 EIGEN3_INCLUDE_DIR 改为和 EIGEN_INCLUDE_DIR 一样。图 5-66b 将 CMAKE_INSTALL_PREFIX 修改为创建的 install 文件夹位置。单击 Generage 按钮完成 CMake。

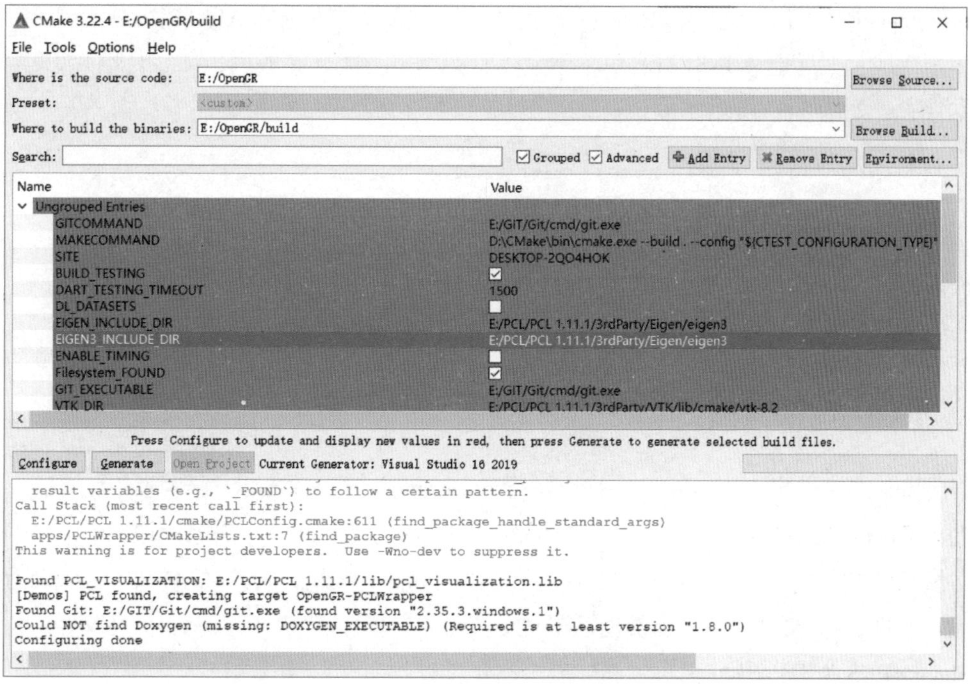

a)

图 5-66　CMake 修改示意图

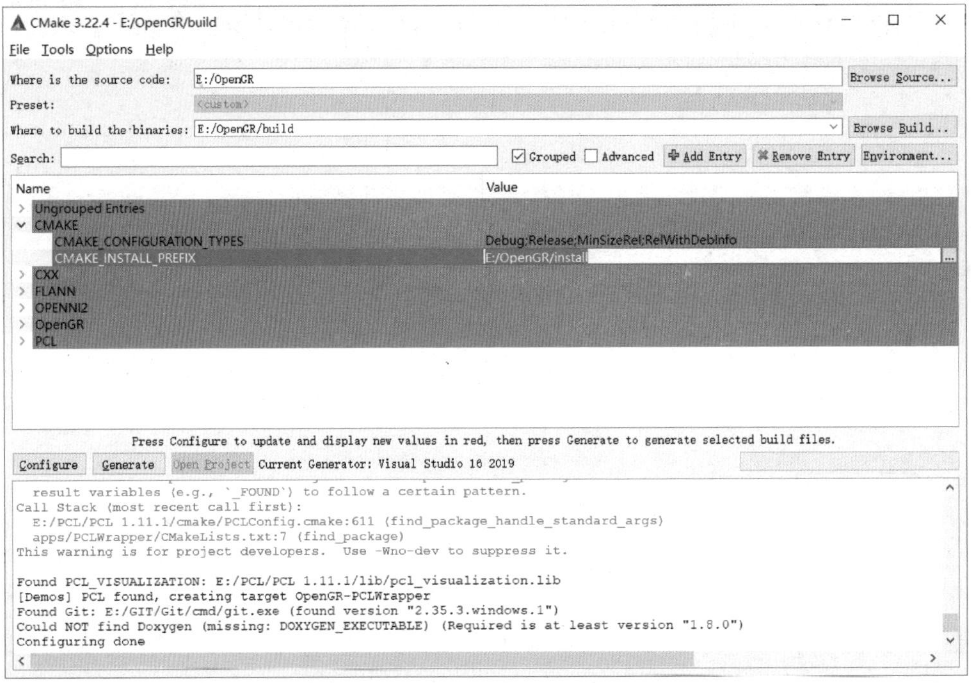

b)

图 5-66　CMake 修改示意图（续）

打开 OpneGR 项目，选择在 Release X64 模式下生成，首先选择 ALL_BUILD 后利用，鼠标右键单击生成，然后选择 INSTALL 后利用鼠标右键单击生成。完成后，install 文件夹下生成了五个文件夹，如图 5-67 所示。

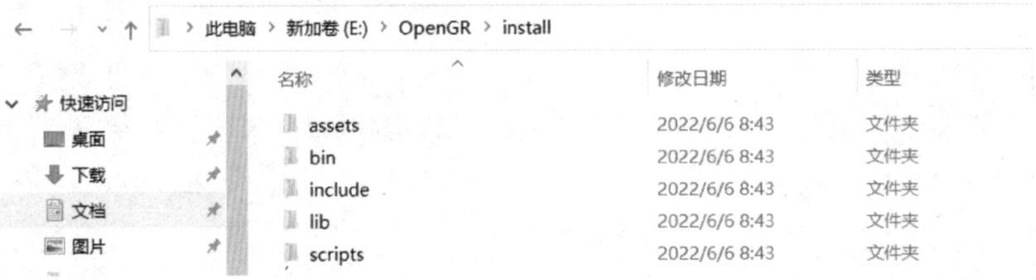

图 5-67　install 文件夹生成结果

打开 install 文件夹下 scripts 文件夹，运行 run-example.sh 文件，即可得到结果。

对于 OpenGR 文件夹中的文件，在 3rdparty 文件夹中包含算法所需的模块，apps 文件夹中包含各种算法的源文件，assets 文件夹中包含测试的 hippo 数据，scripts 文件夹中包含展示结果的可运行文件，src 文件夹中包含算法所需的 gr 库。

Super 4PCS 关键代码如下。

在 FunctorSuper4pcs.h 文件中，首先利用源点云 P 中点对的距离和法线在目标点云 Q 中寻找对应点对。

```
///对源点云 P 中的单个点对在目标点云 Q 中寻找对应点对
/// @ param [in] pair_distance 源点云 P 中点对之间的距离
/// @ param [in] pair_distance_epsilon 点对距离的误差,可以允许目标点云 Q 中点对的距离在
pair_distance±epsilon 范围内
/// @ param [in] base_point1 源点云 P 中点对的第一个点
/// @ param [in] base_point2 源点云 P 中点对的第二个点
/// @ param [out] pairs 在给定的误差范围内,根据距离和法线在目标点云 Q 中查询到的点对
inline voidExtractPairs(Scalar pair_distance,
                    Scalar pair_normals_angle,
                    Scalar pair_distance_epsilon,
                    int base_point1,
                    int base_point2,
                    PairsVector*  pairs)
```

然后根据给定的不变量和距离阈值，在之前从目标点云 Q 中提取的点对中寻找全等的候选点对。

```
/// @ param invariant1 [in] 从目标点云 Q 中的对应点对提取的第一个不变量
/// @ param invariant2 [in] 从目标点云 Q 中的对应点对提取的第二个不变量
/// @ param [in] distance_threshold2 基于不变量用来匹配中间点的距离(中间点也就是原理部
分的 e1 和 e2)
/// @ param [in] First_pairs 在目标点云 Q 中找到的第一组点对
/// @ param [in] Second_pairs 在目标点云 Q 中找到的第二组点对
/// @ param [out] quadrilaterals 包含对应四点全等点集
inline bool FindCongruentQuadrilaterals(
    Scalar invariant1,
    Scalar invariant2,
    Scalar distance_threshold2,
    const std::vector<std::pair<int, int>>& First_pairs,
    const std::vector<std::pair<int, int>>& Second_pairs,
    typename Traits4pcs<PointType>::Set*  quadrilaterals)
```

5.12.5 Super 4PCS 实战案例测试过程及结果分析

首先在运行 Super 4PCS 时需要设置部分参数，以下为所有可设置参数，每个参数都由其字符串标识符描述，后面( )里的是默认值。请注意，所有参数字符串后面都必须跟一个值，但-x除外，该值是使用 4PCS 而不是 Super 4PCS 的选项。

```
Usage: ./Super4PCS -i input1 input2
[ -o overlap (0.20) ]
[ -d delta (5.00) ]
```

```
[ -n n_points (200) ]
[ -a norm_diff (90.000000) ]
[ -c max_color_diff (150.000000) ]
[ -t max_time_seconds (10) ]
[ -r result_file_name (output.obj) ]
[ -x (use 4pcs: false by default) ]
```

Super 4PCS 算法主要的参数有三个，分别为重叠率（-o），样本数（-n）和配准精度（-d）。重叠率定义两个点云之间的预期重叠率：它的范围介于 0（无重叠）到 1（完全重叠）之间。

重叠率控制用于配准的基数的大小，通常，重叠率越大，算法越快。当重叠率未知时，设置此参数的简单方法是从 100%重叠开始，然后减小该值，直到获得良好的结果。使用太小的值会降低算法的速度，并降低结果的准确性。对于样本数 n，在搜索对应点前，为了加快计算速度，对输入点云进行下采样，n 为采样的样本数。与 4PCS 相比，Super 4PCS 具有与输入样本数量相关的线性复杂度，因此对于样本数可以使用比 4PCS 大的值。具有较大重叠的简单几何体通常仅可与 200 个样本匹配。但是，对于 Super 4PCS 可以通过使用多达数千个点获得更小的细节来进行配准。此参数没有理论限制，但是使用太大的值会导致非常大的一致集，这需要更多的时间和内存来探索。配准精度 d，设置一个较小的 delta 值作为配准精度意味着两个云需要非常接近才能被认为是对齐的。了解其影响的一种简单方法是考虑最大公共点集（LCP）的计算，该指标用于验证点云的对齐程度。对于 Super 4PCS 产生的每个变换矩阵，我们通过点云周围大小为 2ε 的外壳来计算 LCP 度量，并计算位于外壳中的目标点云的点的百分比，外壳的厚度由参数 delta 定义，见图 5-62。delta 默认值为 1。

使用项目自带数据 hippo 运行结果如图 5-68 所示，设置参数重叠率-o 为 0.7，配准精度-d 为 0.1，允许计算最大时间-t 为 1000，样本数-n 为 200。可以得到点云变换矩阵，配准得分为 0.86。

```
Starting registration
norm_max_dist: 0.02
Initial LCP: 0.05
sq_max_base_diameter_: 0.376749
sq_max_base_diameter_: 0.376749
sq_max_base_diameter_: 0.376749
sq_max_base_diameter_: 0.376749
Score: 0.86est: 0.860000
(Homogeneous) Transformation from ./assets/hippo2.obj to ./assets/hippo1.obj:
  0.737704 -0.00774246  -0.675079  -0.0977598
 -0.0595924   0.995284  -0.0765354 -0.00849206
  0.672489   0.0966901   0.733764  -0.0344192
        0          0          0          1
Exporting Registered geometry to output.obj...
Export DONE
```

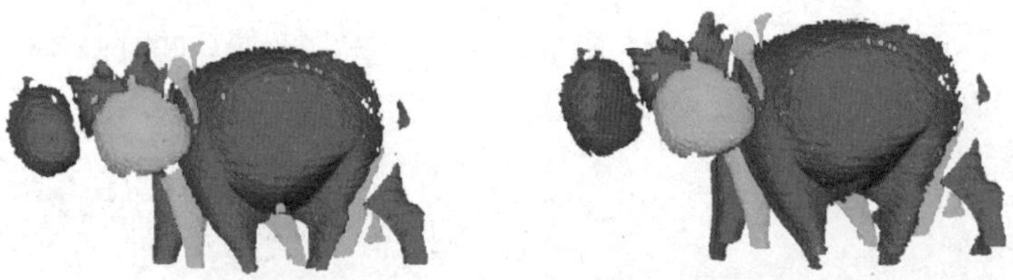

图 5-68　hippo 数据配准结果

同理，图 5-69 所示为猪数据配准结果，图 5-70 所示为牛数据配准结果

```
Starting registration
norm_max_dist: 9
Initial LCP: 0.0271605
sq_max_base_diameter_: 44786
sq_max_base_diameter_: 44786
sq_max_base_diameter_: 44786
sq_max_base_diameter_: 44786
Score: 0.749383 0.749383
(Homogeneous) Transformation from ./assets/pig_view2.obj to ./assets/pig_view1.obj:
 0.870181  0.148827 -0.469719  -1159.23
0.0511429  0.920865  0.386514   791.508
 0.490071  -0.36036  0.793707  -620.605
        0         0         0         1
Exporting Registered geometry to output.obj...
Export DONE
```

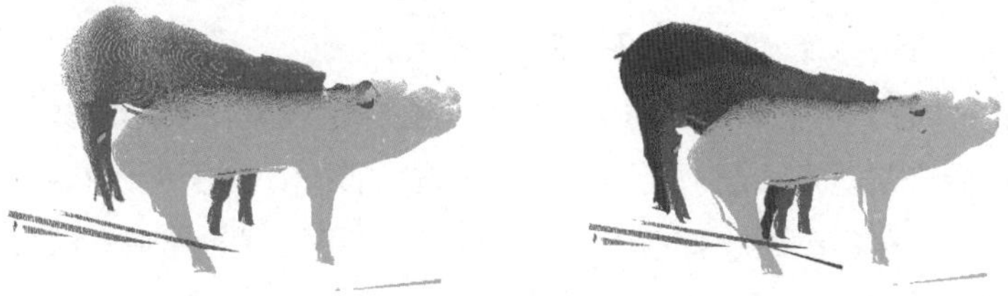

图 5-69　猪数据配准结果

```
Starting registration
norm_max_dist: 12
Initial LCP: 0.183333
sq_max_base_diameter_: 83117.5
sq_max_base_diameter_: 83117.5
sq_max_base_diameter_: 83117.5
sq_max_base_diameter_: 83117.5
Score: 0.791111 0.791111
(Homogeneous) Transformation from ./assets/cow02.obj to ./assets/cow01.obj:
   0.868676   -0.495117   0.0161507    7.63376
   0.495302    0.868656  -0.0105694    8.82806
-0.00879637   0.0171808    0.999814    1.79028
          0           0           0          1
Exporting Registered geometry to output.obj...
Export DONE
```

图 5-70　牛数据配准结果

5.13 K-4PCS 点云配准算法

本节介绍一种基于 4PCS 的粗配准算法，从算法简介、原理描述、算法实现、源码分析和算法测试实例等方面全面剖析，帮助读者全面了解和掌握该算法。

5.13.1 K-4PCS 点云配准发明者

本算法的发明者 Pascal Willy Theiler 是苏黎世联邦理工学院（ETH）测绘工程博士，更多扩展资料可参看随书附赠资源中的说明文档。

5.13.2 K-4PCS 算法设计的灵感、应用范围和优缺点

四点一致集算法（4-Points Congruent Sets，4PCS）最初是由 Dror Aiger 于 2008 年提出的基于 RANSAC（随机抽样一致）算法的点云粗配准算法。该算法将 RANSAC 中随机选择三个不同的点修改为在源点云中选择共面的四点集，利用其仿射不变性在目标点云中搜索对应四点，以构成对应四点集。通过该算法使需要验证的点集大大减少，并且能更快地找到两组点云的最佳匹配点对。同时，由于四点集具有仿射不变性，在一定程度上可增强算法的鲁棒性。然而，当使用 4PCS 进行激光雷达点云配准会面临一些问题：首先，由于激光扫描经常从不同的视角进行恒定的角度采样，在点云中点的密度会发生剧烈的变化，但是 4PCS 算法并不能很好地应对这样剧烈变化的点密度；其次，为了保持效率，必须对巨量的激光雷达点云进行大量的下采样，以至于无法保证点对成功的对应。为了解决这些问题，Pascal Willy Theiler 等人没有使用原始的点云，而使用独特的 3D 关键点集来表示点云，并使用 4PCS 算法对提取的关键点集上进行匹配。由此产生的组合称为基于关键点的 4 点一致性集（K-4PCS）。

5.13.3 K-4PCS 算法原理描述

图 5-71 所示为 K-4PCS 算法的工作流程。给定两个激光扫描仪点云，使用体素网格进行采样，使得点云获得规则的点密度，然后从两个点云中提取 3D DoG 关键点。提取的关键点集作为修改的 4PCS 对应点搜索的输入。通过 4PCS 算法可以产生一组对应的关键点，然后根据对应关系进行粗配准。

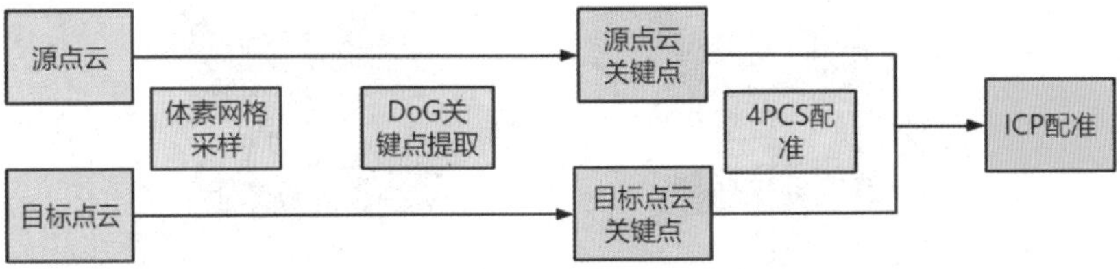

图 5-71 K-4PCS 算法流程

1. 关键点检测

标准的地基激光扫描仪（Terrestrial Laser Scanners，TLS）点云通常有数千万个不均匀分布的点，这使得原始点云的粗配准计算非常耗时。K-4PCS 通过提取 3D 关键点将点云数量减少到对配准最有用的数量。三维关键点云是一种具有高稳定性的稀疏表示，该属性大大增加了算法在 3D 关键点云中找到对应点的机会。原始点云及其通过三维关键点云的稀疏表示可以渲染呈现（如图 5-72 所示）。对于原始扫描点云使用基于体素网格的过滤器进行采样（如图 5-72 上图所示），再通过关键点提取，结果是一个稀疏但具有高辨识度的关键点云（如图 5-72下图所示）。

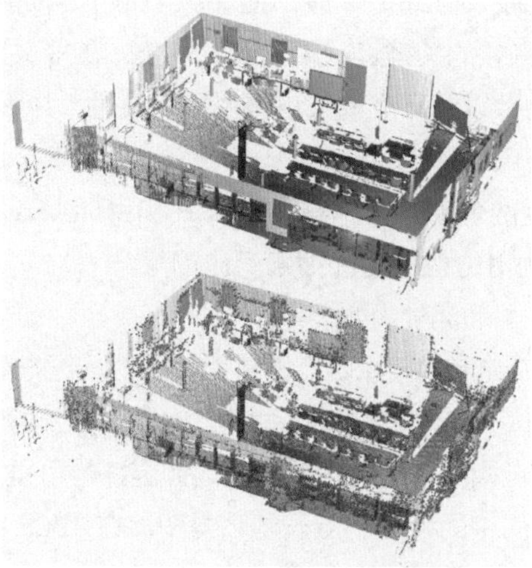

图 5-72　3D 关键点提取

为了避免常规角度采样中固有的近场偏移（Near-Field Bias），并减少初始点云数量，K-4PCS算法首先使用体素网格滤波器，将三维空间划分成大小为 τ 的块（或体素）的规则网格。算法确定每个块内的所有扫描点，然后对块内的扫描点计算质心，并使用质心来代替常规的体素中心。之所以使用质心而不使用更常见的体素中心，是因为质心可以更好地保留点的原始空间布局。算法随后使用过滤后的点云作为三维关键点检测器的输入。

高斯差分 DoG（Difference-of-Gaussians）关键点检测器是由 David G.Lowe 作为 SIFT 关键点提取算法的一部分提出的，现已广泛应用于图像处理和机器视觉中。通过在高斯差分尺度空间$(x,y,Scale)$中寻找 DoG 响应的局部最大值来检测尺度不变的关键点。DoG 响应是具有不同程度高斯模糊的图像金字塔的相邻尺度之间的差分，并近似于尺度归一化拉普拉斯算子。具体介绍可见第 3 章的 3.5 节下的 SIFT 3D 检测原理部分内容。

考虑激光雷达扫描的极性特性，原则上可以在相应的全景图像上运行标准的 2D DoG。然而，K-4PCS 算法更倾向于在三维点云中检测关键点，原因是在二维空间中，许多高对比度的边缘位于物体轮廓和深度不连续处，导致关键点检测在不同视角下不稳定。三维检测方案通过在三维空间中只选择与相邻点中对比度高的点来避免此类不稳定点。DoG 检测器是尺度归一化拉普拉斯算子的有效近似。在二维空间中，DoG 是通过不断增加尺度的高斯滤波器对图像进行反复模糊得到的。对相邻模糊尺度图像做减法得到 DoG 响应，来检测其中局部的最小值和最大值。对于三维空间，其原理与二维空间相同。虽然窄带激光雷达的响应与图像强度有很大的不同（即，物体可以有相同的颜色，但反射特性不同，反之亦然），但是检测的有效性似乎没有受到明显的影响。与二维方法相比，3D DoG 关键点的检测是基于每个模糊级别 $\tau_k(k=1,\cdots,m)$计算每个点的高斯响应 G（考虑在给定半径 $r_k=3\cdot\tau_k$ 的所有邻域），减去每个点上相邻尺度的响应得到 DoG 响应 R^G［见式（5-191）］，最后将 DoG 尺度空间中的局部极小和极大值作为检测到的关键点。

$$R_i^G(x,y,z,\tau_k)=G_i(x,y,z,\tau_{k+1})-G_i(x,y,z,\tau_k) \tag{5-191}$$

如果点的 DoG 响应大于最大值或小于最小值邻域中每个点的响应，并且点响应的绝对值超过给定阈值 R_{min}，则找到有效的关键点。重复计算 q 次，在每次迭代中使体素网格的基本尺度 τ_1 加倍。高斯金字塔的阶数以及尺度的大小都由用户设置，并影响提取关键点的数量。

2. 基于关键点的四点一致集匹配

4PCS 主要原理为：给定两个输入数据集源点云 P 和目标点云 Q，随机抽取一个 4 点的点集 $B=\{p_1,p_2,p_3,p_4\}\in P$，利用仿射不变性搜索对应的集合 $U=\{q_1,q_2,q,q_4\}\in Q$。具体介绍可见本章上一节的 Super 4PCS 配准部分内容。

当 4PCS 配准算法使用关键点代替原始点云作为输入时，配准时使用的基于点云数据的阈值计算必须适应关键点的输入。一方面，DoG 关键点比原始点云稀疏很多，所以平均点密度较低。另一方面，与随机采样点相比，稳定的关键点具有更好的可重复性。因此，找到相同目标点的机会比随机下采样产生的相同大小的点云要高得多。在 4PCS 中所需的阈值都是基于输入数据的平均密度自动估计的，由于关键点与原始点云在平均密度上的差异，如果根据关键点云的平均密度来进行估计可能会产生较高的误差，导致严重的错误对齐，进而导致后续变换矩阵求解的失败。若是使用原始数据将给出过低的阈值，会导致粗配准失败。因此定义关键点的阈值不能使用平均密度，通常是用最小关键点尺度的常数倍。因此，为了获得一个较好的阈值，K-4PCS 算法用从 DoG 检测器中使用的最小尺度来计算阈值。

5.13.4 K-4PCS 算法实现及关键代码分析

K-4PCS 关键代码如下。

在 ia_kfpcs.hpp 文件中，首先对 4PCS 进行初始化，由于输入的数据为关键点，不能使用点密度来标准化 delta，所以 delta 需要根据关键点特征来设置。

```
//由于输入为关键点云,较为稀疏,因此不能使用点密度来标准化 delta
if (normalize_delta_)
{
    PCL_WARN("[%s::initCompute] Delta should be set according tokeypoint precision! "
    "Normalization according to point cloud density is ignored. \n",reg_name_.c_str());
    normalize_delta_ = false;
}
//初始化 4PCS
pcl:: registration:: FPCSInitialAlignment < PointSource, PointTarget, NormalT,
Scalar>::initCompute();
//根据关键点特征设置阈值,delta 表示在点云间寻找临近点的精度,由用户设置,用于内部计算参数
max_pair_diff_ = delta_ * 1.414f;
coincidation_limit_ = delta_ * 2.828f;
max_edge_diff_ =delta_ * 3.f;
max_mse_ =powf(delta_ * 4.f, 2.f);
max_inlier_dist_sqr_ =powf(delta_ * 8.f,2.f);
```

在 ia_fpcs.hpp 文件中，根据源点云中四点集对角线的长度来匹配候选点集，并且对候选点

集进行评估并储存。

```
//在源点云中选择共面四点集
if (selectBase (base_indices, ratio) == 0)
{
    //根据四点集中对角线长度来计算候选点集条件
    pcl::Correspondences pairs_a, pairs_b;
    if (bruteForceCorrespondences (base_indices[0], base_indices[1], pairs_a) == 0 &&
    bruteForceCorrespondences (base_indices[2], base_indices[3], pairs_b) == 0)
    {
        //结合四点集中线段长度来确定候选点集
        std::vector <std::vector <int> > matches;
        if (determineBaseMatches (base_indices, matches, pairs_a, pairs_b, ratio) == 0)
        {
            //检查和评估候选点集并存储它们
            handleMatches (base_indices, matches, candidates);
            if (! candidates.empty ())
            all_candidates[i] = candidates;
        }
    }
}
```

遍历所有的候选匹配点对，根据候选点对到质心的距离确定四点集和对应点集之间的对应关系，接着根据变换后对应点的残差进行匹配，找到所有的候选匹配点对，并根据适应度评分进行排序。

```
//循环遍历所有的候选匹配点对,接受所有的候选点对,不仅仅是得分最好的点对
for (auto& match : matches)
{
    Eigen::Matrix4f transformation_temp;
    pcl::Correspondences correspondences_temp;
    float fitness_score =std::numeric_limits<float>::max();
    //根据点对到质心的距离确定四点集和对应点集之间的对应关系
    linkMatchWithBase(base_indices, match, correspondences_temp);
    //根据变换后对应点的残差进行匹配
    if (validateMatch(base_indices, match, correspondences_temp, transformation_
temp) <0)
      continue;
    //存储所有的候选点对,然后根据它们的适应度评分进行排序
    validateTransformation(transformation_temp, fitness_score);
    //存储所有有效的匹配以及相关的得分和变换矩阵
    candidates.push_back(
     MatchingCandidate (fitness _ score, correspondences _ temp, transformation _
temp));
}
```

对源点云下采样并使用变换矩阵进行变换，使用 Kd 树搜索最近点，获得变换得分并计算适应度，根据适应度进行迭代，若是小于之前的适应度则舍弃。

```
//下采样源点云并使用变换矩阵进行变换
PointCloudSource source_transformed;
pcl::transformPointCloud(* input_, * indices_validation_, source_transformed,
transformation);
//使用 Kd 树搜索最近点
tree_->nearestKSearch(* it, 1, ids, dists_sqr);
score_a += (dists_sqr[0] < max_inlier_dist_sqr_ ? dists_sqr[0]: max_inlier_dist_sqr_);
score_a /= (max_inlier_dist_sqr_ * nr_points);
//获得变换得分
float scale = 1.f;
if (use_trl_score_)
{
    float trl = transformation.rightCols<1>().head(3).norm();
    float trl_ratio = (trl - lower_trl_boundary_) / (upper_trl_boundary_ - lower_trl
_boundary_);
    score_b =(trl_ratio < 0.f ? 1.f : (trl_ratio > 1.f ? 0.f : 0.5f * sin(M_PI * trl_
ratio + M_PI_2) +0.5f));
    scale += lambda_;
//计算适应程度,如果小于之前的适应程度,则返回失败
float fitness_score_temp = (score_a + lambda_ * score_b);
if (fitness_score_temp > fitness_score)
    return (-1);
fitness_score = fitness_score_temp;
```

将候选点对重组为一个向量，根据得分进行排序，最终找到最佳适应度评分，保存最佳候选点对作为最终结果。

```
//将候选点对重组为一个向量
std::size_t total_size = 0;
for (const auto& candidate : candidates)
    total_size += candidate.size();
candidates_.clear();
candidates_.reserve(total_size);
for (const auto& candidate : candidates)
    for (const auto& match : candidate)
      candidates_.push_back(match);
    //根据得分进行排序
```

```
    std::sort(candidates_.begin(), candidates_.end(), by_score());
//保存最佳候选结果作为输出结果
fitness_score_ = candidates_[0].fitness_score;
final_transformation_ = candidates_[0].transformation;
* correspondences_ = candidates_[0].correspondences;
```

5.13.5 K-4PCS 实战案例分析、算法测试过程及结果分析

K-4PCS 算法在 PCL 库中的链接为：https://pointclouds.org/documentation/classpcl_1_1registration_1_1_k_f_p_c_s_initial_alignment.html。

使用 K-4PCS 算法对猪数据和牛数据进行配准，两个数据都已提前使用 SIFT 完成了关键点提取，K-4PCS 输入数据为关键点数据。

```
//K-4PCS 配准
pcl::registration::KFPCSInitialAlignment<pcl::PointXYZ, pcl::PointXYZ> kfpcs;
kfpcs.setInputSource(source_cloud);// 输入源点云
kfpcs.setInputTarget(target_cloud);// 输入目标点云
kfpcs.setApproxOverlap(0.8);// 源点云和目标点云的重叠率
kfpcs.setLambda(0.5);// 变换成本的权重因子,用于迭代的计算,通常标准值为 0.5
kfpcs.setDelta(1.0);// Delta 表示点云密度,需要根据关键点稀疏程度来设置,标准值为 1.0
kfpcs.setMaxComputationTime(10000);// 最大计算时间
kfpcs.setNumberOfSamples(200); // 配准时使用的采样点数量
pcl::PointCloud<pcl::PointXYZ>::Ptr kfpcs_cloud(new pcl::PointCloud<pcl::
PointXYZ>);
```

使用猪数据运行结果如图 5-73 所示，可以得到点云变换矩阵，以及配准运行时间。

```
KFPCS time registration 16593.2 ms
Rotation matrix
 0.897959  0.144096  -0.41582  -1050.06
-0.0200521   0.95729  0.288432   623.424
 0.439622 -0.250662  0.862497   -469.32
        0         0         0         1
```

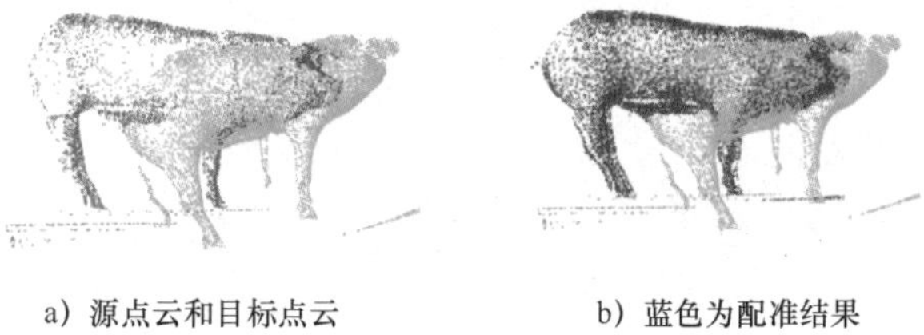

a）源点云和目标点云　　b）蓝色为配准结果

图 5-73　猪数据配准结果

同理，图 5-74 所示为牛数据配准结果。

```
KFPCS time registration 252310 ms
Rotation matrix
 0.89738  -0.432431 -0.0878178  -69.4379
 0.427949  0.901414 -0.0656668  -42.3141
 0.107557  0.0213466  0.99397   -6.8598
        0          0          0        1
```

a）源点云和目标点云　　b）蓝色为配准结果

图 5-74　牛数据配准结果

第6章 经典非刚性配准算法

本章汇总了近些年来点云非刚性配准领域经典的开源算法，涉及每种算法的原始创作者、算法原理、算法实现简要分析以及算法实战测试案例等，让读者能够很好地掌握每种算法的来龙去脉。对于做应用的读者，可适当忽略原理部分的公式推导；对于学习和研发的读者，相信每一部分都会对读者有所启发和收获。每节之间基本上是互相独立的，因此读者可根据自己需要调整阅读顺序。

6.1 具有重加权位置和变换稀疏性的鲁棒非刚性配准算法（RPTS）

本节介绍一种基于稀疏正则化的位置和变换约束的非刚性配准算法，从算法简介、原理描述、算法实现、源码分析和算法测试实例等方面全面剖析，帮助读者全面了解和掌握该算法。

6.1.1 RPTS发明者及算法概述

RPTS算法由李坤教授（天津大学计算机科学与技术学院）以及杨靖宇教授（天津大学电气与信息工程学院）等人提出。该算法针对非刚性配准的问题。相较于刚性配准，非刚性配准更具有挑战性。要解决的问题通常是不适定的（Ill-Posed）且自由度高，因此对噪声和异常值很敏感。而目前，市面上商用的传感器（如：微软的Kinect）捕获的深度图像和重建的点云普遍包含很多噪声，对非刚性配准的工作构成挑战。为了提高非刚性配准算法对噪声和异常值的鲁棒性，李坤等人提出了具有重加权位置和变换稀疏性的鲁棒非刚性配准算法。

非刚性配准的问题通常被表示为一个优化问题，许多算法都构造了一些具有位置约束和形变约束的能量泛函。并且，许多算法都在位置约束和形变约束上使用了经典的 l_2 范数。然而，这样的二次能量泛函更容易受到噪声和异常值的影响。针对以上情况，李坤教授等人提出了一种基于稀疏正则化的位置和变换约束的非刚性配准算法。在本算法中，使用 l_1 范数（而非 l_2 范数）来度量位置误差和形变误差。根据它们在公共数据集和真实扫描数据集上的实验结果可以看出，该算法的速度和准确率都优于一些传统的非刚性配准算法。但是，经过编者团队进一步的实验，发现该算法的结果还是不可避免地存在局部区域的畸变。

6.1.2 RPTS算法原理描述

本节介绍RPTS的算法原理，分为迭代框架、问题定义、优化求解和算法流程总结等部分，带读者了解算法数理基础和技术流程。

1. RPTS 使用的迭代框架

本算法迭代计算源点云和目标点云之间的形变，每次迭代包括两个步骤：第一步，使用上一次迭代的结果估计源点云与目标点云的对应点关系；第二步，利用下面提出的一种基于二重稀疏性表示的能量最小化方法，结合第一步得到的对应点关系来估计非刚性变换。在迭代开始前，使用基于局部几何相似性的关键点提取和关键点匹配算法找到源点云和目标点云初始的对应关系（即下面提到的映射f），或手工标记源点云和目标点云的对应关系。

2. 非刚性形变估计问题的定义

令$\boldsymbol{v}_i \triangleq [x_i, y_i, z_i, 1]^{\mathrm{T}}$表示3D点的齐次坐标，$v \triangleq \{\boldsymbol{v}_1, \cdots, \boldsymbol{v}_N\}$表示源点云的3D点集合，$u \triangleq \{\boldsymbol{u}_1, \cdots, \boldsymbol{u}_M\}$表示目标点云的3D点集合，$N$和$M$代表两个点集中点的数量。定义$f: \{1, \cdots, N\} \mapsto \{0, 1, \cdots, M\}$为源点云到目标点云对应点的索引映射（如果在目标点云中找不到对应的点则记为$f(i)=0$）。令3×4矩阵$\boldsymbol{X}_i$为点$\boldsymbol{v}_i$的变换矩阵。定义$X \triangleq \{\boldsymbol{X}_1, \cdots, \boldsymbol{X}_N\}$为非刚性变换的集合，则可以将$\boldsymbol{X} \triangleq [\boldsymbol{X}_1, \cdots, \boldsymbol{X}_N]^{\mathrm{T}}$定义为包含$N$个待求解的变换矩阵的矩阵。该算法的目标就是根据给定的映射f，尽可能准确地找到将源点云集合v转换为目标点云集合u的非刚性变换矩阵$\boldsymbol{X}$。

将非刚性配准问题定义为以下能量函数的最小化问题：

$$E(X;f) = E_{\mathrm{data}}(X;f) + \alpha E_{\mathrm{smooth}}(X) + \beta E_{\mathrm{orth}}(X) \tag{6-1}$$

式中，$E_{\mathrm{data}}(\boldsymbol{X})$，$E_{\mathrm{smooth}}(\boldsymbol{X})$和$E_{\mathrm{orth}}(\boldsymbol{X})$分别表示数据项（Data Term）、平滑项（Smooth Term）和正交约束（Orthogonality Constraint），参数α和β负责调节不同能量项的重要性，数据项用于对齐位置的精确度，平滑项给函数施加了一项平滑限制使得原来不适定的问题（仅由数据项定义的能量函数）变得适定，而正交约束促进局部的刚性变换。

对于数据项，采用变换后的点与相应的目标点的接近程度来衡量变形的精度，公式如下：

$$E_{\mathrm{data}}(\boldsymbol{X};f) = \sum_{\boldsymbol{v}_i \in v} w_i \| \boldsymbol{X}_i \boldsymbol{v}_i - \tilde{\boldsymbol{u}}_{f(i)} \|_1 \tag{6-2}$$

式中，$\tilde{\boldsymbol{u}}_{f(i)}$为$\boldsymbol{u}_{f(i)}$的笛卡尔坐标，$w_i$是权重参数，当目标点云中有对应点时，该值取1，没有时该值取0。为了紧凑表示以上公式，定义以下矩阵/向量形式的变量以重新定义数据项：

$$\boldsymbol{W} = \boldsymbol{diag}(\sqrt{w_1}, \cdots, \sqrt{w_N})$$

$$\boldsymbol{V} = \boldsymbol{diag}(\boldsymbol{v}_1^{\mathrm{T}}, \cdots, \boldsymbol{v}_N^{\mathrm{T}})$$

$$\tilde{\boldsymbol{U}}_f = [\tilde{\boldsymbol{u}}_{f(1)} \quad \cdots \quad \tilde{\boldsymbol{u}}_{f(N)}]^{\mathrm{T}} \tag{6-3}$$

式中，$\boldsymbol{diag}(\ )$表示一个对角矩阵。

根据以上定义，数据项可以重写成为以下形式：

$$E_{\mathrm{data}}(\boldsymbol{X};f) = \| \boldsymbol{W}(\boldsymbol{V}\boldsymbol{X} - \tilde{\boldsymbol{U}}_f \|_1 \tag{6-4}$$

对于平滑项，假定局部变化是刚性的，则对于顶点$\boldsymbol{v}_i$，相邻顶点$\boldsymbol{v}_j \in \mathcal{N}_i$的变换$\boldsymbol{X}_j$在应用到$\boldsymbol{v}_i$时应得到非常接近的变换后的位置。因此，本算法将平滑项定义为如下形式：

$$E_{\text{smooth}}(X)=\sum_{v_i\in v}\sum_{v_j\in\mathcal{N}_i}\|X_iv_i-X_jv_i\|_1 \tag{6-5}$$

定义一个图 $g\triangleq(v,\boldsymbol{\varepsilon})$，图的顶点为 v 中所有的点，而图的边用 $\boldsymbol{\varepsilon}$ 表示。对于三维点云，图的边可以通过连接每个顶点与其 K 近邻来定义（K 通常设置为 6）。用 $\mathcal{N}_i$ 来表示顶点 $\boldsymbol{v}_i$ 的邻域，则顶点 $\boldsymbol{v}_i$ 和邻域点 $\boldsymbol{v}_j$ 之间的边表示为 e_{ij}，边的定义为 $\boldsymbol{\varepsilon}=\{e_{ij}|\boldsymbol{v}_j\in\mathcal{N}_i,\boldsymbol{v}_i\in v\}$。此外，定义微分矩阵 $\boldsymbol{K}\in\{-1,1\}^{|\varepsilon|\times|v|}$ 以精简表示平滑项。矩阵 $\boldsymbol{K}$ 的每一行代表 $\boldsymbol{\varepsilon}$ 中的一条边，每一列代表 v 中的一个点。因此，$\boldsymbol{K}$ 的每行只有两个非零的条目。假设 $\boldsymbol{K}$ 的某一行与边 e_{ij} 相关联，那么这一行中与 $\boldsymbol{v}_i$ 对应的元素会被设为 1，而与邻域点 $\boldsymbol{v}_j$ 对应的元素会被设为 −1。令 $\boldsymbol{k}_i$ 为 $\boldsymbol{K}$ 的第 i 行，则可以引入一个矩阵 $\boldsymbol{B}\in R^{|\varepsilon|\times4|v|}$，则 $\boldsymbol{B}$ 的第 i 行可以被定义为：$\boldsymbol{b}_i=\boldsymbol{k}_i\otimes\boldsymbol{v}_i^{\mathrm{T}}$（$\otimes$ 代表张量积，假如 $\boldsymbol{A}$ 为 $m\times n$ 的矩阵，$\boldsymbol{B}$ 为 $p\times q$ 的矩阵，那么它们的张量积为 $mp\times nq$ 的分块矩阵，即：$A\otimes B=\begin{pmatrix}a_{11}B & \cdots & a_{1n}B\\ \vdots & & \vdots\\ a_{m1}B & \cdots & a_{mn}B\end{pmatrix}$）。因此，平滑项又可以写成如下形式：

$$E_{\text{smooth}}(X)=\|\boldsymbol{BX}\|_1 \tag{6-6}$$

对于正交约束，如果部分点云或者网格有较大的运动，配准后就会产生较大的畸变。而正交约束可以有效地保留局部形状，克服畸变的影响。正交约束的定义如下：

$$E_{\text{orth}}(X)=\sum_{i=1}^{N}\|X_i\boldsymbol{S}-\boldsymbol{R}_i\|_F^2 \tag{6-7}$$
$$s.t.\boldsymbol{R}_i^{\mathrm{T}}\boldsymbol{R}_i=\boldsymbol{I},\det(\boldsymbol{R}_i)>0$$

式中，$\boldsymbol{R}_i$ 为 3×3 旋转矩阵（保证 $\boldsymbol{R}_i$ 正交，且行列式 $|\boldsymbol{R}_i|>0$，保证 $\boldsymbol{R}_i$ 为一个旋转矩阵而不是镜像矩阵），$\boldsymbol{S}$ 为一个可以从 $\boldsymbol{X}_i$ 中提取旋转部分的 4×3 常数矩阵（这个矩阵为 $\begin{bmatrix}1&0&0\\0&1&0\\0&0&1\\0&0&0\end{bmatrix}$）。

综合上面的定义，最终的能量函数有如下紧凑形式：

$$\min_X\|W(VW-\widetilde{U}_f\|_1+\alpha\|\boldsymbol{BX}\|_1+\beta\sum_{i=1}^{N}\|X_iS-\boldsymbol{R}_i\|_F^2, \tag{6-8}$$
$$\text{s.t. }\boldsymbol{R}_i^{\mathrm{T}}\boldsymbol{R}_i=\boldsymbol{I},\det(\boldsymbol{R}_i)>0$$

为了进一步提高模型的稀疏性，本算法还对数据项和平滑项进行了加权，并且在每次配准迭代时都要对权重矩阵进行更新。带有加权矩阵的能量函数定义如下：

$$\min_X\|W_D(VX-\widetilde{U}_f)\|_1+\alpha\|W_S\boldsymbol{BX}\|_1+\beta\sum_{i=1}^{N}\|X_iS-\boldsymbol{R}_i\|_F^2, \tag{6-9}$$
$$\text{s.t. }\boldsymbol{R}_i^{\mathrm{T}}\boldsymbol{R}_i=\boldsymbol{I},\det(\boldsymbol{R}_i)>0$$

式中，$\boldsymbol{W}_D$ 和 $\boldsymbol{W}_S$ 分别为数据项和平滑项的对角加权矩阵。数据项的权重矩阵更新公式为：

$$W_{\mathrm{D}}^{(l)}(i,i)=\begin{cases}\dfrac{1}{\|\boldsymbol{x}_i^{(l-1)}v_i-\widetilde{\boldsymbol{u}}_{f(i)}^{(l)}\|_1+\epsilon_D}, & f(i)\neq0\\ 0, & f(i)=0\end{cases} \tag{6-10}$$

式中，l 代表迭代的次数，$\boldsymbol{\epsilon}_D$ 是一个避免分母为零的常数，设为 0.01。同样，平滑项的权重矩阵更新公式有如下定义：

$$W_S^{(l)}(r,r)=\frac{1}{\| \boldsymbol{x}_i^{(l-1)}\boldsymbol{v}_i-\boldsymbol{x}_j^{(l-1)}\boldsymbol{v}_i \|_1+\epsilon_S} \tag{6-11}$$

式中，ϵ_S 为一个常数，设为 0.01。

3. RPTS 非刚性形变问题的优化求解

为了解决上面的问题，首先利用下面的辅助变量 $\boldsymbol{A}$ 和 $\boldsymbol{C}$ 将能量函数转化为以下的形式：

$$\begin{aligned}&\min_{X,C,A} \| \boldsymbol{C} \|_1+\alpha \| \boldsymbol{A} \|_1+\beta\sum_{i=1}^{N} \| \boldsymbol{X}_i\boldsymbol{S}-\boldsymbol{R}_i \|_F^2,\\ \text{s.t.}\quad &\boldsymbol{C}=\boldsymbol{W}_D(\boldsymbol{VX}-\widetilde{\boldsymbol{U}}_f),\\ &\boldsymbol{A}=\boldsymbol{W}_S\boldsymbol{BX},\\ &\boldsymbol{R}_i^T\boldsymbol{R}_i=\boldsymbol{I},\det(\boldsymbol{R}_i)>0.\end{aligned} \tag{6-12}$$

为了解决上述这个约束性优化问题，这里使用了增广拉格朗日算法（Augmented Lagrangian Method，ALM）。ALM 算法在拉格朗日函数的基础上添加了二次惩罚函数，下面将举例介绍该算法的原理。增广拉格朗日函数的定义如下：

$$L_\sigma(x,\boldsymbol{\lambda})=f(x)+\sum_{i\in\varepsilon}\boldsymbol{\lambda}_i c_i(x)+\frac{1}{2}\boldsymbol{\sigma}\sum_{i\in\varepsilon}c_i^2(x) \tag{6-13}$$

式中，$f(x)$为要优化的目标函数，$c_i(x)=0$ 为该优化问题的约束，$\boldsymbol{\lambda}_i$ 为拉格朗日乘子，$\boldsymbol{\sigma}$ 为罚因子。则 ALM 的迭代流程如下。

1）迭代开始前选取迭代的初始点 x^0，乘子 $\boldsymbol{\lambda}^0$，罚因子 $\sigma_0>0$，罚因子的更新常数$\rho>0$，约束的违反度常数 $\varepsilon>0$ 和精度要求 $\eta_k>0$；

2）迭代开始，以前一次得到的 x^k（k 为迭代的次数，第一次迭代时的输入为初始点 x^0），求解$\min\limits_x L_{\sigma_k}(x,\boldsymbol{\lambda}^k)$。得到满足精度条件$\| \nabla_x L_{\sigma_k}(x,\boldsymbol{\lambda}^k) \| \leqslant \eta_k$ 的解 x^{k+1}；

3）如果$\| c(x^{k+1}) \| \leqslant \varepsilon$ 则返回近似解 x^{k+1}，终止迭代；否则就要利用以下的公式来更新乘子和罚因子再返回到步骤 2 进行迭代：

$$\boldsymbol{\lambda}^{k+1}=\boldsymbol{\lambda}^k+\boldsymbol{\sigma}_k\boldsymbol{c}(x^{k+1}) \tag{6-14}$$

$$\boldsymbol{\sigma}_{k+1}=\boldsymbol{\rho}\boldsymbol{\sigma}_k \tag{6-15}$$

根据增广拉格朗日算法的理论，可以把上述非刚性变换求解的问题转化为增广拉格朗日函数的迭代最小化问题，转换后的形式如下：

$$\begin{aligned}L(\boldsymbol{X},\boldsymbol{C},\boldsymbol{A},\{\boldsymbol{R}_i\},\boldsymbol{Y}_1,\boldsymbol{Y}_2,\mu_1,\mu_2)=&\| \boldsymbol{C} \|_1+\alpha \| \boldsymbol{A} \|_1\\ &+\langle \boldsymbol{Y}_1,\boldsymbol{C}-\boldsymbol{W}_D(\boldsymbol{VX}-\widetilde{\boldsymbol{U}}_f)\rangle\\ &+\frac{\mu_1}{2}\| \boldsymbol{C}-\boldsymbol{W}_D(\boldsymbol{VX}-\widetilde{\boldsymbol{U}}_f) \|_F^2\\ &+\langle \boldsymbol{Y}_2,\boldsymbol{A}-\boldsymbol{W}_S\boldsymbol{BX}\rangle+\frac{\mu_2}{2}\| \boldsymbol{A}-\boldsymbol{W}_S\boldsymbol{BX} \|_F^2\\ &+\beta\sum_{i=1}^{N}\| \boldsymbol{X}_i\boldsymbol{S}-\boldsymbol{R}_i \|_F^2\\ \text{s.t.}\quad \boldsymbol{R}_i^T\boldsymbol{R}_i=\boldsymbol{I},\det(\boldsymbol{R}_i)>0&\end{aligned} \tag{6-16}$$

式中，($\boldsymbol{\mu}_1,\boldsymbol{\mu}_2$) 为增广拉格朗日函数的罚因子，($\boldsymbol{Y}_1,\boldsymbol{Y}_2$) 为增广拉格朗日函数的拉格朗日乘子，〈·，·〉表示两个向量（这里将矩阵视为长向量）的内积（内积指两个向量的点积，若 $a=[a_1,a_2,\cdots,a_n]$ 且 $b=[b_1,b_2,\cdots,b_n]$，则 $a\cdot b=a_1b_1+a_2b_2+\cdots\cdots+a_nb_n$）。

在标准的 ALM 框架下，($\boldsymbol{\mu}_1,\boldsymbol{\mu}_2$) 和 ($\boldsymbol{Y}_1,\boldsymbol{Y}_2$) 都可以有效地迭代更新。然而，每次更新必须同时求解 $\boldsymbol{X}$、$\boldsymbol{C}$、$\boldsymbol{A}$、$\{\boldsymbol{R}_i\}$ 四个未知量，造成求解困难并对计算的要求很高。因此，需要借助于交替方向乘子法（Alternating Direction Method of Multipliers，ADMM）每次迭代分别对 $\boldsymbol{X}$、$\boldsymbol{C}$、$\boldsymbol{A}$、$\{\boldsymbol{R}_i\}$ 进行优化。为了方便理解这个算法，下面举例介绍 ADMM 算法。首先，考虑下面的优化问题：

$$\begin{aligned}&\min_{x_1,x_2} f_1(\boldsymbol{x}_1)+f_2(\boldsymbol{x}_2)\\&\text{s.t. } \boldsymbol{A}_1\boldsymbol{x}_1+\boldsymbol{A}_2\boldsymbol{x}_2=\boldsymbol{b}\end{aligned}\tag{6-17}$$

根据 ALM 算法可以写出上述问题的增广拉格朗日函数：

$$\begin{aligned}L_\rho(\boldsymbol{x}_1,\boldsymbol{x}_2,\boldsymbol{y})=&f_1(\boldsymbol{x}_1)+f_2(\boldsymbol{x}_2)+\boldsymbol{y}^{\mathrm{T}}(\boldsymbol{A}_1\boldsymbol{x}_1+\boldsymbol{A}_2\boldsymbol{x}_2-\boldsymbol{b})\\&+\frac{\rho}{2}\|\boldsymbol{A}_1\boldsymbol{x}_1+\boldsymbol{A}_2\boldsymbol{x}_2-\boldsymbol{b}\|_2^2\end{aligned}\tag{6-18}$$

以上的增广拉格朗日函数，按常见的求解方法迭代更新，公式如下：

$$(\boldsymbol{x}_1^{k+1},\boldsymbol{x}_2^{k+1})=\arg\min_{x_1,x_2} L_\rho(\boldsymbol{x}_1,\boldsymbol{x}_2,\boldsymbol{y}^k)\tag{6-19}$$

$$\boldsymbol{y}^{k+1}=\boldsymbol{y}^k+\boldsymbol{\tau}\boldsymbol{\rho}(\boldsymbol{A}_1\boldsymbol{x}_1^{k+1}+\boldsymbol{A}_2\boldsymbol{x}_2^{k+1}-\boldsymbol{b})\tag{6-20}$$

在实际求解的过程中，同时对 $\boldsymbol{x}_1$ 和 $\boldsymbol{x}_2$ 进行优化比较困难。如能固定一个变量而求解关于另一个变量的极小问题则可以对公式进行求解。因此，可以考虑在迭代运算中，对 $\boldsymbol{x}_1$ 和 $\boldsymbol{x}_2$ 交替求极小值，以上是交替方向乘子法的基本思路，其迭代更新算法流程总结如下：

第一步，固定 x_2，y 对 x_1 求极小，公式如下：

$$\boldsymbol{x}_1^{k+1}=\arg\min_{x_1} L_\rho(\boldsymbol{x}_1,\boldsymbol{x}_2^k,\boldsymbol{y}^k)\tag{6-21}$$

第二步，固定 x_1，y 对 x_2 求极小，公式如下：

$$\boldsymbol{x}_2^{k+1}=\arg\min_{x_2} L_\rho(\boldsymbol{x}_1^{k+1},\boldsymbol{x}_2,\boldsymbol{y}^k)\tag{6-22}$$

第三步，更新拉格朗日乘子 y，公式如下：

$$\boldsymbol{y}^{k+1}=\boldsymbol{y}^k+\boldsymbol{\tau\rho}(\boldsymbol{A}_1\boldsymbol{x}_1^{k+1}+\boldsymbol{A}_2\boldsymbol{x}_2^{k+1}-\boldsymbol{b})\tag{6-23}$$

式中，$\boldsymbol{\tau}$ 代表步长。

引入上述交替方向乘子法（ADMM）来解决非刚性变换的增广拉格朗日函数迭代最小化问题。其变量迭代更新的形式如下。

第一步，其他所有变量不变，只更新变量 $\boldsymbol{C}$（下面公式中的 k 代表迭代次数）。

$$\begin{aligned}\boldsymbol{C}^{(k+1)}=\arg\min_{C}&\|\boldsymbol{C}\|_1\\&\langle \boldsymbol{Y}_1^{(k)},\boldsymbol{C}-\boldsymbol{W}_{\mathrm{D}}(\boldsymbol{VX}^{(k)}-\widetilde{\boldsymbol{U}}_f)\rangle\\&+\frac{u_1^{(k)}}{2}\|\boldsymbol{C}-\boldsymbol{W}_{\mathrm{D}}(\boldsymbol{VX}^{(k)}-\widetilde{\boldsymbol{U}}_f)\|_F^2\end{aligned}\tag{6-24}$$

第二步，其他所有变量不变，只更新变量 $\boldsymbol{A}$。

$$
\begin{aligned}
\boldsymbol{A}^{(k+1)} = \arg\min_{A} \alpha \| \boldsymbol{A} \|_1 + \langle \boldsymbol{Y}_2^{(k)}, \boldsymbol{A} - \boldsymbol{W}_S \boldsymbol{B} \boldsymbol{X}^k \rangle \\
+ \frac{\mu_2^{(k)}}{2} \| \boldsymbol{A} - \boldsymbol{W}_S \boldsymbol{B} \boldsymbol{X}^{(k)} \|_F^2
\end{aligned} \tag{6-25}
$$

第三步，其他所有变量不变，只更新变量 $\boldsymbol{R}_i$。

$$
\begin{aligned}
\{\boldsymbol{R}_i^{(k+1)}\} = \arg\min_{\{R_i\}} \beta \sum_{i=1}^{N} \| \boldsymbol{X}_i^{(k)} \boldsymbol{S} - \boldsymbol{R}_i \|_F^2 \\
\text{s.t. } \boldsymbol{R}_i^{\mathrm{T}} \boldsymbol{R}_i = \boldsymbol{I}, \det(\boldsymbol{R}_i) > 0
\end{aligned} \tag{6-26}
$$

第四步，其他所有变量不变，只更新非刚性变化矩阵 $\boldsymbol{X}$。

$$
\begin{aligned}
\boldsymbol{X}^{(k+1)} = \arg\min_{X} \langle \boldsymbol{Y}_1^{(k)}, \boldsymbol{C}^{(k+1)} - \boldsymbol{W}_D(\boldsymbol{V}\boldsymbol{X} - \widetilde{\boldsymbol{U}}_f) \rangle \\
+ \frac{\mu_1^{(k)}}{2} \| \boldsymbol{C}^{(k+1)} - \boldsymbol{W}_D(\boldsymbol{V}\boldsymbol{W} - \widetilde{\boldsymbol{U}}_f) \|_F^2 \\
+ \langle \boldsymbol{Y}_2^{(k)}, \boldsymbol{A}^{(k+1)} - \boldsymbol{W}_S \boldsymbol{B} \boldsymbol{X} \rangle \\
+ \frac{\mu_2^{(k)}}{2} \| \boldsymbol{A}^{(k+1)} - \boldsymbol{W}_S \boldsymbol{B} \boldsymbol{X} \|_F^2 \\
+ \beta \sum_{i=1}^{N} \| \boldsymbol{X}_i \boldsymbol{S} - \boldsymbol{R}_i^{(k+1)} \|_F^2
\end{aligned} \tag{6-27}
$$

第五步，只更新拉格朗日乘子 $\boldsymbol{Y}_1$。

$$
\boldsymbol{Y}_1^{(k+1)} = \boldsymbol{Y}_1^{(k)} + \mu_1^{(k)} (\boldsymbol{C}^{(k+1)} - \boldsymbol{W}_D(\boldsymbol{V}\boldsymbol{X}^{(k+1)} - \widetilde{\boldsymbol{U}}_f)) \tag{6-28}
$$

第六步，只更新拉格朗日乘子 $\boldsymbol{Y}_2$。

$$
\boldsymbol{Y}_2^{(k+1)} = \boldsymbol{Y}_2^{(k)} + \mu_2^{(k)} (\boldsymbol{A}^{(k+1)} - \boldsymbol{W}_S \boldsymbol{B} \boldsymbol{X}^{(k+1)}) \tag{6-29}
$$

第七步，只更新罚因子 $\boldsymbol{\mu}_1$（式中，$\boldsymbol{\rho}_1$ 为罚因子的更新常数，是一个预先设定的值）。

$$
\mu_1^{(k+1)} = \rho_1 \mu_1^{(k)}, \rho_1 > 1 \tag{6-30}
$$

第八步，只更新罚因子 $\boldsymbol{\mu}_2$（$\boldsymbol{\rho}_2$ 和 $\boldsymbol{\rho}_1$ 同理）。

$$
\mu_2^{(k+1)} = \rho_2 \mu_2^{(k)}, \rho_2 > 1 \tag{6-31}
$$

如上所示，引入 ADMM 算法后，把原来同时更新 $\boldsymbol{X}$、$\boldsymbol{C}$、$\boldsymbol{A}$、$\{\boldsymbol{R}_i\}$ 四个变量的难题，分解成了交替更新这四个变量的四个优化子问题［即上面式（6-24）到（6-27）］。下面，本文将具体讨论这四个子问题的解决方案。

1）首先是更新变量 $\boldsymbol{C}$ 的子问题［对应式（6-24）］。这个问题有如下的解析解：

$$
\boldsymbol{C}^{(k+1)} = \text{shrink}\left(\boldsymbol{W}_D(\boldsymbol{V}\boldsymbol{X}^{(k)} - \widetilde{\boldsymbol{U}}_f) - \frac{1}{\mu_1^{(k)}} \boldsymbol{Y}_1^{(k)}, \frac{1}{\mu_1^{(k)}} \right) \tag{6-32}
$$

式中，shrink(,)为应用于矩阵元素上的收缩函数，具体表示如下：

$$
\text{shrink}(x; \tau) = \text{sign}(x) \max(|x| - \tau, 0) \tag{6-33}
$$

式中，sign($\boldsymbol{x}$)表示取变量 $\boldsymbol{x}$ 的符号。

2）更新变量 $\boldsymbol{A}$ 的子问题［对应式（6-25）］解决方法和上述 $\boldsymbol{C}$ 的子问题相似，其解析解如下：

$$
\boldsymbol{A}^{(k+1)} = \text{shrink}\left(\boldsymbol{W}_S \boldsymbol{B} \boldsymbol{X}^{(k)} - \frac{1}{\mu_2^{(k)}} \boldsymbol{Y}_2^{(k)}, \frac{\alpha}{\mu_2^{(k)}} \right) \tag{6-34}
$$

3）更新变量 $\boldsymbol{R}_i$ 的子问题［对应式（6-26）］，可以用奇异值分解的方法解决，其解析解如下：

$$(\boldsymbol{U},\boldsymbol{D},\boldsymbol{V}^{\mathrm{T}})=\mathrm{svd}(\boldsymbol{X}_i^k\boldsymbol{S}) \tag{6-35}$$
$$\boldsymbol{R}_i^{k+1}=\boldsymbol{U}\boldsymbol{V}^{\mathrm{T}}$$

值得注意的是，如果得到的矩阵行列式为负，则取符号相反的变量 $\boldsymbol{R}_i$，将该矩阵转化为旋转矩阵。

4）更新变量 $\boldsymbol{X}$ 的子问题［对应式（6-27）］解决起来相对比较棘手。理论上，根据下面一阶最优的条件（一阶导数为 0）可以很容易地求解变量 $\boldsymbol{X}$。

$$\begin{aligned}&(\mu_1^{(k)}\boldsymbol{V}^{\mathrm{T}}\boldsymbol{W}_D^T\boldsymbol{W}_D\boldsymbol{V}+\mu_2^{(k)}\boldsymbol{B}^{\mathrm{T}}\boldsymbol{W}_S^{\mathrm{T}}\boldsymbol{W}_S\boldsymbol{B}+\beta\textstyle\sum_{i=1}^{N}\boldsymbol{S}\boldsymbol{S}^T)\boldsymbol{X}\\&=\boldsymbol{B}^{\mathrm{T}}\boldsymbol{W}_S^{\mathrm{T}}(\boldsymbol{Y}_2^{(k)}+\mu_2^{(k)}\boldsymbol{A}^{(k+1)})\\&\quad+\boldsymbol{V}^{\mathrm{T}}\boldsymbol{W}_D^{\mathrm{T}}(\boldsymbol{Y}_1^{(k)}+\mu_1^{(k)}(\boldsymbol{C}^{(k+1)}+\boldsymbol{W}_D\widetilde{\boldsymbol{U}}_f))\\&\quad+\beta\textstyle\sum_{i=1}^{N}\boldsymbol{R}_i^{(k+1)}\boldsymbol{S}^T\end{aligned} \tag{6-36}$$

如果直接按照上面的公式进行反演，效率将非常低，甚至难以通过编程实现。所以，在这个子问题的解决上引入了 LDL 分解来提高效率。假设给定矩阵 $\boldsymbol{M}$ 为正定的对称矩阵，LDL 分解将矩阵分解成如下形式：

$$\boldsymbol{M}=\boldsymbol{L}\boldsymbol{D}\boldsymbol{L}^{\mathrm{T}} \tag{6-37}$$

式中，$\boldsymbol{D}$ 为对角元素都为正数的对角矩阵，$\boldsymbol{L}$ 为对角元素都为 1 的下三角矩阵。式（6-36）利用 LDL 分解来计算变量 $\boldsymbol{X}$ 的流程如下：

首先，利用 LDL 分解来分解等式中的部分矩阵，分解结果如下：

$$(\boldsymbol{L},\boldsymbol{D})=\mathrm{LDL}(\mu_1^{(k)}\boldsymbol{V}^{\mathrm{T}}\boldsymbol{W}_D^{\mathrm{T}}\boldsymbol{W}_D\boldsymbol{V}+\mu_2^{(k)}\boldsymbol{B}^{\mathrm{T}}\boldsymbol{W}_S^{\mathrm{T}}\boldsymbol{W}_S\boldsymbol{B}+\beta\textstyle\sum_{i=1}^{N}\boldsymbol{S}^{\mathrm{T}}\boldsymbol{S}) \tag{6-38}$$

分解后的等式如下，可以按照以下线性流程来求解方程（式 6-36）。

$$\begin{aligned}\boldsymbol{L}\boldsymbol{Q}&=\boldsymbol{V}^{\mathrm{T}}\boldsymbol{W}_D^{\mathrm{T}}(\boldsymbol{Y}_1^{(k)}+\mu_1^{(k)}(\boldsymbol{C}^{(k+1)}+\boldsymbol{W}_D\widetilde{\boldsymbol{U}}_f))\\&\quad+\boldsymbol{B}^{\mathrm{T}}\boldsymbol{W}_S^{\mathrm{T}}(\boldsymbol{Y}^{(k)}+\mu_2^{(k)}\boldsymbol{A}^{(k+1)}+\beta\textstyle\sum_{i=1}^{N}\boldsymbol{R}_i^{(k+1)}\boldsymbol{S}^{\mathrm{T}})\end{aligned} \tag{6-39}$$

$$\boldsymbol{D}\boldsymbol{Z}=\boldsymbol{Q}$$
$$\boldsymbol{L}^{\mathrm{T}}\boldsymbol{X}=\boldsymbol{Z} \tag{6-40}$$

4. 上述优化算法的流程总结

为了能帮助读者更好地理解上述优化算法，下面将以伪代码的形式简要概括该算法的流程。

首先，下面的算法 1 总结了本节描述的“重加权的迭代非刚性配准算法”。该伪代码表示了该算法的一个外部整体的迭代框架。

```
算法 1 重加权的迭代非刚性配准算法
输入源点集合 v 和目标点集合 u;
While(不满足收敛的条件)
  找到源点和目标点的对应点映射 f^(l):v↦u(l 代表迭代次数);
```

```
    更新权重矩阵 W_D[式(6-10)]和 W_S[式(6-11)];
    通过算法(下面算法 2)求解出非刚性变化矩阵 X^(1);
End while
输出最终的变换矩阵 X;
```

下面的算法 2 是算法 1 中求解非刚性变换矩阵 $X^{(1)}$ 的大致流程，这里同样也是迭代求解，该伪代码是解决最小化问题（式 6-16）的迭代流程。

算法 2　使用 ADMM 算法解决(式 6-16)

输入: $\tilde{U}_{f^{(1)}} \in R^{N\times 3}, V \in R^{N\times 4N}, B \in R^{|\varepsilon|\times 4|v|}$;

初始化: $X^{(1,0)} = X^{(1-1)}; Y_1^{(0)}, Y_2^{(0)} = 0; \mu_1 \mu_2 > 0; \rho_1, \rho_2 > 1$

While(不满足收敛条件)

　通过式(6-32)更新 $C^{(l,k+1)}$(l 是整体的迭代次数,k 是求 $X^{(1)}$ 时的迭代次数);

　通过式(6-34)更新 $A^{(l,k+1)}$;

　通过式(6-35)更新 $R^{(l,k+1)}$;

　通过式(6-39)和(6-40)更新 $X^{(l,k+1)}$;

　通过式(6-30)和(6-31)更新 $\mu_1^{(k+1)}$ 和 $\mu_2^{(k+1)}$;

　通过式(6-28)和(6-29)更新 $Y_1^{(k+1)}$ 和 $Y_2^{(k+1)}$;

　使用新的变换矩阵 $X^{(l,k+1)}$ 更新对应点关系;

End while

输出 $X^{(1)}$;

6.1.3　RPTS 算法的实现及关键代码分析

本算法实验的源码来自 Github，该源码的作者是张举勇（中国科学技术大学），源码的网址为：https://github.com/Juyong/Fast_RNRR。

```
enum METHOD {NICP, RPTS, SVR, QNWELSCH} method= RPTS;
std::string res_folder;
```

张举勇团队在本代码中实现了很多配准相关的算法，如果要运行本节提到的算法则需要把 main.cpp 中的 method 变量改成 RPTS。

```
void Registration::FindClosestPoints(VPairs & corres)
{
  corres.resize(n_src_vertex_);//初始化存储对应点关系容器
  Eigen::VectorXd gt_errs = Eigen::VectorXd::Zero(n_src_vertex_);
//初始化存储残差的容器
#ifdef USE_OPENMP
#pragma omp parallel for
```

```
#endif
    for (int i = 0; i < n_src_vertex_; i++)
    {
        double mini_dist;
        int idx = target_tree->closest(src_mesh_->point(src_mesh_->vertex_handle
(i)).data(), mini_dist);//计算最邻近的点的索引
        std::pair<int, int> pair(i, idx);
        corres[i] = pair;//目标点和源点构成点对
        gt_errs[i] = mini_dist* mini_dist;
    }
}
```

在进行配准之前，要根据输入的数据初始化一些变量。其中，最关键的是要找到初始对应点关系。在上面的这个 FindClosestPoints 函数中，通过最近点原则来确定初始的对应点关系。

```
double Registration::DoRigid()
{
    Eigen::Matrix3Xd rig_tar_v = Eigen::Matrix3Xd::Zero(3, n_src_vertex_);
    Eigen::Matrix3Xd rig_src_v = Eigen::Matrix3Xd::Zero(3, n_src_vertex_);
    Eigen::Affine3d old_T;
    corres_pair_ids_.setZero();
    for(int iter = 0; iter < pars_.rigid_iters; iter++)
    //利用类似于 ICP 的算法迭代刚性配准
  {
      for (int i = 0; i < correspondence_pairs_.size(); i++)
      {
          rig_src_v.col(i) = Eigen::Map<Eigen::Vector3d>(src_mesh_->point
(src_mesh_->vertex_handle(correspondence_pairs_[i].first)).data(), 3, 1);
//存储源文件对应点坐标的矩阵
          rig_tar_v.col(i) = Eigen::Map<Eigen::Vector3d>(tar_mesh_->point
(tar_mesh_->vertex_handle(correspondence_pairs_[i].second)).data(), 3, 1);
//存储目标文件对应点坐标的矩阵
          corres_pair_ids_[correspondence_pairs_[i].first] = 1;//存储对应点信息
      }
      old_T = rigid_T_;//保存上一次迭代的变形矩阵
      rigid_T_ = point_to_point(rig_src_v, rig_tar_v, corres_pair_ids_);
      //计算新的变形矩阵
      if((old_T.matrix() - rigid_T_.matrix()).norm() < 1e-3)//小于阈值就停止迭代
      {
```

```
13.          break;
        }
14.    for (int i = 0; i < n_src_vertex_; i++)
       //在这个循环中，利用新的变换矩阵更新源文件
       {
15.        OpenMesh::Vec3d p = src_mesh_->point(src_mesh_->vertex_handle(i));
16.        Eigen::Vector3d temp = rigid_T_ * Eigen::Map<Eigen::Vector3d>(p.data
(), 3);
17.        p[0] = temp[0];
18.        p[1] = temp[1];
19.        p[2] = temp[2];
20.    src_mesh_->set_point(src_mesh_->vertex_handle(i), p);
       }
21.    FindClosestPoints(correspondence_pairs_);//最近邻的方法更新对应点关系
22.    SimplePruning(correspondence_pairs_, pars_.use_distance_reject, pars_.use
_normal_reject);//利用距离和法线角度限制进一步"修剪"对应点的结果
    }
    return 0;
}
```

首先，要进行刚性配准，生成初始的变换矩阵。整个刚性配准的过程采用迭代最近点（Iterative Closest Point，ICP）的算法。迭代的基本流程为：首先利用对应点关系求得一个刚性变换矩阵 rigid_T_；然后将这个矩阵与上一次迭代的变换矩阵 old_T 求差，看是否小于收敛阈值。如果小于，就停止迭代。反之，就要利用新的刚性变换矩阵 rigid_T_ 更新对应点关系，开始新一轮的迭代。

```
1. for(int out_iters = 0; out_iters < pars_.max_outer_iters; out_iters++)
   //这是外部大循环
   {
       //根据初始输入或者上次迭代的结果建立权重矩阵 Ws
2.     for (int e_it = 0; e_it < src_mesh_->n_halfedges(); e_it++)
       {
3.         Eigen::Vector4d vi_4D;
4.         int i = src_mesh_->from_vertex_handle(src_mesh_->halfedge_handle(e_
it)).idx();
5.         int j = src_mesh_->to_vertex_handle(src_mesh_->halfedge_handle(e_
it)).idx();
6.         vi_4D = mat_V0_.block(i, 4 * i, 1, 4).transpose();
7.         weight_s_[e_it] = 1.0 / (((vi_4D.transpose() * mat_X_.block(4 * i, 0,
4, 3) - vi_4D.transpose() * mat_X_.block(4 * j, 0, 4, 3))).lpNorm<1>() + ipsilonS);
```

```
    }
    //建立权重矩阵 W_D
        for (int v_idx = 0; v_idx < n_src_vertex_; v_idx++)
{
            Eigen::Vector4d v_4D;
            v_4D = mat_V0_.block(v_idx, 4 * v_idx, 1, 4).transpose();
            if(abs(corres_pair_ids_[v_idx]) < 1e-3)
{
                weight_d_[v_idx] = 0;
        }
        else
                weight_d_[v_idx] = 1.0 / ((v_4D.transpose()* (mat_X_.block(4 * v_
                idx, 0, 4, 3))- mat_U0_.transpose().block(v_idx, 0, 1, 3)).lpNorm<1
                >() + ipsilonD);
    }
        mat_V_ = weight_d_.asDiagonal() * mat_V0_;//计算矩阵 V
        mat_B_ = weight_s_.asDiagonal() * mat_B0_;//计算矩阵 B
        mat_U_ = mat_U0_ * weight_d_.asDiagonal();//计算矩阵 U
        int iter;
        for (iter = 0; iter < pars_.max_inner_iters; iter++)//这是内部循环
        {
            MatrixXX old_X = mat_X_;
        //交替更新 C,对应式(6-32)和(6-33)
            mat_ADMM_C_ =  (mat_V_ * mat_X_ - mat_U_.transpose()) - (1 / mu1)* mat_
            ADMM_Y1_;
            for (int v_idx1 = 0; v_idx1 < n_src_vertex_; v_idx1++)
    {
                mat_ADMM_C_(v_idx1,0) = Sign(mat_ADMM_C_(v_idx1, 0))* std::max
                (fabs(mat_ADMM_C_(v_idx1, 0)) - 1 / mu1, 0.0);
                mat_ADMM_C_(v_idx1, 1) = Sign(mat_ADMM_C_(v_idx1, 1))* std::max
                (fabs(mat_ADMM_C_(v_idx1, 1)) - 1 / mu1, 0.0);
                mat_ADMM_C_(v_idx1, 2) = Sign(mat_ADMM_C_(v_idx1, 2))* std::max
                (fabs(mat_ADMM_C_(v_idx1, 2)) - 1 / mu1, 0.0);
        }
        //交替更新变量 A,对应式(6-34)
            mat_ADMM_A_ = mat_B_ * mat_X_ - (1 / mu2)* mat_ADMM_Y2_;
            for (int v_idx1 = 0; v_idx1 < src_mesh_->n_halfedges(); v_idx1++)
            {
```

```
27.         for (int v_idx2 = 0; v_idx2 < 3; v_idx2++)
      {
28.             mat_ADMM_A_(v_idx1, v_idx2) = Sign(mat_ADMM_A_(v_idx1, v_
idx2)) * std::max(fabs(mat_ADMM_A_(v_idx1, v_idx2)) - pars_.alpha / mu2, 0.0);
        }
      }
      //交替更新变量 R,对应式(6-35)
29.     UpdateR();//这个函数用了雅可比法进行奇异值分解
       //利用 LDL 分解交替更新变量 X,对应式(6-36)
30.       Eigen::SparseMatrix<double> LDL = mu1 * mat_V_.transpose() * mat_V_ +
          mu2 * mat_B_.transpose() * mat_B_ + 2 * pars_.beta * mat_L_;
          //设置 LDL 分解
    if(run_once)
    {
31.           solver.analyzePattern(LDL);
      }
32.     solver.factorize(LDL);
33.      mat_X_ = solver.solve(mat_V_.transpose() * (mat_ADMM_Y1_ +
       mu1 * (mat_ADMM_C_ + mat_U_.transpose())) +
       mat_B_.transpose() * (mat_ADMM_Y2_ + mu2 * mat_ADMM_A_) + 2 *
       pars_.beta * mat_J_ * mat_R_);
       //交替更新拉格朗日乘子 Y1,Y2
34.      mat_ADMM_Y1_ = mat_ADMM_Y1_ + mu1 * (mat_ADMM_C_ -
       (mat_V_ * mat_X_ - mat_U_.transpose()));
35.      mat_ADMM_Y2_ = mat_ADMM_Y2_ + mu2 * (mat_ADMM_A_ -
       mat_B_ * mat_X_);
       //交替更新罚因子
36.        mu1 = raw1 * mu1;
37.        mu2 = raw2 * mu2;
38.      if ((old_X - mat_X_).norm() < pars_.stop)
        //如果变换矩阵的差满足收敛条件,则结束迭代,反之继续迭代
       {
         break;
       }
    }
39.      Eigen::VectorXd gt_errs= Eigen::VectorXd::Zero(n_src_vertex_);
    //根据新的变换矩阵更新源文件和源点集 V
40.      for (int i = 0; i < n_src_vertex_; i++)
```

```
    {
        MatrixXX tar_p = mat_V0_.block(i, 4 * i, 1, 4) * mat_X_.block(4 * i, 0, 4, 3);
        OpenMesh::Vec3d p(tar_p(0, 0), tar_p(0, 1), tar_p(0, 2));
        //变换得到的新点
        src_mesh_->set_point(src_mesh_->vertex_handle(i), p);
        curV.row(i) = tar_p;//记录到新的点集中去
        if(pars_.calc_gt_err)
          gt_errs[i] = (tar_p.transpose() - tar_points_.col(i)).squaredNorm
();
}

    FindClosestPoints(correspondence_pairs_);//根据更新后的源文件,求新的对应点
    SimplePruning(correspondence_pairs_, pars_.use_distance_reject, pars_.
use_normal_reject);//利用距离和法线角度限制进一步"修剪"对应点的结果

    if((curV - prevV).rowwise().norm().maxCoeff() < pars_.stop)
    {
        break;
    }//如果变换后的点集和原来的点集之差小于收敛阈值,则停止迭代
    prevV = curV;
  }
```

上面的代码来自本工程中进行非刚性配准的函数 DoNonRigid，这个函数是本算法的核心。这里作者只截取了该函数中最主要的部分，即上文中提到的两个循环（算法 1、算法 2）。可以看到，外部循环主要是更新权重矩阵和对应点关系，内部循环主要是利用交替方向乘子法（ADMM）计算某个对应点关系下的非刚性变换矩阵 X。

6.1.4 RPTS 算法测试过程及结果分析

本节分为 RPTS 算法运行环境配置和结果展示两部分，带读者学习该算法的运行使用。

1. RPTS 算法运行环境配置

运行该算法的代码需要安装如下的开源库：OpenMesh-9.0、Eigen-3.4.0 和 OpenCV-3.4.8。另外，还需要 libigl 这个库，读者需要从 Github 上下载该库 2.2.0版本的源码，然后把它的源码放在本算法代码的 include 文件夹中，如图 6-1 所示。

图 6-1 文件夹展示

配置好依赖库以后，就可以利用 CMake 进行编译了。在进行编译之前，需要在预处理器定义里面加入宏定义“_USE_MATH_DEFINES”，如图 6-2 所示。

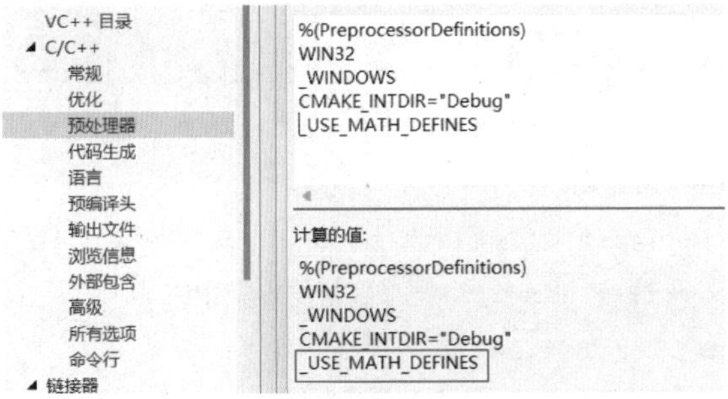

图 6-2　预处理器里面的设置

2. RPTS 算法运行结果展示

先利用源代码提供的数据进行测试，源码中提供的测试数据内容是一个起跳的人，源数据 a）和目标数据 b）如图 6-3 所示。

a) 源mesh文件　　b) 目标mesh文件

图 6-3　源 mesh 文件 a）和目标 mesh 文件 b）

经过本算法得到的非刚性变换矩阵变形后的 mesh 文件如图 6-4b 所示。

a) 目标mesh文件　　b) 经过非刚性矩阵变化后的mesh文件

图 6-4　目标 mesh 文件 a）和本算法配准的 mesh 文件 b）

经过非刚性变换矩阵变形后得到的 point 文件（即点云数据文件）如图 6-5b 所示。

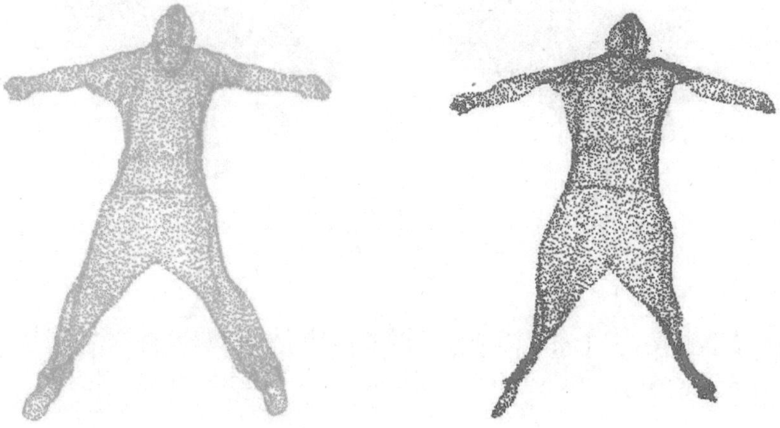

a)　　　　　　　　b)

图 6-5　目标 point 文件 a）与变形后的结果 point 文件 b）

可以看出，源文件经过本算法给出的变换矩阵变换后，与目标文件比起来还是存在明显的畸变问题。

除了在代码作者给出的实验数据上进行实验之外，本书作者团队在自己测定的数据上也开展了实验，实验结果如图 6-6 所示。

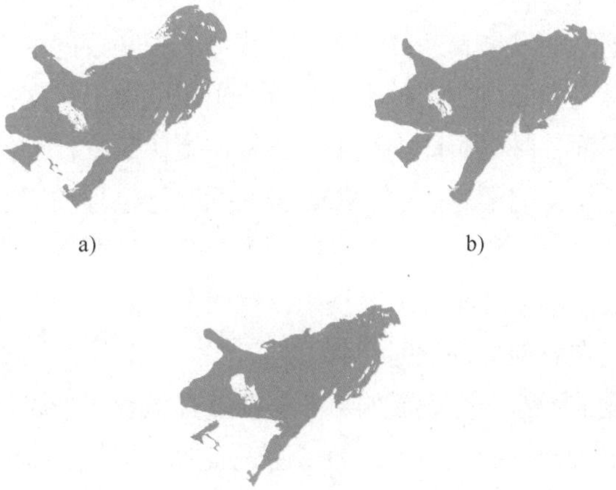

a)　　　　　　　　b)

c)

图 6-6　作者团队数据实验结果

其中，图 6-6a 代表参与配准的源 mesh 文件，图 6-6b 代表参与配准的目标 mesh 文件，图 6-6c代表配准后的结果。为了能更好地展示配准的效果，这里把源文件和目标文件放在一起，结果文件和目标文件也放在一起，得到如图 6-7 所示的结果。

其中，图 6-7a 为配准前目标文件和源文件的可视化结果，图 6-7b 为结果文件和目标文件的可视化结果。可以看到本节描述的非刚性配准算法在本书作者团队的数据上的配准效果良好。

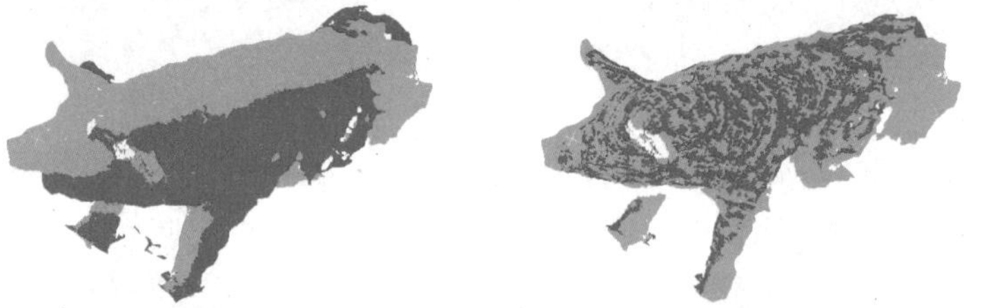

a) b)

图 6-7 配准前后效果对比

6.2 Fast_RNRR 基于拟牛顿法求解的鲁棒非刚性配准算法 (Quasi-Newton Solver for Robust Non-Rigid Registration)

本节介绍一种快速收敛的鲁棒非刚性配准算法，从算法概述、原理描述、算法实现、源码分析和算法测试实例等方面全面剖析，帮助读者全面了解和掌握该算法。

6.2.1 Fast_RNRR 基于拟牛顿法求解的鲁棒非刚性配准算法概述

该算法是发表在 CVPR2020 的一篇文章（Yao Y, Deng B, Xu W, et al. Quasi-Newton solver for robust non-rigid registration [C] //Proceedings of the IEEE/CVF conference on computer vision and pattern recognition. 2020: 7600-7609），更多扩展资料可参看随书附赠资源中的说明文档。

随着三维扫描技术的飞速发展，通过三维扫描获得的深度数据在三维物体和场景重建以及三维物体动态重建和跟踪等方面得到了越来越广泛的应用。由于深度扫描设备每次只能测量物体局部坐标系下的部分表面，并且可能出现平移错位或旋转错位，还伴随大量噪声。因此，为了获得物体完整的表面数据，需要对这些局部点云数据进行整合和配准。对于动态物体，由于局部变形的存在，仅仅通过一个刚性变换难以将两个或多个表面数据进行良好匹配。因此，在刚性配准算法的基础上衍生出了非刚性配准技术，对一个表面数据采用多个变换矩阵进行变换从而使源数据与目标数据在局部更好地匹配到一起。

由于非刚性配准问题需要对一个表面的每一个顶点都赋予一个局部变换，由此带来的高自由度使得表面可能产生很大的扭曲。因此，为了使表面依然具有连续性和光滑性，一般引入正则项来约束变换进行求解。由此而来的主要问题是目标函数复杂度高，难以进行高效求解。对此，作者提出了一种新的快速收敛的鲁棒非刚性配准算法。该算法的关键思想是使用 Welsch 的函数来引入稀疏性，将 Welsch 函数用于能量函数中对齐项和正则项的构造，以实现鲁棒配准。与 l_p 正则化不同之处在于 Welsch 函数是平滑的，不会导致非光滑优化。优化问题通过 MM（Majorization-Minimization）算法进行求解，该算法的主要步骤是：首先找到目标函数的上界函数，也被称为代理函数（Surrogate Function）；其次采用 L-BFGS 算法求解上界函数，在该过程中动态调整 Welsch 函数的参数，基于当前变量值迭代构造目标能量函数的代理函数；之后使代理函数最小化以更新变量，保证收敛到局部最小值，从而有效改善传统的非刚性算法求解速度慢、精度差、易受异常值和噪声影响的问题。

6.2.2 Fast_RNRR 算法原理描述

本节介绍 Fast_RNRR 的算法原理，涉及问题定义、优化问题构造、变形图构造、数值计算方法、优化求解和算法流程等部分，带读者了解算法数理基础、关键技术和流程。

1. 非刚配准问题描述

设 $S=\{v,\varepsilon\}$ 为源曲面，源曲面由一组采样点 $v=\{v_1,v_2,\cdots,v_n\in\mathbb{R}^2\}$ 构成，这些点由一组边 ε 连接。设 T 为目标曲面，目标曲面由一组采样点 $u=\{u_1,u_2,\cdots,u_m\in\mathbb{R}^2\}$ 构成，求解的目的是找到一组仿射变换使源点集 v 与目标曲面 T 对齐。由于源曲面中的每个顶点都带有一个仿射变换，使变量数目增多，导致优化时间长、效率低。因此，受文献 *Embedded Deformation for Shape Manipulation* 通过给定的采样半径从 v 中提取一部分节点构成一个变形图模型 g，再通过所嵌入的变形图模型 g 中节点的变换间接对源曲面中所有顶点进行变换，从而有效提高配准效率。具体来说，首先构造一个变形图 g，其节点 $v_g=\{p_1,\cdots,p_r\}$ 是源点集 v 的一个子集，ε_g 是连接 v_g 中节点的边。在每个变形图节点 p_j 上定义了一个仿射变换，以矩阵 $\boldsymbol{A}_j\in\mathbb{R}^{3\times3}$ 和一个位移向量 $\boldsymbol{t}_j\in\mathbb{R}^3$ 表示。每一个节点 p_j 都会影响一个包含任意源点 $\boldsymbol{v}_i$ 的局部区域，该源点 $\boldsymbol{v}_i$ 在源曲面上到 p_j 的测地线距离［Geodesic Distance）$D(\boldsymbol{v}_i,p_j)$］小于用户指定的半径长度 R。如图 6-8 所示，为一个顶点 $\boldsymbol{v}$ 的位置变化示意图。如果 p_j 影响了一个 $\boldsymbol{v}_i$ 的位置，那么与 p_j 关联的一个仿射变换（$A_j,\boldsymbol{t}_j$）会为 v_i 引入一个转换后的新位置 $A_j(v_i-p_j)+p_j+\boldsymbol{t}_j$，则 v_i 最终的位置 $\hat{v}_i$ 是图 g 中在 v_i 附近对其产生影响的节点所诱导的位置的凸组合。

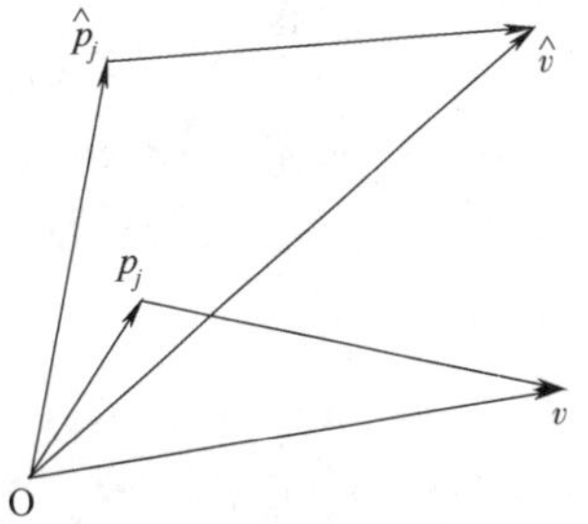

图 6-8　仿射变换示意图

$$\hat{\boldsymbol{v}}_i=\sum_{p_j\in J(v_i)} w_{ij}\cdot(\boldsymbol{A}_j(v_i-p_j)+p_j+\boldsymbol{t}_j) \tag{6-41}$$

式中，$J(v_i)=\{p_j|D(v_i,p_j)<R\}$ 为影响 v_i 的节点集合，w_{ij} 为与距离相关的归一化权值。

$$w_{i,j}=\frac{(1-D^2(\boldsymbol{v}_i,p_j)/R^2)^3}{\sum_{p_k\in(v_i)}(1-D^2(\boldsymbol{v}_i,p_k/R^2)^3)} \tag{6-42}$$

2. 优化问题描述与目标函数构造

为了实现鲁棒配准，设计一个目标函数来确定与变形图相关的仿射变换 X。为了方便表示，X_j 表示节点 p_j 的仿射变换$(\boldsymbol{A}_j,\boldsymbol{t}_j)$，$X$ 表示所有变换的集合。

$$E=\min_X E_{\text{align}}(X)+\alpha E_{\text{reg}}(X)+\beta E_{\text{rot}}(X) \tag{6-43}$$

式中，$E_{\text{align}}(X)$ 表示对齐项（Alignment Term），$E_{\text{reg}}(X)$ 表示曲面上多个变形变换的约束项（Regularization Term），$E_{\text{rot}}(X)$ 表示变换矩阵和旋转矩阵之间的偏差项（Rotation Matrix Term），α 和 β 分别代表控制这些条件的权重。

（1）对齐项 E_{align}

对于每一个变换后的源点集中的点 $\hat{\boldsymbol{v}}_i$，可以在目标点集中找到一个最近的目标点 $u_{\rho(i)}\in u$，对齐项惩罚 $\hat{\boldsymbol{v}}$ 与 $\boldsymbol{u}_{\rho(i)}$ 的偏差。偏差的一个简单定义是所有点对之间距离的平方和。但是，当源表面和目标表面只有部分重叠或包含噪声时，这种逐个点对距离的 l_2 范数形式可能会导致真实数据的错误对齐。该问题主要由部分重叠和噪声造成，导致源点集中的点与目标点集中的对应点距离较大，使 l_2 范数最小化不适用。因此，作者采用以下鲁棒性度量修改对齐误差：

$$E_{\text{align}}(X)=\sum_{i=1}^{n}\psi_{v_a}(\|\hat{v}_i-u_{\rho(i)}\|) \tag{6-44}$$

式中 $\psi_{v_a}(\cdot)$ 为 Welsch 函数（如图 6-9 所示）：

$$\psi_{v_a}(x)=1-\exp\left(-\frac{x^2}{2v_a^2}\right) \tag{6-45}$$

式中，$v_a>0$ 是用户指定的参数，ψ_{v_a} 在 $[0,+\infty)$ 区间是单调递增的。因此，$\psi_{v_a}(\|\hat{v}-u_{\rho(i)}\|)$ 惩罚了 $\hat{\boldsymbol{v}}_i$ 与 $\boldsymbol{u}_{\rho(i)}$ 之间的偏差。另一方面，当 $\psi_{v_a}\leqslant 1$ 时，偏差只对 E_{align} 产生有界的影响，另外，当 $v_a\to 0$ 时，E_{align} 将趋近于来自源点集上的点到目标点集上对应最近点的距离的 l_0 范数。因此，该误差度量对于有噪声的数据和部分重叠不敏感，这样对间距较远的对应点有忽略作用，从而使得对应点的准确性提高。

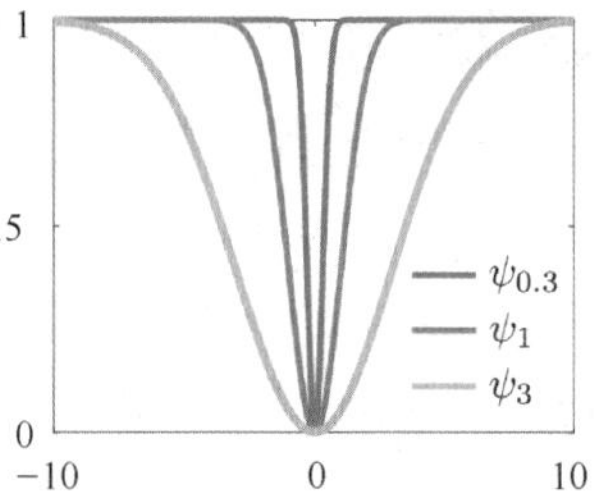

图 6-9 Welsch 函数示意图

（2）正则项 E_{reg}

理想情况下，变形图中的两个相邻接节点 p_i 和 p_j 所诱导的变换在重叠影响区域内应该是一致的，也就是节点 p_i 经过仿射变换 X_j 后得到的新位置应该与节点 p_i 应用自身仿射变换 X_i 变换后给出的实际位置相同，其实质表示相邻节点之间的对应变换的差异来度量节点共享区域变换的一致性。

$$D_{ij}=\boldsymbol{A}_j(p_i-p_j)+p_j+\boldsymbol{t}_j-(p_i+\boldsymbol{t}_i) \tag{6-46}$$

式中 $\boldsymbol{A}_j(p_i-p_j)+p_j+\boldsymbol{t}_j$ 表示节点 p_i 经过仿射变换到新的位置，$(p_i+\boldsymbol{t}_i)$ 表示节点 p_i 自身变换得到的新位置。同样，在理想情况下，D_{ij} 在变形图中应该很小。另一方面，在某些情况下，最优变形在某些区域会出现较大的 D_{ij}（例如：人体关节数据）。为了减小整个图中 D_{ij} 的大小，同时允许 D_{ij} 在某些区域有较大的数值，再次使用在 $\|D_{ij}\|$ 上的 Welsch 函数来定义以下正则项：

$$E_{\text{reg}}(X)=\sum_{i=1}^{r}\sum_{p_j\in N(p_i)}\psi_{v_r}(\|D_{ij}\|) \tag{6-47}$$

式中 r 表示在 g 中总的节点数量，$v_r>0$ 为用户指定参数，$N(p_i)$ 表示在 g 中的 p_i 的相邻顶点集。

（3）旋转矩阵偏差项 E_{rot}

为了在配准过程中保持局部表面区域的刚性，应该使每个变换 X_i 尽可能地接近刚性变换。刚性旋转矩阵为正交矩阵，因此使用变换矩阵 $\boldsymbol{A}_i$ 与其在旋转矩阵群 $\boldsymbol{R}=\{\boldsymbol{R}\in\mathbb{R}^{3\times 3}\mid \boldsymbol{R}^{\mathrm{T}}\boldsymbol{R}=I,\ \det(\boldsymbol{R})>0\}$ 中最近的投影之间的偏差来衡量这个性质，$\det(\boldsymbol{R})$ 为矩阵 $\boldsymbol{R}$ 的行列式值。E_{rot} 定义为：

$$E_{\text{rot}}(X)=\sum_{i=1}^{r}\|\boldsymbol{A}_i-\text{proj}_R(\boldsymbol{A}_i)\|_F^2 \tag{6-48}$$

式中 proj 为投影算子，当 $(U,D,V^{\mathrm{T}})=svd(\boldsymbol{A}_i)$，则 $\text{proj}_R(\boldsymbol{A}_i)=UV^{\mathrm{T}}$，$\|\cdot\|_R$ 为 Frobenius 范数，表示矩阵各项元素的绝对值平方的总和开根号。

3. 变形图的构造

为了构造变形图 g，迭代地添加源点集中的顶点得到 g 中的顶点 v_g。v_g 初始为空，对于源点集中的所有点，将执行主成分分析（PCA）提取协方差矩阵的最大特征值所在方向作为一个轴，将源点集中所有的点投影到该轴上，并对投影值进行排序。根据排序遍历每个源点集中的点 $\boldsymbol{v}_i$，如果 v_g 为空，或者当前点 v_i 到 v_g 内所有已经存在的每个点的最短测地线距离大于给定半径 R，则将其加入到 v_g 中。构造顶点集合 v_g 完成后，连接任意两个测地线距离小于 R 的顶点来构造边集合 ε_g。R 默认设置为 $5\bar{l}$，$\bar{l}$ 为源曲面边的平均边长。

4. 数值计算方法

要求解的目标函数 E 是一个非凸非线性的函数。由于传统的基于迭代最近点的非刚性算法存在易受异常值和噪声影响的问题，而非刚配准改进的方法（例如文献 *Sparse iterative closest point* 的 ADMM 方法或者文献 *Iteratively reweighted least squares mini-mization for sparse recovery* 的迭代重加权最小二乘法）虽然可以有效减少噪声影响，但是求解速度很慢，不能实时优化。因此，可以采用 Welsch 函数改进逐点 E_{align} 项以及 E_{reg} 项，并利用 MM 算法进行求解。给定当前迭代的变量 $X^{(k)}$，MM 算法主要为目标能量函数构造一个代理函数 $\bar{E}^{X^{(k)}}$ 来替代原始能量函数 E，式中，$\bar{E}^{X^{(k)}}$ 是 $E(X)$ 的一个上界函数。

$$\begin{aligned}&\bar{E}^{X^{(k)}}(X^{(k)})=E(X^{(k)}),\\&\bar{E}^{X^{(k)}}(X)\geqslant E(X),\forall X\neq X^{(k)}\end{aligned}\tag{6-49}$$

通过对代理函数最小化以更新变量：

$$X^{(k+1)}=\arg\min_X \bar{E}^{X^{(k)}}(X)\tag{6-50}$$

通过以上方式，每次迭代都能保证降低目标函数，且迭代能够保证收敛到局部最小值。由于 Welsch 函数该函数的任意一点 y 都可以找到一个凸二次上界函数：

$$\bar{\psi}_v^y(x)=\psi_v(y)+\left(\frac{1-\psi_v(y)}{2v^2}\right)(x^2-y^2)\tag{6-51}$$

上式满足以下条件：

$$\begin{cases}\bar{\psi}_v^y(x)>\psi_v(x) & x\neq y\\ \bar{\psi}_v^y(x)=(x) & x=y\end{cases}\tag{6-52}$$

式中 y 为任意选取的点，x 为函数的自变量，v 为用户设置参数，忽略与自变量无关的量，即 $\psi_v(y)+\dfrac{1-\psi_v(y)}{2v^2}(-y^2)$，记为 C，则：

$$\bar{\psi}_v^y(x)=\frac{1-\psi_v(y)}{2v^2}x^2+C\tag{6-53}$$

忽略 C 常数项，将代理函数应用到 E 中每个函数项中，在参数为 $X^{(k)}$ 时的 E_{reg} 修改为：

$$\bar{E}_{\text{reg}}^{X^{(k)}}=\frac{1}{2v_r^2}\sum_{i=1}^{r}\sum_{p_j\in N(p_i)}\exp\left(-\frac{\|\boldsymbol{D}_{ij}^{(k)}\|^2}{2v_r^2}\right)\|\boldsymbol{D}_{ij}\|^2\tag{6-54}$$

$\boldsymbol{D}_{ij}^{(k)}$ 表示在参数为 $X^{(k)}$ 时的 $\boldsymbol{D}_{ij}$，v_r 为 Welsch 函数的参数。

在参数为 $X^{(k)}$ 时的 E_{align} 修改为：

$$\overline{E}_{\mathrm{align}}^{X^{(k)}}=\frac{1}{2v_{\mathrm{a}}^{2}}\sum_{i=1}^{n}\exp\left(\frac{\|\hat{v}_{i}^{(k)}-u_{\rho(i)}^{(k)}\|^{2}}{2v_{\mathrm{a}}^{2}}\right)\|\hat{\boldsymbol{v}}_{i}-\boldsymbol{u}_{\rho(i)}^{(k)}\|^{2} \tag{6-55}$$

式中 $\hat{\boldsymbol{v}}_i^{(k)}$ 是 v_i 经过 $X^{(k)}$ 变换后的位置，$u_{\rho(i)}^{(k)}$ 是 $\hat{v}_i^{(k)}$ 在目标点集上的对应点（最近点原则取得），v_a 为 Welsch 函数的参数，由于原式 $\|\hat{v}_i-u_{\rho(i)}\|^2$ 中 $u_{\rho(i)}$ 非线性依赖于 X，为了表达更加简便，式（6-55）中的 $\|\hat{v}_i-u_{\rho(i)}^{(k)}\|^2$ 作为 $\|\hat{v}_i-u_{\rho(i)}\|^2$ 的一个二次代理函数。

将目标函数的 E_{align} 和 E_{reg} 替换为代理函数得到 MM 算法迭代方案，即新一步的迭代值为：

$$X^{(k+1)}=\arg\min_{X}\overline{E}^{X^{(k)}}(X) \tag{6-56}$$

式中，$\overline{E}^{X^{(k)}}=\overline{E}_{\mathrm{align}}^{X^{(k)}}+\alpha\overline{E}_{\mathrm{reg}}^{X^{(k)}}+\alpha\overline{E}_{\mathrm{reg}}^{X^{(k)}}+\beta E_{\mathrm{rot}}$。

5. 数值优化求解

在式（6-56）中依然包含一个非线性项 E_{rot}，这是由于在旋转矩阵群上的投影非线性地依赖 A_i，但是由于 E_{rot} 的特殊形式导致其梯度可以被简单地表达。目标函数 $\overline{E}^{X^{(k)}}$ 由于依然含有非线性项 E_{rot}，因此使用有限内存 BFGS 方法（L-BFGS）进行求解。L-BFGS 是一种拟牛顿求解器，假设有 $m+1$ 次迭代 $X_{(j)}$，$X_{(j-1)}$，…，$X_{(j-m)}$，该方法主要利用 $\overline{E}^{X^{(k)}}$ 的梯度隐式逼近海森（Hessian）矩阵的逆，并计算一个下降方向 $d_{(j)}$，然后沿着 $d_{(j)}$ 方向搜索一个新的迭代参数 $X_{(j+1)}$ 使得目标函数值有足够的下降。

由于 $\overline{E}_{\mathrm{align}}^{X^{(k)}}$ 和 $\overline{E}_{\mathrm{reg}}^{X^{(k)}}$ 都是凸函数，它们的梯度都有简单的表达形式，为了便于表达，将公式使用矩阵形式进行表达。假设所有的向量都是 3×1 矩阵，在顶点 $\boldsymbol{p}_i$ 上的变换表示为 $\boldsymbol{X}_i=[\boldsymbol{A}_i,\ \boldsymbol{t}_i]^{\mathrm{T}}\in\mathbb{R}^{4\times3}$，则 $\boldsymbol{X}=[\boldsymbol{X}_1^{\mathrm{T}},\cdots,\boldsymbol{X}_r^{\mathrm{T}}]^{\mathrm{T}}\in\mathbb{R}^{4r\times3}$，$r$ 为变形图中节点的总个数。将 $\overline{E}_{\mathrm{align}}^{X^{(k)}}$ 修改为：

$$\overline{E}_{\mathrm{align}}^{X^{(k)}}=\|\boldsymbol{W}_a(\boldsymbol{FX}+\boldsymbol{P}-\boldsymbol{U})\|_F^2 \tag{6-57}$$

式中，$\boldsymbol{W}_a$ 是一个对角矩阵，$\boldsymbol{W}_a=\mathrm{diag}(\sqrt{w_1^a},\ \cdots,\ \sqrt{w_n^a})\in\mathbb{R}^{n\times n}$，式中，$w_i^a=\frac{1}{2v_{\mathrm{a}}^2}\exp\left(-\frac{\|\hat{\boldsymbol{v}}_i^{(k)}-\boldsymbol{u}_{\rho(i)}^{(k)}\|^2}{2v_{\mathrm{a}}^2}\right)$，$n$ 为源点集中点的个数，$\boldsymbol{F}$ 是一个块矩阵，$\{\boldsymbol{F}_{ij}\}_{1\leqslant j\leqslant r}^{1\leqslant i\leqslant n}\in\mathbb{R}^{n\times4r}$；如果 $\boldsymbol{p}_j\in J(\boldsymbol{v}_i)$，则 $\boldsymbol{F}_{ij}=w_{ij}\cdot[\boldsymbol{v}_i^{\mathrm{T}}-\boldsymbol{p}_j^{\mathrm{T}},1]$；如果 $\boldsymbol{p}_j\notin J(\boldsymbol{v}_i)$，$\boldsymbol{F}_{ij}=[0,0,0,0]$，同时 $\boldsymbol{P}=[\boldsymbol{P}_1,\ \boldsymbol{P}_2\cdots\boldsymbol{P}_n]^{\mathrm{T}}\in\mathbb{R}^{n\times3}$，式中，$\boldsymbol{P}_i=\sum_{p_j\in J(\boldsymbol{v}_i)}w_{ij}\boldsymbol{p}_j$ 表示在局部区域内全部节点的坐标加权和，$\boldsymbol{U}=[\boldsymbol{u}_{\rho(1)}^{(k)},\cdots,\boldsymbol{u}_{\rho(n)}^{(k)}]^{\mathrm{T}}\in\mathbb{R}^{n\times3}$，表示对应的最近点。

同样，$\overline{E}_{\mathrm{reg}}^{X^{(k)}}$ 用矩阵形式表示为：

$$\overline{E}_{\mathrm{reg}}^{X^{(k)}}=\|\boldsymbol{W}_r(\boldsymbol{BX}-\boldsymbol{Y})\|_F^2 \tag{6-58}$$

式中，$\boldsymbol{W}_r$ 为对角矩阵，$\boldsymbol{W}_r=\mathrm{diag}(\sqrt{w_1^r},\cdots,\sqrt{w_n^r})\in\mathbb{R}^{2|\varepsilon_g|\times2|\varepsilon_g|}$，式中，$w_i^r=\frac{1}{2v_{\mathrm{r}}^2}\exp\left(-\frac{\|\boldsymbol{D}_{ij}^{(k)}\|^2}{2v_{\mathrm{r}}^2}\right)$，$\boldsymbol{B}$ 为一个稀疏矩阵，$\boldsymbol{B}\in\mathbb{R}^{2|\varepsilon_g|\times4r}$，$\boldsymbol{Y}\in\mathbb{R}^{2|\varepsilon_g|\times3}$，在与 $\boldsymbol{D}_{ij}$ 对应中，$\boldsymbol{Y}$ 中的每一行元素为 $[\boldsymbol{p}_i^{\mathrm{T}}-\boldsymbol{p}_j^{\mathrm{T}}]$，$\boldsymbol{B}$ 中与 $\boldsymbol{X}_i$ 和 $\boldsymbol{X}_j$ 对应的元素分别为 $[\boldsymbol{p}_i^{\mathrm{T}}-\boldsymbol{p}_j^{\mathrm{T}},1]$ 和 $[0,0,0,-1]$。

在 E_{rot} 项中，每一项 $\|\boldsymbol{A}_i-\mathrm{proj}_R(\boldsymbol{A}_i)\|_F^2$ 中的 $\mathrm{proj}_R(\boldsymbol{A}_i)$ 非线性地依赖 $\boldsymbol{A}_i$，但是可以将距离平

方作简单的梯度形式表达：

$$\frac{\partial E_{\mathrm{rot}}}{\partial \boldsymbol{A}_i}=2(\boldsymbol{A}_i-\mathrm{proj}_R(\boldsymbol{A}_i)),\frac{\partial E_{\mathrm{rot}}}{\partial \boldsymbol{t}_i}=\boldsymbol{0} \tag{6-59}$$

则 $\boldsymbol{E}_{\mathrm{rot}}$ 的梯度的矩阵形式表示为：

$$\frac{\partial \boldsymbol{E}_{\mathrm{rot}}}{\partial \boldsymbol{X}}=2(\boldsymbol{JX}-\boldsymbol{Z}) \tag{6-60}$$

式中，$\boldsymbol{Z}=[\mathrm{proj}_R(\boldsymbol{A}_1),\boldsymbol{0},\cdots,\mathrm{proj}_R(\boldsymbol{A}_r),\boldsymbol{0}]^{\mathrm{T}}\in\mathbb{R}^{4r\times 3}$，$\boldsymbol{J}=\mathrm{diag}(1,1,1,0,1,1,1,0,\cdots,1,1,1,0)\in\mathbb{R}^{4r\times 4r}$，最终 $\overline{E}^{\boldsymbol{X}^{(k)}}$ 的梯度表示为：

$$\boldsymbol{G}(\boldsymbol{X})=2[\boldsymbol{F}^{\mathrm{T}}\boldsymbol{W}_a^2(\boldsymbol{FX}+\boldsymbol{P}-\boldsymbol{U})+\alpha\boldsymbol{B}^{\mathrm{T}}\boldsymbol{W}_r^2(\boldsymbol{BX}-\boldsymbol{Y})+\beta(\boldsymbol{JX}-\boldsymbol{Z})] \tag{6-61}$$

6. 算法流程

使用 L-BFGS 算法，给定 $\overline{E}^{\boldsymbol{X}^{(k)}}$ 在 $\boldsymbol{X}_{(j)}$ 处海森矩阵的初始近似 $\boldsymbol{H}_0$，使用算法 1 双循环递归地计算下降方向 $\boldsymbol{d}_{(j)}$，首先假设 E_{rot} 项中的投影结果 $\mathrm{proj}_R(\boldsymbol{A}_i)$ 保持固定不变，对 $\boldsymbol{G}(\boldsymbol{X})$ 求导得到如下近似公式及算法伪代码：

$$\boldsymbol{H}_0=2(\boldsymbol{F}^{\mathrm{T}}\boldsymbol{W}_a^2\boldsymbol{F}+\alpha\boldsymbol{B}^{\mathrm{T}}\boldsymbol{W}_r^2\boldsymbol{B}+\beta\boldsymbol{J}) \tag{6-62}$$

算法 1：L-BFGS 双循环递归算法

输入：m 次迭代信息。
输出：最优下降方向 $\boldsymbol{d}_{(j)}$，j 表示 L-BFGS 循环。

设置 $\boldsymbol{Q}=-\boldsymbol{G}(\boldsymbol{X}_{(j)})$；
for $i=j-1$，…，$j-m$ 执行：
  $\boldsymbol{S}_i=\boldsymbol{X}_{i+1}-\boldsymbol{X}_i$；$\boldsymbol{T}_i=\boldsymbol{G}(\boldsymbol{X}_{i+1})-\boldsymbol{G}(\boldsymbol{X}_i)$；
  $\rho_i=\mathrm{Tr}(\boldsymbol{T}_i^{\mathrm{T}}\boldsymbol{S}_i)$；
  $\xi_i=\mathrm{Tr}(\boldsymbol{S}_i^{T}\boldsymbol{Q})/\rho_i$；
  $\boldsymbol{Q}=\boldsymbol{Q}-\xi_i\boldsymbol{T}_i$；
end
$\boldsymbol{R}=\boldsymbol{H}_0^{-1}\boldsymbol{Q}$；
for $i=j-m$，…，$j-1$ 执行：
  $\eta=\mathrm{Tr}(\boldsymbol{T}_i^{\mathrm{T}}\boldsymbol{R})/\rho_i$；
  $\boldsymbol{R}=\boldsymbol{R}+\boldsymbol{S}(\xi_i-\eta)$；
end
输出 $\boldsymbol{d}_{(j)}=\boldsymbol{R}$；
算法 1 结束

新的非刚性变换矩阵 $\boldsymbol{X}_{(j+1)}$ 通过以下公式计算：

$$\boldsymbol{X}_{(j+1)}=\boldsymbol{X}_{(j)}+\lambda\boldsymbol{d}_{(j)} \tag{6-63}$$

使用线搜索算法确定步长 $\lambda>0$ 并满足 Armijo 一维搜索停止条件来有效减小 $\overline{E}^{\boldsymbol{X}^{(k)}}$：

$$\overline{E}^{\boldsymbol{X}^{(k)}}(\boldsymbol{X}_{(j+1)})\leqslant\overline{E}^{\boldsymbol{X}^{(k)}}(\boldsymbol{X}_{(j)})+\gamma\lambda\mathrm{Tr}((\boldsymbol{G}(\boldsymbol{X}_{(j)}))^{\mathrm{T}}\boldsymbol{d}_{(j)}) \tag{6-64}$$

式中，$\gamma\in(0,1)$，不断迭代直到达到终止条件时终止，如果 $\overline{E}^{\boldsymbol{X}^{(k)}}(\boldsymbol{X}_{(j)})-\overline{E}^{\boldsymbol{X}^{(k)}}(\boldsymbol{X}_{(j+1)})<\epsilon_1$（$\epsilon_1$ 为用户设置参数），则 L-BFGS 算法终止。在外部的 MM 算法中，利用相邻两次迭代（第 k、

第 k+1 次）构造的代理函数所求解出的最优非刚性变换矩阵对初始模型所有顶点的进行变换，逐一计算变换后顶点位置欧几里得距离最大值，如果$\max_i \| \hat{\boldsymbol{v}}_i^{(k+1)} - \hat{\boldsymbol{v}}_i^{(k)} \| < \epsilon_2$（$\epsilon_2$ 为用户设置参数）或者外层 MM 算法迭代次数达到最大迭代次数阈值 $I_{\max}$，则认为收敛；否则未收敛，此时需要利用上一次迭代得到的 $X^{(k+1)}$ 重新构造新的代理函数并重新执行 L-BFGS。如果收敛，则判断 v_a 是否等于 $v_a^{\min}$，如果是则返回最优结果 $X^{(k+1)}$。

算法 2 给出如下具体步骤及伪代码。

算法 2：非刚性配准

输入：源点集 v 和目标点集 u、构建变形图的采样半径 R、算法 1 中的参数 m、线搜索是使用的参数 γ、内层 L-BFGS 算法收敛条件阈值 ϵ_1、外层 MM 算法收敛条件阈值 ϵ_2 和 $I_{\max}$、初始 Welsch 函数参数 $v_r^{\max}$ 和 $v_a^{\max} = 10\bar{d}$、最小 $v_a^{\min}$、$\bar{E}_{\text{reg}}^{X^{(k)}}$ 项和 E_{rot} 项前面的系数 α 和 β。

输出：最优非刚性变换矩阵 $\boldsymbol{X}^{(k+1)}$。

对初始 Welsch 函数参数进行初始化，$v_a = v_a^{\max}$；$v_r = v_r^{\max}$；
　　构建变形图模型；
　　如果 TRUE，则执行：
　　　　$k=0$；
　　　　外层 MM 算法循环：
　　　　　　为每个 $\hat{\boldsymbol{v}}_i^{(k)}$ 寻找在 u 中的最近对应点 $\boldsymbol{u}_{\rho(i)}^{(k)}$；
　　　　　　构造代理函数 $\bar{E}^{X^{(k)}}$，更新权重矩阵 $\boldsymbol{W}_r$ 和 $\boldsymbol{W}_a$；
　　　　　　设置 $j=-1$；$\boldsymbol{X}_{(0)} = \boldsymbol{X}^{(k)}$；
　　　　　　　　内层 L-BFGS 算法循环：
　　　　　　　　　　设置 $j=j+1$；
　　　　　　　　　　计算 $\bar{E}^{X^{(k)}}$ 的梯度 $\boldsymbol{G}(\boldsymbol{X}_j)$；
　　　　　　　　　　根据**算法 1** 计算下降方向 $\boldsymbol{d}_{(j)}$；
　　　　　　　　　　使用线搜索计算步长 λ；
　　　　　　　　　　更新 $\boldsymbol{X}_{(j+1)} = \boldsymbol{X}_{(j)} + \lambda \boldsymbol{d}_{(j)}$；
　　　　　　　　直到 $\bar{E}^{X^{(k)}}(\boldsymbol{X}_{(j)}) - \bar{E}^{X^{(k)}}(\boldsymbol{X}_{(j+1)}) < \epsilon_1$ 时，内层算法终止，否则 L-BFGS 算法重新下一次迭代；
　　　　　　　　设置 $\boldsymbol{X}^{(k+1)} = \boldsymbol{X}_{(j+1)}$；
　　　　　　　　设置 $k=k+1$；
　　　　　　直到$\max_i \| \hat{\boldsymbol{v}}_i^{(k+1)} - \hat{\boldsymbol{v}}_i^{(k)} \| < \epsilon_2$ 或者 $k = I_{\max}$，否则 MM 算法重新执行；
　　　　　　判断如果 $v_a = v_a^{\min}$ 则返回 $\boldsymbol{X}^{(k+1)}$ 后终止程序；
　　　　　　设置 $v_a = \max(0.5 \cdot v_a, v_a^{\min})$；$v_r = 0.5 \cdot v_r$，同时 MM 算法重新执行；

算法 2 结束

算法 2 在参数设置方面，由于初始迭代使用最近点作为对应点，这样选择的对应点是非常不准确的。随着迭代次数的增加，最近点作为对应点准确性越来越高。因此，将对齐项 Welsch 函数参数 v_a 逐渐减小。对于正则项，同样随着迭代次数的增加，相邻变形图节点变换的误差越来越小。因此，同时将 v_r 逐渐减小以增加函数的稀疏性。首先令 $v_a = v_a^{\max}$；$v_r = v_r^{\max}$，之后在 MM 算法达到收敛后令 $v_a = \max(0.5 \cdot v_a, v_a^{\min})$；$v_r = 0.5 \cdot v_r$，二者的值不断减小直到 $v_a = v_a^{\min}$，否则重新执行 MM 算法，重新构建代理函数。默认情况下 $v_r^{\max} = 40\bar{l}$，$v_a^{\max} = 10\bar{d}$，$v_a^{\min} = 0.5\bar{l}$，$\bar{d}$ 为

开始时源点集中所有点到目标点集中的对应点距离的中值，$\bar{l}$ 为源曲面中的边的平均长度。而 α 和 β 参数被设置为 $\alpha=k_{\alpha}(|v|/|\varepsilon_g|)$，$\beta=k_{\beta}(|v|/|v_g|)$，默认 $k_{\alpha}=k_{\beta}=1$。

6.2.3 Fast_RNRR 算法实现及关键代码分析

Fast_RNRR 算法源代码由 C++实现，在 Github 网站的位置为 https://github.com/Juyong/Fast_RNRR。源代码文件结构如图 6-10 所示，其中 data 文件夹内为点云配准提供的测试文件；include 文件夹提供 Kd 树构建和部分几何计算算法实现；src 文件夹为非刚配准算法具体实现源文件；src_cvpr 文件夹包含作者提供的另外三种非刚性配准算法的实现，分别为《Robust Non-Rigid Registration with Reweighted Position and Transformation Sparsity》《Optimal step nonrigid ICP algorithms for surface registration》《Robust non-rigid motion tracking and surface reconstruction using L0 regularization》。

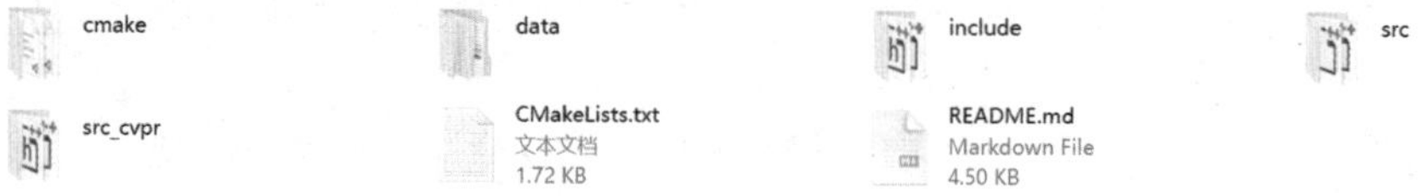

图 6-10 源代码文件结构

其中主函数位于 main.cpp 文件中，下面对主函数算法具体流程做简单介绍，并对关键函数代码实现进行说明。

1）首先声明源曲面和目标曲面对象 src_mesh 与 tar_mesh，已经输出结果文件名称及输出路径 out_file 与 outpath，landmark 标记文件名称 landmark_file 和使用参数的结构体对象 paras。

```
Mesh src_mesh;
Mesh tar_mesh;
std::string src_file;
std::string tar_file;
std::string out_file,outpath;
std::string landmark_file;
RegParas paras;
```

2）设置参数。

```
paras.alpha = 100.0;//Ereg项前面的系数


paras.beta = 100.0; //Erot项前面的系数
paras.gamma = 1e8; //当时用 landmark 时,landmark 能量项前面的系数
paras.uni_sample_radio = 5.0;//采样变形图节点的采样率
paras.use_distance_reject = true;//初始变换的 ICP 组成点对时使用距离判断是否为对应点
```

```
paras.distance_threshold = 0.05; //初始变换的 ICP 时组成对应点允许的最大距离
paras.use_normal_reject = false;
//初始变换的 ICP 组成点对时使用法向量夹角判断是否为对应点
paras.normal_threshold = M_PI/3; //初始变换的 ICP 时组成对应点允许的最大法向量夹角
paras.use_Dynamic_nu = true;//是否使用 welsch 函数方法
paras.out_gt_file = outpath + "_res.txt";//输出路径
```

3）从文件中读入曲面文件，并保存在 src_mesh 和 tar_mesh 中，如果有 landmark 时则读入 landmark 到 paras 中的参数 landmark_src 和 landmark_tar 中。之后将 src_mesh 和 tar_mesh 进行归一化，并保存缩放因子 scale。

```
read_data(src_file, src_mesh);//读入源曲面到 src_mesh
read_data(tar_file, tar_mesh);//读入目标曲面到 tar_mesh
if(paras.use_landmark)
    read_landmark(landmark_file.c_str(),paras.landmark_src, paras.landmark_
tar);//读入 landmark
    double scale = mesh_scaling(src_mesh, tar_mesh);//源曲面与目标曲面归一化
```

4）进行配准操作，配准分为刚性配准和非刚性配准两部分，首先声明非刚配准类 NonRigidreg 的对象 reg，它继承配准基类 Registration。

```
NonRigidreg* reg;
reg = new NonRigidreg;
```

5）进行刚性配准前的初始化操作后执行刚性配准。

```
reg->rigid_init(src_mesh, tar_mesh,paras);
reg->DoRigid();
```

在 rigid_init( )函数中，首先将目标曲面的顶点作为目标点集保存到 tar_points_变量中，之后对目标点集构建 Kd 树并初始化对应点。

```
target_tree = newKDtree(tar_points_);//对目标点集构建 Kd 树
InitCorrespondence(correspondence_pairs_);//初始化对应点
```

在 DoRigid( )函数中，我们通过对应点求解 ICP 配准的变换矩阵，并对源曲面进行坐标变换。

```
for (int i = 0; i < n_src_vertex_; i++)
        {
            Vec3 p = src_mesh_->point(src_mesh_->vertex_handle(i));
            Vector3 temp = rigid_T_ * Eigen::Map<Vector3>(p.data(), 3);
            p[0] = temp[0];
            p[1] = temp[1];
```

```
        p[2] = temp[2];
        src_mesh_->set_point(src_mesh_->vertex_handle(i), p);
}
```

6）执行非刚性配准前的初始化和非刚性配准。

```
reg->Initialize();//非刚性配准前的初始化
reg->DoNonRigid();//执行非刚性配准
```

在函数 Initialize( )中首先初始化非刚配准，执行的非刚性配准初始化方法在 nonrigid_init( )中，该函数设置 U、W_a、W_r 的尺寸大小，并初始化对应点对和 v_a^{max}。对原始曲面采样变形图对象 src_sample_nodes。sampleAndconstuct( )函数实现了作者对原论文中变形图节点采样方法的改进，具体可参考文献 *Fast and Robust Non-Rigid Registration Using Accelerated Majorization-Minimization*。之后对其他参数进行初始化。

```
sample_radius=src_sample_nodes.sampleAndconstuct(* src_mesh_,pars_.uni_sample_
radio,svr::nodeSampler::X_AXIS);
```

在函数 DoNonRigid( )中主要实现非刚性配准算法流程。主要循环在一个 while 循环中，初始的每个仿射变换矩阵都是单位阵，之后的循环仿射变换为上一次迭代得到的结果，下一步对总的代理能量函数 $\overline{E}^{\mathbf{X}^{(k)}}$ 中的各个其他项进行更新。之后进入内层循环，为 L-BFGS 拟牛顿方法。

```
total_inner_iters += QNSolver(data_err, smooth_err, orth_err);
```

在 QNSolver( )函数中的第一次迭代需要使用初始近似的 H_0 来求下降方向。

```
if (iter == 0)
      {
         MatrixXX temp = -grad_X_;//第一迭代的下降方向
         for(int cid = 0; cid < 3; cid++)
         {
            direction_.col(cid) =ldlt_->solve(temp.col(cid));//Cholesky 分解
         }
         col_idx_ = 0;
        all_s_.col(col_idx_) =-Eigen::Map<VectorX>(Smat_X_.data(),4* num_sample
_nodes * 3);
        all_t_.col(col_idx_) =-Eigen::Map<VectorX>(grad_X_.data(),4* num_
sample_nodes * 3);
      }
```

在之后的迭代使用算法 1 来求下降方向，实现函数为：

```
LBFGS(iter, direction_);
```

内层循环终止条件为：

```
if (fabs(new_err - prev_err) < pars_.stop) //当 Ē^{X(k)}(X_(j))-Ē^{X(k)}(X_(j+1))<ϵ_1 时停止迭代
        {
            break;
        }
```

外层循环终止条件：

```
if((curV - prevV).rowwise().norm().maxCoeff() < pars_.stop) //满足 max_i ‖ v̂_i^(k+1) +v̂_i^(k) ‖ <ϵ_2
            {
                break;
            }
```

最外层 while 循环终止条件：

```
if(fabs(nu1-end_nu1)<1e-8 || ! pars_.use_Dynamic_nu || ! pars_.data_use_welsch)
        dynamic_stop = true;
```

如果没达到 while 的终止条件则修改 $v_a=\max(0.5\cdot v_a, v_a^{\min})$；$v_r=0.5\cdot v_r$，$\alpha$ 和 β。

```
nu1 = (0.5* nu1> end_nu1)? 0.5* nu1:end_nu1;
nu2 * = 0.5;
pars_.alpha =ori_alpha * nu1 * nu1 / (nu2 * nu2);
pars_.beta =ori_beta * 2 * nu1 * nu1;
```

6.2.4 Fast_RNRR 实战案例与算法测试分析

本节分为 Fast_RNRR 算法运行环境配置和结果展示两部分，带读者掌握该算法的运行使用方法。

1. Fast_RNRR 环境配置

首先需要安装 OpenMesh 和 Eigen 库，将 Fast_RNRR 源代码解压后在 CMake 中进行编译，如果编译环境为 Windows，需要在 CMakeList 中修改部分内容，在 openmesh libs 部分添加如下内容。

```
#--- openmesh libs
find_package(OpenMesh REQUIRED)
include_directories(${OpenMesh_INCLUDE_DIRS})
target_link_libraries(${PROJECT_NAME}
OpenMeshCore OpenMeshTools)
```

手动找到 Eigen 库位置后打开 VS 2019 进行编译，同时提供的实验数据在编译后所在目录下的 data 文件夹中。

如果需要对参数进行调节可以修改位于 main.cpp 中的部分参数，如果想修改其他参数可以在 tools.h 的 RegParas 类中的构造函数 RegParas( ) 内进行其他默认参数的修改。

2. Fast_RNRR 算法运行

打开 cmd 执行命令。

```
./ Fast_RNRR .\data\test\source.obj .\data\test\target_mesh.obj ./out.obj
```

在 Debug 模式下得到输出结果，如图 6-11 所示。

```
filename = .\data\test\source.obj
Triangle Mesh.
Information of the input mesh:
Vertex : 10002;
Face : 20000;
Edge : 30000, HalfEdge : 60000

filename = .\data\test\target_mesh.obj
Triangle Mesh.
Information of the input mesh:
Vertex : 9546;
Face : 18781;
Edge : 28326, HalfEdge : 56652


rigid registration to initial...
rgid registration...
non-rigid registration to initial...
non-rigid registration...
Registration done!
rigid_init time : 0.697321 s    rigid-reg run time = 0.0005445 s
non-rigid init time = 16.1877 s         non-rigid run time = 65.6775 s

[OBJWriter] : write file
write result to ./out.obj
```

图 6-11　运行结果命令行输出

可视化结果如图 6-12 所示，左侧为源曲面，右侧为目标曲面。

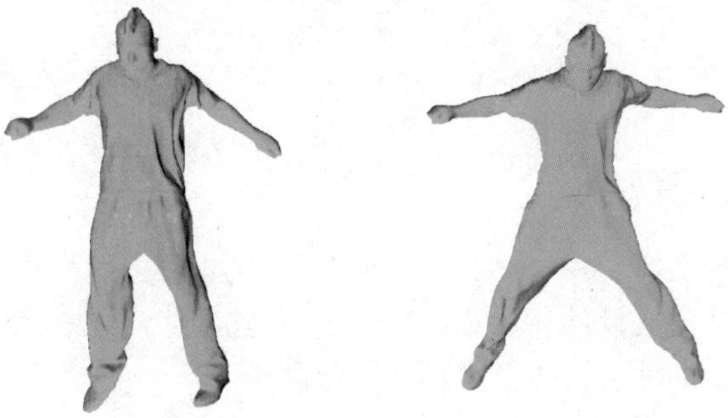

a）源曲面　　　　b）目标曲面

图 6-12　配准前原始数据

经过非刚配准之后可视化结果如图 6-13 所示，左侧曲面为配准后的结果曲面。由结果可知，该算法的非刚性配准结果可以对源曲面进行有效的变形，局部细节的形变较小。

使用 mesh 数据非刚性配准到目标点云上，我们提供牛 mesh 数据 cow_mesh.obj 和通过 Kinect 深度相机扫描得到的原始肉牛点云数据 cow_pc.obj，其中点云数据中包含法向量信息，保持配准参数不变。将 mesh 配准到肉牛点云数据上。图 6-14 所示为配准前和配准后结果，红色为点云数据，由结果可知，配准后的 mesh 表面局部更好地贴合原始点云数据。

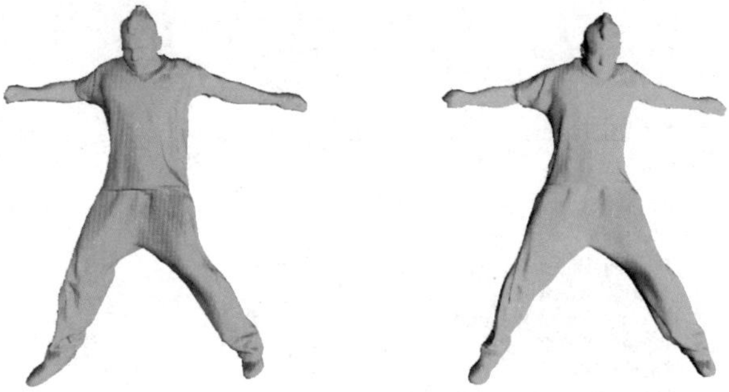

a）配准后源曲面　　b）目标曲面

图 6-13　配准后数据

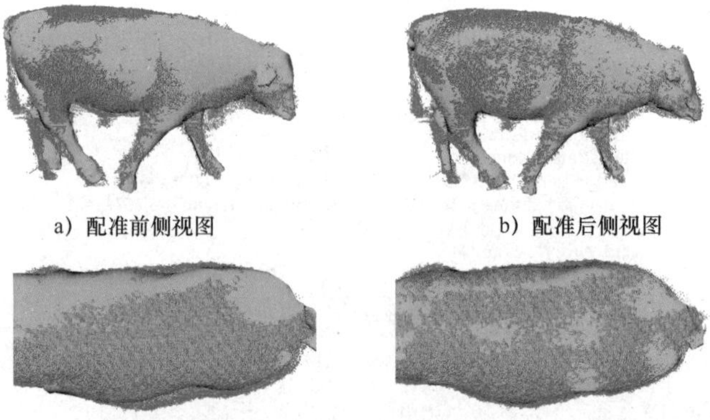

a）配准前侧视图　　b）配准后侧视图

c）配准前俯视图　　d）配准后俯视图

图 6-14　模型配准到点云

6.3 非刚性 ICP 算法

本节介绍非刚性 ICP 配准算法，从算法概述、原理描述、算法实现、源码分析和算法测试实例等方面全面剖析，帮助读者全面了解和掌握该算法。

6.3.1 非刚性 ICP 算法发明者

该算法发明者 BrianAmberg 曾经是苹果公司的软件工程师，更多扩展资料可参看随书附赠资源中的说明文档。

6.3.2 非刚性 ICP 算法设计的灵感、应用范围和泛化能力

对于人体、人脸等非刚性对象的网格或者点云数据，由于数据中可能存在噪声和异常值等问题，因此需要使用一个拓扑结构简单的模板表示该数据。非刚体配准的目地是对表示源数据的模板进行变形，以拟合目标数据。本节所描述的算法采用相邻顶点之间的局部仿射变换的差

异定义正则项，并且引入一个可调整的刚度参数。在配准过程中，刚度权重在迭代运算中逐步递减，其作用是在控制全局和局部变形范围的情况下将模板向目标数据变形。该算法定义了非刚体 ICP 框架的优化步骤，扩展后的 ICP 算法适用于非刚体形变，并且保留了 ICP 原本的收敛性。该算法在广泛的初始条件下取得成功，并且可以鲁棒地处理缺失数据。

6.3.3 非刚性 ICP 算法原理描述

本节介绍非刚性 ICP 算法原理，分为问题定义、优化求解两部分，带读者了解算法数理基础、关键技术和流程。

1. 非刚性最近点迭代算法问题定义

模板网格（源数据）$S=(V,\varepsilon)$是由 n 个顶点 V 和 m 条边 ε 组成的集合。假设模板网格的每一个顶点 $\boldsymbol{v}_i$ 对应一个 3×4 仿射变换矩阵 $\boldsymbol{X}_i$，模板所有顶点的仿射变换矩阵被存储在 $\boldsymbol{X}$ 中，其大小为 $3n$×4。非刚性 ICP 配准通过对 V 上的每个顶点 v_i，利用仿射变换 $\boldsymbol{X}_i$ 来对模板网格进行变形。由此将 V 形变成为一个形变模板网格 V'，使得 V' 与目标数据 T 的形状越接近越好。该过程的目标函数如下：

$$E=E_d+\alpha E_s+\beta E_l \tag{6-65}$$

式中，E_d 为距离项（Distance Term）误差，E_s 为刚度项（Stiffness Term）误差，E_l 为关键点项（Landmark Term）误差，α、β 是加权参数。刚度权重值 α 影响模板网格的灵活性，关键点权重值 β 用于在配准时，避免陷入局部最优。E_d 表示当前形变后的模板网格与目标数据对应点之间的相似程度。其定义如下：

$$E_d(X)=\sum_{v_i\in V}\omega_i \operatorname{dist}^2(T,\boldsymbol{X}_i\boldsymbol{v}_i) \tag{6-66}$$

式中，$\boldsymbol{v}_i$ 为齐次向量$[x,y,z,1]^{\mathrm{T}}$，$\operatorname{dist}(T,\boldsymbol{X}_i\boldsymbol{v}_i)$表示 $\boldsymbol{X}_i\boldsymbol{v}_i$ 与其在 T 中的最近点的距离，$\omega_i\in[0,1]$表示第 i 个顶点的距离函数的可靠程度，若 $\boldsymbol{v}_i$ 在 T 上找不到对应点（与其最近点间的距离超过某个阈值），则将 ω_i 置为 0，否则将 ω_i 置为 1。

E_s 表示形变过程中相邻顶点的仿射变换参数矩阵的一致性，该损失函数的作用是使变换后的模板尽量平滑。该损失函数使用一个权重矩阵 $\boldsymbol{G}_{4\times4}=\operatorname{diag}(1,1,1,\gamma)$在 $\|\cdot\|_F$ 下对相邻顶点的仿射变换的加权差进行惩罚。在 $R^{m\times n}$空间中，矩阵的欧几里得范数被定义为 F 范数（表示为 $\|\cdot\|_F$），即矩阵所有元素的平方和的算术平方根。γ 用于加权旋转和错切部分相对于平移部分的差异。

其定义如下：

$$E_s(X)=\sum_{i,j\in\xi}\|(\boldsymbol{X}_i-\boldsymbol{X}_j)\boldsymbol{G}\|_F^2 \tag{6-67}$$

式中，i，$j\in\xi$ 是指 i，j 为同一条边上的两个顶点。ξ 为模板网格 $\boldsymbol{V}$ 中所有边的集合。

E_l 表示模板网格与目标数据的对应标记点间的距离，在迭代初期引导形变过程。给定一个对应标记点集合 $L=\{(\boldsymbol{v}_{i_1},l_1),\cdots,(\boldsymbol{v}_{i_l},l_l)\}$，即将模板网格的顶点映射到目标数据表面的对应点上。E_l 定义如下：

$$E_l(X)=\sum_{(v_i,l)\in L}\|X_iv_i-l\|^2 \tag{6-68}$$

完整的代价函数 E 只和参数 X、α、β 相关，而两个权重 α、β 通过用户预先设定，唯一需要求解的只有参数 X。

2. 非刚性最近点迭代算法的优化求解

该算法的计算步骤如下。

1）初始化 X^0。

第一层循环，对参数 α 更新。

2）对于每次迭代过程中刚性项权重 $\alpha^i\in\{\alpha^1,\cdots,\alpha^n\}$，有 $\alpha^i>\alpha^{i+1}$。

3）如果不满足 $\|X^j-X^{j-1}\|<\varepsilon$，则：

第二层循环，对参数 X 的求解。

4）为 $V(X^{j-1})$ 找初步对应关系（通过最近点查找算法）。

5）针对初步对应关系和 α^i 确定 X^j 为最优变换。

在以上步骤中，$V(X)$ 为形变后的点。该算法由两个循环构成。外层循环查找模板的一系列变形，使模板更加接近目标。从一个硬变形开始，依次使用较低的刚度权重，从而产生更多的局部形变。内层循环使用固定的刚度权重，通过最近点搜索找到初始对应点。然后根据这些对应关系确定模板的最佳变形和固定刚度。由于模板的刚度，这些点不会直接向它们的初始对应点移动，而是可能平行于目标表面移动。新的模板位置产生一组新的初始对应关系，这些对应关系将在下一次迭代中使用。以上过程重复执行，直到该过程收敛为止。然后降低刚度权重，继续搜索。

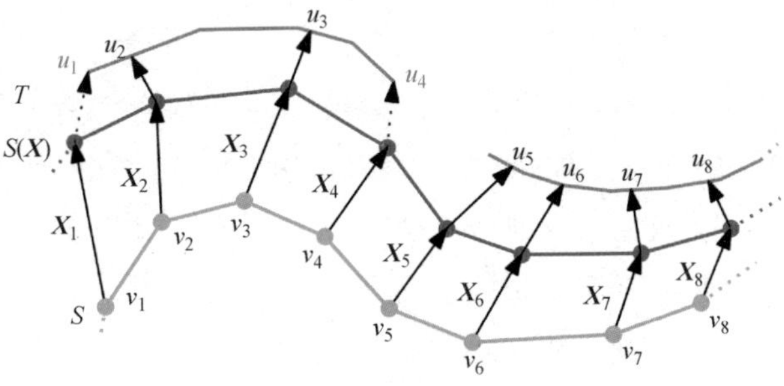

图 6-15　算法优化示意图

最下面的模板表面 S 通过局部仿射变换 $\boldsymbol{X}_i$ 变形到最上面的目标表面 T。如图 6-15 所示，该算法确定每个位移源顶点 $\boldsymbol{X}_i\boldsymbol{v}_i$ 的最近点 $\boldsymbol{u}_i$，并找到本次迭代中使用的固定刚度的最佳变形。这个过程不断重复执行，直到找到一个稳定的状态。迭代前期倾向于使目标的所有顶点进行相同的变换，即进行刚性变换，随着迭代的进行，当前的刚度已经无法使模板与目标更进一步的贴合，这时该算法减小刚性项的约束，即减小模板相邻顶点之间的约束，使得每个顶点获得更大的自由度，从而产生非刚性形变。

把能量函数改造成一个稀疏二次方程组就可以得到每一步迭代过程中 X 的精确解。虽然点匹配会在优化过程中不断更新，但是在每一次循环的时候（第 5 步）是固定的。在对应点固定的情况下，能量函数是稀疏二次方程组，重写为：

$$\overline{E}(X)=\overline{E}_d(X)+\alpha E_s(X)+\beta E_l(X) \tag{6-69}$$

- 距离项

因为对应点已经在迭代过程中第 4 步已经确定，所以对距离项重写成为如下形式：

$$\overline{E}_d(X)=\sum_{v_i\in V}\omega_i \mathrm{dist}^2(\boldsymbol{T},\boldsymbol{X}_i,\boldsymbol{v}_i)=\sum_{v_i\in V}\omega_i\parallel \boldsymbol{X}_i\boldsymbol{v}_i-\boldsymbol{u}_i\parallel \tag{6-70}$$

$$=\left\|(\boldsymbol{W}\otimes\boldsymbol{I}_3)\left(\begin{bmatrix}\boldsymbol{X}_1 & & \\ & \ddots & \\ & & \boldsymbol{X}_n\end{bmatrix}\begin{bmatrix}\boldsymbol{v}_1\\ \vdots \\ \boldsymbol{v}_n\end{bmatrix}-\begin{bmatrix}\boldsymbol{u}_1\\ \vdots \\ \boldsymbol{u}_n\end{bmatrix}\right)\right\|$$

式中，$\boldsymbol{W}=\mathrm{diag}(\omega_1,\omega_2,\cdots,\omega_n)$，$\boldsymbol{I}_n$ 为 $n\times n$ 单位矩阵。$\otimes$表示克罗内克积（Kronecker product），它是两个任意大小的矩阵间的运算。子矩阵 $\boldsymbol{X}_i$ 是未知量。由于对上式进行微分较为困难，因此通过交换 $\boldsymbol{X}_i$ 和固定顶点 $\boldsymbol{v}_1$ 的位置，将方程转换为标准形式。构造稀疏矩阵 $\boldsymbol{D}$：

$$\boldsymbol{D}=\begin{bmatrix}\boldsymbol{v}_1^{\mathrm{T}} & & & \\ & \boldsymbol{v}_2^{\mathrm{T}} & & \\ & & \ddots & \\ & & & \boldsymbol{v}_n^{\mathrm{T}}\end{bmatrix} \tag{6-71}$$

对应点矩阵被表示为：$\boldsymbol{U}=[u_1,u_2,\cdots,u_n]^{\mathrm{T}}$，距离项被重写为：

$$\overline{E}_d(X)=\parallel \boldsymbol{W}(\boldsymbol{D}\boldsymbol{X}-\boldsymbol{U})\parallel_F^2 \tag{6-72}$$

该算法对于数据缺失提出以下应对方案。当模板网格中的顶点 $\boldsymbol{v}_i$ 无法在目标数据上找到对应点时，将权重 ω_i 设置为 0。为了提升算法的鲁棒性，在对应点已经确定的时候，如果满足下面三个条件之一，则对 ω_i 判断为 0。

1）$\boldsymbol{u}_i$ 在目标数据的边界上，即图 6-15 所示的 $\boldsymbol{u}_1$、$\boldsymbol{u}_4$。

2）$\boldsymbol{X}_i\boldsymbol{v}_i$ 和 $\boldsymbol{u}_i$ 之间法线夹角大于给定的阈值。

3）由 $\boldsymbol{X}_i\boldsymbol{v}_i$ 和 $\boldsymbol{u}_i$ 组成的线段穿过形变后的网格。

- 刚性项

引入弧-结点关联矩阵（Node-arc Incidence Matrix）$\boldsymbol{M}$，矩阵由模板网格的拓扑图直接定义。每个边用一行表示，每个顶点用一列表示。例如，边 r 连接顶点 i 和 j，用 (i,j) 表示。第 r 行中的非 0 元素为它的两个顶点：$\boldsymbol{M}_{ri}=-1$ 和 $\boldsymbol{M}_{rj}=1$。对刚性项重写成为如下形式：

$$E_s(\boldsymbol{X})=\parallel(\boldsymbol{M}\otimes\boldsymbol{G})\boldsymbol{X}\parallel_F^2 \tag{6-73}$$

式中，$\boldsymbol{G}$ 就是原式（6-67）中的对角矩阵。

- 关键点项

仿照距离项构造 $\boldsymbol{D}_L$、$\boldsymbol{U}_L$，则 $\boldsymbol{U}_L=[l_1,l_2,\cdots,l_l]^{\mathrm{T}}$。对关键点项重写成为如下形式：

$$E_l(\boldsymbol{X})=\parallel \boldsymbol{D}_L X-\boldsymbol{U}_L\parallel_F^2 \tag{6-74}$$

由此，可以把整个能量函数改写成下面的线性最小二乘问题：

$$\overline{E}(X)=\left\|\begin{bmatrix}\alpha\boldsymbol{M}\otimes\boldsymbol{G}\\ \boldsymbol{W}\boldsymbol{D}\\ \beta\boldsymbol{D}_L\end{bmatrix}X-\begin{bmatrix}0\\ \boldsymbol{W}\boldsymbol{U}\\ \boldsymbol{U}_L\end{bmatrix}\right\|_F^2=\parallel \boldsymbol{A}\boldsymbol{X}-\boldsymbol{B}\parallel_F^2 \tag{6-75}$$

矩阵 $\boldsymbol{A}$ 的秩为 $4n$，即该方程有精确解。令其导数为 0，并求解得到：

$$\boldsymbol{X}=(\boldsymbol{A}^{\mathrm{T}}\boldsymbol{A})^{-1}\boldsymbol{A}^{\mathrm{T}}\boldsymbol{B} \tag{6-76}$$

6.3.4 非刚性 ICP 实战案例及关键代码分析

本实战参考开源工程 https://github.com/charlienash/nricp，此程序是 ICP 算法的一个非刚性变体的 MATLAB 实现，可以用来配准三维曲面。该程序执行非刚性 ICP 的自适应刚度变形。

该程序具体以下特征。

- 对模板表面进行非刚性和局部形变。
- 迭代刚度逐渐减弱，其允许全局性的初始变换，并使变形变得越来越局部化。
- 可选择是否使用标准 ICP 进行初始刚性配准。
- 可选择是否使用双向距离度量，使表面变形覆盖更多的目标表面。
- 通过忽略与目标边缘的点的对应关系来处理目标表面的缺失数据。

程序的输入：模板模型包含 *V* 个顶点、*F* 个面、*FV* 个曲面法线列表（可选）。目标数据与模板模型的输入结构类似。

程序的重要参数选项如下。

- gamma(γ)：平衡仿射变换中旋转部分与平移部分的比重，默认值为 1。
- epsilon（ε）：对两次 $\boldsymbol{X}_i$ 变换的容忍度，默认值为 1.0×10^{-4}。
- biDirectional：可选择是否使用双向距离。
- lambda：使用双向距离指标的权重值，默认值为 1。
- alphaSet：刚度参数的递减向量。较大的刚度参数强制全局变换，而较小的刚度参数允许局部变形。默认的集合为从 100 到 10 递减且中间等分 20 份，即[100.0000　95.2632　90.5263　…　10.0000]。
- useNormals：指定算法计算时考虑法线。如果设置了该参数，则数据的输入应该包含法线列表。
- rigidInit：指定在非刚性和非全局变形之前执行刚性 ICP。默认非刚性变形之前执行 ICP。
- ignoreBoundary：选择与目标边界顶点相关的变换给以零权重，默认为选中状态。

程序通过 nricp()函数实现非刚性 ICP 的自适应刚度变形。该函数基于模板模型在目标数据上获取密集的点，以此找到符合目标形状的变形。通过引入刚度项约束，使变形尽可能保持得自然和平滑，该约束是以递增的方式逐渐放松的。

首先，在执行非刚性变换之前执行 ICP 算法，以此实现粗配准。

```
disp('* Performing rigid ICP...');
if Options.ignoreBoundary == 0
    bdr = 0;
end
[R, t] =icp(vertsTarget', vertsSource', 50, 'Verbose', true, ...
            'EdgeRejection', logical(Options.ignoreBoundary), ...
            'Boundary',bdr', 'Matching', 'kDtree');
```

```
X =repmat([R'; t'], nVertsSource, 1);
vertsTransformed = D* X;
```

接着进入非刚性 ICP 算法的外层循环。外层循环遍历刚度参数 α，刚度参数在每一次循环中递减，有 $\alpha^{i+1}<\alpha^{i}$。

```
disp('*  Performing non-rigid ICP...');
for i = 1:nAlpha
    % 更新刚度参数
    alpha = Options.alphaSet(i);
  % 设置 oldX 与 X 有很大的差别,因此 norm(X-oldX)的值较大
    oldX = 10* X;
    while norm(X - oldX) >= Options.epsilon
    % …内层循环…
    end
end
```

进入内循环，对于每个刚度设置，交替进行 。更新对应关系并获得最佳变换 X。当连续的变换相似时 norm(X - oldX) >= Options.epsilon，退出内层循环。对于内层循环，首先通过 K 近邻算法找到目标数据上与转换后的源数据上的最临近的点。可以根据参数 ignoreBoundary 设置与目标顶点边界相关的变换，将权重 ω_i 设置为 0。

```
targetId = knnsearch(vertsTarget, vertsTransformed);
U =vertsTarget(targetId,:);
if Options.ignoreBoundary == 1
    tarBoundary = ismember(targetId, bdr);
    wVec = ~tarBoundary;
end
```

可以根据参数 normalWeighting 设置对表面法线进行转换，以便与目标数据进行比较，如果目标表面法线和转换后源数据的法线之间的角度大于 45°，则权重 ω_i 设置为 0。

```
if Options.normalWeighting == 1
        I = (1:nVertsSource)';
        J = 4* I;
        N =
        sparse([I;I;I;I],[J-3;J-2;J-1;J],[normalsSource(:);ones(nVertsSource,
1)],nVertsSource,
        4* nVertsSource);
        normalsTransformed = N* X;
        corNormalsTarget = normalsTarget(targetId,:);
        crossNormals = cross(corNormalsTarget, normalsTransformed);
```

```
        crossNormalsNorm = sqrt(sum(crossNormals.^2,2));
        dotNormals = dot(corNormalsTarget, normalsTransformed, 2);
        angle =atan2(crossNormalsNorm, dotNormals);
        wVec = wVec .*  (angle<pi/4);
end
```

构造矩阵 A 和 B，求解最佳变换 X 并记录旧的变换 oldX。

```
A = [...
          alpha .*  kron_M_G;
          W * D;
          ];
B = [...
          zeros(size(M,1)* size(G,1), 3);
          W * U;
          ];
oldX = X;
X = (A' * A) \ (A' * B);
```

求解出最佳变换 X 后，将 V(X)沿着变形模板的法线投影到目标表面，得到最终的对应关系。沿着表面法线投影到目标表面，如果没有交点就保持源顶点的位置。投影顶点与模板网格的原始拓扑一起定义了最终的形变网格。

```
% 对投射到目标表面的源顶点进行循环
for i=1:nVerticesSource
    % 得到源顶点及其法向量
    vertex =sourceVertices(i,:);
    normal = normals(i,:);
    % 在法线方向上定义通过顶点的直线
    line =createLine3d(vertex, normal(1), normal(2), normal(3));
    % 计算直线与面的交点
    intersection =intersectLineMesh3d(line, Target.vertices, Target.faces);
    % 如果有多个交叉点,选择离源顶点最近的一个
    if ~isempty(intersection)
        [~,I] = min(sqrt(sum((intersection - ...
            repmat(vertex,size(intersection,1),1)).^2, 2)));
        projections(i,:) = intersection(I,:);
    else
    % 如果没有交点就保持源顶点的位置
        projections(i,:) = vertex;
    end
…
```

6.3.5 非刚性 ICP 测试过程及结果分析

下载开源工程和依赖项（geom3d、Toolbox Graph、Iterative Closest Point），并将其添加到 MATLAB 路径中，分别运行 faceDemo.m 和 faceDemoMissingDemo.m 文件。

图 6-16 和图 6-17 所示为源数据和目标数据的初始位置。其中红色为源数据，蓝色为目标数据。

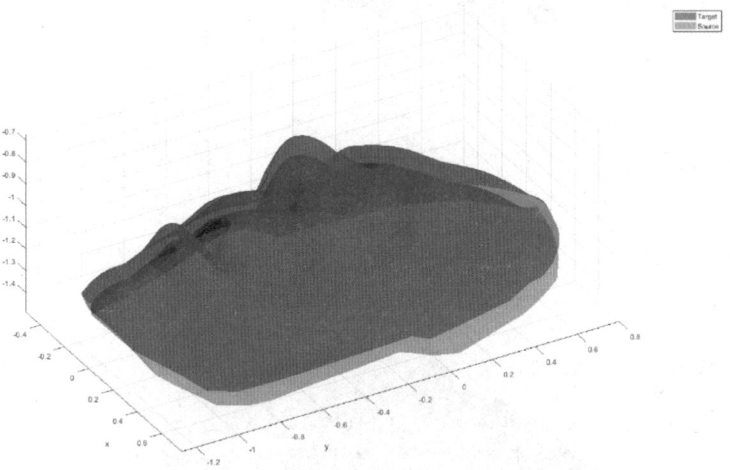

图 6-16 源数据和目标数据的初始位置

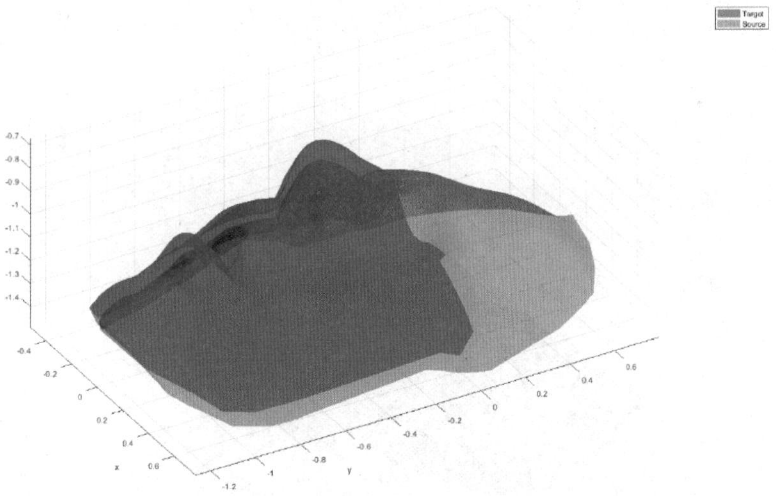

图 6-17 源数据和目标数据（部分缺失）的初始位置

利用 ICP 算法执行粗配准的结果如图 6-18 和图 6-19 所示。

利用非刚性 ICP 进行配准后的结果如图 6-20 和图 6-21 所示。

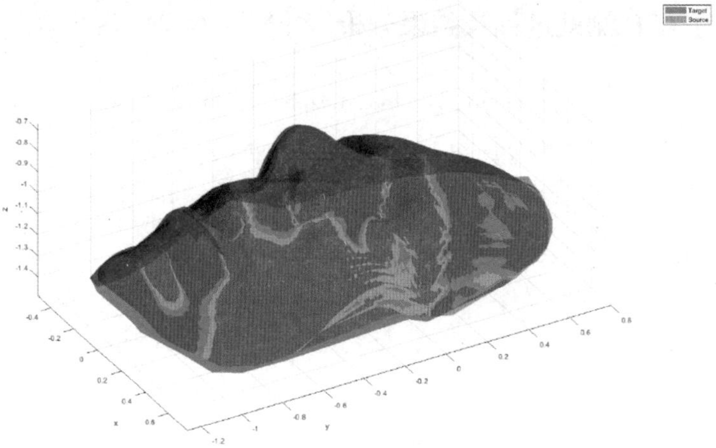

图 6-18　完整数据执行 ICP 后的粗配准结果

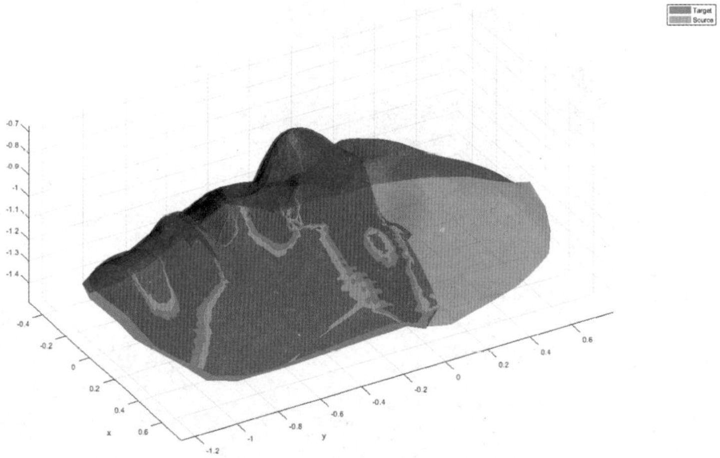

图 6-19　部分缺失数据执行 ICP 后的粗配准结果

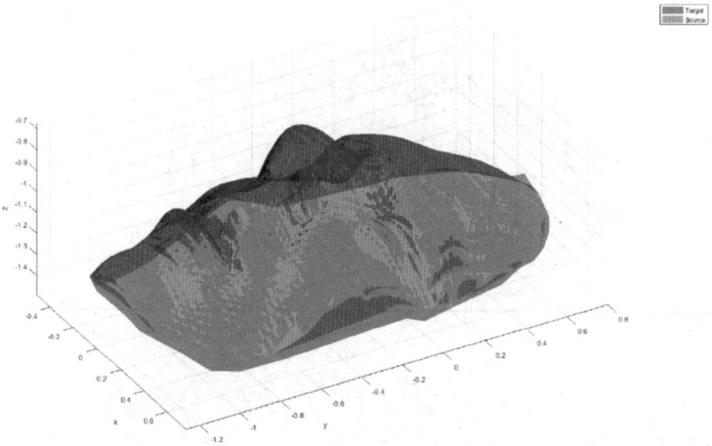

图 6-20　完整数据执行非刚性 ICP 后的配准结果

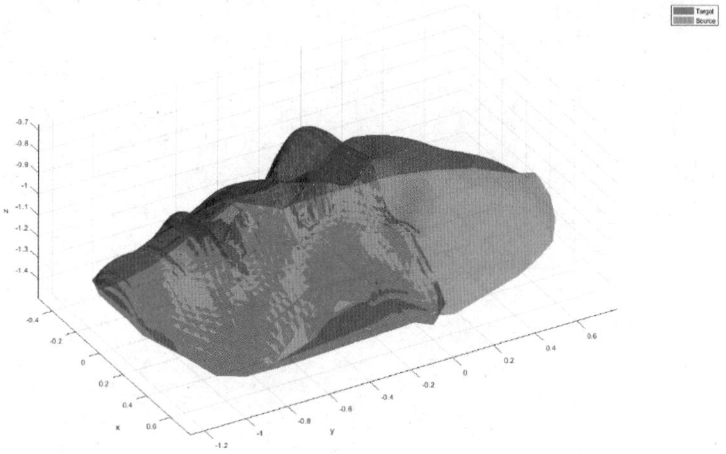

图 6-21　部分缺失数据执行非刚性 ICP 后的配准结果

编者将该程序进行修改，使其可以将点云作为目标数据输入。以叶子数据为例，得到的非刚性配准结果如图 6-22 ~ 图 6-24 所示。

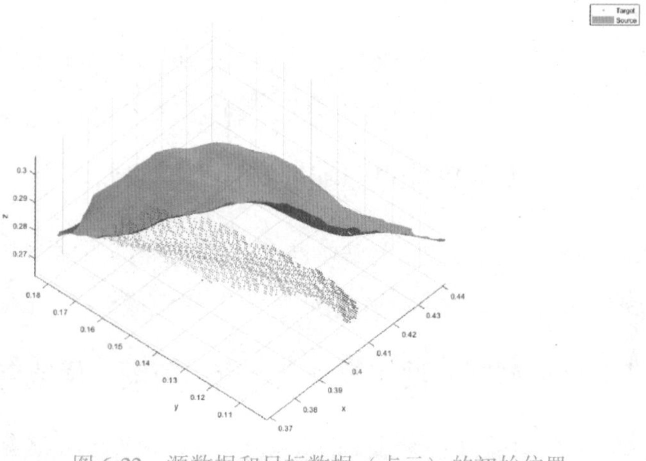

图 6-22　源数据和目标数据（点云）的初始位置

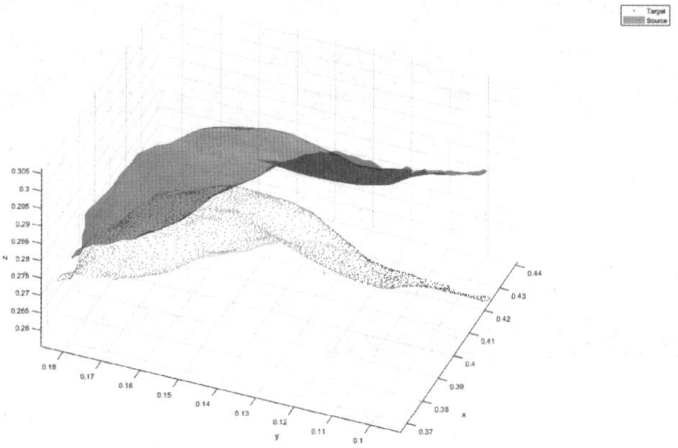

图 6-23　源数据和目标数据（点云）执行 ICP 后的粗配准结果

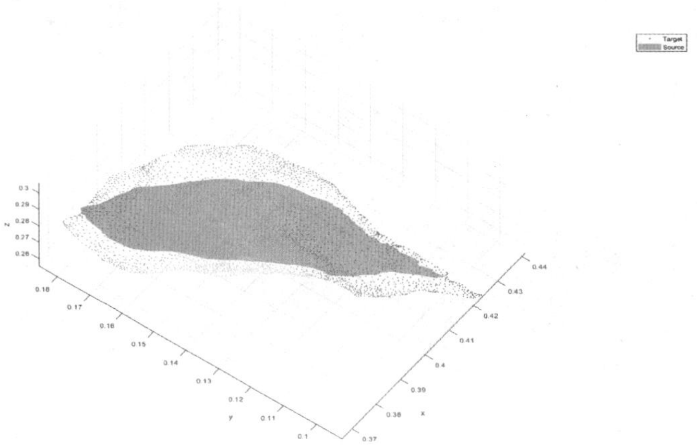

图 6-24　源数据和目标数据（点云）执行非刚性 ICP 后的配准结果

6.4 基于高斯混合模型的鲁棒点集配准算法

本节介绍基于高斯混合模型的鲁棒点集配准，从算法概述、原理描述、算法实现、源码分析和算法测试实例等方面全面剖析，帮助读者全面了解和掌握该算法。

6.4.1　基于高斯混合模型的鲁棒点集配准算法发明者

基于高斯混合模型的鲁棒点集配准即鲁棒高斯混合模型算法，该算法的作者为 Bing Jian 和 Baba C. Vemuri，更多扩展资料可参看随书附赠资源中的说明文档。

6.4.2　鲁棒高斯混合模型算法设计的灵感、应用范围、优缺点和泛化能力

该算法的关键思想之一是用连续密度函数表示离散点集，即高斯混合模型，用于刚性和非刚性的点集配准问题中，应用范围没有特别的限制。其思想具备两个优点：首先，可以将给定的点集解释为从随机点位置的连续概率分布中生成的样本；其次，这样可以使遇到的传统硬离散优化问题潜在地转化为更易于处理的连续优化问题。但是，这种基于密度的配准算法的总体思想倾向于具有相似采样率的一对点集。如果要配准的两个点集具有非常不同的采样率，则基于密度的配准性能会有不同程度的下降。另外，如果高斯分量的数量相当大，那么任意密度的点云都可以用该模型很好地近似。缺点在于当点的数量稍大时，算法的运行时间较长，不适用于处理较大点集的问题中。

6.4.3　鲁棒高斯混合模型算法原理描述

本节介鲁棒高斯混合模型算法原理，分为刚性和非刚性的问题定义和优化求解两部分，带读者了解算法数理基础、关键技术和流程。

1. 刚性部分原理描述

算法首先声明了一般高斯混合概率密度函数 $p(x)=\sum_{i=1}^{k}\omega_i\phi(\boldsymbol{x}|\mu_i,\Sigma_i)$，

$$\phi(\boldsymbol{x}|\mu_i,\Sigma_i)=\frac{\exp\left(-\frac{1}{2}(x-\mu_i)^{\mathrm{T}}\Sigma_i^{-1}(x-\mu_i)\right)}{\sqrt{(2\pi)^d|\det(\Sigma_i)|}} \tag{6-77}$$

式中，d 为数据维度。基于高斯混合模型表示，点集配准问题的直观重述是为了解决一个优化问题，从而使由源点集与目标点集构造的高斯混合之间的某种相异性度量最小化。该算法选择 L2 距离来衡量两个高斯混合密度之间的相似性。形式上给定两个点集，即源点集 M 和目标点集 S，该配准算法会找到参数化空间变换族 T 的参数 θ，该变换族使以下代价函数最小化：

$$d_{L_2}(S,M,\theta)=\int(gmm(S)-gmm(T(M,\theta)))^2\mathrm{d}x \tag{6-78}$$

式中，$gmm(P)$ 是指由点集 P 构造的高斯混合密度。$L2$ 距离函数可以看作密度幂散度（density power divergence）的特例：

$$d_\alpha(g,f)=\int\left\{\frac{1}{\alpha}g^{1+\alpha}-\frac{1+\alpha}{\alpha}gf^\alpha+f^{1+\alpha}\right\}\mathrm{d}x \tag{6-79}$$

式中，f 和 g 是两个概率密度函数。著名的 Kullback-Leibler（KL）散度可以通过让 α 逼近 0 得到：$d_0(g,f)=\lim_{\alpha\to 0}d_\alpha(g,f)=\int g(x)\log\{g(x)/f(x)\mathrm{d}x\}$。另一方面，当 $\alpha=1$，散度 $d_1(g,f)=\int\{f(x)-g(x)\}^2\mathrm{d}x$ 就变成了两个密度函数之间的 $L2$ 距离，相应的值称为 L_2E 估计量。对于一般的 $0<\alpha<1$，该散度函数在 KL 散度和 $L2$ 距离之间提供了一个平滑的过度。

根据以下公式：

$$\int\phi(\boldsymbol{x}\mid\mu_1,\Sigma_1)\phi(\boldsymbol{x}\mid\mu_2,\Sigma_2)\mathrm{d}x=\phi(0\mid\mu_1-\mu_2,\Sigma_1-\Sigma_2) \tag{6-80}$$

可以将两个高斯混合密度之间 $L2$ 距离算式转化为闭式表达式，原理在于式（6-78）中，右边积分拆分后的每一项都是高斯混合密度的相乘，即：

$$\begin{aligned}d_{L_2}(S,M,\theta)&=\int gmm^2(S)+gmm^2(T(M,\theta))-2gmm(S)gmm(T(M,\theta))\mathrm{d}x\\&=\int f^2\mathrm{d}x-2\int fg\mathrm{d}x+\int g^2\mathrm{d}x\end{aligned} \tag{6-81}$$

式中，$f=gmm(T(M,\theta))$，$g=gmm(S)$。结合式（6-79）和式（6-80），目标函数就成了一个闭式表达式，能更方便地对问题进行求解。且在刚性配准中，由于 g 在优化过程中是固定的，因此只需要评估式（6-81）前两项。

接下来要找到空间变换使得目标函数达到最优，让 $\boldsymbol{M}_0=(\boldsymbol{x}_1,\cdots,\boldsymbol{x}_m)^{\mathrm{T}}$ 作为一个 $m\times d$ 的矩阵表示输入点集 M，$\boldsymbol{M}$ 作为 $m\times d$ 矩阵表示变换点集 $T(M,\theta)$，代价函数 $F(\boldsymbol{M}(\theta))$ 相对于运动参数 θ 的梯度可以使用链式规则明确计算 $\frac{\partial F}{\partial\theta}=\frac{\partial F}{\partial\boldsymbol{M}}\cdot\frac{\partial\boldsymbol{M}}{\partial\theta}$。$\boldsymbol{M}$ 和 $\boldsymbol{M}_0$ 之间的联系可由下式给出：

$$\boldsymbol{M}=\boldsymbol{M}_0\boldsymbol{R}+\boldsymbol{1}_m\boldsymbol{t}^{\mathrm{T}} \tag{6-82}$$

式中，$\boldsymbol{R}$ 表示旋转矩阵，$\boldsymbol{t}$ 表示平移向量，$\boldsymbol{1}_m$ 为 m 维全 1 列向量。θ 在这里即表示$(\boldsymbol{R},\boldsymbol{t})$这一组

参数集。找到一组$(\boldsymbol{R},\boldsymbol{t})$使得式（6-80）达到最小，即得到最佳的刚性配准结果。

为了方便，令$\boldsymbol{G}=\frac{\partial F}{\partial \boldsymbol{M}}$，代价函数对运动参数的导数由下式得出：

$$\frac{\partial F}{\partial t}=\boldsymbol{G}^{\mathrm{T}}\boldsymbol{1}_m \quad \frac{\partial F}{\partial r_i}=\boldsymbol{1}_d^{\mathrm{T}}\left((\boldsymbol{G}^{\mathrm{T}}\boldsymbol{M}_0)\otimes\left(\frac{\partial \boldsymbol{R}}{\partial r_i}\right)\right)\boldsymbol{1}_d \tag{6-83}$$

式中，$(r_1,\cdots,r_i,\cdots)$表示旋转矩阵$\boldsymbol{R}$的参数，$\otimes$表示元素相乘。

2. 非刚性部分原理描述

以上过程解决了在刚性配准下的问题，对于非刚性的点集配准，本节算法还加入了非刚性配准模型薄板样条插值（Thin-Plate Splines，TPS）。TPS 是插值方法的一种，表 6-1 所示为 TPS 的参数意义列表。

表 6-1　非刚性描述中各矢量符号尺度及表示意义

符　号	尺　度	意　义
w	$c\times d$	TPS 扭曲系数
Q	$c\times d$	控制点集
K	$c\times c$	核矩阵
q_i	$1\times d$	控制点 i 的坐标
1_n	$n\times 1$	全 1 列向量
N	$c\times(c-d-1)$	$[\boldsymbol{1}\vert\boldsymbol{Q}]$的左零空间的基
$\boldsymbol{v}$	$(c-d-1)\times d$	满足 $\boldsymbol{v}=\boldsymbol{N}^{\mathrm{T}}\boldsymbol{w}$ 的参数
$\boldsymbol{M}$	$n\times d$	变换源点集
$\boldsymbol{M}_0$	$m\times d$	源点集

TPS 变换可以分解为由仿射运动建模的线性部分和由 TPS 扭曲系数$\boldsymbol{w}$控制的非线性部分，后者通常由$c\times d$矩阵表示。假定$\boldsymbol{Q}=(\boldsymbol{q}_1,\cdots,\boldsymbol{q}_c)^{\mathrm{T}}$是表示一组控制点的$c\times d$矩阵，可以计算其$c\times c$的核矩阵$\boldsymbol{K}=\{K_{ij}\}$，式中，$K_{ij}=K(|\boldsymbol{q}_i-\boldsymbol{q}_j|)$，$|\boldsymbol{q}_i-\boldsymbol{q}_j|$是两个点之间的欧氏距离。TPS 中使用的径向基函数在 2D 中被定义为$K(r)=r^2logr$，在 3D 中则被定义为$K(r)=-r$，非线性变换部分的扭曲能量由$\mathrm{trace}(\boldsymbol{w}^{\mathrm{T}}\boldsymbol{K}\boldsymbol{w})$给出。注意$\boldsymbol{K}$是条件正定的，为了确保二次型对应多项式$\boldsymbol{w}^{\mathrm{T}}\boldsymbol{K}\boldsymbol{w}>0$以及变形的非线性部分在无穷远处为零，必须满足边界条件$\boldsymbol{w}^{\mathrm{T}}[\boldsymbol{1}|\boldsymbol{Q}]=\boldsymbol{0}$，$\boldsymbol{1}$表示一维全 1 列向量。强制满足该边界条件的一个常用方法是引入一个新的参数$\boldsymbol{v}$作为一个$(c-d-1)\times d$的矩阵，并且使$\boldsymbol{w}=\boldsymbol{N}\boldsymbol{v}$，式中，$\boldsymbol{N}$是表示$[\boldsymbol{1}|\boldsymbol{Q}]$的左零空间的矩阵。在此转换下，变换源点集$\boldsymbol{M}$与源点集$\boldsymbol{M}_0=(\boldsymbol{x}_1,\cdots,\boldsymbol{x}_m)^{\mathrm{T}}$通过下式联系起来：

$$\boldsymbol{M}-\boldsymbol{M}_0=[\boldsymbol{1}|\boldsymbol{M}_0]\boldsymbol{A}^{\mathrm{T}}+\boldsymbol{U}\boldsymbol{w}=[\boldsymbol{1}|\boldsymbol{M}_0]\boldsymbol{A}^{\mathrm{T}}+\boldsymbol{U}\boldsymbol{N}\boldsymbol{v} \tag{6-84}$$

式中，$\boldsymbol{A}$是 TPS 的仿射部分，基矩阵计算为$\boldsymbol{U}=\{U_{ij}\}=\{K(|\boldsymbol{x}_i-\boldsymbol{q}_j|)\}$。

为了正则化 TPS 非刚性转换，通常在最终的代价函数$F(\boldsymbol{M})$中添加惩罚项$\frac{\lambda}{2}\mathrm{trace}(\boldsymbol{w}^{\mathrm{T}}\boldsymbol{T}\boldsymbol{w})$，式中，$\lambda>0$控制正则化的强度，当$\lambda$很大时将产生一个几乎纯粹的仿射变换。因此，关于仿射的最终代价函数F和 TPS 参数的导数可以如下所示：

$$\frac{\partial F}{\partial A}=[\boldsymbol{1}|\boldsymbol{M}_0]^{\mathrm{T}}\boldsymbol{G} \quad \frac{\partial F}{\partial v}=(\boldsymbol{U}\boldsymbol{N})^{\mathrm{T}}\boldsymbol{G}+\lambda\boldsymbol{N}^{\mathrm{T}}\boldsymbol{K}\boldsymbol{N}\boldsymbol{v} \tag{6-85}$$

式中，$G=\frac{\partial F}{\partial M}$。然而，根据上述过程，仍然存在可能阻碍数值优化的局部极小值。为了克服这一问题，可以通过计算变换源点云与目标点云之间的最近点对来确定对应点的数量。如果对应数量小于阈值，则会向优化提供多个随机选择的初始化，直到获得足够数量的对应点。观察上面定义的代价函数在最优位置附近是凸的，并且总是可微的，我们可以使用有效的基于梯度的数值优化技术，如拟牛顿法和非线性共轭梯度法来求解优化问题。

整个算法的流程如算法 6.4.1 所示。

算法 6.4.1　一种基于高斯混合的鲁棒点集配准算法

Input：源点集 M，目标点集 S 以及参数转换模型 T。
　Output：使 M 和 S 最佳对齐的模型 T 的最优转换参数 θ。

begin
　估算输入点集的初始规模 σ；
　指定初始参数 θ；
　　repeat
　　　将目标函数 $f(\theta)$ 设置为由变换模型 $T(M,\theta)$ 构造的高斯混合与规模为 σ 的场景 S 之间 L2 距离，根据转换模型可以添加正则化项；
　　　以 θ 为初始参数，使用数值优化引擎优化目标函数 f；
　　　更新参数 $\theta \leftarrow \arg\min_T f$；
　　　作为退火步骤，相应降低规模 σ；
　　Until 满足停止标准
end

6.4.4　鲁棒高斯混合模型算法实现及关键代码分析

本节算法采用 MATLAB 实现，代码取自 https://github.com/bing-jian/gmmreg，随书提供的文件在其中添加了部分中文注释，方便读者理解。在 gmmreg-master 文件夹的 data 子文件夹中可以找到 fish_data 文件夹，该文件夹中包含鱼形点集的目标点集 fish_X.txt 和源点集 fish_Y.txt，读者可自行查看。返回 gmmreg-master 文件夹中可以找到 fish_rigidtest.m、fish_affinetest.m、fish_tpstest.m和 pigtest_rigid.m、pigtest_affine.m、pigtest_tps.m 脚本文件，前三个文件分别采用刚性、仿射和薄板样条插值配准模型对两个鱼形点集进行配准，三个文件由上述链接中同时提供；后三个文件用于对三维数据猪点云进行配准，这三个数据是本书作者新增的数据，其中，测试鱼点集的刚性配准的代码如下。

```
% 测试鱼点集的刚性配准
% 读取数据
model=textread('./data/fish_data/fish_X.txt');
scene=textread('./data/fish_data/fish_Y.txt');
% 添加文件夹路径
addpath '.\GaussTransform'
addpath '.\auxilliary'
addpath '.\registration'
```

```
config=initialize_config(model,scene,'rigid2d');% 初始化参数,采用刚性配准
[param, transformed_model, history, config] =gmmreg_L2(config);
```

addpath 的作用在于使得目标文件夹的函数能够在本文件目录下读取使用，其他 3 个脚本文件代码类似，仅修改文件的读取及模型参数选择。initialize_config 函数用于初始化各项参数，修改输入的第 3 个参数可以修改配准模型，其内部代码如下。

```
function [config] = initialize_config(model, scene, motion)
[n,d] = size(model);  % 读取点集个数及维数
……  % 设置各参数
switch lower(motion)
    case 'tps'  % 薄板样条插值
        interval = 5;
        config.ctrl_pts =  set_ctrl_pts(model, scene, interval);
        % 取得所有控制点的坐标
        config.alpha = 1;
        config.beta = 0;
        config.opt_affine = 1;  % 最优化仿射和 tps(1)或者仅优化仿射(0)
        [n,d] = size(config.ctrl_pts);
        config.init_tps = zeros(n-d-1,d);
        init_affine =repmat([zeros(1,d) 1],1,d);  % 复制生成 d 个副本并连接
        config.init_param = [init_affine zeros(1, d* n-d* (d+1))];
        config.init_affine = [ ];
    otherwise
        [x0,Lb,Ub] = set_bounds(motion); % 设置边界函数
        config.init_param = x0;
        config.Lb = Lb;
        config.Ub = Ub;
end
```

构造结构体 config 保存各项参数，switch 语句用于判断采用何种模型，选择薄板样条插值模型时，需要采用控制点并设置额外的相关参数，其他模型则直接设置边界，便于后续执行最优化过程。执行完初始化过程后，会进入主函数 gmmreg_L2.m，其关键代码如下。

```
……
[K,U] = compute_kernel(config.ctrl_pts, config.model);  % 计算核矩阵和基矩阵
Pm = [ones(m,1) config.model];  % 全 1 列向量和移动模型点的矩阵
Pn = [ones(n,1) config.ctrl_pts];  % 全 1 列向量和控制点坐标的矩阵
PP = null(Pn');  % or use qr(Pn)返回 Pn'的零空间的标准正交基矩阵
basis = [Pm U* PP];
```

```
kernel = PP'* K* PP;  % N'KN
init_tps = config.init_tps
if isempty(config.init_affine)
      config.init_affine =repmat([zeros(1,d) 1],1,d);
end
if config.opt_affine
    init_affine = [ ];
    x0 = [config.init_affine init_tps(end+1-d* (n-d-1):end)];  % 求解最优解,前者为
仿射矩阵 A,后者为参数 v,不过这里将其一维向量化
else
    init_affine = config.init_affine;
    x0 = init_tps(end+1-d* (n-d-1):end);
end
param = fminunc(@ (x)gmmreg_L2_tps_costfunc(x, init_affine, basis, kernel, scene,
scale, alpha,
beta, n, d), x0,  options);  % 最优化函数,使配准结果达到最优
……
```

该段代码表示在 tps 模型中，opt_affine 参数的选择也会影响优化的过程，参数值为 1 时同时优化仿射和 tps 的参数，参数值为 0 时只优化 tps 的参数，此处计算算法中提及的各个矢量，最优值的求解利用 fminunc 函数，之后会不断迭代使得 L2 距离达到最优。

6.4.5 鲁棒高斯混合模型实战案例分析

在测试算法之前，需要先在 GaussTransform 文件夹下执行以下代码。

```
mex mex_GaussTransform.c GaussTransform.c -output mex_GaussTransform
```

该段代码用于编译一个用 MATLAB 的 API 编写的 C++源文件并将其链接到当前文件夹中的二进制 MEX 文件中，编译需要使用到编译软件，本例采用 Visual Studio 2019，若当前计算机中没有该软件，请读者自行安装。

1. 二维数据案例

fish _ rigidtest. m、fish _ affinetest. m 和 fish _ tpstest.m 三个脚本文件已封装好，对应使用刚性、仿射、TPS 配准模型对鱼形点云进行配准，其中刚性和仿射为提供读者测试的模型，TPS 模型对应为本节算法。打开执行即可得到配准结果，三种模型的配准结果分别如图 6-25 ~ 图 6-27 所示。

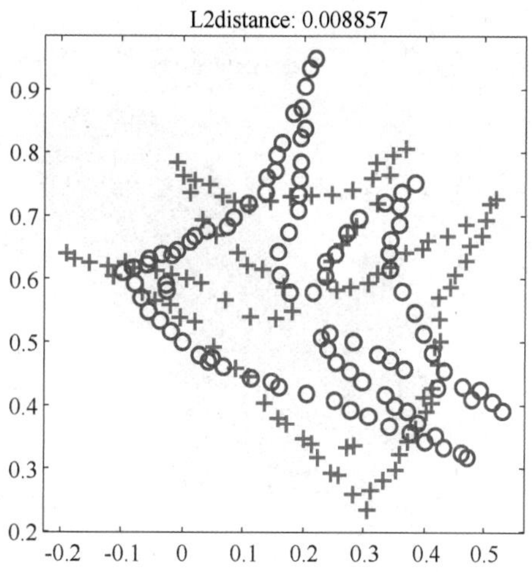

图 6-25　鱼形点集刚性配准结果，蓝色圈为目标点集，红色加号表示源点集

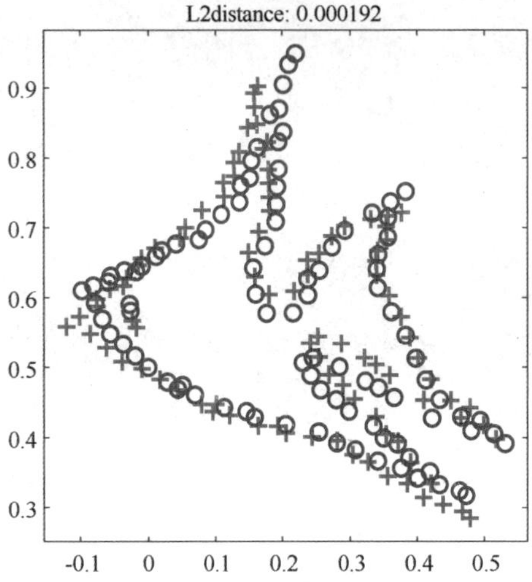

图 6-26　鱼形点集仿射配准结果，蓝色圈为目标点集，红色加号表示源点集

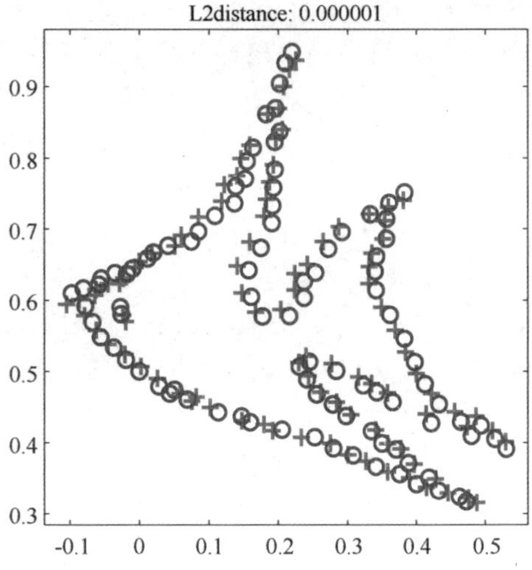

图 6-27　鱼形点集 TPS 配准结果，蓝色圈为目标点集，红色加号表示源点集

从上面三幅图可以看出，刚性配准的效果最差，仿射配准的效果其次，TPS 模型的配准效果最佳，但如果读者亲自运行该程序，便可以发现运行时间的长度则刚好相反，TPS 花费的时间最长，是其余两个模型运行时间的几倍，反而刚性配准用时最短，这意味着更好的配准结果需要花费更长的时间，读者在实际应用中应根据实际情况来选择最佳的模型。

2. 三维数据案例

在 MATLAB 下打开已封装好的 pigtest_rigid.m、pigtest_affine.m、pigtest_tps.m 脚本文件，该文件采用三种模型对两个猪序列点云进行配准，点击执行后两点云会根据最优化函数不断迭代产生平移旋转变形等变化，这里迭代次数选取为 200 次，迭代使得它们不断对齐，并使得 L2 距离不断减少，一段时间后输出配准可视化结果如图 6-28～图 6-30 所示。

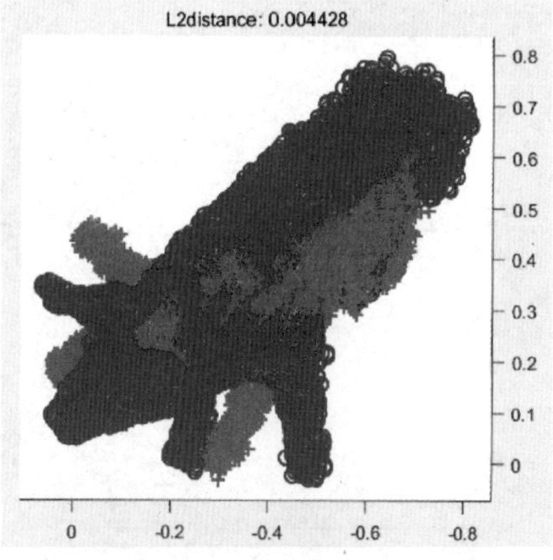

图 6-28　三维猪点云数据刚性模型配准结果，蓝色圈为目标点集，红色加号表示源点集

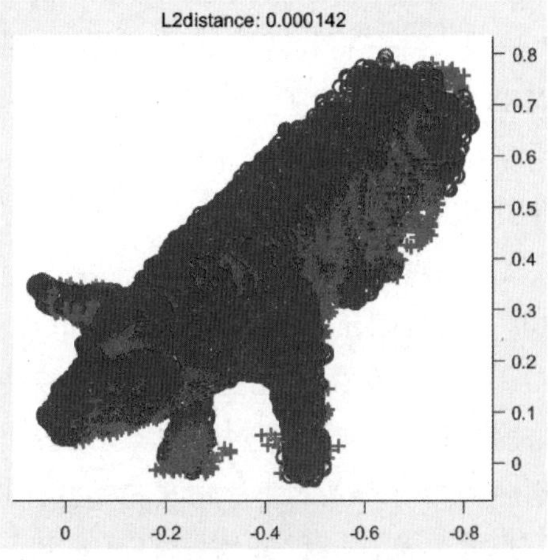

图 6-29　三维猪点云数据仿射模型配准结果，蓝色圈为目标点集，红色加号表示源点集

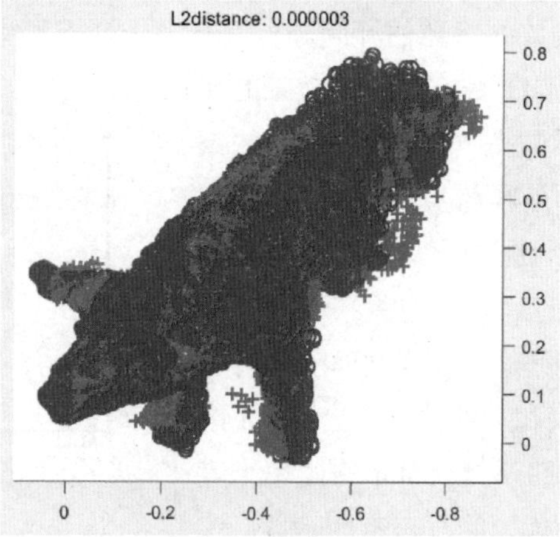

图 6-30 三维猪点云数据 TPS 模型配准结果，蓝色圈为目标点集，红色加号表示源点集

读者可自行增加迭代次数，使 L2 距离进一步减少，从而得到更好的配准结果。事实上，本节提供的代码在猪点云的刚性和仿射配准上效果较差，TPS 配准效果最佳。

6.5 一致点漂移算法（CPD）

本节介绍一致点漂移算法 CPD，从算法概述、原理描述、算法实现、源码分析和算法测试实例等方面全面剖析，帮助读者全面了解和掌握该算法。

6.5.1 CPD 发明者

该算法发明者 Andriy Myronenko 于 2010 年取得俄勒冈健康与科学大学的博士学位，他的研究兴趣广泛包括机器学习和计算机视觉领域，研究重点是图像的非刚性变形和点集配准算法。

6.5.2 CPD 算法设计的灵感、应用范围、优缺点和泛化能力

由于现存的 2D 和 3D 刚性和非刚性配准算法，难以推广到更高维度，此外，噪声、异常值以及缺失点等严重影响算法的鲁棒性。针对上述原因作者针对刚性变换和非刚性变换提出了一种鲁棒的多维概率点集配准算法，考虑了点集分布的内在关系，该算法将所有 GMM 中心点作为一个整体，协同地向待配准点集移动，从而能够较好地保持点集原始的拓扑结构。一致点漂移算法相比于其他基于概率的算法而言，其在解决点模式匹配问题时，能在期望最大化算法的 M 步中得到变形模型参数的精确显式解，而且通过显式地计算高斯分布函数的尺度参数来达到自动退火寻优的目标。该算法的计算速度较慢，与其他基于概率的算法相同，其受初始参数的选择的影响较大，易陷入局部最优的问题。

6.5.3 CPD 算法原理描述

一致点漂移算法（CoherentPointDrift，CPD）利用高斯混合模型（图 6-31）将两个点集的

配准问题转化为概率密度函数的参数估计问题，设其中一个点集中的各点代表高斯混合模型（GaussianMixtureModels，GMM）中各个高斯分量的质心（待配准点集），另一个点集代表高斯混合模型所生成的观测样本数据（参考点集）。依据两个点集之间变形或扭曲的差异程度，选择适当的刚性或非刚性空间变换模型，通过最大化观测数据的GMM 后验概率求得点集间的匹配对应关系以及匹配点坐标偏移量。GMM 概率密度函数可以理解为各个高斯分量的概率密度的加权和。理论上，当 GMM 中的高斯分量的个数趋近于无穷时，GMM 的概率密度函数可以拟合任意统计分布模型的概率密度函数。该算法的核心是使待配准点集中各点的 GMM 质心具有运动一致性，在移动过程中群体的拓扑结构保持不变。该算法正则化点集间的位置偏移场，使之遵从运动一致性原理（MotionCoherent-Theory，MCT）。

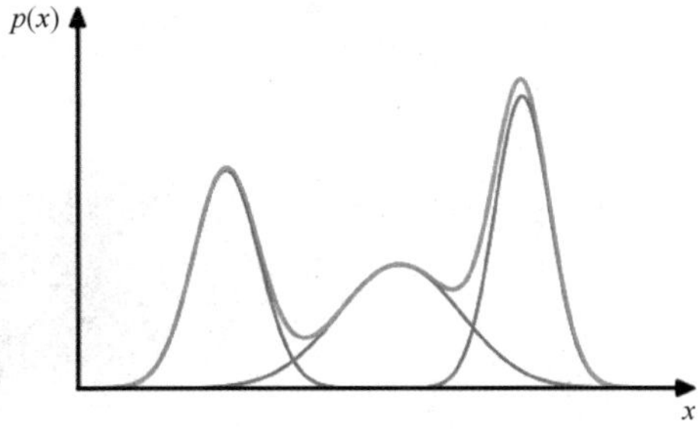

图 6-31　高斯混合模型

假设给定两组点集，其中目标点集为 $X_{N\times D}=\{x_1,\cdots,x_N\}^{\mathrm{T}}$，表示观测数据；源点集为 $Y_{M\times D}=(y_1,\cdots,y_M)^{\mathrm{T}}$，作为 GMM 各高斯分量的质心；$T(Y,\theta)$ 表示 Y 的空间变换模型，θ 为空间变换模型的参数集合。N、M、D 分别表示两组点集的数目和维度。

CPD 算法中，将 Y 视为 GMM 的各个分模型的质心（高斯模型的中心），X 中的数据点视为该模型产生的观测样本。由多个高斯模型进行线性加权构成的 GMM 概率密度函数可以表示为：

$$p(x)=\sum_{m=1}^{M+1}P(m)p(x\mid m) \tag{6-86}$$

式中：$p(x|m)$ 表示 GMM 中第 m 个高斯分量的概率密度函数，其表示为

$$p(x|m)=\frac{1}{(2\pi\sigma^2)^{\frac{D}{2}}}\exp^{\frac{-\|x-T(y_m,\theta)\|^2}{2\sigma^2}} \tag{6-87}$$

另外，待配准点集中可能存在噪声点及离群点等情况，并将这些点看作均匀分布。在高斯混合模型中增加一个均匀分布项 $p(x|M+1)=\frac{1}{N}$。对于上述所定义的 GMM，设其协方差为各向同性 σ^2。设 GMM 各个分量的概率均相同，即 $P(m)=\frac{1}{M}(m=1,\cdots,M)$。分配权重系数 $\omega(0\leqslant\omega\leqslant1)$ 给噪声点和离群点的均匀分布，从而得到了加权 GMM 的概率密度函数：

$$p(x)=\omega\frac{1}{N}+(1-\omega)\sum_{m=1}^{M}\frac{1}{M}p(x\mid m) \tag{6-88}$$

基于空间变换估计的配准算法目的是获得最优的空间变换模型参数，通过该模型使坐标变换后，将待配准的点集中的各点准确地配准到目标点集中的对应点。GMM 概率密度函数中各个高斯分量的质心代表了源点集的相应点，在估计变换模型参数的过程中，坐标变换后源点集中各点向参考点集中的对应匹配点逐渐靠拢。在两个点集逐渐靠拢的过程中，点集之间匹配点对的距离逐渐减小，因此 GMM 模型的协方差 σ^2 也应作为参数进行相应调整。在整个配准过程

中需要求解的总参数集合为(θ,σ^2)。

根据GMM概率密度函数参数估计原理，求参数（θ,σ^2）可以通过求解最大似然函数或者最小化负对数似然函数实现。最小化负对数似然函数可以表示为：

$$E(\theta,\sigma^2)=-\sum_{n=1}^{N}\log\sum_{m=1}^{M+1}P(m)p(x_n \mid m) \tag{6-89}$$

式中，数据满足独立同分布的假设。将源点集和目标点集的匹配概率看作是基于参考点集观测数据GMM质心的后验概率：

$$p(m|x_n)=\frac{P(m)p(x_n|m)}{p(x_n)} \tag{6-90}$$

对应待求参数集合，CPD算法采用期望最大化算法（ExpectationMaximization，EM）。EM算法用于求解优化似然函数，算法分为两步，E-步用于计算概率，M-步更新参数。求解的过程交替进行E-步和M-步，迭代循环直到收敛，获得最终解。CPD的EM算法流程如下：

1）E-步：利用估计参数集合（称为“旧”参数值）根据贝叶斯理论计算混合模型中各个分量的后验概率分布$P^{old}(m|x_n)$：

$$P^{old}(m|x_n)=\frac{\exp\frac{-\|x_n-T(y_m,\theta^{old})\|^2}{2\sigma_{old}^2}}{\sum_{k=1}^{M}\exp\left(\frac{-\|x_n-T(y_k,\theta^{old})\|^2}{2\sigma_{old}^2}+c\right)} \tag{6-91}$$

式中，$c=(2\pi\sigma^2)^{\frac{D}{2}}\frac{\omega}{1-\omega}\frac{M}{N}$，$T(y,\theta)$表示空间变换模型，可以表示刚性变换、仿射变换或者非刚性变换。软匹配的含义正是在于这个后验概率，因为硬匹配必须将一个集合中的点匹配到另一个集合中的某个点，而软匹配则不是匹配一个集合中的点到另一个集合中的点，而是给出一个集合中的点匹配到另一个集合中的点的概率，也就是说可以将一个集合中的点按照概率匹配到另一个集合中所有的点。

2）M-步：通过最小化完全数据的负对数似然函数Q获取“新”参数值。完全数据的负对数似然函数Q也可以称为目标函数，它是$E(\theta,\sigma^2)$负对数似然函数的上界，函数Q定义为：

$$Q=-\sum_{n=1}^{N}\sum_{m=1}^{M+1}P^{old}(m \mid x_n)\log(p^{new}(m)p^{new}(x_n \mid m)) \tag{6-92}$$

忽略与代求参数（θ,σ^2）无关的项，可以得到：

$$Q(\theta,\sigma^2)=\frac{1}{2\sigma^2}\sum_{n=1}^{N}\sum_{m=1}^{M}P^{old}(m \mid x_n)\|x_n-T(y_m,\theta)\|^2+\frac{N_pD}{2}\log\sigma^2 \tag{6-93}$$

式中，$N_p=\sum_{n=1}^{N}\sum_{m=1}^{M}P^{old}(m|x_n)\leqslant N$，$P^{old}(m|x_n)$表示GMM各分量的后验概率，是由E-步计算得到的。通过最小化目标函数$Q(\theta,\sigma^2)$获得参数(θ,σ^2)，用于在下次循环的E-步中计算$P^{old}(m|x_n)$。通过上述E-步和M-步的交替迭代，直至算法收敛到最终解时终止循环。

不同的变换$T(y,\theta)$中，参数θ是不一样的。在CPD算法中，分别讨论了点集的刚性配准、仿射配准、非刚性配准三种情况。

针对刚性配准情况，CPD算法为源点集和目标点集估计全局变换模型$T(y_m)=sRy_m+t$，该全局变换模型包括旋转 R、缩放 s 和平移 t 这几个几何变换参数。目标函数的形式为：

$$Q(R,t,s,\sigma^2)=\frac{1}{2\sigma^2}\sum_{n=1}^{N}\sum_{m=1}^{M}P^{old}(m\mid x_n)\left\|x_n-(sRy_m+t)\right\|^2+\frac{N_pD}{2}\log\sigma^2 \tag{6-94}$$

式中，$R^TR=I$，$\det(R)=1$。

针对仿射配准，CPD 算法将空间变换模型定义为 $T(y_m)=By_m+t$，该变换模型包括仿射变换矩阵 $\boldsymbol{B}$ 和平移向量 $\boldsymbol{t}$。目标函数的形式为：

$$Q(\boldsymbol{B},\boldsymbol{t},\sigma^2)=\frac{1}{2\sigma^2}\sum_{n=1}^{N}\sum_{m=1}^{M}P^{old}(m\mid x_n)\left\|x_n-(\boldsymbol{B}y_m+\boldsymbol{t})\right\|^2+\frac{N_PD}{2}\log\sigma^2 \tag{6-95}$$

针对非刚性配准情况，CPD 算法将空间变换模型定义为初始坐标与偏移函数 v 相加 $T(y_m,v)=y_m+v(y_m)$，依据运动一致性原理，点集的偏移函数是受平滑约束的。

$$Q(v,\sigma^2)=\frac{1}{2\sigma^2}\sum_{n=1}^{N}\sum_{m=1}^{M}P^{old}(m\mid x_n)\left\|x_n-(y_m+v(y_m))\right\|^2+\frac{N_pD}{2}\log\sigma^2+\varphi(v) \tag{6-96}$$

式中，$\varphi(v)$为平滑项约束。

6.5.4 CPD 实战案例及关键代码分析

本实战参考此开源工程 https://github.com/gadomski/cpd，其利用 C++语言实现了 CPD 算法。CPD 可以与迭代最接近点（Iterative Closest Point，ICP）相比较，后者是另一种被广泛使用的点集配准算法。ICP 最小化点到点的距离，而 CPD 使用高斯混合模型来最小化一个点和所有其他点之间的误差。如果是非常密集的点集的计算，CPD 算法计算需要大量的时间，因此项目利用 fgt（这是一个 C++库，用于使用直接方法和一些快捷方式来计算高斯变换）来加速高斯变换。目前此开源项目支持 CPD 的三种变换。

- 刚性变换。通过旋转和平移，还有一个可选的缩放来对齐两个数据集。
- 仿射变换。仿射变换比刚性变换考虑的因素多，仿射变换包括平移变换、旋转变换、缩放变换和倾斜变换（也叫错切变换、剪切变换或偏移变换）。
- 非刚性变换。使用一个非刚性变换函数来对齐两个数据集。

算法流程

步骤 1：输入两组点云包括源点云和目标点云，通过输入不同的模型选项，选择不同的变换方式（刚性变换、非刚性变换、仿射变换）来执行不同的变换。

步骤 2：初始化协方差 σ^2、变换参数 θ。

步骤 3：根据步骤 2 得到 σ^2、θ 参数以及源点集和目标点集，利用 GPU 并行计算高斯混合模型的后验概率矩阵 $\boldsymbol{P}$。

步骤 4：利用步骤 3 得到的后验概率矩阵 $\boldsymbol{P}$，求解在目标函数 $Q(\theta,\sigma^2)$取极大值时，参数 σ^2、θ 的值。

步骤 5：重复迭代步骤 3 和步骤 4，直到满足退出条件，求出协方差 σ^2 和变换参数 θ，最终得到配准的结果点集。

该算法包含的三个部分拥有共同的初始参数，其中刚性和非刚性部分还包含各自特有的参数。其中重要参数的设置及含义如下。

```
//-----------全局配准参数-----------
//设置迭代次数
const size_t DEFAULT_MAX_ITERATIONS = 150;
//设置是否被归一化
const bool DEFAULT_NORMALIZE = true;
//设置离群点的权重
const double DEFAULT_OUTLIERS = 0.1;
//设置的算法的最小误差下限
const double DEFAULT_TOLERANCE = 1e-5;
//设置初始的 SIGMA2
const double DEFAULT_SIGMA2 = 0.0;
//设置是否计算对应的向量
const bool DEFAULT_CORRESPONDENCE = false;

//-------刚性配准算的初始参数----------
//刚性配准是否默认缩放数据
const bool DEFAULT_SCALE = ! DEFAULT_LINKED;

//--------非刚性配准算法的初始参数--------
//BETA 的默认值。
const double DEFAULT _ BETA = 3.0
//LAMBDA 的默认值
const double DEFAULT _ LAMBDA = 3.0
```

包括源点云 moving 和目标点云 fixed，通过输入不同的模型选项，选择不同的变换方式［rigid（刚性变换）、非刚性变换（nonrigid）、仿射变换（affine）］来执行不同的变换。

```
//刚性变换
if(method == "rigid"){
   cpd::Rigid rigid;
   auto * cb =RigidCallback;
   auto rigid_result = rigid.run(fixed, moving);
   cb(rigid_result);
//非刚性变换
}elseif(method == "nonrigid"){
   cpd::Nonrigid nonrigid;
   auto * cb =NonrigidCallback;
   auto nonrigid_result = nonrigid.run(fixed, moving);
```

```
    cb(nonrigid_result);
//仿射变换
}elseif(method == "affine"){
    cpd::Affine affine;
    auto * cb = AffineCallback;
    auto affine_result = affine.run(fixed, moving);
    cb(affine_result);
}else{
    std::cout<<"Invalidmethod:"<<method<<std::endl;
    return 1;
}
```

run（fixed，moving）函数是三种不同配准算法的通用函数，不同的转换算法通过重写 compute_one（fixed，moving，probabilities，result. sigma2）等函数来进行不同算法的差异实现。配准前为了消除特征间单位和尺度差异的影响，对特征进行归一化。将输入的数据变换至均值为0、方差为1的分布。之后，利用初始化的变换参数以及 sigma2（表示两个点集的距离的平方），计算高斯混合模型的后验概率矩阵。接着将得到的后验概率代入似然目标函数中求解变换参数以及 sigma2。依据上述步骤，逐次迭代，当满足任何一个条件时（大于设定的最大迭代次数、sigma2 小于设定的阈值、概率误差小于最小误差下限），算法停止迭代。最终将变换参数以及 sigma2 对源数据进行变换，最终得到配准的结果点集。

```
//运行配准算法
Result run(Matrixfixed, Matrixmoving){
    Auto tic=std::chrono::high_resolution_clock::now();
    //姿势归一化
    Normalization normalization(fixed, moving, linked());
    if(m_normalize){
        fixed = normalization.fixed;
        moving = normalization.moving;
    }
    //初始化两组点集
    this->init(fixed, moving);

    Result result;
    result.points = moving;

    //设置 sigma 参数
    if(m_sigma2 == 0.0){
```

```
    result.sigma2 = cpd::default_sigma2(fixed, moving);
}else if(m_normalize){
    result.sigma2 = m_sigma2 / normalization.fixed_scale;
}else{
    result.sigma2 = m_sigma2;
}

size_titer = 0;
double ntol = m_tolerance + 10.0;
doublel = 0.;
while(iter < m_max_iterations &&ntol > m_tolerance &&
    result.sigma2 > 10 * std::numeric_limits<double>::epsilon()){
        //计算高斯变换
        Probabilities probabilities = m_gauss_transform->compute(
        fixed, result.points, result.sigma2, m_outliers);

        //用一些权重信息修改了概率
        this->modify_probabilities(probabilities);

        ntol = std::abs((probabilities.l - l) / probabilities.l);
        l = probabilities.l;

        //计算变换的一次迭代
        result=
        this->compute_one(fixed, moving, probabilities, result.sigma2);
        for(constauto&cb:this->m_callbacks){
            cb(result);
        }
        ++iter;
}

if(m_normalize){
        //将结果反归一化
        result.denormalize(normalization);
}
if(m_correspondence){
```

```
        GaussTransformDirect direct;
        //直接高斯变换
        Probabilities probabilities = direct.compute(
        fixed, result.points, result.sigma2, m_outliers);
        result.correspondence = probabilities.correspondence;
        assert(result.correspondence.rows() > 0);
    }
    Auto toc = std::chrono::high_resolution_clock::now();
    result.runtime =
    std::chrono::duration_cast<std::chrono::microseconds>(toc-tic);
    result.iterations = iter;
    return result;
    }
```

6.5.5 CPD 测试过程及结果分析

CPD 在构建时依赖于 CMake 和 Eigen，没有运行时的依赖性。为了提高速度，它也可以与 fgt 库一起构建。为了获得 json 输出的结果，可以与 jsoncpp 库一起构建。下载编译依赖库（Eigen、fgt、jsoncpp 等），使用 clang 作为编译器进行 CPD 源码编译。下面介绍如何编译执行我们所提供的 CPD 求解的源码。

编译 transform 源码。首先，选择对应的编译器，在本示例中我们使用 clang++-10 关键词。接着指定编译文件，利用-o 关键字指定可执行程序的名称。最后利用-l 关键字指定静态链接库，例如需要链接的静态库文件为 libcpd.a，则执行-lcpd。完整的执行示例为：

```
clang++-10 transform.cpp -o transform -lcpd -lfgt -ljsoncpp -lcpd-jsoncpp
```

运行 transform 可执行程序。在运行阶段以刚性配准为例，首先输入可执行程序的名称./transform 以及指定变换模型 rigid。接着输入源点云的存放路径./data/feigang.txt 和目标点云的存放路径./data/feigang_Y.txt，最后输出变换的结果./data/feigang_Y_rigid.txt。

```
./transform rigid ./data/feigang.txt ./data/feigang_Y.txt > ./data/feigang_Y_rig-
id.txt
```

下面是三组不同数据，利用上述初始化参数，进行刚性变换、仿射变换、非刚性变换的结果。与刚性变换相比，非刚性变换的复杂度较高，存在复杂的局部变换，因而需要提取更多的特征点，这会导致算法在恢复非刚性变换时需要的计算复杂度较高。CPD 在计算非刚性变换时，每一步都需要消耗 $O(N^3)$ 的计算量，当面临大规模 3D 点云配准时，算法所需要的计算时间过长。图 6-32~图 6-34 所示为目标数据 A（红色）、源数据 B（蓝色）、刚性配准的结果（黄色）、仿射变化的结果（绿色）、非刚性配准的结果（黑色）。

图 6-32　兔子目标数据 A（红色）和源数据 B（蓝色）的初始位置及三种不同变换的结果

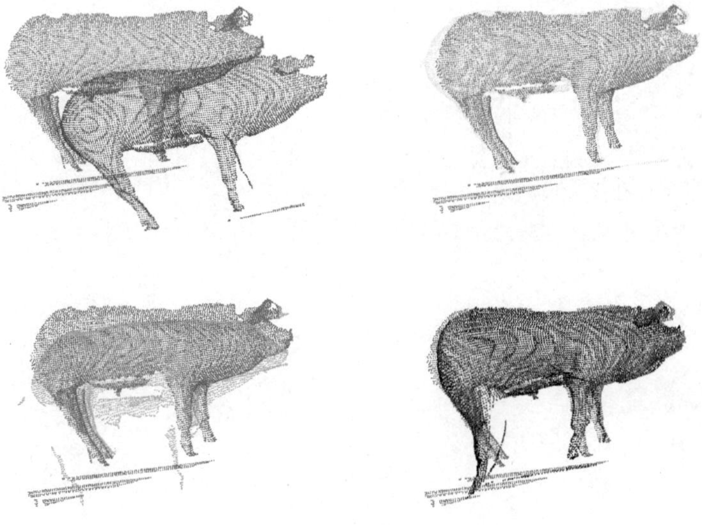

图 6-33　猪目标数据 A（红色）和源数据 B（蓝色）的初始位置及三种不同变换的结果

CPD 算法是一种鲁棒性的点集配准算法，无论是基于刚性变换模型还是非刚性变换模型，均取得了良好的配准效果。CPD 采用快速高斯变换（Fast Gaussian Transform，FGT）快速计算对应关系。此外，使用并行编程是一种加速计算对应关系的策略。但 CPD 算法仍存在一定缺陷，由于其优化策略选择的是基于确定性退火的 EM 算法，从某种程度上说，在搜索过程中存在陷入局部最优的可能性，从而无法取得全局最优解，导致搜索效率不高。

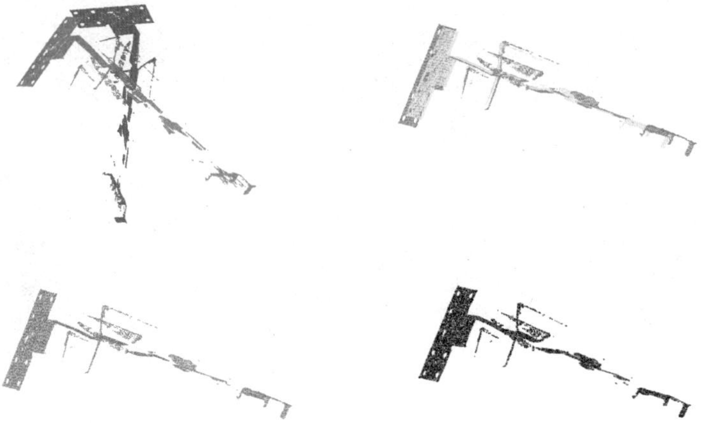

图 6-34　废钢目标数据 A（红色）和源数据 B（蓝色）的初始位置及三种不同变换的结果